Medientechnologe Druck – Qualifikationen und Kompetenzen

Lösungsvorschläge

Helmut Teschner

Medientechnologe Druck – Qualifikationen und Kompetenzen

Lösungsvorschläge

2. Auflage 2017

Dr.-Ing. Paul Christiani GmbH & Co. KG

Bestell-Nr. 95295
ISBN 978-3-86522-821-5

---

2. Auflage 2017
Alle Drucke derselben Auflage sind parallel verwendbar.

INHALTSVERZEICHNIS

EINFÜHRUNG UND HINWEISE

- Ziel Ihrer Ausbildung ist der Erwerb von übergreifenden und fachlichen Qualifikationen und Kompetenzen.
- In diesem Buch finden Sie bei „offenen Aufgaben" keine verbindlichen Lösungen, sondern Hinweise, einen stichpunktartigen, kurz gefassten Erwartungshorizont bzw. auch mehr oder weniger umfangreiche Lösungshilfen.
- Bearbeiten Sie alle Aufgaben immer zuerst ohne diese Lösungshinweise. Zur Kontrolle können Sie danach die Lösungshinweise verwenden.
  Beachten Sie: Diese Hinweise stellen keine ausschließlich „richtigen" Lösungen dar.
  Prüfen und optimieren Sie ggf. Ihre Lösung mit eigenen Worten.
- Eine Bewertung zu der Beantwortung einer Aufgabe, d. h. Ihrer eigenen Lösung, ist aus den Lösungshinweisen nicht unmittelbar abzuleiten.
  Diese Kompetenz liegt in der Verantwortung der Bewerter.
  Bei der Bewertung Ihrer Lösungen sind u. a. das Ausbildungsjahr, das Anforderungsprofil und das gesamte Umfeld Ihrer Ausbildung zu berücksichtigen.
- Erstellen Sie eine persönliche Dokumentation zu Ihrer Ausbildung, die Sie während der gesamten Zeit „begleitet" und Ihren Ausbildungsfortschritt belegt. In diese Dokumentation tragen Sie auch Lösungen von Aufgaben ein, für die der vorgegebene Platz im Arbeitsbuch nicht ausreichend ist. Tragen Sie zu Ihren Lösungen jeweils das Kapitel und die Nummer der Aufgabe ein.
- Besprechen Sie Ihre Bearbeitungen mit Ihrem Ausbilder und/oder Ihrem Lehrer in der Berufsschule. Beachten Sie dabei alle Ihnen gegebenen Hinweise und Ergänzungen. Tragen Sie diese Informationen ebenfalls in Ihre persönliche Dokumentation ein.
- Beachten Sie auch bei allen Lösungshinweisen die folgenden Hinweise, die der Zentral-Fachausschuss, Berufsbildung Druck und Medien (ZFA), für die Bewertung von Prüfungen gibt:
  „Die nachstehenden Antworten und mathematischen Lösungswege gelten nur als Anhalt für die Bewertung. Selbstverständlich können diese auch mit anderen Worten ausgedrückt werden.
  Bitte achten Sie bei der Bewertung der Antworten auch auf Struktur, Rechtschreibung und Formulierung. Ausschlaggebend ist für die Bewertung der Antworten der richtige fachliche Inhalt.
  Rechnerische Ergebnisse ohne Lösungsweg werden mit 0 Punkten bewertet."

1 UNTERNEHMEN, STRUKTUREN

1 bis 6

Tragen Sie alle Informationen zu Ihrem Betrieb in das Aufgaben- und Arbeitsbuch ein.
Reicht der dazu vorgegebene Platz nicht aus, verwenden Sie zusätzlich Ihre persönliche Dokumentation. Tragen Sie zu Ihren Angaben bzw. Lösungen jeweils das Kapitel und die Nummer der Aufgabe ein.

7

Erfindungen
- Einzelne, bewegliche Lettern mit einem typografisch hochwertigen Schriftsystem und optimaler Schriftqualität (vgl. die hervorragende Schriftqualität beim Abschreiben von Texten durch Mönche), Gießen der Lettern

Ökonomie, Bildung, Informationen
- Textseiten aus einzelnen Buchstaben und Zeichen, die immer wieder verwendet werden konnten
- Wesentlich schnellere Vervielfältigung und Verbreitung von Informationen als durch das Abschreiben oder durch Holzschnitte
- Basis für die Bildung des Volkes (das Lesen und Schreiben war bis ins späte Mittelalter nur dem Klerus und den Mächtigen der Zeit vorbehalten)

8

a) Aufbauorganisation: produktionsorientierte Organisation

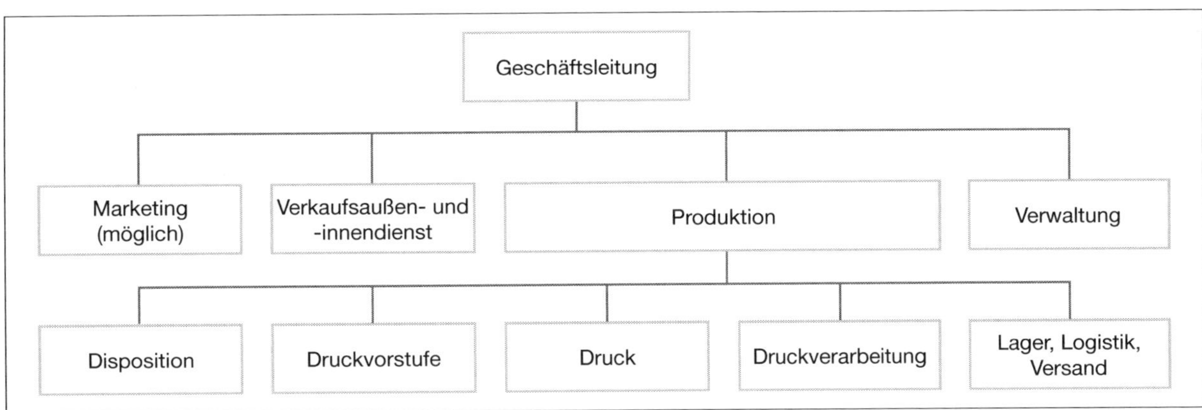

b) Einliniensystem bei einer produktionsorientierten Organisation

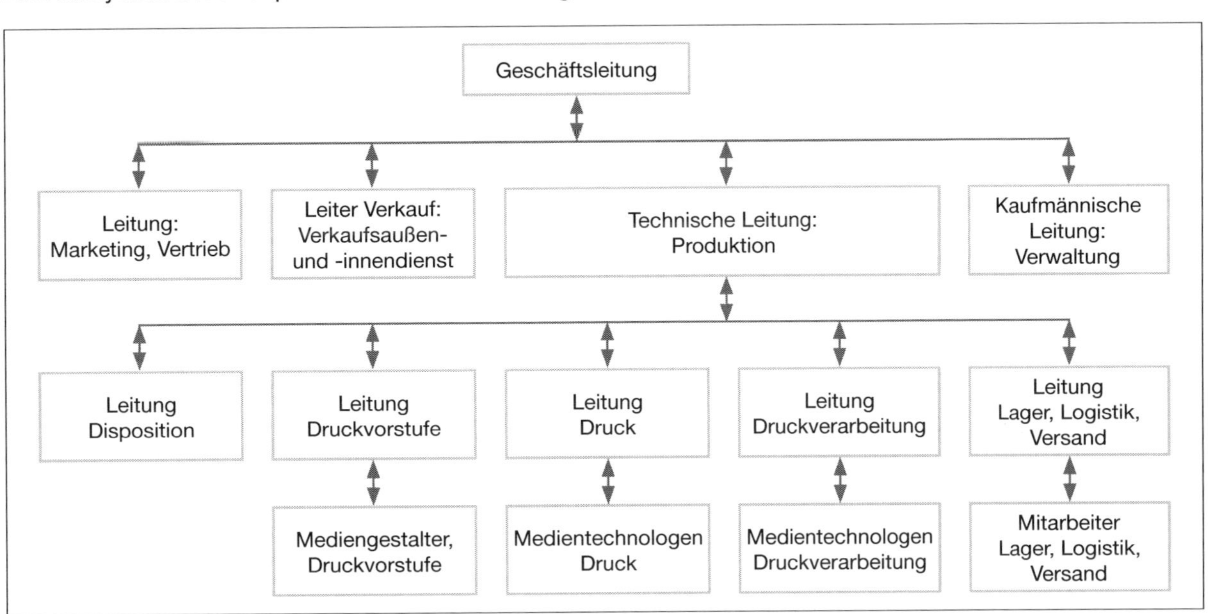

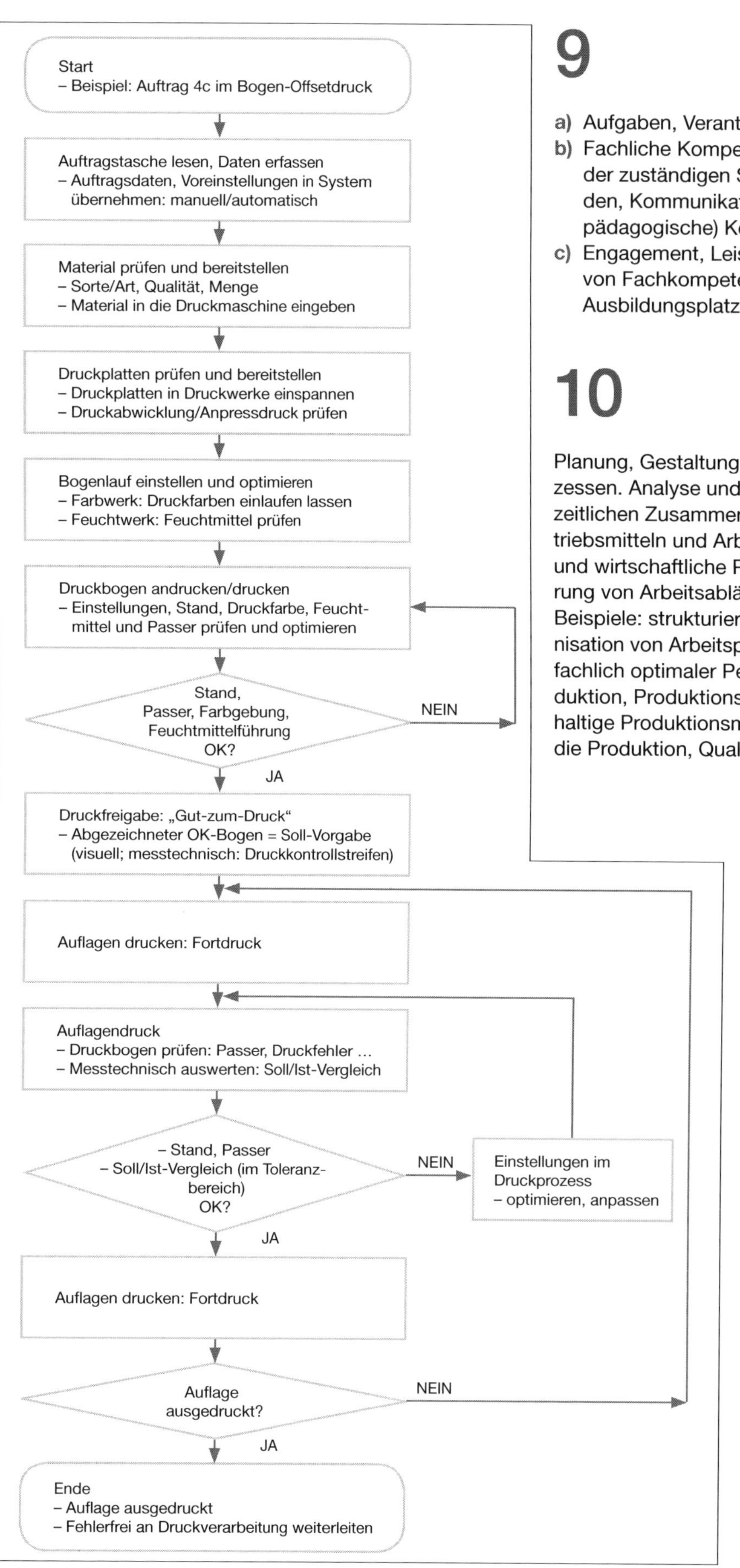

9

a) Aufgaben, Verantwortung, Zuständigkeit
b) Fachliche Kompetenz, Verantwortung gegenüber der zuständigen Stelle und seinen Auszubildenden, Kommunikationsfähigkeit und soziale (berufspädagogische) Kompetenz
c) Engagement, Leistungsbereitschaft zum Erlernen von Fachkompetenzen, Verantwortung für den Ausbildungsplatz sowie erteilte Arbeitsaufgaben

10

Planung, Gestaltung und Steuerung von Arbeitsprozessen. Analyse und Planung des räumlichen und zeitlichen Zusammenwirkens von Menschen, Betriebsmitteln und Arbeitsgegenständen. Rationelle und wirtschaftliche Planung, Gestaltung und Steuerung von Arbeitsabläufen.
Beispiele: strukturierte Aufgabenbeschreibung, Organisation von Arbeitsprozessen und Abläufen, humaner, fachlich optimaler Personaleinsatz, störungsfreie Produktion, Produktionszeiten, Terminsicherung, nachhaltige Produktionsmethoden, minimale Kosten für die Produktion, Qualitätssteuerung und -sicherung.

11

Rüsten und Auflagendruck: Einfaches Flussdiagramm zum Bogen-Offsetdruck (siehe nebenstehendes Diagramm)

12

a)

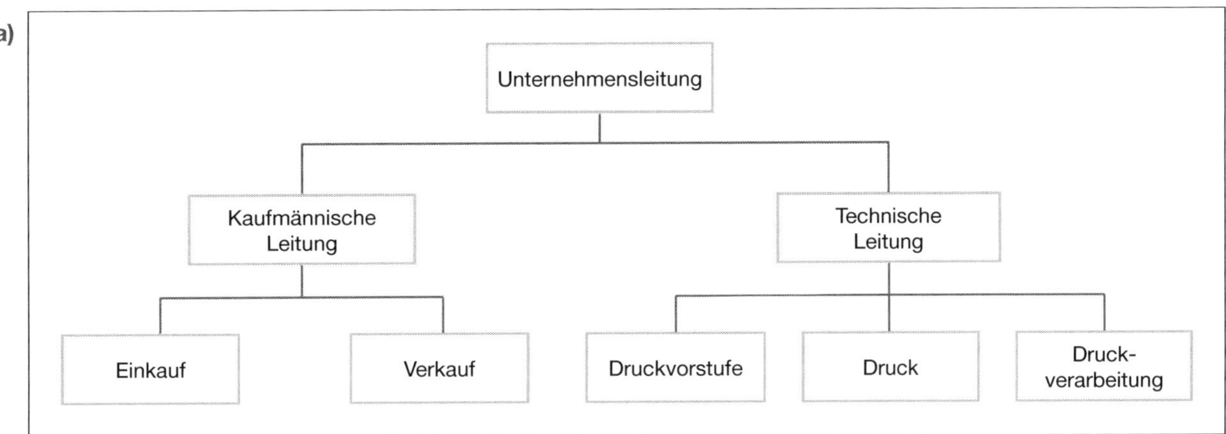

b) Rangordnung, gegliederte Struktur in der Kompetenz und Verantwortung

13

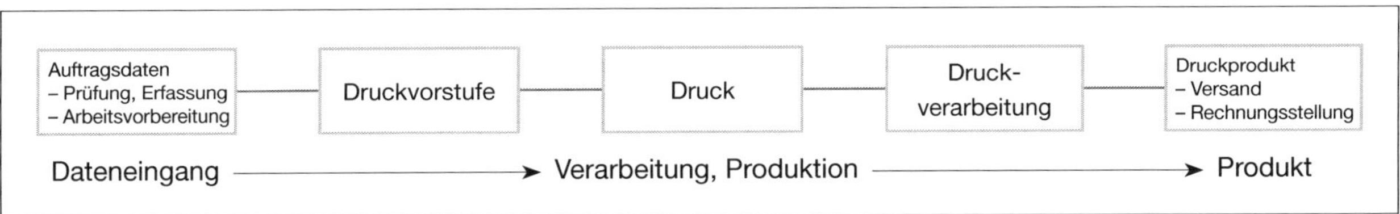

14

Besprechen Sie den Aufbau und die Inhalte der Präsentation mit Ihrem Ausbilder im Betrieb sowie Ihrem Berufsschullehrer. Arbeiten Sie übersichtlich und anschaulich. Erarbeiten Sie „Spickzettel" mit Angaben zu möglichen Fragen Ihrer Zuhörer.

15

a) Zielgruppenspezifische, umfangreich bebilderte Zeitschriften z. B. für Frauen, Männer, Zeitgeschehen, Unterhaltung, Technik, Sport, Programme. Weiterhin gute Perspektiven. Kleinere bis mittlere Auflagen für spezifische Zielgruppen. Für ein „Schmökern" gut geeignet.

b) Strukturierte technische Handbücher mit exakten Informationen für die Konstruktion (Pflichtenheft, technische Zeichnungen, Sicherheit, Produkthaftung u. a.) und die Anwendung (Sicherheit, Wartung, Arbeitsanweisungen, Hilfe bei Störungen u. a.). Gute Perspektiven für den Digitaldruck. Bei Störungen vielfach aktuelle Online-Hilfen.

c) Sehr gute Perspektiven für alle Arten von Verpackungen. Produktbezogener Einsatz verschiedener Druckverfahren.

d) Umfangreiche Print-Ausgaben verlieren an Bedeutung. Vielfach heute Online-Ratgeber, -Rezepte zum Lesen und Ausdrucken.

e) Deutlicher Wandel vom Hardcover- und Taschenbuch zum E-Book, insbesondere bei jüngeren Lesern.

f) Aktuell deutlich geringere Auflagen und damit geringere Werbeeinnahmen (Wirtschaftlichkeit) bei Tageszeitungen. Problem: Aktuelle Informationen leben von der Geschwindigkeit.
Vorteile: Glaubwürdige(re) Orientierung. Individuelles, intensives Lesen möglich. Internet als Ersatz für gedruckte Zeitungen? In Zukunft immer noch Gratis-News online? Angesehene Zeitungen verlangen bereits jetzt für Online-Ausgaben Gebühren. Angebote von Apps und hochwertigeren Inhalten (Contents) für Smartphones, iPads u. ä. sind ebenfalls nicht kostenfrei. Für schnelle, übersichtliche Informationen haben digitale Medien große Vorteile. Für vertiefte, qualitativ hochwertige Informationen hat eine Tageszeitung weiterhin ihre Bedeutung.

g) Fachliteratur ist die Basis für eigenes Lernen. Druckprodukte: Gutes Handling, rasch griffbereit ohne weitere „Hilfsmittel", Inhalt zu „bearbeiten", nachprüfbarer Inhalt. Informationen im Internet (wenn Zugang möglich): Sehr schnell, teilweise umfangreiche Informationen, Auswahl unter einer Vielzahl von Stichpunkten, Inhalte nur bedingt

nachprüfbar. Rasche Informationen sind im Internet unter verschiedenen Quellen zu finden. Gute, nachprüfbare Informationen zu erarbeiten, kostet Zeit und damit Geld.
Für eine qualifizierte Bildung wird das Fachbuch seine Bedeutung behalten.

h) Für spezifische, vertiefte Informationen (Studien) ist das Buch auch in Zukunft unentbehrlich.
i) Bestimmte Zielgruppen werden durch Printprodukte wie Zeitungsbeilagen flächendeckend gestreut erreicht. Informationen in digitalen Medien (Internet) werden auch in Zukunft nur von erfahrenen Nutzern, z. B. auch zum Preisvergleich, im Netz aufgesucht. Anstelle von Anzeigen in der Tageszeitung werden umfangreichere Zeitungsbeilagen gedruckt.

16

Voraussetzungen: vereinbarte Regeln für die Diskussion, Bestimmen eines Diskussionsleiters

- Erfassen Sie zusätzlich Ihre eigenen Stichpunkte für die Diskussion.
- Dokumentieren Sie den Ablauf und die Ergebnisse.

17

	Printmedien	Digitalmedien
Produkte: Einsatzbereiche, Anwendungen	• Fachbücher: fachspezifische ausführliche Informationen • Zeitungen: regionale und/oder überregionale Informationen • Anzeigenblätter: regionale, für jeden rasch zu nutzende Informationen	• Internet: schnellste Informationsquelle zu (fast) beliebigen Themengebieten, wenn ein Internetzugang vorhanden ist • E-Book: Lesen eines Buchs (soweit lieferbar) mit bestimmten E-Book-Readern, Tablets und PCs mit geeigneter Software • Mail: sehr rasche Kommunikation über Handy, Smartphones, Tablets oder PCs • Internetbasierte Technologien, wie Web- bzw. Online-Kataloge, Online-Shops
typische Vorteile, Hinweise	• Fachbücher: kein Suchen von Fachinformationen aus einer Vielzahl von Quellen; aktiv zu nutzende, vertiefte, detaillierte Fachinformationen; Inhalte zu hinterfragen und zu markieren, durch Marginalien wesentliche Inhalte zusammenzufassen („Spickzettel-Kompetenz“); gute Gestaltung, sehr gute Lesbarkeit, Handhabung einfach und jederzeit ohne Hilfsmittel zu nutzen • Zeitungen: Leser kann die Zeitung wählen, die seinen Einstellungen (z. B. regional, überregional, politisch, Boulevardzeitung, Abonnementzeitung) entspricht. Rubriken übersichtlich, selektives Lesen; aktive, zielgerichtete Informationsaufnahme • Anzeigenblätter: direkte, rasche Information für jeden Bürger, selektives Auswählen gewünschter Informationen, kostenlos	• Internet: Riesige Vielfalt der Informationen, sehr schnell, im Allgemeinen kostenlos zu nutzen (außer Kosten für Endgerät und Datenanschluss). Hinweise: wahlloses Surfen oder als systematische, planvolle, strukturierte Informationsrecherche? Die „Qualität“ der Informationen ist vielfach nicht nachzuprüfen. • E-Book: Leicht in Shops bzw. im Internet herunterzuladen, kein Gewicht, sehr große Speicherkapazität bis zu mehreren Tausend Titeln. Tendenz: steigend. Auch kostenlose E-Books, vor allem Klassik; ggf. Links zu Wörterbüchern und ins Internet. E-Books gelten als Software, verkauft werden nur die Rechte zur (eigenen) Nutzung. Kopierschutz? Problem: unterschiedliche E-Book-Formate • Mail: sehr schnelle Mitteilungen, Erreichbarkeit auf verschiedenen Endgeräten, unkompliziert, verschiedene Anhänge zum Text (Bild, Clip u. a.) möglich • Internetbasierte Technologien (Web- bzw. Online-Kataloge, Online-Shops): sehr rasche digitale Produktion und Veröffentlichung im Netz, kein Bedarf an Material (Bedruckstoffe, Druckfarbe, Verarbeitungsmaterial u. a.), jedoch Energiebedarf
Entwicklungen	• Fachbücher: Für die allgemeine und berufliche Bildung, für das Studium und die Wissenschaft werden Fachbücher auch zukünftig ihre Bedeutung behalten. Ergänzt werden Fachbücher durch crossmediale Produkte. • Zeitungen: Jugendliche und jüngere Menschen lesen immer weniger die Tageszeitung. Problem sind nicht (nur) die Aktualität, sondern u. v. a. Zeit, Kosten, Umfang, Informationstiefe. Für bestimmte Lesergruppen ist dagegen eine anspruchsvolle Tageszeitung unverzichtbar.	

18

Diskutieren Sie in Ihrer Berufsschulklasse bzw. in einer Arbeitsgruppe diese sieben Thesen (Meinungen, Tendenzen), denken Sie dabei an die verschiedensten Druckprodukte (Einsatz-/Anwendungsbereiche).
Mögliche Meinung:

a) 2., 3., 5., 6.
b) 1., 4. (Full-Service-Angebot für die Kunden oder/ und Kooperationen?), 7.
c) Unternehmen werden zu Mediendienstleistern. Enge digitale Vernetzung zwischen Kunde und Mediendienstleister. Individualisierung und Personalisierung von Produkten.
d) Mit den geeigneten Betriebsmitteln und Mitarbeitern die spezifischen Anforderungen der Kunden erfüllen.

19

a) Tageszeitung – Internet: Aktualität? Regionale und lokale Kompetenz. Themenvielfalt. Verschiedene Sichtweisen und Meinungen, Kommentare. Kontrolle und Kritik zum öffentlichen Leben. Meinungsbildung.
b) Prospekte – Werbung im Internet: Zielgruppenbezogen in Produktqualität (Material, Gestaltung, Druck, Veredelung), im Umfang und Format, im Einsatz, der Art der Verteilung. Verbreitungsbereich begrenzt, aber zielgruppenorientierter.
c) Illustrierte – Internet: Handlich, zu jeder Zeit und an jedem Ort zu nutzen. Information, Entspannung. Keine Technik oder Energie zur Nutzung erforderlich.
d) Fachzeitschriften – Internet: Zielgruppenspezifische, nachprüfbar sachgerechte Informationen. Kritische Betrachtung von Entwicklungen und Tendenzen.
e) Kataloge – internetbasierte Publikationen: Hohe Qualität (Gestaltung, Bild- und Farbwiedergabe). Statisch. Druckauflage? Kosten (Produktion, Versand)? Sehr schnell zu aktualisieren.
f) Bücher – E-Books: Bücher: Ästhetik, Gefühl, Wahrnehmung, Dauerhaftigkeit. Bindung zum Leser. Lesetradition (Land der Dichter und Denker). Optimale Informationsspeicher für menschliches Wahrnehmungssystem. Beliebiger, zeit- und ortsunabhängiger Zugriff. Bilderbuch am Bildschirm? Fotobuch?
E-Book: Digitale Verfügbarkeit, kostenlos oder kostenpflichtig aus dem Internet zu laden. Geringere Kosten zur Produktion. Sofortige digitale Verfügbarkeit. Platzersparnis. Geladene E-Books ständig zur Verfügung. Lesegeräte ermöglichen Schriftveränderungen, Suchen und Markieren.
g) Sach-, Fachbücher – Internet:
Sach- und Fachbücher: Beständiges, „geprüftes“ Wissen, griffbereites Archiv. Bietet Basis- und Hintergrundwissen, Vernetzungen, Zusammenhänge. Einfacher, schneller Zugriff (Handling, Lernen, Inhalt erarbeiten, bearbeiten, vergleichen). Keine Probleme durch Softwarewechsel oder Löschen digitaler Daten des Originals.
Internet: Sehr schnelle Information bei Zugang zum Internet. Informationen zu (fast) allen Wissensgebieten. Differenzierte Fachbereiche? Informationstiefe? Autor (Kompetenz? Wer stellt was und warum ins Netz)? Wahrheitsgehalt, fachliche Richtigkeit?
h) Technische Dokumentationen – Internet, Intranet: Interne oder externe Beschreibungen eines technischen Geräts (Herstellung, Installation, Wartung) nach rechtlichen Vorgaben. Gedrucktes Produkt für Kunden: Einsatzbereich, Sicherheit, Bedienungsanleitung, Wartung, Entsorgung
Internet, Intranet: Sehr rasche, aktuelle Informationen (Instandhaltung: Wartung, Inspektion, Instandsetzung; Bestellung Ersatzteile). Kommunikation, z. B. Ferndiagnose, -wartung

20

Besprechen Sie die Konzeption der Gruppe mit Ihrem Berufsschullehrer. Erarbeiten Sie die Präsentation und führen diese in der Klasse vor.

21

a) Berechnung von betrieblichen Leistungen
   - Betriebliche Leistungserfassung, Ermittlung der Selbstkosten
   - Vorkalkulation
   - Preisfindung für das Angebot (Marktpreis)
   - Basis für Disposition und Planung
   - Nachkalkulation: Kosten- und Wirtschaftlichkeitskontrolle
b) Verwenden Sie zur Bearbeitung eine in Ihrem Unternehmen übliche Auftragstasche als Vorlage. Vergleichen Sie „produktbezogen“ Ihre Angaben mit denen anderer Auszubildenden.
c) Mögliche Fehler
   - Auftragsdaten fehlerhaft erfasst
   - Berechnung der Kosten beruht auf fehlerhaften internen Daten, z. B. der Betriebsabrechnung
   - Arbeitsablauf nicht vollständig und/oder korrekt ermitttelt
   - Fertigungsleistungen und Fertigungszeiten nicht richtig berücksichtigt und berechnet
   - Materialkosten fehlerhaft berechnet
   - Gemeinkosten nicht korrekt erfasst/berechnet

22

a)

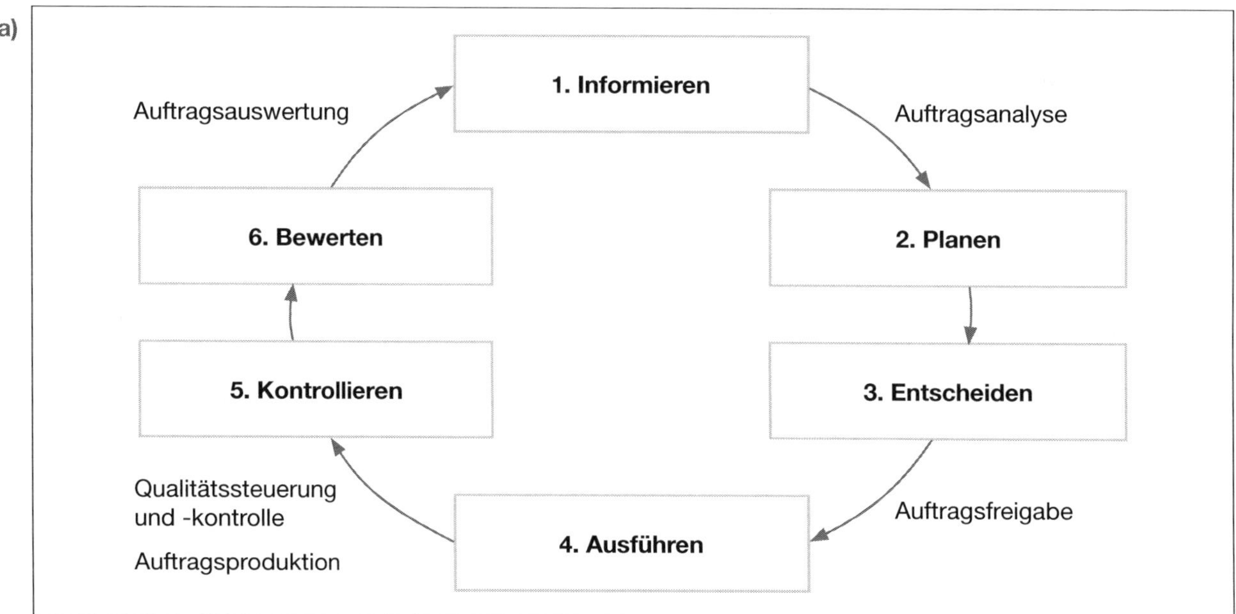

b) Das Sechs-Stufen-Modell zeigt einen systematischen Prozessablauf, der ein kompetentes, umfassendes Handeln aufzeigt. Dieser Ablauf ist für verschiedene Aufgabenbereiche einzusetzen.

1. Informieren
Ausgangssituation analysieren
Aufgabenziele: Was soll getan werden?
Welcher Zweck soll erreicht werden?
Erforderliche Informationen beschaffen
Arbeitsunterlagen verstehen und auswerten

2. Planen
Arbeitsablauf und Arbeitsplan festlegen
Koordinieren von Terminen, Abstimmen mit einzelnen am Prozess Beteiligten
Festlegen von Kontroll- und Prüfkriterien

3. Entscheiden
Planung (evtl. verschiedene Abläufe) bewerten
Entscheidungen treffen: Arbeitsablauf, Material, Termine (Disposition)
Berücksichtigen: Ökonomie, Ökologie, Standards

4. Ausführen
Fertigungsprozesse nach Arbeitsplan ausführen
Vorgaben: Kundenvorgaben und Standards
Material sachgerecht einsetzen
Nachhaltige Produktion, z.B. optimales Einstellen technischer Systeme, geringstmöglicher Energieverbrauch, geringstmögliche Fehler (Makulatur u.a.), laufende Prozesskontrollen (vgl. 5. Kontrollieren)

5. Kontrollieren
Zwischen- und Endprodukte prüfen und bewerten: Soll-Ist-Vergleich
Ziel erreicht: Auftrag sachgerecht nach Vorgaben des Kunden und vorgegebenen Standards ausgeführt
Prozess und Ergebnisse dokumentieren

6. Bewerten
Fertigungsprozess auswerten und mit Planungen vergleichen: Zeit- und Materialbedarf, Kosten Effizienz und mögliche Probleme analysieren, ggf. Optimierung für zukünftige Auftragsplanungen dokumentieren

23

a) Eintragungen in das Modell:
2. Planen; 3. Entscheiden; 6. Bewerten

b) Grundsätzlich ist bei der gesamten Produktion und in einzelnen Fertigungsprozessen ein systematisches Arbeiten (Handeln) aus ökonomischen, technischen und ökologischen Gründen erforderlich. Der „Kreis der vollständigen Handlung" ist ein Grundmodell für unterschiedliche Abläufe in einem Produktionsprozess. Die realen prozessspezifischen Phasen sind je nach den Aufgaben in den einzelnen Arbeitsbereichen anzupassen bzw. zu ergänzen.

c) Verwenden Sie als Beispiel einen konkreten Auftrag aus Ihrem Betrieb.
- Informieren, Analysieren
  Analyse einer Kundenanfrage: Aufgabe?
  Was ist zu tun? Alle Auftragsunterlagen vollständig?
  Können wir diesen Auftrag wirtschaftlich (Selbstkosten, Marktpreis) und zur Zufriedenheit der Kunden termingerecht produzieren?
- Planen
  Abläufe? Disposition, Terminplanung, Arbeitsplan? Einsatz: Mitarbeiter, Teams. Fremdleistungen, Lieferungsvorgaben?

- Entscheiden
  Verbindliche Planung: Mitarbeiter, Arbeitsablauf, Technik, Material, Fremdarbeit, Termine
- Ausführen
  Produktion, Arbeitsplan unter gegebenen Vorgaben umsetzen,
  Daten der Produktion für Nachkalkulation erfassen: Einsatz von Mitarbeitern, Geräten, Maschinen, Material
- Kontrollieren
  Auftrag nach Kundenvorgaben fachgerecht mit erforderlichen Standards durchgeführt? Ist das Ziel Kundenzufriedenheit erreicht?
- Bewerten und Auswerten
  Oberstes Ziel: Kundenzufriedenheit!
  Daten der Produktion: Wirtschaftlichkeit, Qualität, Ökologie.
  Termingerechte Produktion.
  Kontinuierlicher Verbesserungsprozess (KVP): Mögliche prozess- und kundenorientierte Optimierungen für folgende betrieblichen Projekte in Bezug auf Qualität, Ökonomie (Wirtschaftlichkeit), Ökologie und Service.

24

a) Soziale Kompetenz: Kommunikations- und Teamfähigkeit, Auftragsbetreuer und ständiger kompetenter Ansprechpartner des Kunden
Fach- und betriebswirtschaftliche Kompetenz: Produktionstechniken, Prozessabläufe, Management- und Produktions-Workflow, Leistungsfähigkeit des betrieblichen Systems; Material (Auswahl, Einsatz, Kosten), Wechselwirkungen im Prozess; Datenerfassung und -verarbeitung

b) Einzelkosten: direkte Kosten. Zuordnung zu einem Auftrag, z. B. Papier, Druckformen.
Gemeinkosten: indirekte Kosten. Kostenarten, die für mehrere oder alle Kostenträger (Aufträge) gemeinsam anfallen. Können daher einem Auftrag nicht direkt zugeordnet werden. Beispiele: Kosten für Beschaffung, Lagerhaltung (Gebäude, Raum, Miete, Abschreibung), Verwaltung (Einkäufer, Korrespondenz, PC), Risiko, Verzinsung lagergebundenen Kapitals, Energie, Klimatisierung, Wartung, Reinigung.

c) Materialgemeinkosten: unmittelbarer Zusammenhang mit Einkauf, Verwaltung und Lagerung sowie möglichen Verlusten von Material. Der Materialgemeinkostenzuschlag, kurz Materialzuschlag (MZ), wird als Prozentsatz ermittelt. Eine Verrechnung der Kosten erfolgt im Verhältnis zu dem eingesetzten Material in einer Rechnungsperiode.
Materialzuschlag MZ (in %) =

$$\frac{\text{Materialgemeinkosten}}{\text{Materialeinzelkosten}} \cdot 100$$

Beispiel:
Materialeinzelkosten 1 000 000 €
Materialgemeinkosten 80 000 €

$$MZ \text{ (in \%)} = \frac{80\,000\ €}{1\,000\,000\ €} \cdot 100 = 8\ \%$$

d) Ermäßigter Steuersatz 7 % für „nicht werbliche" Druckprodukte: Bücher, Broschüren, Zeitungen, Noten, Vereins- oder Organisationsinformationen, Briefmarken und ähnliche Druckprodukte, voller Steuersatz 19 % für alle Druckprodukte (Veröffentlichungen), die werblichen Zwecken dienen: Prospekte, Flyer, Aufkleber, Anzeigenblätter, Reisekataloge, Messekataloge

e) Die Vorkalkulation ermittelt die Selbstkosten für die gesamte Produktion. Der Verkauf eines Unternehmens erstellt ein Angebot für den Kunden. Einflüsse: Preise am Markt, Gewinn

25

a)

$$\text{Platzkosten} = \frac{310\,000\ €}{1\,420\ \text{h}} = 218{,}31\ €$$

b) Der Stundensatz (= Kostensatz) wird ermittelt, indem man die Selbstkosten der Kostenstelle durch die Fertigungsstunden dividiert.
Beispiel für den Stundensatz einer Druckmaschine:

$$\frac{\text{Arbeitsplatzkosten } 320\,420\ €}{1\,330 \text{ Fertigungsstunden}} = 283{,}56\ €$$

Der Brutto-Stundenlohn des Mitarbeiters ist nur ein Teil der Arbeitsplatzkosten (vgl. Informationen in der Aufgabe).

26

a)
- Information: Beratung des Kunden nicht optimal
- Information: Kommunikationsmängel, Auftragsdaten fehlerhaft erfasst (Briefing)
- Auftragsanalyse, Bewertung: Auftrag für das Unternehmen unwirtschaftlich
- Angebot an den Kunden nicht mit ausreichendem Gewinn (z. B. Angebot unter Selbstkosten)

b)
- Informationen, Auftragsanalyse: Auftragsdaten intern fehlerhaft erfasst, ungeeignetes Material
- Planung: Auftragsabläufe, erforderliche Prozesse
- Planung: Materialberechnung
- Planung: Disposition, Terminplanung, Lieferung

c)
- Planung: nicht rechtzeitige Materialbereitstellung
- Prozess: drucktechnische Schwierigkeiten durch Wechselwirkungen zwischen Materialien, Probleme bei der Trocknung

d) • Planung: Mängel in der Materialanforderung, -lagerung und -bereitstellung
   • Planung: Wechselwirkungen im Verarbeitungsprozess nicht beachtet
   • Ausführung: Mängel im Material (z. B. Klimatisierung des Papiers)

27

a) Digitale Erfassung sämtlicher Informationen (Daten) zu einem Auftrag mit Produktbeschreibungen, Spezifikationen, zugehörenden Daten, laufender Kommunikation, Freigaben, Kosten u. a.
   Die digitalen Daten stehen im internen Netz grundsätzlich zur Verfügung. Jeder Nutzer hat einen bestimmten Zugriff auf die von ihm benötigten Daten.
b) Arbeitsbereiche vor dem Druck: Erstellen digitaler Daten für das Druckprodukt (Text-/Bildbearbeitung, Layout), Colormanagement, Proof, Druckformherstellung
c) Digitale Auftragsdaten (Produktinformationen) sowie zum gesamten Workflow (Prozessinformationen) mit zusätzlichen Angaben, z. B. Ausschießen, Farbaufbau, Separation (ICC-Profil), Überfüllung, Maschinenbelegung im Druck, Angaben zur Druckverarbeitung und Veredelung.
   (Hinweis: JDF = standardisiertes Datenaustauschformat für die gesamte Vernetzung)
d) Fadenloses Bindeverfahren für Bücher und Broschuren
e) Spezielle Kompetenz, Wissen um die optimale Verwirklichung einer Aufgabe
f) Wirtschaft: Werteinschätzung eines Gutes (Nutzen haben von …; Nutzen abwerfen bei …)
   Drucktechnik: Anzahl gleicher (auch gleichartiger) Exemplare
g) Prüfdruck im Arbeitsprozess, der das Endprodukt möglichst optimal wiedergibt
h) Druckbogenformat, in der Breite und Länge größer als ein genormtes Papierformat. Erforderlich, um das Endprodukt auf ein genormtes Maß zu beschneiden.
i) Heftverfahren für einlagige Broschuren, bei der alle (Doppel-)Blätter durch Drahtklammern im Rücken (= Falz) geheftet sind
j) Zentral erstellte digital gestaltete und druckreife „Dokumente“ werden über DFÜ an beliebige Druckorte gesandt und dort auf Digitaldruckmaschinen produziert.
k) Zusätzlich zu einer zu liefernden Auflage erforderliche Materialmenge, die z. B. für das Rüsten und die Verarbeitung erforderlich ist

28

a) Bei einer konventionellen Auftragstasche werden alle auftragsbezogenen Informationen erfasst. Ein exemplarisches Beispiel dazu ist auf Seite 13 dargestellt.
b) Ohne Zuschuss für
   • Umschlag 1000 Bogen
   • Innenteil 1000 Bogen
c) Lagerformat: Breitbahn

29

Sicherheits-Etiketten, Sicherheitspapiere, Etikettenmaterial, Mikrotexte, Guillochen, Hologramme, Lumineszenzeffekte, Fluoreszenzfarben, detektierbare Farben, Prägungen, Stanzungen, Barcode, Nummerierungen, RFID-Transpondertechnologie

30

Entscheidend wichtig sind die Produktionsbereiche
a) Druckvorstufe: Computer/Workstation, Server, Netzwerk, externe Laufwerke, Datensicherung, Kopierer, Software (Text, Bild, Grafik Layout, Tabellenkalkulation …), Datensicherheit;
   Digitaldruckmaschine: Auswahl nach geplanten Produktionsbereichen und Anforderungen der Kunden; Druckverarbeitung nach Produktionsbereich; Kommunikationstechnik; Büro- und Lagereinrichtungen; Mitarbeiter (nötige Qualifikationen)
b) Eine Idee: Onlinedruckerei für Etiketten und Aufkleber. Infos (Print, Internet …) an alle möglichen Verwender von Etiketten und Aufklebern.
   Angebotspalette und Produktbeispiele im Internet.
   Auf Anforderung: Musterbuch mit allen Produktbeispielen auf unterschiedlichen Bedruckstoffen.
   Für den Kunden einfache, schnelle Kommunikation, Datenübertragung und Kostenberechnung.
   Lieferung zeitnah in guter Qualität.
   Eine weitere Idee (z. B. „Meine Stadt“, Uni-Stadt): Dokumentationen, Diplomarbeiten, Referate, Informationen zu Veranstaltungen, Flyer
c) Tageszeitung: Druck-vor-Ort, Schnelligkeit, optimale Kommunikation (Kundenwünsche), Musterkatalog, Kosten in Produkttabellen abzulesen, einfache Datenübergabe, Sofort-Check der Daten, „Man kann auf Druck warten!“
   Internet: Schnell, einfach, kompetent und in guter Qualität. Einfachste Bestellung per Internetportal, Online-Kalkulator für verbindliche Kosten, einfache Datenkommunikation mit Daten-Check, Angabe der Lieferzeit, kontinuierliche Information zu Auftragsabwicklung und -produktion (Angaben je nach Geschäftsmodell differenziert)

Exemplarisches Beispiel einer Auftragstasche zu Aufgabe 28a)

AUFTRAGSTASCHE

Auftragsnummer: 04_88237
Termin: 19.11.2014

Auftraggeber
FDI – Führungskräfte der Druckindustrie e.V. Kd.-Nr. …
Sulzbachstraße 14 Tel. …
66111 Saarbrücken Mail …

Kontakt beim Kunden …

Verkaufsinnendienst
Sachbearbeiter: H. Walter

Datum/Zeichen: …

Produkt

	Broschuren mit Rückendrahtheftung
Titel	Medienforum 2014
Auflage	2000
Umfang	Umschlag: 4 Seiten, Inhalt: 32 Seiten
Format	210 mm × 148 mm
Format offen	420 mm × 148 mm
Farben	4c (Standardskala)

Produktion Druckvorstufe
- Satz –
- Bild –
- Layout –
- Korrekturen –
- Druckform Ausschießschema, Freigabeplot

Gelieferte Daten
- Druckreife Seiten PDF
- Farbverbindliche Proofs

Freigabe Verkaufsinnendienst, Frau …

Produktion Druck
- Umschlag SM 74-4
- Innenteil SM 102-4-P

Druckfreigabe, Qualitätskontrolle
Herr …

Material Bedruckstoffe
- Umschlag Profimatt 250 g/m^2
  Lagerformat 860 mm × 630 mm — Druckformat 440 mm × 315 mm
- Innenteil Profimatt 115 g/m^2
  Lagerformat 860 mm × 610 mm — Druckformat 860 mm × 610 mm

Produktion Druckverarbeitung
- Broschuren mit Rückendrahtheftung fertigen, 2 Klammern
- Zu 50 Exempl. in Karton verpacken, Etikett mit Inhaltsangabe

Auslieferung, Versand
- Lieferung per Lkw frachtfrei an den Kunden

Rücksprache mit …

31

Handreichung
- Redaktion, Anzeigenabteilung, digitale Seitengestaltung (ggf. als Hinweis): Planung, Anzeigen, Redaktion, Seitenherstellung, Freigabe der Daten
- Produktion im Rollen-Offsetdruck mit Qualifikation der Mitarbeiter
- Druckformherstellung: CtP-Technik, automatische Herstellung der Druckplatten/Seite in allen benötigten Druckfarben (CMYK) nach digitalen Daten
- Art der Druckplatten, Bildstellen – Nichtbildstellen, Druckprinzip des Offsetdrucks, täglicher Bedarf an Druckplatten, Transport der Druckplatten an die Druckmaschine, Recycling des ausgedruckten Plattenmaterials
- Papierrollenlager: bis zu 100 % Recyclingpapier, Rollenbreite, Rollenlänge, Papierbedarf pro Auflage, Makulatur, Kosten, Papierproduktion (Faserqualität, Reißfestigkeit), Sammeln und Trennen von Altpapier
- Druckmaschine: Druckmaschinenhersteller, Typ. Produktionsmöglichkeiten und maximale Leistung, Maße, „Gewicht", Rüsten, Druckprozess und Druckverarbeitung, Druck regionaler Ausgaben, Transport fertig verarbeiteter Zeitungen über Förderbänder in den Versandraum
- Versandraum: vorgedruckte Zeitungsteile und Werbebeilagen maschinell einstecken (einlegen), Zeitungen für Austräger eines Bezirks abzählen, Etikett dazu drucken und auflegen, in Folie verpacken und zu dem entsprechenden Lieferfahrzeug transportieren

Präsentation
Hinweise: Zeitung = Zeit, Bilder der gedruckten Zeitung und einzelner Produktionsbereiche (vgl. eine Betriebsführung);
Zeitstrahl für die Produktion vom Eingang der Daten in die Druckformherstellung bis zum Beladen der Lieferfahrzeuge, „So entsteht eine Tageszeitung", kurze Texte entsprechend der Handreichung zu den Produktionsphasen

32

Präsentation
Vorstellung des Unternehmens und der Produktpalette, Medientechnologen Druck im Produktionsprozess (Aufgabenbereiche, Qualifikationen, Kompetenzen), Produktionsablauf einer flexiblen Verpackung mit Bildern und kurzen Informationen
Handreichung
Hinweise: vgl. Aufgabenstellung und Ausbildungsrahmenplan II.10 Flexodruck; Auftrag, Auftragsunterlagen, Farbwerkbelegung, Rasterwalzen entsprechend dem Druckauftrag auswählen und einsetzen, Druckformen montieren u. a.

33

a) Siehe Seite 15
b)
- **Computer-to-Plate**
  Direkte digitale Bebilderung der Druckplatte außerhalb der Druckmaschine.
  Eigenschaften der Druckplatte:
  - nicht wiederbebilderbar
  - statische Druckform
  Verfahrenstechniken:
  - konventioneller Offsetdruck
  - wasserloser Offsetdruck
- **Computer-to-Press**
  Direkte digitale Bebilderung der Druckplatte bzw. Druckfolie innerhalb der Druckmaschine, auch Direct-Imaging genannt.
  Produkteigenschaften:
  - statische Druckform
  - nicht wiederbebilderbar
  Verfahrenstechnik:
  - wasserloser Offsetdruck, auch konventioneller Offsetdruck
- **Computer-to-Print (Digitaldruck)**
  Direkte digitale Bebilderung des Druckformträgers innerhalb der Druckmaschine, es entsteht kurzzeitig eine temporäre Druckform für einen Druck
  Verfahrenstechnik:
  Elektrofotografische Technik mit Trocken- oder Flüssigtoner
  Produkteigenschaften:
  - Dynamische Druckform, Datensatz wird über einen RIP elektronisch auf den Bebilderungszylinder übertragen
  - Elektrostatische Aufladung einer Bebilderungstrommel durch Laser bzw. LEDs
  - Elektrostatische Bildelemente ziehen den Toner an, der durch Wärme und/oder leichtem Druck auf dem Bedruckstoff fixiert wird
  - Für jedes Druckprodukt eine neue Bebilderung erforderlich
- **Computer-to-Paper (Digitaldruck)**
  Elektronisch gesteuerte Bebilderung aus digitalem Datenspeicher *ohne* Druckform direkt auf den Bedruckstoff.
  Verfahrenstechniken:
  - Ink-Jet-Verfahren, Thermografie u. a.

34

Negative Beeinflussungen der Grundeinstellungen und Motivation u. a. durch:
- falsche Berufswahl
- Tendenz zu „Null-Bock" (im Gegensatz zu Freude an der Arbeit)
- soziale Bedingungen im Arbeitsumfeld wie Team, Betriebsklima, Kommunikation, Mitarbeiterführung

Zu Aufgabe 33a)

	Technische Hinweise zur Ergänzung
Auftraggeber, Kunde – Lieferung digitaler Daten und Vorlagen, Layout	• Auftragsgenerierung: Informationen (Daten) – administrativ (allg. Auftragsangaben) – produktionstechnisch
↓ Datenübernahme – Datenprüfung, Preflight-Check – Farbraum, Auflösung	• Vollständigkeit/fehlende Daten • Korrekturen (Rechtschreibung u. a.) • Preflight-Check: Analyse auf korrekte Daten – Schriften vorhanden/eingebettet – Bilder: Auflösung, Farbigkeit u. a. • Mängelbeseitigung = Kosten!
↓ Datenbearbeitung – Mängel, Fehler – Farbraum, Farbmanagement	• Bildbearbeitung • Farbmanagement (= Colormanagement) – Bildvorlage (Art, ggf. Kontrastklasse) – Farbprofile: konsistente Farbwiedergabe im Workflow, Quelle – Ziel (Ausgabegerät) – Farbraumtransformation, Basis: CIELAB-Werte • Proof (Ausdruck) der einzelnen Bilder zur Kontrolle und Prüfung
↓ Text-/Bild-Integration – Layoutprogramm – Produkt: PDF-Datei	• Vorlage: Layout, digitale Seitenmontage (wenn erforderlich) • Softproof (Monitor kalibriert und profiliert)
	• Proof (Ausdruck) der einzelnen Seiten zur Kontrolle und Prüfung intern und durch den Kunden – Layout: Seitenelemente, Anordnung – Korrektur (Rechtschreibung u. a.) – Bilder: Anordnung, Ausschnitt, Bildunterschriften
↓ Digitale Bogenmontage – Ausschießen aller PDF-Seiten – digitale Montage mit Kontrollelementen und Hilfszeichen ↓ Formproof – Formale Prüfung der Druckform	• Anordnung der Druckseiten nach Produktionsvorgaben für Druck und Druckverarbeitung (ggf. mit Jobdaten aus Datenbank) – Druckformat, Seitenanordnung, Standkontrolle, Beschnitt, Greiferrand, Druckverarbeitung, Marken, Kontrollelemente u. a. • Fehlerbeseitigung, Korrekturen (intern, Kunde)
↓ Kontraktproof – Farbverbindliche Ausgabe – Druckfreigabe durch den Kunden	• Simulation des Druckprozesses: Proof nach Standards • Zweck – interne Kontrolle – druckverbindliche Vorlage für den Kunden • Fehlerbeseitigung, Korrekturen • Druckfreigabe durch den Kunden (Imprimatur)
↓ RIP-System, u. a. – Separation – Rasterung – Trapping (Überfüllung) – Datenaufbereitung für die „Ausgabe“ = Bebilderungsbitmap	• „Farbige“ Dateien werden in die einzelnen Auszüge C, M, Y und K (Bildaufbau mit UCR-, GCR-Variation) separiert • Rasterart, Rasterweite, Rasterwinkelung • Farbraumtransformation: Rendering • Bebilderung der Druckplatte durch geeignete Lasertechnologie erfordert JA-/NEIN-Schaltungen (Bitmap) • Erfassen von CIP3-/CIP4-Daten
↓ Ausgabe – Computer-to-Film (*) – Computer-to-Plate – Computer-to-Press – Computer-to-Print – Computer-to-Paper	• Ausgabe: Offsetdruck, Digitaldruck (*) Heute nur geringe Bedeutung

- ungünstige aufgabenbezogene Arbeitsbedingungen wie Art der Aufgabe, Umfang der Arbeit, Arbeitsplatzbedingungen, technische Einrichtungen, Zeitdruck, ungenügender Arbeitssicherheit, mangelnder Gesundheitsschutz

35

a) Unzureichende Bedingungen am Arbeitsplatz wie ausreichender Platz, Sauberkeit, Ordnung, Beleuchtung, veraltete Technik, fehlendes Arbeitsmaterial (Hilfsmittel, Werkzeuge u. Ä.), Lärm (fehlender Schallschutz), mangelhafte Arbeitsunterlagen und Informationen. Betriebsklima, menschliche Zusammenarbeit (Verhältnis zu Vorgesetzten und Kollegen), Verdienst (Bezahlung)

b) Hinweise: Der Gesetzgeber verlangt ein Mindestmaß an ergonomisch gestalteten Arbeitsplätzen durch eine Vielzahl von Verordnungen und Gesetzen. Normen dazu u. a.: DIN EN ISO 9241: Ergonomie der Mensch-System-Interaktion (Bildschirmarbeitsplätze), DIN EN ISO 10075: Ergonomische Grundlagen psychischer Arbeitsbelastung
   - Verkaufsinnendienst, Buchhaltung: heller und lärmfreier Arbeitsraum, gute Beleuchtung, Bürostuhl, richtige Einstellung der Arbeitshöhe bei Tischen, ausreichende Bewegungsfreiheit, richtiges Raumklima (50–60 % RLF, 20–22 °C), Raumteiler (Gliederungssystem), Schallabsorption
   - Druckvorstufe: heller und lärmfreier Arbeitsraum, blendfreier und gleichmäßig ausgeleuchteter Arbeitsplatz, Bürostuhl, Arbeitstisch und ausreichende Arbeitsflächen in Arbeitshöhe, Bildschirmarbeitsplatz mit optimalem Sehabstand, ausreichende Bewegungsfreiheit, richtiges Raumklima (50–60 % RLF, 20–22 °C)
   - Druckerei: Voraussetzungen für Ordnung und Sauberkeit am Arbeitsplatz, Sicherheit an Druckmaschinen und allen anderen Arbeitssystemen, Schallabsorption und Lärmschutzmaßnahmen, ausreichend große und freie Transportwege und Abstellflächen, richtiges Raumklima (50–60 % RLF, 20–22 °C), Sauberkeit und Systematik am Arbeitsplatz ermöglichen Erfolg (5-S-Phasen)
   - Druckverarbeitung: vgl. Druckerei

36

- **Aufbauorganisation:** Untergliederung des Unternehmens in verschiedene Stellen, Zuordnung der Arbeitsbereiche innerhalb der Stellen und deren Zusammenarbeit untereinander. Hierarchische Struktur, an betrieblichen Funktionen orientiert.
- **Balkendiagramm:** Grafisch aufbereitete statische Daten, die in vertikalen Säulen (Balken) anschauliche Größenvergleiche dieser Werte ermöglichen.
- **Betriebsabrechnung: Kostenarten:** Sämtliche Koste in betrieblichen Prozessen. Zwei grundsätzliche Gruppen sind Einzelkosten und Gemeinkosten.
  In der Praxis der Druckindustrie werden Kostenarten nach fixen und variablen Kosten unterschieden.
- **Break-even-Point:** In der Betriebswirtschaft der Kostendeckungspunkt. Erst ab diesem berechneten Punkt übersteigt der Erlös die Kosten und es entsteht zunehmend Gewinn.
- **Datenschutz: allgemein:** Sicherheit vor Datenverlusten durch Fehler, höhere Gewalt, Missbrauch, Kriminalität. **Persönlich:** Schutz der Privatsphäre nach dem Bundesdatenschutzgesetz (BDSG).
  Darin werden u. a. die Speicherung, Veränderung, Übermittlung und Löschung von Daten definiert und geregelt.
- **Einzelkosten:** Kosten, die einer betriebliche Leistung, dem Kostenträger, direkt zugerechnet werden können, z. B. Druckplatten, Bedruckstoffe.
- **Just-in-Time-Produktion:** Optimaler wirtschaftlicher Materialfluss: Nur geringer (Mindest-)Lagerbestand. Material steht dann zur Verfügung, wenn es benötigt wird, daher geringe (Lager-)Kosten.
- **Management: Institution und Aufgaben:** Institution: Leitung eines Unternehmens oder einer Organisation (Funktionen bzw. Aufgabenbereiche von Personen) Aufgaben: Ziele des Unternehmens formulieren, Strategie, Planung, Führung, Organisation, Erfolgskontrolle
- **Marketing:** Strategien zur Optimierung der Stellung und Bedeutung des Unternehmens am Markt.
  Ziel: Produkte und Dienstleistungen entsprechend den Bedürfnissen und Anforderungen der Kunden zu vermarkten
- **Organigramm:** (aus: Organisation, Diagramm) Grafische Darstellung von organisatorischen Strukturen, Aufgabenverteilungen und Kommunikationsbeziehungen; übersichtliches Schaubild
- **pt:** Abkürzung für die Publishing-Maßeinheit Punkt
- **Unternehmensziele: wirtschaftliche Ziele:** Leistungsziele (z. B. Marktanteile), Erfolgsziele (z. B. Wirtschaftlichkeit, Rentabilität = hoher Gewinn), Finanzziele (z. B. Liquidität, Eigenkapital, Rücklagen)
- **Verkaufsinnendienst:** Kompetenter Ansprechpartner für den Kunden. Auftragsbetreuung vom Eingang bis zur Lieferung und Rechnungsstellung.
- **Zuschlagskalkulation:** Berechnung der Selbstkosten eines Auftrags aus der Summe von Einzelkosten und Gemeinkosten

37

- **Ablauforganisation:** Gesamtprozess der Auftragsabwicklung in einem Unternehmen: Planung, Gestaltung und Steuerung von Arbeitsabläufen

- **Analyse:** Zergliederung, differenzierte Untersuchung, z. B. bei Stoffen, Prozessen, Abläufen
- **Business Management:** Unternehmensführung und -administration, wissenschaftlich fundiert (business = Geschäft, Unternehmen u. Ä.)
- **Datensicherheit im Betrieb:** Technische, organisatorische und programmtechnische Maßnahmen, um Datenverluste durch technische Mängel oder Fehlbedienungen zu vermeiden oder Daten vor unberechtigten Zugriffen zu schützen.
- **Direct Marketing:** Direkt an eine Zielgruppe gerichtete Werbemaßnahmen, in der Regel personalisiert
- **Betriebsabrechnung: Kostenstellen:** Aufteilung des Unternehmens unter leistungs- und kostenrechnerischen Aspekten in einzelne Bereiche
- **Kalkulation:** Berechnung, Ermittlung der Kosten für einen Auftrag
- **Logistik:** Planung, Steuerung und Kontrolle der Material- und Produktbewegungen im Unternehmen und mit externen Unternehmen oder Lieferanten
- **„Magisches Dreieck“:** Im Projektmanagement drei Oberziele „Zeit – Budget – Qualität“, die in einem unmittelbaren Zusammenhang und in Abhängigkeit zueinander stehen. Es ist kaum möglich, alle Ziele gleichzeitig optimal zu erreichen (= Zielkonflikt).
- **Markenpiraterie:** Betrug durch Verletzung von Rechten: Fälschung, Nachahmung einer bekannten Marke, Produktfälschung; in diesem Sinne auch Urheberrechtsverletzung
- **Netzplan:** Analyse und Struktur (komplexer) Arbeitsabläufe, Fertigungsprozesse oder Projekte in einer grafischen Darstellung mit einem zu verfolgenden Zeitplan
- **Unternehmensziele: ökologische Ziele:** Einhaltung der Umweltschutzgesetze, Entwicklung und Verwendung umweltfreundlicher Produktionsverfahren und Produkte, Schonung natürlicher Ressourcen, Energieeinsparung, Abfallmanagement
- **Verkaufsaußendienst:** Kompetente Mitarbeiter des Unternehmens, die Kunden „vor Ort“ beraten und optimale Lösungen für die Kundenwünsche (unter Berücksichtigung der betrieblichen Leistungen) anbieten
- **ZAB:** Abkürzung für den Zeilenabstand

38

- **Auszeichnung:** Typografie: Hervorhebung eines Wortes oder Textes aus einer Grundschrift durch eine geeignete Auszeichnungsschrift oder eine andere Textfarbe
- **Betriebsabrechnung:** Gesamtübersicht: Verrechnung und Verteilung aller in einem bestimmten Zeitraum angefallenen Kosten auf Hauptkostenstellen. Diese bilden die Ausgangsdaten für die Kostenträgerrechnung. Erfassung traditionell: Betriebsabrechnungsbogen (BAB), heute EDV-gestützt
- **Betriebsabrechnung: Kostenträger:** Kostenträger sind die im Produktionsprozess erstellten Güter und Dienstleistungen.
- **Corporate Identity:** Unternehmenskultur, optisches Erscheinungsbild eines Unternehmens, Leitbild, Unternehmensphilosophie
- **Einzelunternehmen:** Unternehmen, dessen Eigenkapital von einer Person aufgebracht ist, die das Unternehmen alleinverantwortlich leitet und das unternehmerische Risiko trägt
- **Flussdiagramm:** Ablaufdiagramm (Produktion): Grafische Darstellung zur Veranschaulichung komplexer Abläufe. Beispiel: Fertigungsstufen zur Herstellung eines Buchs vom Falzbogen bis zum fertigen Produkt. – Auch: Programmablauf in der EDV
- **Führungsstil:** Typisches Verhalten der Vorgesetzten gegenüber einzelnen Mitarbeitern oder Gruppen
- **Gemeinkosten:** Kostenarten, die für mehrere oder alle Kostenträger (Aufträge) anfallen und daher einem Auftrag nicht direkt zugerechnet werden können
- **Rechtsformen von privatrechtlichen Unternehmen:** Einzelunternehmung, Personengesellschaften (z. B. KG, OHG, GmbH & Co. KG), Kapitalgesellschaften (z. B. AG, GmbH), Genossenschaften
- **Tarifpartner, Tarifvertrag:** Vereinbarung zwischen Tarifpartnern (Arbeitsgeber, Arbeitnehmer), die die Arbeitsbedingungen allgemein für eine gesamte Berufsgruppe (Kollektivvertrag) in freier Vereinbarung einheitlich festlegen. Man unterscheidet nach dem Inhalt: Manteltarif (Rahmen) und Lohn- und Gehaltstarif.
- **Unternehmensziele: soziale Ziele:** Gerechte Entlohnung, humane Arbeitsbedingungen, Arbeitsplatzsicherung, berufliche Förderung der Mitarbeiter, Weiterbildung, Aufstiegschancen
- **Urheberrecht:** Absolutes Recht auf den Schutz des eigenen geistigen Eigentums (z. B. Text, Bild, Musik, Kunst)

39

a) Spezifisch, messbar, akzeptiert, realistisch, terminiert

b) Projekt, Auftrag

S = präzise, eindeutig und schriftlich definierter Auftrag (Briefing)

M = Die Daten für den Auftrag liefert Herr Heitmann am 25. August 2014.

A = Imageprospekt der Kurbetriebe nach dem Corporate Identity der Stadt. Druck: 4c, 8 Seiten Hochformat, partielle Lackierung, Rückendrahtheftung

R = erreichbare Meilensteine (Teilziele, Termine) im Fertigungsprozess

T = konkrete Terminangaben zum Ablauf, z. B. Proof am 5. September 2014, Freigabe und Druckbeginn am 9. September 2014

40

Diese Aufgaben sind in der Klassengemeinschaft zu erarbeiten, zu diskutieren, zu präsentieren, zu vereinbaren und umzusetzen.

41

Diese Aufgaben sind selbst zu erarbeiten und in der Klassengemeinschaft zu diskutieren.

42

a) • Kenntnisse über das Unternehmen (den Betrieb): Bezeichnung, Rechtsform, Produktionsprogramm, Produkte
- Unterlagen zum allgemeinen und beruflichen Werdegang (sauber, sachlich geordnet, geheftet in einer Mappe)
- Antworten auf mögliche Fragen, z. B.:
  Würden Sie sich bitte kurz vorstellen?
  Was sind ihre besonderen Stärken?
  Wo haben sie noch weniger Erfahrung (bezogen auf das Produktionsprogramm des Betriebs)?
  Welche Hobbys haben Sie?
- Allgemein, z. B.:
  Ansprechendes Äußeres, z. B. Kleidung.
  Pünktlichkeit bei dem vereinbarten Termin.

b) Erster Eindruck durch Händedruck, Augenkontakt, Höflichkeit, Kleidung, körperliche Erscheinung, sicheres Auftreten, klare Sprache: Persönlichkeit, Sympathie, Sicherheit, Kompetenz, Kontaktfreudigkeit

43

a) Konflikte gehören zum Leben. Sie sind nicht negativ. Grundsätzlich bedeutet dies, das Wünsche und Interessen des einen Partners nicht mit den Wünschen und Interessen des anderen übereinstimmen. Dabei kann es auch sein, dass jeder Beteiligte meint, der andere müsse sich oder sein Verhalten ändern. Mobbing ist eine besondere (subtile) Form von Gewalt, die die psychische und physische Gesundheit und die soziale Entwicklung der Betroffenen beeinträchtigt. Tritt vor allem in „Zwangsgemeinschaften" auf (Umfeld der Wohnung, Schule, Betrieb). Allgemeines Kennzeichen: Vielzahl wiederkehrender Handlungen oder Angriffe durch verbale Attacken, psychische und auch physische Gewalt. (Informationen u. a. bei: Bundeszentrale für politische Bildung, www.bpb.de, www.polizei-beratung.de)

b) Ständige oder immer wiederkehrende Handlungen wie Kontaktverweigerung, Schikanieren, Quälereien, Erniedrigungen, Verbreiten von Gerüchten, soziale Isolation, seelische Verletzungen. „Psychoterror" am Arbeitsplatz wie ständige Kritik an der Arbeit, Ausgrenzen (Team), sinnlose Arbeitsaufgaben, Betroffene durch eigenes Verhalten aus dem Betrieb hinauszuekeln.

c) Täter oder Täterinnen können rund um die Uhr aktiv sein. Ihre Aktivitäten erfordern keinen direkten Kontakt zum Opfer. Die Täter(innen) nutzen Internet- und Mobiltelefondienste zum Bloßstellen und Schikanieren ihrer Opfer. Hierzu zählen u. a. E-Mail, Online-Communities, Blogs, Chats und andere Anwendungen. Mobiltelefone werden genutzt, um mit Anrufen, SMS, MMS oder E-Mails zu tyrannisieren.

d) Eine Mitschülerin wird durch ständige beleidigende SMS gemobbt. Vertrauen zu der Betroffenen aufbauen und für sie offen eintreten. Informationen austauschen, Beweise sichern. Mobbingverhalten offen mit der Betroffenen und dem/den Täter(n) besprechen. Ggf. Lehrer einschalten. „Problem" gemeinsam besprechen, für Beendigung eintreten, Wiedergutmachung einfordern. Hinweise: Verhaltenskodex in der Klasse erarbeiten, in die Schulordnung aufnehmen. Zivilcourage und der Einsatz für Mitschüler im Mittelpunkt des Handelns.

e) Konzentrationsschwierigkeiten, Unsicherheitsgefühl, Selbstzweifel, Angst vor der Schule, Schlaflosigkeit, Magenbeschwerden, Durchfall, Herzbeschwerden

44

a) Ungelöste Konflikte, persönliches Machtstreben, Missgunst, Neid, Schuldzuweisungen bei der Suche nach einem „Sündenbock", Konkurrenz am Arbeitsplatz, Leistungsfähigkeit des Anderen

b) Offene Gespräche über Bedingungen am Arbeitsplatz und das soziale Miteinander, Führungsstil, Schaffen von Arbeitszufriedenheit, Prävention durch Gesprächskultur, Aufklärung und Schulung

45

Offene, faire und sachliche Gesprächskultur erarbeiten. Jedem mit Achtung und Höflichkeit begegnen. Konflikte frühzeitig, direkt und konstruktiv ansprechen. Gemeinsames Entwickeln von Möglichkeiten zur Konfliktbewältigung, von Klassennormen und Regeln. Direkte Konfrontation des Täters mit seinem Verhalten: keine Kritik an der Person, sondern an der Handlung, kein Ausgrenzen.

46

a) Geschichten, Märchen oder andere Erzählungen helfen, die Welt zu erschließen, Zusammenhänge zu begreifen, spannend zu erleben. An Vorgelesenes oder Erzähltes erinnert man sich noch nach vielen Jahren. Förderung der eigenen Fantasie, der Sprachfähigkeit, der Merkfähigkeit.

b) Witzige, spannende Erzähltechnik, fantastischer Spannungsaufbau. Traum, etwas Besonderes zu sein, die Welt zu begreifen und/oder verändern zu können. Verbindung zweier Welten: bekannte Welt und parallele Welt der Fantasy und Märchen mit vielen Interpretationsmöglichkeiten. Der Held: zuerst einmal ein verstoßener, verachteter Außenseiter. Er erlebt eine turbulente Jugend, ein „spießiges" Erwachsenenleben.

c) Das Buch fordert zum eigenen Denken auf, lässt die eigene Fantasie blühen, bietet Spielraum im Erleben der Handlung, ist also „nicht fertig".
Das Video bzw. der Film kann wesentliche Inhalte in „fertigen" Szenen und Abfolgen eindrucksvoll wiedergeben. Viele Inhalte müssen mediengerecht verändert (aufbereitet) werden. Nicht bei jedem Video oder Film gelingt es, den „Geist" und die Spannung des Buchs wiederzugeben.

47

a) Image-Broschüre: Bogen-Offsetdruck
Werbebanner: Digitaldruck

b) Bogen-Offsetdruck: 6/6-Farben-Druck (z. B. Schön- und Widerdruck). Sehr hohe Qualität, hohe Druckleistung, kurze Produktionszeit, separate Druckverarbeitung.
Digitaldruck: „Freie" Formatwahl, Druck auf Textilgewebe mit geeigneten Druckfarben (Lichtechtheit, wetterfest u. a.), ausschließlich für dieses Produkt geeignet.

48

a) Begründen Sie Ihre Entscheidung für einen Arbeitsbereich.

b) Journalistisches Arbeiten erfordert Interesse am Schreiben, eine sehr gute Allgemeinbildung, gute Sprach(en)kenntnisse, analytisches Denken, Fähigkeit zu systematischem Arbeiten (Recherchieren), ein breites Interessengebiet und ein Spezialgebiet.

c) Bedürfnisse und Interessen der unterschiedlichen Leser (Alter, Bildung, Stadt, Struktur, Region u. v. a.) kennen und darauf redaktionell eingehen.
Regionale Informationen: Umfassend, aktuell berichten, möglichst Leser aktivieren.
Politik: Neutrale, gut verständliche Berichterstattung, dazu Hintergrundwissen komplexer Zusammenhänge und Wechselwirkungen bei politischen Entscheidungen liefern.

49

Freundliche Begrüßung, Nennung des Unternehmens und des eigenen Namens. Ruhiges Anhören des Anliegens. Bei Unklarheiten zurückfragen.
Telefonisches Weiterleiten des Anrufs an den zuständigen Sachbearbeiter oder Abteilungsleiter. Falls dieser nicht zu erreichen ist, einen zeitnahen Rückruf vereinbaren.

50

a) Name des Unternehmens, Geschäftsleitung, verantwortliche Kontaktpersonen für Medienaufträge, Erscheinungsbild, Produktionsprogramm des Unternehmens, Stellung am Markt (regional, überregional), bisherige und aktuelle Aufträge des Unternehmens

b) „Die Chemie muss stimmen", d. h. Sympathie, gegenseitige Achtung, gleiche Sprache, Ausstrahlung, Vertrauen

c) Soziale Kompetenz, Kommunikationsfähigkeit, Erfassen der „Probleme" (Aufgabenstellungen) und Lösungen, technische und wirtschaftliche Umsetzung, verbindliche Terminierung und Kostenrechnung

d) Einen kompetenten Ansprechpartner (möglichst die gleiche Person), der verbindliche Informationen geben kann

51

Entscheidung für Antwort B: Eindeutig, kurz, klar und damit für einen Ortsfremden hilfreich.

52

Die Antwort A zeigt dem Kunden Freundlichkeit und Interesse am Anliegen des Kunden (wichtigste Person für das Unternehmen!), zeigt Hilfsbereitschaft, Verantwortungsbewusstsein des Mitarbeiters und gibt einen Hinweis auf ein gutes Betriebsklima.

53

Vergleiche im Arbeitsbuch, Seite 7

54

Warum lernt Hans spanische Vokabeln? Aufgabe der Schule, weniger eigene Motivation für das Lernen, Pflicht, Note.
Martin weiß genau, wozu er Spanisch lernt. Motivation dazu ist seine Radtour. Er lernt aus eigenem Antrieb.

55

Fachbücher u. a.: Grundlegendes, fachlich „geprüftes" Wissen (dazu ggf. Buchbesprechungen, Rezensionen). Autoren und Verlage sind bekannt. Fachgebiet kompetent und umfassend jederzeit vorhanden. Markierungen und Notizen möglich. Spezielles Fachwissen gibt es kaum im Internet.
Technische Dokumentationen, Maschinenbuch: Basis für den Umgang und die Nutzung technischer Produkte, Anlagen, Systeme. Voraussetzung für sachgerechtes, wirtschaftliches Arbeiten, für die Bedienung, für Pflege und Wartung.
Internetrecherche: Sehr schnelle Recherche bei vorhandener Internetverbindung. Informationen zu (fast) allen Themengebieten. Je nach Themengebiet eine mehr oder weniger große oder sogar sehr große Vielzahl an Informationen. Direkte Links zu weiteren Informationen. Probleme: Jeder kann im Internet Informationen veröffentlichen. Qualität der Informationen (Autoren, Prüfung)?

56

a) Prinzipielle Erklärung: Wird neues Wissen aufgenommen, gelangt diese Information in das Kurzzeitgedächtnis (sehr begrenzte Kapazität, filtert aufgenommene große Informationsmengen).
Leichtere Aufnahme: Lernstoff ist an bekannten Handlungen nachvollziehbar und/oder strukturiert sowie möglichst klar und prägnant. Durch mehrfaches Wiederholen wird der Vorgang des Vergessens verringert und das erworbene Wissen gelangt in den „Wissensspeicher", das Langzeitgedächtnis.
b) Technischer Vergleich mit dem Computer:
Kurzzeitgedächtnis = Arbeitsspeicher,
Langzeitgedächtnis = Festplatte.
Nach dem Abschalten des Computers gehen alle Daten des Arbeitsspeichers verloren. Auf der Festplatte gespeicherte Daten sind jederzeit wieder zu laden.

57

Beschreiben Sie mögliche „Abläufe": Das Kurzzeitgedächtnis erinnert Sie, dass da einmal ein ähnlicher Auftrag war. Sie denken nach (d. h. Sie überlegen und forschen im Langzeitgedächtnis) und erinnern sich an einen ähnlichen Auftrag ...

58

a) Beginnen mit wenigen Stichworten. Treffende(re) Ausdrücke wählen. Auch: Wortteile anstatt des ganzen Wortes. Nicht nur eine bestimmte Suchmaschine nutzen. Metasuchmaschinen benutzen. Wörter in Anführungszeichen werden sicher erkannt. Suchoperatoren (logische Operatoren wie „UND", „+", „AND", „ODER", „OR", „NICHT", „NOT", „title" u. a.) verwenden, um zielgenauer zu suchen. Dabei verwenden nicht alle Suchmaschinen die gleichen Befehle. Ggf. Synonyme für einen gesuchten Begriff eingeben. Mit Fachbegriffen haben Suchmaschinen häufiger Probleme.
b) Hinweise: Alles, was im Internet steht, stimmt?!?
Die rasche Zugänglichkeit zu Informationen wird oft höher bewertet als ihre Qualität.
Gibt es ein Impressum mit Ansprechpartner, Anschriften, E-Mail-Adressen u. a.?
Handelt es sich um eine private Homepage oder Webseite einer Organisation, eines Unternehmens, einer Institution u. a.?
Ist der Autor bzw. sind die Autoren bekannt oder angegeben?
Wann wurden die Seiten erstellt oder zuletzt aktualisiert? Die Aktualität von PDF-Dokumenten kann in den Dokumenteneigenschaften geprüft werden.
Gibt es Werbung, Pop-ups, Aufforderungen zu einem Download u. Ä.?
c) Googeln: Suche „auf gut Glück"? Nur eine Suchmaschine wird genutzt. Geringe oder gar keine Reflexion (Qualitätskontrollen) zum Inhalt. Suchmaschinen bieten eine eigene Reihenfolge in der Informationsfindung an, die nicht nach der Wichtigkeit geordnet ist.
Recherche: systematisches Suchen. Kritische Analyse der Informationen. Quellenangabe geprüft. Vergleiche mit anderen Quellen bzw. Internetseiten durchgeführt. Eindeutig festgestellt: Wer betreibt den Server? Wann wurde die Information veröffentlicht? Links oder Verweise vorhanden und geprüft.

2 MEDIENGESTALTUNG, DRUCKVORSTUFE

1

a) Felszeichnungen, Gegenstandszeichnungen (z. B. Kerbhölzer), Hieroglyphen
b) Abstrakte Bildzeichen in Symbolform
c) Symbol für eine Sportart, Zeichen im Verkehr, auf Flughäfen, Hinweis zu Sanitärbereichen, Sicherheitszeichen. International verständlich, d. h. unabhängig von einer gesprochenen Sprache

2

a) Alarm
b) **Alarm**
c) Alarm

3

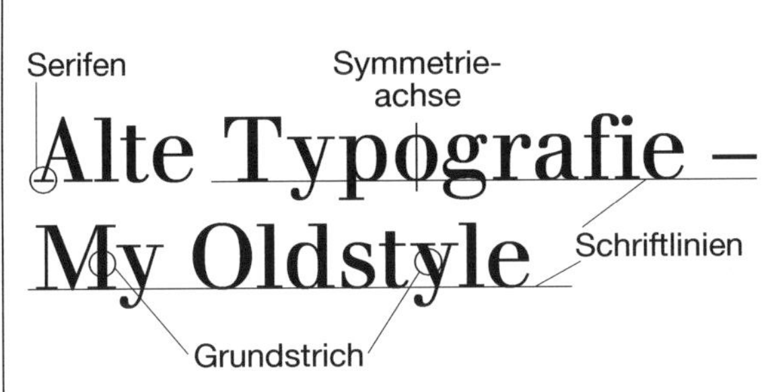

4

a) Vergleich: Art und Form der Serifen, Grundstriche und Strichstärken
b) Gruppe 3, Times
Gruppe 4, Walbaum
Gruppe 5, Rockwell
Gruppe 6, Helvetica
c) Schriftart der Gruppe 3. Insbesondere bei kleinen Schriftgraden ergeben Serifen sowie ein kräftiges und trotzdem relativ offenes Schriftbild eine gute Lesbarkeit.

5

a) Merkmale
A: serifenlos, optisch gleiche Strichstärke bei allen Zeichen, klare Zeichen
B: gebrochene Schrift, „historisch" wirkend
C: Serifen optisch stärker als Grundstriche, sehr eng laufend
D: Schrift ausschließlich in Versalien
b) B: In kleinem Schriftgrad wenig differenziertes Schriftbild, Schriftform „ungewöhnlich"
C: Sehr starke Serifen lassen kein klares Erfassen einzelner Schriftzeichen zu
D: unübliches, schwierigeres Lesen

6

a) Differenzierung einzelner Zeichen durch nicht geschlossenen Buchstabenformen, insbesondere in kleinen Schriftgraden, schwierig
b) Auszeichnungsschrift, z. B. in Anlehnung an den gestalterischen Geist und das Kunstschaffen der Zeit. Logos.

7

a) Bitmap-Schrift: Matrix einzelner Pixel oder Punkte. Bildschirm- und Drucker-Fonts. Große Datenmenge. Bei Skalierung hoher Qualitätsverlust (Randzonen).
b) Plattformübergreifender Einsatz, d. h. Mac- und PC-kompatibel. Eine komplette, nicht limitierte (unbegrenzt große) Font-Datei.

8

- Plakat: Schrift zu klein (Distanz), zu viele Informationen auf der Fläche, schlechte Gliederung der Informationen, ungeeignete Druckfarbe (Lichtechtheit)
- Flyer: Unübersichtlich, schlechte grafische Gestaltung, zu viele Informationen mit Texten und Bildern, unterschiedlichster Schriftenmix, Schriften und Text harmonieren nicht
- Modeprospekt: Drucktechnische Wiedergabe feinster Rasterverläufe und Farbtonwiedergabe auf dem verwendeten Naturpapier im Vergleich zu einem gestrichenen Papier unzureichend. Zeilenlängen zu kurz (viele Silbentrennungen), Kontrast zwischen Bedruckstoff und Druckfarbe (Glanz, Farbton)

9

a) Schnelle, flüchtige Ideenskizzen für die Gestaltung und das Layout eines Druckprodukts
b) Im Gegensatz zu einem Scribble zeigt das Layout eine verbindliche Anordnung von Texten, Grafiken und Bildern auf einer Druckseite. Verbindliche Arbeitsvorlage.

10

a) Druckfläche (Druckseite), druckfreie Ränder, Satzspiegel, Spalten (Anzahl, vertikale Aufteilung), Spaltenbreite, Grundlinienraster (horizontale Aufteilung) und Rastersystem (Ausrichten von Texten und Bildern), Bildgrößen
b) Vergleich von zwei Zeitungen bzw. Zeitschriften und Ihre Beurteilungen

11

a) Skizzen der Doppelseiten in dem vorgegebenen Rahmen
b) Seitenformat 210 mm × 297 mm
   Doppelseite 420 mm × 297 mm
   - Linke Seite: angeschnittenes Bild außen u. Fuß 190 mm × 140 mm
     Mit Beschnitt 193 mm × 143 mm
   - Rechte Seite 210 mm × 297 mm
     Mit Beschnitt 213 mm × 303 mm

   An jeder zu beschneidenden Seite sind 3 mm Beschnitt einzuplanen, um Blitzer zu vermeiden.

12

a) Vergleiche Informationen im Fachbuch
   Begriff aus der Zeit des Bleisatzes (Blindmaterial). Unbedruckte Bereiche (Flächen) außerhalb des Satzspiegels
b) Satzspiegel: bedruckte (rechteckige) Fläche einer Druckseite. Lebender Kolumnentitel: ein Kolumnentitel („Seitentitel"), der neben der Kolumnenziffer (Seitenzahl) weitere Informationen enthält, z. B. Kapitelhinweis. Marginalie: Neben dem Satzspiegel stehende Wörter oder kurze Texte zur raschen Information. Toter Kolumnentitel: Kolumnenziffer (Seitenzahl)

13

a) Schönheitsgesetz für die Harmonie der Proportionen in der Gestaltung, der Kunst u. a.
   Ästhetisches Seitenverhältnis: 1 : 1,618 und danach 3 : 5, 5 : 8 usw.
b) Breite der Druckseite 210 mm
   Satzspiegelbreite 175 mm (Diff. 35 mm)
   - Bund 11,7 mm
   - Außen 23,3 mm

   Höhe der Druckseite 297 mm
   Satzspiegelhöhe 225 mm (Diff. 72 mm)
   - Kopf 24 mm
   - Fuß 48 mm
c) Skizze der Doppelseite anfertigen

14

a) Hauptüberschrift: 13,5 mm
   Zwischenüberschrift: 6,7 mm
   Fließtext: 4,5 mm
b) ZAB (automatisch): 14,4 pt
c) Schrift am Raster ausrichten: Alle Grundlinien der verwendeten Schriftgrößen stehen auf dem voreingestellten Grundlinienraster.

15

a) Zwei nicht maßstäblich gezeichnete Skizzen
b) Blocksatz: Der Satz ist links (Zeilenanfang) und rechts (Zeilenende) bündig.
c) Häufige Silbentrennungen, die den Lesefluss stören und unschön aussehen

16

Horizontale gleichmäßige Aufteilung des Satzspiegels, basiert grundsätzlich auf dem gewählten Zeilenabstand der (Grund-)Schrift. Einsatz: optisch gut strukturierte, gleichmäßige Aufteilung der Druckfläche

17

a) Grundsätzlich verwendete Satzart
   1 = Blocksatz
   2 = Flattersatz linksbündig
   3 = Blocksatz
b) 1: 6. Zeile auf Mittelachse,
   9. Zeile zu große Wortabstände
   2: Flattersatz ohne Silbentrennungen, deutlich unregelmäßiger rechter „Rand" (Flatterzone), der ggf. manuell optimiert werden muss

18

a) Ungeeignet für alle längeren Texte.
   Schlechte Lesbarkeit, keine Ästhetik im Satzbild, ungeeignete Zeilenfolgen („Treppen")
b) Unterschiedlicher Zeilenbeginn erschwert Lesbarkeit
c) Einladungen, Glückwünsche, Buchtitel, kurze Gedichte

19

Einstellung: erzwungener Blocksatz

20

a) Typografischer Gesamteindruck einer Seite: Gestaltungsraster, Flächenaufteilung, Gliederung, Platzierung von Titelzeilen, Bildern u. a.
b) Typografie „des Details“: Feinheiten im Satzbild bei Buchstaben, Ziffern und Zeichen, Laufweite der Schrift, Wortbilder, Wortabstände, Silbentrennungen u. a.

21

- **Akzidenz:** Kurzbezeichnung für Gelegenheitsdrucksachen, d. h. alle nicht periodisch erscheinenden Druckprodukte sowie Bücher, Verpackungen
- **Analyse (Druckprodukte):** Art, Aufgabe, Funktion des Druckprodukts; – Format, Umfang; Gestaltung, Farben, Bilder; – Bedruckstoff; Veredelung; Druckverarbeitung
- **Blindtext:** beliebiger Text, der das optische Erscheinungsbild des endgültigen Text charakterisiert
- **Font:** Schriftbildträger. Heute: digitale Form einer bestimmten Schriftart
- **Einzug:** Einrücken eines Textes von einem Rand. Beispiel: Bei einem Einzug der ersten Zeile eines Absatzes ist diese um einen festgelegten Wert von der normalen Satzkante eingerückt.
- **geometrische Mitte:** der exakte vertikale und horizontale Mittelpunkt einer Fläche
- **kursiv:** schräg gestellte, durch den Schriftkünstler entworfene Schrift
- **linksbündiger Flattersatz:** Die linke Kante des Satzspiegels ist bündig, die Zeile endet in einer (vorgegebenen) Flatterzone vor der rechten Satzspiegelkante
- **Mittellänge:** bei einer Schrift die sichtbare Höhe der Kleinbuchstaben ohne Ober- und Unterlängen
- **Schriftfamilie:** alle Schriftschnitte, die für eine bestimmte Schrift entworfen worden sind, z. B. Helvetica normal, fett, kursiv, fett-kursiv, Kapitälchen
- **Schriftlinie:** optisch unterste Begrenzungslinie der Versalien und Gemeinen (Kleinbuchstaben) ohne Unterlängen
- **ZAB:** Abkürzung für Zeilenabstand

22

- **Auszeichnungsschriften:** ein anderer Schriftschnitt oder auch eine andere Schriftart zur Hervorhebung von einzelnen oder mehreren Wörtern in einem Text
- **Korrekturzeichen:** genormte Zeichen für die Korrektur von Texten
- **Laufweite der Schrift:** Breite der Zeichen und Abstände vor und nach den einzelnen Buchstaben. Normalerweise durch den Schriftkünstler festgelegt
- **Satz auf Mittelachse:** symmetrische Anordnung einzelner Zeilen jeweils auf der Mitte des Satzspiegels oder einer Spalte
- **Serifen:** An- und Abstriche zu Grundstrichen an einzelnen Buchstaben
- **Schriftgrad:** Schriftgröße
- **Schriftmischungen:** in der typografischen Gestaltung einer Druckseite der Einsatz verschiedener Schriftschnitte oder die Kombination mit einer anderen Schriftfamilie
- **typografischer Punkt (pt):** die kleinste Maßeinheit des typografischen Maßsystems, in dem Schriftgrößen, Zeilenabstände u. a. angegeben werden
- **Unterlänge:** Länge von Schriftzeichen, die unterhalb der Schriftlinie liegen
- **Unterschneiden:** Verringern des durch den Schriftkünstler festgelegten Zeichenabstands
- **Zeilenabstand:** Abstand zwischen zwei untereinander liegenden Schriftzeilen, gemessen von Schriftlinie zu Schriftlinie
- **Zielgruppe:** Begriff im Marketing: Teil der Bevölkerung, der mit einer bestimmten Marktstrategie erreicht werden soll

23

- **Ästhetik:** Wahrnehmung des Menschen: Lehre des Schönen sowie der Harmonie in der Natur und der Kunst
- **Gemeine:** Kleinbuchstaben einer Schrift
- **Kapitälchen:** spezieller Schriftschnitt, bei dem anstelle der Gemeinen Versalien auf der Höhe der Kleinbuchstaben (Gemeinen) gesetzt werden
- **Kolumnentitel:** Seitenangabe, z. B. in einem Buch, ohne oder mit einem ergänzenden Kurztext (vgl. toter bzw. lebender Kolumnentitel)
- **Lesegröße:** Schriftgrößen von 10 bis 12 pt, die für ermüdungsfreies, längeres Lesen von Texten geeignet sind
- **Logo:** Grafisches Zeichen: Bild, Wort oder die Kombination Wort-Bild. Ein markantes, unverwechselbares Symbol als Zeichen für Firmen, Marken, Institutionen u. a.
- **optische Mitte:** Ästhetische Empfindung für die (vertikale) Mitte bei der Gestaltung. Eine waagerecht angeordnete Zeile, ein Bildelement o. Ä. liegt dabei minimal (ca. 5 %) über die exakten geometrischen Mitte.
- **Pagina:** Seitenzahl, Kolumenziffer in einem Druckprodukt
- **rechtsbündiger Flattersatz:** Die rechte Kante des Satzspiegels ist bündig, die Zeile endet in einer (vorgegebenen) Flatterzone vor der linken Satzspiegelkante
- **Schriftklassifikation:** Einteilung aller Druckschriften nach DIN 16518. Einteilungskriterium sind kulturhistorische Epochen, in denen die ersten Formen dieser Schriften entstanden. Heute ist diese Einteilung

umstritten, es gibt aber auch keine andere allgemein akzeptierte neuere Einteilung
- **Spalte (Satz):** vertikale Unterteilung eines Satzspiegels in zwei oder mehrere „Blöcke“, die durch eine unbedruckte Fläche von einander getrennt sind
- **Versalien:** Großbuchstaben

24

a) Beispiele zu Auszeichnungen: kursiv, halbfett, fett, Kapitälchen; andere Schriftart, andere Druckfarbe; mit feinem Raster unterlegen (Skizzen dazu)
b) Hervorhebende Wirkung = starker Kontrast
   - halbfette oder fette Schrift
   - größerer Schriftgrad
   - andere Schriftart
   - Unterlegen von Farbe oder Raster

   Zurücktretende Wirkung = harmonischer Kontrast
   - kursive Schrift
   - Kapitälchen

25

- Lesbarkeit, vgl. Plakat, Zeitungsanzeige, Geschäftsdrucksachen, Buch, Image-Broschüre, Allgemeine Geschäftsbedingungen (Vertrag)
- Lesegeschwindigkeit
- Zielgruppen, z. B. Kinder (Lesebuch u. Ä.), Juristen (Gesetzestexte u. Ä.), Senioren, Konzertbesucher, Jugendliche (Zeitgeist), Veranstaltungsgäste

26

- **Absatzformate:** Für die Arbeit an diesem Buch definiere ich Absatzformate wie Fließtext, Fließtext mit Einzug, Aufzählungen. Alle benötigten Optionen für den Satz (Text) sind in diesen Absatzformaten enthalten und lassen sich mit einem Klick für den gesamten Absatz einstellen.
- **Zeichenformate:** Diese Formate sind ebenso genau definiert. Sie gelten aber nicht für den ganzen Absatz, sondern nur für definierte (z. B. markierte) Wörter oder Textstellen. Beispiel in diesem Buch: kursiv, fett

27

- **Schriftauswahl – Zeitung:** gute Lesbarkeit, viele Buchstaben pro Zeile – Image-Prospekt: Corporate Design des Unternehmens, Schriftschnitte
- **Schriftmischungen:** Schriften der gleichen Stilrichtung dürfen nicht gemischt werden (z. B. Helvetica, Arial, Frutiger). Mit wenigen unterschiedlichen Schrift und Schriftschnitten gestalten. Allgemein: eine Schriftfamilie, dazu maximal zwei weitere Schriften. Je sparsamer, desto besser!
- **Auszeichnungen:** kursive Schrift, Kapitälchen
- **Schriftgrößen:** Fließtext Fachwörterbuch 8 bis 9 pt, Fachbuch 10 bis 11 pt, Zeitung 9 bis 11 pt; Headline in einem Prospekt 16 pt, 24 pt und größer; Plakat 48 pt und auch erheblich größer
- **Schmallaufende Schrift:** Einsatz für Lexikas, fachliche Informationen u. Ä. für große Textmengen und bei geringem Leseabstand. Lesbarkeit beachten
- **Silbentrennung Blocksatz:** nicht mehr als drei Trennungen untereinander
- **Zeilenlänge:** Zu lange Zeilen ergeben viele Lesesprünge, häufig ist die folgende Zeile danach schlechter zu finden. Die Zeilenlänge sollte bei optimaler Lesbarkeit (z. B. eine Textspalte in einem Buch) 50 bis 60 Zeichen inklusive aller Wortabstände haben. Bei Nachschlagewerken sind 40 bis 45 Zeichen pro Zeile zu empfehlen. Je kleiner die Schrift, desto kürzer die Zeilenlänge (Breite).
  Je breiter die Schrift läuft, desto länger kann die Zeilenbreite sein.
- **Zeilenabstand:** Der normale Zeilenabstand (ZAB), in Programmen grundsätzlich voreingestellt, beträgt 120 % der Schriftgröße. Grundsätzlich die optimale Grauwirkung des gesamten Schriftbilds. Eine starre Regel für alle Schriftarten gibt es nicht.

28

a) Alphabetisch geordnetes, umfassendes Wörterverzeichnis, das ein rasches Auffinden gesuchter Informationen ermöglicht
b) Im weiteren Sinne das gesamte Literaturverzeichnis für eine Arbeit (Ausarbeitung, Fachbuch u. Ä.). Im engeren Sinne: nach bibliografischen Regeln erstelltes Verzeichnis verwendeter Zitate aus dem angegebenen Literaturverzeichnis

29

a) **Schmutztitel:** Eine dem Haupttitel vorangestellte Seite, die den Buchtitel und ggf. zudem den Namen des Verfassers enthält. Vgl. im Arbeitsbuch die erste Seite nach dem Umschlag
b) **Haupttitel:** Hauptseite der Titelei eines Buchs, die den Verfasser, den Buchtitel, den Verlag u. a. angibt.
c) **Impressum:** Vorgeschriebene Druckvermerke in Büchern, Zeitschriften, Zeitungen u. Ä. Es enthält das Copyright, den Verlag, Angaben zur Auflage, die ISBN-Nummer u. a.

d) **Widmungstitel (nicht in allen Büchern):** Seite mit der Angabe, welcher Person bzw. welchen Personen der Autor dieses Buch widmet
e) **Vakatseite(n):** Leerseite, unbedruckte Seite
f) **Inhaltsverzeichnis:** Gliederung des Buchs in einzelne Kapitel und ggf. Unterkapitel mit Seitenangabe
g) **Vorwort:** Einführung und Zielsetzung des Buchs, ggf. erforderliche Erläuterungen, Dank an Mitarbeiter, Unterstützende

30

- Begutachten von eingereichten Manuskripten
- Prüfen, ob dieser Titel für die Herausgabe im Verlag geeignet ist und erfolgreich vermarktet werden kann
- Kontakt und Zusammenarbeit mit Autoren
- Vorschläge für neue Bücher oder Buchprojekte machen und geeignete Autoren suchen
- Übersetzer für fremdsprachige Manuskripte suchen, Kontakte zu anderen Verlagen aufnehmen
- Kommunikation: Verlagsleitung, Autor, Produktion, Marketing

31

Analyse der Druckprodukte, Erstellen einer Beurteilungsliste nach gegebenen Angaben

32

a) Sie dürfen das Logo nur mit Genehmigung für Ihre Publikation verwenden.
b) Suchen Sie den Kontakt zu EMAS, schreiben Sie einen Brief zu Ihrem Anliegen.

33

a) Titelei: Schmutztitel, Haupttitel, Impressum, Inhaltsverzeichnis, ggf. Vorwort
Inhalt: Der gesamte erarbeitete Textteil, gegliedert in Kapitel
Anhang: mögliche ergänzende Inhalte dazu, wie Stichwortregister, Erläuterung wichtiger Fachbegriffe oder Fremdworte, wichtige fremdsprachliche Fachwörter mit deutscher Übersetzung, Literatur- und Quellenverzeichnis, weiterführende Literatur
b) urheberrechtlicher Schutzvermerk

34

a) 1. Haltung schafft Vertrauen und ist Voraussetzung für ein positives Gesprächsklima, dies muss zu spüren sein, z.B. durch Blickkontakt, Wortwahl, Tonfall
2. Hinhören ist der Versuch, sich in den anderen einzufühlen und ihn und seine Argumente zu verstehen
3. Eindeutig sein, nichts „verpacken“ (nur andeuten), Behauptungen, Fragen oder Wünsche klar herausstellen, eigene Gefühle zu erkennen geben
4. Verantwortung im Gespräch übernehmen, d.h. „ich“ statt „man“, Werturteile oder Angriffe unbedingt vermeiden
5. Situation klar herausstellen, sachlich argumentieren, keine Verallgemeinerungen oder Übertreibungen
6. Probleme oder Informationen möglichst klar und prägnant herausarbeiten, einfach zu verstehende Sätze, deutlich verständliche Sprache
7. Antwort geben, ggf. Rückfragen wie „Ich habe dich so verstanden ...“, „Habe ich dich so richtig verstanden ...?“, Gespräch reflektieren, Übereinstimmungen und auch gegensätzliche Ansichten als Ergebnis festhalten, bei sehr wichtigen Themen ein Gesprächsprotokoll anfertigen
b) Arbeitsblatt mit persönlichen Hinweisen und Ergänzungen zu Fachgespräch, Diskussion, Problemlösung u.Ä.

35

Erstellen Sie ein Stichwortprotokoll zu dem Ergebnis der Erörterung in Ihrer Gruppe.

36

Siehe Seite 28.

37

Licht = elektromagnetische Strahlung, die für den Menschen sichtbar ist. Werden nicht alle möglichen elektromagnetischen Strahlen wahrgenommen, „entstehen“ Farben. Ohne Licht ist keine Farbe sichtbar.

Zu Aufgabe 36

Text 2: Zu korrigierender Satz

1,2 Millionen Kamele sollen sterben
Kamele sollen im Jahr rund 45 Kilogramm
Methan ausstoßen. Das entspricht etwa einer
Tonne Kohlendioxid, da Metan 21-mal klima- | th einundzwanzig
wirksamer ist als CO2. Alle Tiere in Australien | CO_2
zu töten, würde im Jahr so viel Treibhausgase
sparen wie die Stilllegung von 310 000 Autos,
erklärte der Oppositionssprecher für Agrarfra-
gen Jonny Cobb. | n, John
Die US-Umweltbehörde EPA geht davon aus,
dass ein Kamel etwa auf ein Sechstel des
CO2-Ausstoßes eines Autos kommt. Damit | CO_2
entspräche die Gesamtemmission der Hocker- | ö
tiere immer noch rund 200 000 Fahrzeugen, da
in Austrälen geschätzte 1,2 Millionen wilde Ka- | li
mele leben.
Die Tiere wurden vor etwa 150 Jahren von | mehr als
Siedlern als Transportmittel ins Land gebracht
und haben sich inzwischen zu einer veritablen
Plage entwickelt. Sie tun sich an der ohnehin
kargen Vegetation gütlich und saufen die wenigen Wasserstellen leer. Vor zwei Jahren be-
drängte eine Herde Kamele das Dorf Docker | sogar
River und riß dort auf der Suche nach Wasser | ss
Regenrinnen und Klimaanlagen Kühlschläuche | Kühlschläuche der
von den Dächern. Die Regierung schätzt, dass
sich die Kamel-Population alle neun Jahre ver-
doppelt.

38

a) Nach den folgenden Hinweisen eine Skizze fertigen
   - Lichtquelle sendet Strahlen auf einen Gegenstand.
   - Der Gegenstand reflektiert bestimmte Strahlen und absorbiert andere.
   - Farbreize der reflektierten Strahlen gelangen in das Auge.
   - Farbrezeptoren (Empfänger, Sensoren) auf der Netzhaut sind sogenannte Zapfen, man unterscheidet blaue, grüne und rote Zapfen nach der Empfindlichkeit für bestimmte Wellenbereiche. Zapfen erkennen die Spektralfarbenbereiche Blau, Grün und Rot.
   - Stäbchen sind sehr hoch lichtempfindlich, sie erkennen nur unterschiedliche Helligkeiten.
   - Im Gehirn entsteht aus allen „Merkmalen" der Sinneseindruck „Farbe".

b) Farbe entsteht durch das Verarbeiten bestimmter Informationen im Gehirn. Durch verschiedene Einflussfaktoren sieht, erkennt und interpretiert jeder Betrachter „Farbe" unterschiedlich. Einflussfaktoren sind u. a.: Lichtquelle, Beleuchtung, betrachtetes Objekt (Oberfläche, Form), Objekthintergrund, physiologische Wirkung im Auge, psychologische Einflüsse

39

a) Rot, Orange, Gelb, Grün, Blau, (evtl. Dunkelblau), Violett

b) 380 nm bis ca. 780 nm (vielfach vereinfacht: 400 nm bis 700 nm)

c) Blau, Grün, Rot

d) Wellenlänge: Ausbreitung periodischer Schwingungen bei elektromagnetischer Energie. Man unterscheidet Wellenberge und Wellentäler. Wellenlänge ist der Abstand zwischen zwei aufeinander folgender Orte mit gleicher Phase (gleichem Schwingungszustand)
Frequenz: periodisch wiederkehrende Schwingungen innerhalb einer Zeit, Anzahl der Schwingungen pro Sekunde (Hz)
Amplitude: periodische Schwingungsweite, größte Auslenkung einer Welle von der Ruhelage

40

a) Magenta entsteht optisch sichtbar aus dem blauen (ca. 400 bis 500 nm) und roten Wellenbereich (ca. 600 bis 700 nm), beide Wellenbereiche liegen im Spektrum (Regenbogen) jeweils an einem Ende.
b) Mischung von „Lichtfarben"; Grundfarben sind Blau, Grün und Rot, die nicht durch andere (Licht-) Farben ermischt werden können.

41

a) Werte annähernd (Richtwerte)
Kerzenlicht 2000 K
Glühlampenlicht (60 Watt) 2500 K
Leuchtstoffröhre (Kaltweiß) 4400 K
„mittleres Tageslicht" (Nachmittagssonne) 5000 K
Sonnenschein bei klarem blauem Himmel > 6000 K
b) Nach ISO 3664:2009 gelten die CIE-Normlichtart D50 (5000 K) sowie verschiedene zusätzliche Messbedingungen (Angaben M: Einfluss optischer Aufheller im Bedruckstoff, UV-Anteil u. a.)

42

a) Das gleiche Bild wird bei 2800 K deutlich gelblicher „gesehen".
b) Kelvin

43

a) Weißes Licht trifft auf den
- „schwarzen" Gegenstand, es wird von der Oberfläche vollständig absorbiert, das Auge empfängt keine Farbreize, das Gehirn erkennt „Schwarz".
- „weißen" Gegenstand, es wird von der Oberfläche vollständig reflektiert, das Auge empfängt alle Farbreize (R+G+B), das Gehirn erkennt „Weiß".

b) Unterschiedliche Graustufen entstehen durch unterschiedlich starke Reflexionen des Lichts an der Oberfläche. Stäbchen leiten diese Informationen an das Gehirn weiter, wir „sehen" Graustufen.

44

- Gelb: Es reflektieren rote und grüne Bereiche (additive Farbmischung R + G = Y), im Gehirn entsteht der Farbeindruck Y.
- Cyan: Es reflektieren grüne und blaue Bereiche (additiv G + B = C), im Gehirn entsteht der Farbeindruck C.

45

- Oben: Grün – Gelb – Rot
- Zentrum: Weiß
- Mitte: Cyan – Magenta
- Unten: Blau

46

Skizzen zu folgendem Sachverhalt:
- Gegenstand reflektiert oder absorbiert je nach Oberflächeneigenschaft Lichtstrahlen unterschiedlicher Wellenbereiche.
- Reflektiertes Licht gelangt auf Farbrezeptoren (R, G, B), sogenannten Zapfen, und auf Stäbchen im Auge.
- Zapfen erzeugen Farbinformationen, Stäbchen Helligkeitsinformationen.
- Farb- und Helligkeitsinformationen leiten Nervenreize an das Gehirn weiter.
- Im Gehirn entsteht aus der Verarbeitung der Informationen der Sinneseindruck einer bestimmten Farbe.

47

Stäbchen sind im Vergleich zu Zapfen hochempfindlich und können so auch bei weniger Licht Informationen empfangen.

48

Buntton: Farbtöne wie Rot, Grün, Gelb. Helligkeit: Lichtempfindung von hell bis dunkel. Buntheit: leuchtend bis schmutzig. Skizzieren Sie beispielhaft die Unterschiede.

49

a) Subtraktive Farbmischung = Mischung von Körperfarben, sogenannten Nichtselbstleuchtern. Der Gegenstand (Körper) erzeugt selbst kein Licht, auftreffendes Licht wird mehr oder weniger reflektiert.
b) Beispiel: „Ich sehe rote und grüne Strahlungen, die im Gehirn Gelb ergeben."

50

a) M = Magenta
b) C = Cyan
c) Y = Gelb
d) Weiß
e) B = Blau
f) R = Rot
g) G = Grün
h) K = Schwarz

51

a) Monitor = Selbstleuchter, er strahlt „Licht“ (spektrale Energie, optische Signale) aus und erzeugt so Farben.
b) Weiß: Die gesamte (spektrale) Energie wird gleichmäßig in voller Stärke abgestrahlt.
Schwarz: Der Monitor strahlt keine Energie ab.
Neutral-Grau: Die gesamte (spektrale) Energie wird gleichmäßig in halber Stärke abgestrahlt.
Grün: Es werden nur die grünen Anteile der Energie optisch wirksam abgestrahlt.

52

a) Additives Farbmischsystem, R, G, B
b) Schwarz: kein Abstrahlen von optischen Signalen
Weiß: Abstrahlen aller optischen Signale (R+G+B) in höchster Intensität
c) Jedes Gerät bzw. Ausgabesystem kann nur einen bestimmten Farbraum wiedergeben.
Unterschiedliche Farbmischungen
- Additiv: Digitalfoto, Monitor
- Subtraktiv: Formproof, Digitaldruck, Offsetdruck

53

- Der Betrachter sieht keinen einzelnen Rasterpunkt.
- Nebeneinander liegende Rasterpunkte:
C = B + G gelangen als Nervenreize ins Gehirn.
Y = R + G gelangen als Nervenreize ins Gehirn.
Da das Auge diese Farbreize nicht einzeln erfassen (sehen) kann, entsteht daraus im Gehirn der Gesamteindruck (die „Farbe“).
B + G + R + G = Grün (B + G + R = Weiß, dazu: G)
- Übereinander liegende Rasterpunkte (Beispiel):
Y liegt über C, auf Y auftreffendes Licht absorbiert blauen Anteil, das darunter liegende C absorbiert danach den roten Anteil; es wird demnach nur der grüne Anteil reflektiert, gelangt über das Auge als Nervenreiz in das Gehirn.

54

a) 1 Zoll = 2,54 cm, 27 Zoll = 68,58 cm
b) Diagonale des Bildschirms von links unten bis rechts oben
c) Monitore mit In-Plane-Switching-Technik, farblich einwandfreies Sehen auch bei unterschiedlichem Blickwinkel

55

Vergleiche Informationen im Fachbuch. Angabe der Wellenlänge vereinfacht gerundet.
a) Wellenlängen 400 nm bis 500 nm und zusätzlich 600 nm bis 700 nm
Vertikal: 100 %
b) Ein zu geringer Teil reflektiert mehr oder weniger im Bereich 400 nm bis 500 nm, auch im Bereich von 500 nm bis 600 nm zeigen sich geringe Reflexionen, im Bereich von 600 nm bis 700 nm ebenfalls unzureichende Reflexionen (unter 100 %, alle Fehler nicht linear, sondern in verschiedenen Kurven).
c) Mängel in Absorption und Reflexion ergeben sowohl Verschwärzlichungen wie auch Verweißlichungen. Die Farbe wirkt unrein, verschmutzt.

56

a) Um Verwechselungen mit der additiven Grundfarbe Blau (engl. Blue = B) zu vermeiden
b) Verschiedene Darstellungsformen möglich, z. B. als Rasterpunkte in verschiedenen Größen und Kombinationen

57

Reflektiert werden ...
a) blaue und rote Strahlen, B + R
b) blaue und grüne Strahlen, B + Y

58

Autotypische Farbmischung: Es wirken sowohl additive wie auch subtraktive Gesetzmäßigkeiten.

59

Mit den Prozessfarben ist im Druckprozess nur ein begrenzter Farbraum (vgl. „Schuhsohle") wiederzugeben. Darüber hinausgehende und reine Farbtöne erfordern Sonderfarben.

60

- **Prozessfarben:** subtraktive Grundfarben zur drucktechnischen Wiedergabe von Farbbildern im „Skalendruck", Färbungstoleranzen genormt nach ISO 2846
- **Primärfarben:** Grundfarben z. B. der subtraktiven Farbmischung sind Cyan (C), Magenta (M) und Gelb (Y)
- **Sekundärfarben:** Farbe aus der Mischung von zwei Primärfarben
- **Tertiärfarben** (Hinweis: gleiche Mischungsanteile = erste Ordnung, unterschiedliche Mischungsanteile = zweite Ordnung): Farbe bei einer beliebigen Mischung von drei Primärfarben
- **unbunte Farben:** Farben von Weiß über verschiedene Graustufen bis zum Schwarz ohne einen Anteil von bunten Farben
- **aufgehellte Farben:** Eine mit Weiß gemischte Farbe
- **geschöntes Schwarz:** Schwarzsorte, die zur Erhöhung der Farbtiefe der Pigmente (Ruß) mit Blau oder Cyan gemischt ist
- **Pantone-Farben:** Farbmischsystem mit verschiedensten Farben für Design und Druck, die im Produktionsprozess auf unterschiedlichen Bedruckstoffen (nahezu) übereinstimmend wiedergegeben werden können

61

- Buntton: Beliebige unterschiedliche Farben, die man nach ihrem Buntton in einer systematischen Reihe anordnen kann. Am Ende einer entsprechend langen Reihe gelangt man wieder an den ersten Buntton. Daher ist es sinnvoll, Bunttöne in einem Farbsystem in einem Kreis anzuordnen.
- Buntheit: Farben können leuchtend rein oder stumpf und schmutzig, brillant oder verschwärzlicht wirken. Dieses Merkmal einer Farbe wird Buntheit genannt, dabei wird die Helligkeit in das Merkmal einbezogen.
- Helligkeit: Leuchtintensität einer Farbe. Farben können sich in ihrer Helligkeit unterscheiden, bei gleichem Buntton erscheint eine Farbe heller als eine andere.

62

Analysieren Sie einen Auftrag aus Ihrem Betrieb nach den genannten (oder entsprechend dem Druckprodukt möglichen) Kriterien. Geben Sie zuvor eine kurze Beschreibung zu dem Druckprodukt. Erstellen Sie danach eine übersichtliche Liste.

63

Verwenden Sie zur Information für die Bearbeitung den Prozessablauf auf den Seiten 33 und 34 im Arbeitsbuch.

64

a) Malware: Viren, Würmer, Trojanische Pferde u. a.
Mögliche Ursachen: Mails mit Malware, Ausnutzung von Schwachstellen im Betriebssystem, willentlicher Download, Verbreitung über Webseiten
Folgen: Datenverluste, Systemabsturz, interne Daten und Daten von Kunden sind verloren, Image-Schaden gegenüber Kunden

b) Kontrolle des Datenflusses zwischen dem internen Netzwerk und einem externen Netzwerk. Die Firewall – durch den Administrator konfiguriert – prüft an einer Liste z. B. Rechner und Server, die unmittelbar an das externe Netzwerk angeschlossen sind, ob das Datenpaket, das ins Netzwerk hinein will, überhaupt dazu berechtigt ist.
Im privaten Bereich läuft die Personal-Firewall selbst auf dem Computer. Grundsätzlich gilt das „sichere" Nutzen und Verhalten des Anwenders als wichtigster Schutz.

c) Hinweise zu „Praktische Tipps zum Surfen"
   - Jeder Klick übermittelt Daten an den Netzbetreiber
   - Fehler im Browser oder optionale Browser-Module
   - Probleme durch Cookies
   - Löschen des Browser-Verlaufs
   - Abgefangene Datenpakete zeigen die IP-Adresse
   - Apps bieten Schwachstellen
   - Aktualität des Betriebssystems, Updates
   - Übermittlung sensibler Daten
   - Löschen fragwürdiger Mails, Anhänge nicht öffnen

65

a) Hinweis: Unterschiedliche Erklärungen und Bereitstellungsmodelle. Bezeichnung für die abstrakte IT-Infrastruktur: „Wolke".
Ein bestimmtes Angebot von IT-Dienstleistungen wird über das Netz angeboten, genutzt und abgerechnet. Angebot und Nutzung erfolgen ausschließlich über definierte technische Schnittstellen und Protokolle.

b) Mögliche Angebote: Infrastruktur (z. B. Speicherplatz, Rechenleistung), Bereitstellung aktuellster Software sowie von Musik, Filmen u. a.
Vorteile: wirtschaftliche Gründe, Aktualität, rasches Anpassen an den Bedarf
Mögliche Bedenken: Gewohnheit, auf eigene Daten direkt, eigenverantwortlich und sicher zugreifen zu können. Sicherheit im Cloud-Computing (wie sensible Daten, Datenschutz, Kommunikationsverbindungen, Technik, Verlust und Löschung von Daten), Cloud-Computing kostet Geld, Cloud-Anbieter können vom Markt verschwinden (Insolvenz)

66

Erarbeiten Sie diese Aufgabe mit Verantwortlichen und Beauftragten aus Ihrem Betrieb. Lassen Sie sich Ihre Anweisung (zu a)) und alle Protokolle von dem Verantwortlichen in Ihrem Betrieb abzeichnen.

67

a) Kunden, Lieferanten, Wettbewerber, Markt. Technische Daten (Unternehmen, Prozesse, Produktion), Personal, Finanzen, Produktionsdaten (Auftrag)

b) Problemstellung: „Wer benötigt bzw. verfügt wann, wo und wie über welche für ihn relevanten Informationen?"

c) Angaben über persönliche oder sachliche Verhältnisse, z. B. Name, Alter, Familienstand, Geburtsdatum, Anschrift, Telefonnummer, E-Mail-Adresse, Bankverbindung, Sozialversicherungsnummer, Werturteile (Zeugnisse u. Ä.)
Dokumente: Objekte auf Papier oder in digitaler Form mit Informationen für betriebliche Prozesse. Datenbankgestützte Verwaltung aller elektronischen (digitalen) Dokumente: Organisation und Koordination, Überarbeitung, Überwachung und Verteilung
Content (Inhalt): Bezeichnung für digitale Informationen wie Text, Bild, Audio, Video. „Inhaltsverwaltung": Alle Tätigkeiten und Prozesse zur Erstellung, Bearbeitung, Organisation und Speicherung digitaler Daten. Ziel in der Medientechnologie ist eine medienneutrale Datenhaltung.

68

a) Datenträger (z. B. CD, DVD), E-Mail-Anhang, ISDN (Leonardo), FTP, Web-Upload

b) Offen = nativ: Dateien, die im Ursprungsprogramm (z. B. InDesign) wieder geöffnet und verändert werden können
Geschlossen: Grundsätzlich im gesamten Inhalt und im Layout nicht zu verändern (z. B. PDF)

69

a) Wiedergabe der Bildinformationen nur in Schwarz oder Weiß, ohne Zwischentonwerte, nicht gerasterte Bildelemente

b) Wiedergabe der Bildinformationen mit unterschiedlichen Tonwerten, stufenlos von Schwarz über Grautonwerte bis zu Weiß

70

a) 2 % bis < 10 %
b) > 10 % bis > 40 %
c) > 40 % bis < 60 %
d) > 60 % bis < 80 %
e) > 80 % bis 95 %
f) 100 %

71

- Erfassung und Speicherung des Bilds (Bildinformationen) auf Film oder Fotopapier
- Erfassung des Bilds auf einem (Flächen-)Sensor und digitale Speicherung der Bildinformationen auf einem Speichermedium

72

a) Vier Klassen: 0, 1, 2, 3

b) Bildkontrast-Klasse 0 erfordert die höchste Prozessqualität, geringste Abweichungen sind sichtbar. Bei höheren Bildkontrasten verringern sich die Anforderungen.

c) Bei einem Bild mit der Bildkontrast-Klasse 0 (z. B. dreifarbig aufgebaute Bunttöne) sind bereits kleinste Schwankungen der Farbbalance von ± 2 % deutlich zu erkennen und werden kaum akzeptiert. Dagegen werden Bilder mit der Bildkontrast-Klasse 3 in der Druckprozesskontrolle bei einer Schwankungsbreite in der Graubalance von ± 6 % noch akzeptiert.

73

- Bildinformationen werden durch kontinuierliche Werte (z. B. Hell-Dunkel-Werte, unterschiedliche Grau- oder Farbwerte) wiedergegeben, Darstellungen von Informationen (z. B. Texte, Zeichen, Bilder) mit einem binären System.
- Bildinformationen, die nur durch zwei Tonwerte (maximale Gegensatzpaare, jeweils in gleicher Stärke, z. B. in Schwarz und Weiß und nicht gerastert) wiedergegeben werden
  Bildinformationen werden mit unterschiedlichen Tonwerten, stufenlos einfarbig von Schwarz über Grautonwerte bis zu Weiß oder farbig mit kontinuierlich verlaufenden Farbtönen wiedergegeben
- Der Bildträger ist undurchsichtig, der Bildträger ist durchsichtig (transparent, z. B. ein Film)
- Bildinformationen bestehen nur aus einer Farbe bzw. aus einer beliebigen Anzahl von Farben
- Bildinformationen entsprechen in den Helligkeitswerten der realen Wirklichkeit. Die Wiedergabe der Bildinformationen ist tonwertverkehrt, d. h. entgegengesetzt zur realen Wirklichkeit.
- Die Betrachtungsrichtung (vgl. Leserichtung) läuft parallel zur kurzen Seite eines Bilds. Die Betrachtungsrichtung (vgl. Leserichtung) läuft parallel zur langen Seite eines Bilds.
- Bildinformationen (Zeichnungsseite, bei einem Film die Schichtseite) zeigen zum Betrachter, Bildinformationen sind seitengleich mit der Vorlage oder realen Wirklichkeit.
  Bildinformationen (Zeichnungsseite, bei einem Film die Schichtseite) zeigen zum Betrachter, Bildinformationen sind im Vergleich zur Vorlage oder realen Wirklichkeit spiegelverkehrt.

74

a) Startpunkt (Koordinaten), Richtung (Winkel), Länge oder Endpunkt (Koordinaten), Eigenschaften (Farbe, Linienstärke u. a.)
b) Es sind nur Koordinaten (Vektordaten) gespeichert. Erst bei der Ausgabe entstehen „Zeichnungselemente" in der gewünschten Auflösung.
c) Pixelgrafik = „Rasterfeld" einzelner Bildpunkte. Diese Rasterstruktur bleibt erhalten und wird beim Vergrößern sichtbar.

75

a) ai, auch: EPS (Meta File Format)
b) TIFF, JPG, BMP, PICT

76

- Bildsensor einer Digitalkamera, der aus einer Vielzahl lichtempfindlicher Halbleiterelemente (CCD, COMS) besteht
- Physikalische Auflösung: Detailwiedergabe durch ein optisches System
- Lichtbedingungen bei einer Aufnahme, beeinflusst durch die Farbtemperatur der Lichtquelle
- Wiedergabe eines Bilds von den maximal hellsten bis zu dunkelsten Tonwerten (Bildbereichen)
- Grafische Darstellung des Tonwertumfangs eines Bilds
- Grafische Darstellung der Tonwerte eines Bilds. Der gesamte Tonwertverlauf wird durch eine entsprechende Kurve wiedergegeben. Kurvensteilheit und Kurvenform zeigen die Verteilung der Tonwerte.

77

a) Speicherung der Bildinformationen in Vektoren bzw. in einer Vielzahl einzelner Pixel
b) Optimale Bildwiedergabe
c) Die Bildwiedergabe (-qualität) kann – je nach Auflösung des gespeicherten Bilds – mehr oder weniger „pixelig" erscheinen.

78

a) Stand- und auch bewegte Bilder sind digital so zu bearbeiten, dass der Betrachter absolut getäuscht wird. Wahrheit, einer (Bild-)Information trauen?
b) Betrug zum Schaden für einen Reisenden
c) Hier soll zu einer möglichen Gestaltung angeregt werden.

79

- Physikalische Auflösung. Wiedergabefeinheit durch ein optisches System, die ein Aufzeichnungs- bzw. Abtastgerät (digitale Fotografie, Scanner u. a.) differenziert wiedergeben kann. Echte Pixel: 600 ppi ergeben sich aus 600 CCDs.
- Mathematisch errechnete Auflösung. Hochrechnen auf eine höhere Auflösung, ohne zusätzliche Infor-

mationen hinzuzufügen. Bilddetails, die bei optischer Auflösung nicht erfasst werden, sind dadurch auch nicht vorhanden.

80

a) 1 Inch = 2,54 cm
b) Prüfung am eigenen Monitor, vgl. ppi, z. B. 72, 96, 120 ppi. In der Regel stellt das Betriebssystem die richtige Auflösung (Pixelmaße) für den Monitor ein, z. B. 1920 × 1200, 1600 × 1200, 1024 × 768 Pixel
c) Dots per inch, Punkte pro Zoll
d) Bildpunkt, quadratisch angeordnetes Bildelement

81

a) 2^8 = 256 Graustufen
b) Je höher die Anzahl der Bildpunkte auf einer bestimmten Strecke ist, desto feiner werden Details wiedergegeben.

82

Je höher die Auflösung, desto besser die Qualität eines gedruckten Bilds (vgl.: Aufnahme bzw. Bild mit 72 ppi und 300 ppi, Vergrößerung).

83

a) Verlustbehaftetes Kompressionsverfahren
b) Einstellung von geringer bis zu starker Kompression. Prinzip: höhere Kompression = niedrigere Qualität
c) Aus „blockweise" zusammengefassten Pixeln von vereinigten Farbwerten entstehen sichtbare „Klötze".

84

Höchste Auflösung bei Strichvorlagen = bessere Bildqualität. Sichtbar an Randschärfe, Detailfeinheit.

85

a) Drei Farbkanäle mit je 2^8 Bit, je 256 mögliche Tonwertstufen. „Farbtiefe" danach $2^8 \cdot 2^8 \cdot 2^8 = 2^{24}$ = 256 · 256 · 256 = ca. 16,7 Millionen Farbnuancen
b) Tagged Image File Format, Endung: .tif, ggf. auch Joint Photographic Experts Group, Endung: .jpg

86

a) Druckprozess: Nur binäre Druckelemente zu drucken, Bildstellen und Nichtbildstellen, alle Bildstellen (druckende Elemente) werden gleich stark eingefärbt.
b) Bildstellen (z. B. flächenvariabel gerastert) „bedecken" mehr oder weniger das weiße Druckpapier und verringern so die Reflexion des auftreffenden Lichts. Es entstehen dadurch optisch unterschiedliche Tonwerte.
b) Lichtdruck, Rakeltiefdruck

87

Gerasterte Filme als Vorlagen könnten mit sehr hoher Auflösung als Strich aufgenommen werden (Copydot-Verfahren), um jeden einzelnen Rasterpunkt zu erfassen und digital zu speichern. Dies ist mehr oder weniger gut möglich.

88

Ansicht sehr stark vergrößert, sonst sind Rasterpunkte nicht mit bloßem Auge zu erkennen. Dunkle Tonwertbereiche = größere Rasterpunkte, die mehr Papierweiß „abdecken" und damit weniger Licht reflektieren. Hellere Tonwertbereiche reflektieren mehr Licht, daher erscheinen diese optisch heller.

89

Geringste Toleranzen in der Farbbalance sind insbesondere beim Buntaufbau mit dreifarbig aufgebauten Tonwerten bei diesen Farbvorlagen leicht zu erkennen.

90

a) Skizzen mit 5 und 10 Rasterpunkten auf einer Strecke von 1 cm
b) Der normale Abstand zur Betrachtung der Bilder und zum Lesen ist so groß, dass einzelne Rasterpunkte aus dieser Distanz nicht zu erkennen sind.

91

a) 16 × 16
b) Hell = wenige(re) Dots, ausgehend vom Zentrum; Mittelton = ca. die Hälfte der Rasterzelle bedeckt

92

a) 0,16667 mm Kantenlänge
b) 60 L/cm, 2438,4 dpi, ca. 2400 dpi

93

256 Graustufen (Tonwerte)

94

a) 2540 dpi, 10 µm
b) Kleiner

95

a) Skizzen: Je nach Größe (Tonwert) und Winkel ergeben sich „Überdeckungen", unter dem Mittelton frei stehende Rasterpunkte.
b) Im Mitteltonwertbereich glattere, nicht abgerissene Tonwertverläufe

96

a) Profile in Seitenansicht (Blattdicke)
   - raue, poröse, unebene Struktur der Oberfläche
   - glattere, aber nicht gleichmäßig ebene Struktur
   - glatte, dichte Struktur bei gleichmäßiger Schichtdicke
b) - nicht gleichmäßig auf der Papieroberfläche liegende Rasterpunkte durch unebene Struktur
   - gleichmäßiger, aber nicht glatt (eben) auf der Papieroberfläche liegende Rasterpunkte
   - gleichmäßig und glatt (eben) auf der Papieroberfläche liegende Rasterpunkte
c) Tonwertzunahme (TZ). Im Vergleich zu den digitalen (geometrischen) Daten bzw. der Druckform (Flächendeckung Druckplatte) die vergrößerte Wiedergabe gedruckter Rasterpunkte
d) Je weniger glatt die Papieroberfläche ist, desto „grober" muss der verwendete Raster im Druck sein. Feinere Raster verursachen eine zu hohe Tonwertzunahme, Bilddetails gehen verloren, Dreivierteltöne und Tiefen gehen zu.

97

a) Für den Druckprozess muss das Papier eine bestimmte Stabilität und Festigkeit aufweisen. Je glatter und gleichmäßiger die Papieroberfläche ist, desto präziser können Informationen übertragen (gedruckt) werden.
b) 54 bis maximal 60 L/cm
c) Eine zu hohe Farbführung verursacht eine höhere Tonwertzunahme sowie die Gefahr, dass Dreivierteltöne und Tiefen nicht differenziert wiedergegeben werden können und zulaufen.

98

a) 152 lpi
b) Hochwertiges Bilderdruckpapier (z. B. spezialgestrichen), Original-Kunstdruckpapier, gussgestrichene Papiere
c) 0,015 mm

99

Fehlerhafte zu korrigierende Angaben: *kursiver Text*

- Unterschiedliche Tonwerte der Bildvorlage werden in kleinste binäre Druckelemente umgewandelt.
- Tonwerte können durch flächenvariable Rasterpunkte (FM-Raster) dargestellt werden: Weißes Papier reflektiert auftreffende Lichtstrahlen *vollständig*, unterschiedlich große Rasterpunkte absorbieren mehr oder weniger Licht!
- Über das Auge erkennt das Gehirn keine einzelnen Rasterpunkte, sondern einen reflektierten Helligkeitswert.
- Verschiedene Papieroberflächen haben unterschiedliche Fähigkeiten zu einer detailgetreuen Wiedergabe von Text- und Bildelementen. Die besten Ergebnisse sind mit gestrichenen holzstofffreien Papieren zu erreichen.
- *Grundsätzlich gilt: Je höher die Rasterweite, desto höher ist der Tonwertzuwachs.*
- *Durch das Trapping wird die Tonwertzunahme im Druck reduziert.*
- Am höchsten ist der Tonwertzuwachs bei AM-Rastern in den mittleren Tonwerten, da sich hier die Rasterpunkte überlagern.
- *Aufgrund einer höheren Anzahl von Rasterpunkten und anderer Faktoren ist der Tonwertzuwachs beim AM-Raster höher als beim FM-Raster.*

100

a) Skizzen: Vergleich der Tonwertwiedergabe
b) Sehr kleine Rasterpunkte, optisch feine Auflösung, detailgetreuere Wiedergabe, glattere Verläufe, prinzipiell kein Moiré

101

a) Horizontale und waagerechte Linien bzw. Strukturen sind mit dem Auge besser zu erfassen als schräge Linien. Gelb ist optisch die hellste Prozessfarbe und daher am wenigsten auffällig.
b) AM-Rasterung: 30° zwischen C, M und K, Y müssen 15° neben C, M oder K liegen. Die Hauptfarbe soll auf 45° liegen, Kettenpunktrasterung: 60° zwischen C, M und K, Y müssen 15° neben C, M oder K liegen. Die Hauptfarbe soll auf 45° oder 30° zwischen C, M und K, Y müssen 15° neben C, M oder K liegen. Die Hauptfarbe soll auf 45° oder 135° liegen.
c) Y 0°, K 15°, M 45°, C 75°
d) Y 0°, C 15°, M 75°, K 135°

102

„Pixelflächenrechner" u.a.
- In-RIP-Separation: farbige" Dateien (Composite-Dateien) in einzelne Auszüge C, M, Y und K (Bildaufbau mit UCR-, GCR-Variation) separieren
- Farbraumtransformation: Rendering
- Rasterung: Rasterart, Rasterweite, Rasterwinkelung
- Trapping (Überfüllung)
- Datenaufbereitung für CtP-Belichter = Bebilderungsbitmap
- Erfassen/Erstellen von CIP3-/CIP4-Daten

103

- Druckverfahren, Produktionstechnik, vgl. u.a.: Bogen-Offsetdruck – Rollen-Offsetdruck (Druckmaschinentechnik) – Flexodruck – Digitaldruck – Siebdruck
- Bedruckstoff: Für den Rasterdruck sind vor allem die Oberflächeneigenschaften (gleichmäßige, geschlossene und ebene Struktur mit guter Farbannahme) entscheidend. Daneben auch: Faserrohstoffe, Stabilität des Bogens bzw. der Papierbahn

104

Zu verwenden sind die Komplementärfarben als Filter
- Cyan = Rot-Filter
- Magenta = Grün-Filter
- Gelb = Blau-Filter
- Schwarz = Splitting mit allen drei Filtern

105

- Früher übliche Methode (veraltet): fotografische Farbreproduktion (verschiedene Abläufe möglich); Aufnahmen für einen „Farbsatz" unter Verwendung spezieller Farbauszugsfilter Rot, Grün und Blau, Trennung aller Farben in einen roten, grünen und blauen Farbanteil; Farbauszugsnegative wurden umfassend manuell korrigiert und zu Farbauszugspositiven umkopiert; Rasterung (z.B. mit Kontaktraster) direkt oder indirekt, Produkt: Farbsatz auf Filmmaterial
- Neue Methoden (Beispiel): Bei der In-RIP-Separation werden durch den Raster Image Processor (RIP) von farbig vorliegenden PDF-Seiten einzelne Farbauszüge erstellt. Das heißt im RIP werden sogenannte Composite-Dateien verarbeitet, die in ihrer farbigen Ursprungsform vorliegen und erst durch das RIP in einzelne Farbauszüge separiert werden. Früher war es üblich, einzelne Farbauszüge bereits vor dem RIP durch die Anwendersoftware zu erstellen.

106

Druck mit „realen" Druckfarben, d.h. mit Fehleremissionen und -absorptionen, daher keine „ideale" Wiedergabe

107

- Schwarz (1. Spalte, 400 %): C, M, Y und K je 100 %
- Weiß (2. Spalte): C, M, Y und K je 0 %
- Rot (3. Spalte): M und Y je 100 %
- Grün (4. Spalte: C und Y je 100 %
- Blau (5. Spalte): C und M je 100 %
- Cyan (6. Spalte): C 100 %
- Magenta (7. Spalte): M 100 %
- Gelb (8. Spalte): Y 100 %

108

a) Kreis skizzieren, beginnend im Kopf (oben) und weiter im Uhrzeigersinn: Y – R – M – B – C – G, Komplementärfarben (Paare): Y – B, M – G, C – R
b) • Weiß
   • Schwarz

109

Buntfarbenaddition. In Bildtiefen, insbesondere bei Verläufen sichtbar; Hinzufügen von geringen Anteilen CMY und im Schwarz entsprechend reduzieren

110

a) 40 % C + 90 % M + 100 % Y
b) 400 %, z. B. > 300 %
c) Starke Flächendeckung: Ablegen
d) Reiner Buntaufbau (heute sehr selten!): neutralgraue Farbtöne sind durch 4 Farben aufgebaut, bereits leichte Schwankungen in der Farbführung ergeben sichtbare Schwankungen in der Graubalance.
e) Das gesamte Farbbild wird durch die drei Prozessfarben aufgebaut, Schwarz ist nur in Dreivierteltönen und Bildtiefen vorhanden, um den Kontrast zu verstärken.

111

a) Übertragen der Farbanteile in die Grafik: 40 % C + 90 % M + 100 % Y
b) 40 % (Buntfarben dementsprechend reduzieren)
c) … 2 Buntfarben und Schwarz

112

Ein langes Schwarz verbessert die Zeichnung im Bild bis in den Bereich der Lichter.

113

- Buntaufbau: Alle Tertiärfarben werden mit den Prozessfarben C, M, Y sowie K aufgebaut, maximale Flächendeckung 400 %.
- Unbuntaufbau: Alle Tertiärfarben werden nur mit zwei Prozessfarben sowie Schwarz aufgebaut.

114

a) Unterfarbenkorrektur. Tertiärfarben werden maßgeblich durch die bunten Prozessfarben aufgebaut. Änderung: Der Einsatzzeitpunkt für das Schwarz beginnt früher als beim reinen Buntaufbau in den neutralen Graubereichen (vgl. Skelett-Schwarz).
b) Verbesserte Graustabilisierung, weniger Flächendeckung, geringere Gefahr des Abliegens, besseres Wegschlagverhalten der Druckfarbe, bessere Farbannahme, schnelleres Trocknen der Druckfarbe

115

- **Buntaufbau:** Alle Ton- und Farbwerte entstehen prinzipiell durch Teilmengen der drei Prozessfarben C, M und Y. Schwarz wird nur zur Unterstützung der Unbuntwerte verwendet, um die erforderliche Bildtiefe und den entsprechenden Kontrast zu erreichen.
- **Duplexdruck:** Farbiger Druck: drucktechnische Wiedergabe einer einfarbigen Bildvorlage mit zwei Druckfarben „Echter Duplexdruck“. Druckform A: Bild mit geringerem Kontrast, Rasterwinkelung 0° (z. B.), Druck mit einer motivbezogenen Tonfarbe. Druckform B: Bild mit sehr hohem Kontrast, Rasterwinkelung 45°, Druck allgemein mit Schwarz
- **GCR:** Grey Component Replacement, Grau-Komponenten-Austausch. Im Unbuntaufbau bei dreifarbig erfassten Farbwerten den Schwarzanteil variabel je nach Bildvorlage einsetzen.
- **Graubalance:** Prozesskontrolle. Beim Übereinanderdruck ergeben die drei Prozessfarben bei korrekten Druckbedingungen und optimaler Farbführung ein neutrales Grau (vgl. ProzessStandard Offsetdruck, System Brunner).
- **Graustufen:** Tonwertstufen in einem neutralen Grau, Grauwerte zwischen Schwarz und Weiß in bestimmten Abstufungen
- **ICC-Profile:** International Color Consortium, Internationales Gremium Farbe, Festlegung internationaler Standards für Farben, Farbbilder, Farbprofile für Ein- und Ausgabegeräte u. a.
- **UCA:** Under Color Addition, Buntfarbenaddition. Im Unbuntaufbau die Erhöhung der Farbstärke in neutralen Bildstellen (Graubereichen) durch Zugabe einer geringen Menge bunter Farben
- **UCR:** Under Color Removal, Unterfarben-Reduktion. Buntaufbau: Reduktion der drei bunten Prozessfarben in neutralen Graubereichen bei Dreivierteltönen und Tiefen. Ziel: Geringere Flächendeckung
- **Prozessfarben:** Die subtraktiven Grundfarben Cyan (C), Magenta (M) und Gelb (Y) zur drucktechnischen Wiedergabe von Farbbildern im Vierfarbdruck
- **Maximale Tonwertsumme:** Flächendeckung übereinander liegender Druckfarben im Druckprozess (vgl. MedienStandard Druck 2010)
- **weißes Licht:** Farbempfindung des Menschen, wenn der gesamte Wellenbereich des sichtbaren Lichts in hoher Intensität durch das Auge erfasst und im Gehirn interpretiert wird.

116

a) Bereits geringste Toleranzen ergeben ein „farbiges“ Grau.
b) Je geringer die Buntheit, desto näher liegen alle Farben an der Grauachse. Vgl. Prinzipielle Farbwiedergabe im Buntaufbau und im Unbuntaufbau.

117

a) Auf alle Farbtöne nahe der Grauachse
b) Der Zusammendruck bestimmter Messfelder ergibt ein neutrales Grau. Abweichungen davon sind auch visuell als Farbstich sehr deutlich zu erkennen.
c) Prinzipiell: Unbuntaufbau (heute variabel modifiziert), bei dem Grautonwerte aus einem mehr oder weniger großen Schwarzanteil entstehen. Dadurch Druck unempfindlicher gegenüber Farbschwankungen.

118

Prozessfarben sind reale Farben mit mehr oder weniger starken unterschiedlichen spektralen Mängeln.

119

- Arbeitsablauf, optimierter betrieblicher Arbeitsprozess
- Digitales Bild, das aus einzelnen Bildpunkten („Rasterfeldern“) besteht
- Bilddaten, deren Informationen im additiven Farbraum RGB gespeichert sind
- Bildvorlage aus stufenlos verlaufenden einfarbigen Grauwerten
- Bild, dessen Informationen durch exakt definierte Koordinaten (Vektoren) definiert sind
- tif: Tagged Image File Format (auch: tiff), rechnerunabhängiges Bildformat für hohe Qualität
  jpg: Joint Photographics Experts Group, Bilddatenspeicherung in unterschiedlichen Kompressionsstufen bei mehr oder weniger großem Informationsverlust
- Reduzierung von Bilddaten. Zweck: Verkleinern der Dateigröße
- Auch: Bit-Tiefe, Farbtiefe. Digitale Anzahl von Graustufen, die ein System (Scanner, Digitalkamera, Bildverarbeitung) erfassen und verarbeiten kann
- Aufzeichnungsfeinheit in Pixel per Inch (ppi)
- Auch: Rasterfrequenz. Anzahl der Rasterlinien pro cm bei autotypischer Rasterung von Bildvorlagen
- Prozessfarben für Vierfarbdruck: Cyan, Magenta, Gelb und Schwarz
- Prozesse zum Abstimmen einer möglichst identischen Farbwiedergabe unterschiedlicher Eingabe-, Verarbeitungs- und Ausgabesysteme (Monitor, Proofgerät, Druckmaschine). Basis: Lab-Farbraum, Druckmaschinenprofil
- Mischung der Lichtfarben (Selbstleuchter)
  Mischung der Körperfarben (Nichtselbstleuchter)
- Abweichung der Rasterlinienanordnung von der senkrecht-waagerechten Stellung durch Drehen des Rasters in eine andere Winkelung
- Störende Musterbildung im Rasterbild, vor allem durch eine falsche bzw. ungeeignete Rasterwinkelung

120

a) Bei einer AM-Rasterung die Anzahl der nebeneinander stehenden Rasterlinien pro cm (vgl. Gitternetz)
b) Je gleichmäßiger und glatter die Oberflächenstruktur des Bedruckstoffs ist, umso feiner (höher) kann die Rasterfeinheit gewählt werden.
c) Punktschluss ergibt sich bei der Berührung einzelner Rasterelemente. Nach der Vorgabe ist ein harmonischer, glatter Tonwertverlauf bei elliptischer Rasterpunktform zu erreichen.
d) Tonwerte unter 2 % sind nicht zu drucken, Tonwerte über 98 % sind nicht mehr differenziert zu drucken.
e) Bei einer zu hohen Flächendeckung können drucktechnische Probleme auftreten, u. a.: Ablegen, unzureichend rasches Wegschlagen der Druckfarbe, mangelhafte Farbannahme, Trocknungsprobleme
f) • Y 0°, K 15°, M 45°, C 75°
   • Y 0°, C 15°, M 75°, K 135°

121

a) Recherche im Betrieb
b) Checkliste erarbeiten. Prüfung im Betrieb. Vergleich in der Berufsschule

122

a) Preflight-Check
b) Fehlende Schrift (nicht eingebettet), Bilder oder Grafiken, ungeeignete Bilddaten (Auflösung, RGB, CMYK)
c) Möglichkeiten im Betrieb ermitteln

123

a) Blendfreie Raumbeleuchtung mit Normlicht, korrekt eingestellter Monitor (Systemeinstellung, Kalibrierung, Charakterisierung, Profilierung)
b) Parameter: Raumbeleuchtung (Farbtemperatur, Helligkeit, Blendfreiheit) und Betrachtungswinkel beeinflussen die Beurteilung; Monitore sind Selbstleuchter, Farbwiedergabe erfolgt im RGB-Farbraum; Druck mit Prozessfarben CMYK; ICC-Profile ermöglichen einheitliche und vergleichbare Farbprofile bei allen Systemkomponenten.

124

a) Beschreibung der Prüfung in Ihrem Betrieb
b) Ermitteln Sie, was in Ihrem Betrieb geprüft wird.
c) Geben Sie an, wie verfahren wird.

125

a) Jedes Ein- und Ausgabegerät (Digitalkamera, Monitore, Proofer u. a.) kann nur einen bestimmten Farbraum erfassen und darstellen. Diese typische Wiedergabe ist ein gerätespezifischer Farbraum.
b) Um eine möglichst optimale Farbübertragung im gesamten Produktionsprozess (Bilddatenerfassung, -verarbeitung, Proof, Druck) zu gewährleisten, ist ein Colormanagement erforderlich.

126

Ziel: optimal vorhersehbare Farbwiedergabe im Druckprozess (Basis: Profile nach PSO, spezifische Druckbedingungen, verwendete Papiere)
Farbprofile beschreiben die Farbwiedergabe eines bestimmten Ein- und Ausgabesystems (Digitalkamera, Scanner, Monitor, Proofer) innerhalb des gesamten Farbraums. Jedes System kann aus dem gesamten Spektrum nur einen bestimmten Bereich, den gerätespezifischen Farbraum, wiedergeben. Mit ICC-Profilen ist der reproduzierbare Farbraum eines bestimmten Geräts exakt im Lab-Farbraum zu beschreiben.
Einsatzbereiche im Workflow: Monitor (Softproof), Farbproof (farbverbindlicher Kontraktproof), Farbumwandlung von RGB zu CMYK

127

a) Spezifische Technologien in der Farbwiedergabe im Farbraum (additive Farbmischung, RGB ≠ RGB, subtraktive Farbmischung CMYK)
b) Der standardisierte Druckprozess (vgl. Medien-Standard Druck) beschreibt den gesamten Workflow mit allen Profilen, Charakterisierungsdaten u. a. für den Produktionsprozess. Nach diesen Vorgaben beschreibt das Colormanagement den erforderlichen Prozessablauf.
c) Optimale Abstimmung der Farbwiedergabe und sichere Farbraumtransformation farbiger Bildvorlagen von der Eingabe bis zur Ausgabe und im Druckprozess (Lab, PSO)

128

Betriebliche Prozesse dokumentieren

129

- UCR: Im Buntaufbau das reprotechnische Reduzieren von C, M und Y in neutralen Graubereichen bei Dreivierteltönen und Tiefen
- Unbuntaufbau: Alle neutralen Bildbereiche bzw. Tertiärfarben entstehen prinzipiell nur durch zwei Buntfarben und Schwarz.

130

a) Trapping
b) Lösungen
  - Hellere Vordergrundfarbe überfüllt die dunklere Hintergrundfarbe.
  - Dunkle Vordergrundfarbe unterfüllt die hellere Hintergrundfarbe, d. h. die hellere Farbe wird durch die dunklere Farbe leicht überlappt.

131

(A)

132

(A)

133

(B)

134

(C)

Aufgabe	Lösung
135	A
136	C
137	C
138	B
139	B
140	A
141	C
142	A
143	C
144	C
145	C
146	C
147	D
148	A
149	A
150	A
151	C
152	A
153	A
154	C
155	A
156	C
157	C
158	C
159	A
160	D
161	B
162	B
163	C
164	C
165	A
166	D
167	A
168	B
169	B
170	B
171	D
172	C
173	A
174	C

3 DRUCKFORMEN

1

Parameter	Offsetdruck	Flexodruck	Rakeltiefdruck
Material und Form der Druckform	Aluminium, Druckplatte	• Polymere Flexodruckplatten (Elastomere) • Fotopolymere Druckplatten bzw. Sleeves	Druckformzylinder: verkupferter Stahlzylinder, zur Produktion verchromt
Art der Bildstellen und Nichtbildstellen = Speicherung der Information	Konventioneller Offsetdruck: Bildstellen (oleophil) und Nichtbildstellen (hydrophil) liegen annähernd auf einer Ebene. Bildinformationen auf der Druckplatte: seitenrichtig	Bildstellen liegen höher als Nichtbildstellen, Bildinformationen auf der Druckplatte bzw. dem Sleeve: seitenverkehrt	Bildstellen (Näpfchen) vertieft, Art: • tiefenvariabel • tiefen- und flächenvariabel • flächenvariabel Bildinformationen auf Druckformzylinder: seitenverkehrt
Einfärbung der Bildstellen	Physikalische Reaktionen an Grenzflächen beim konventionellen Offsetdruck in zwei Phasen: 1. Feuchten der Nichtbildstellen 2. Einfärben der Bildstellen mit hochviskoser (zähflüssiger) Druckfarbe	Höher stehende Bildstellen werden mit niederviskoser (dünnflüssiger) Druckfarbe eingefärbt	Einfärben des gesamten Druckformzylinders mit niederviskoser Druckfarbe, farbfreies Abrakeln der Zylinderoberfläche (Nichtbildstellen, Stege)
Drucktechnische Wiedergabe unterschiedlicher Ton- und Farbwerte	Bildinformationen sind gerastert: • AM-Rasterung • FM-Rasterung	Bildinformationen gerastert, vielfach geringere Rasterweite	Tiefen- und flächenvariable Bildstellen (Beispiel): Unterschiedlich große und tiefe Näpfchen übertragen alle Bildinformationen

2

a) Seitenverhältnis: 1 : $\sqrt{2}$. Durch das Halbieren der längeren Seite entsteht das nächstkleinere Format mit gleichem Seitenverhältnis.

b) DIN A0, 1 m^2

c) $2^5 - 2^1 = 2^4 = 2 \cdot 2 \cdot 2 \cdot 2 = 16$ Nutzen

d) DIN A4 = 210 mm × 297 mm
DIN A5 = 148 mm × 210 mm
DIN A2 = 420 mm × 594 mm

3

Bearbeiten Sie diese Aufgabe für typische Produkte aus Ihrem Betrieb.

4

a) Auftraggeber, verantwortlicher Ansprechpartner im Unternehmen, (Anschrift, Kommunikationsmittel wie Telefon, Mail), Auftrag, Datum Auftragseingang, Termine, ggf. Korrekturen, Farbabstimmung und Druckfreigabe, Auftragsbeschreibung: Produkt

b)
- Exakte Auftragsbeschreibung, Disposition/Termine für alle Arbeitsbereiche
- Text- und Bildvorlagen bzw. entsprechende Daten, Layout, auszuführende Korrekturen, Proof (Kontraktproof), Druckformherstellung
- Bedruckstoff, Auflage, Farbabstimmung, Druck und ggf. Veredelung, Qualitätskontrollen
- Zeitgerechte Bereitstellung des Materials
- Auftragsgerechte Druckverarbeitung und Verpackung

5

a) Alle verwendeten Daten müssen mitgeliefert werden, Daten (zu) leicht zu verändern, Original-Programm in der entsprechenden Version zum Bearbeiten erforderlich, Dateigröße hoch.

b) Beispiel InDesign: Die gespeicherte Datei wird vor dem Verpacken geprüft, ob alle verwendeten Daten und erforderlichen Informationen (z. B. Schriften eingebettet, Bilder verknüpft, Farben) vorhanden sind. Die Datei wird danach in einem speziellen Ordner gespeichert; separat entsteht ein Ordner Fonts mit den Schriften und ein Ordner Links mit den Bildern.

c) PostScript-, PDF-Dateien (u. a.). Grundsätzlich sind diese Dateien nicht zu verändern und können direkt in den Produktionsprozess übernommen werden.

6

a) Linke Abb.: rechtwinklig zur Greiferkante
Rechte Abb.: parallel zur Greiferkante
b) Linke Abb.: Vorderanlage bleibt, Seitenanlage wechselt, Greiferkante und Greiferrand bleiben gleich.
Rechte Abb.: Vorderanlage wechselt, Seitenanlage bleibt an der gleichen Seite, Greiferkante und Greiferrand wechseln (Bogenanfang, Bogenende).
c) Linke Abb.: Winkelschnitt vor dem Druck (Anlage)
Rechte Abb.: Grundsätzlich mindestens dreiseitiger Beschnitt (Anlagen), geringe Toleranz bei S/W-Druckmaschinen möglich, Druckbild in Druckrichtung auf Mitte stellen

7

a) Digitale Kontrolle gelieferter Daten auf Korrektheit, Vollständigkeit, um einen fehlerfreien Workflow zu sichern
b) Ungeeignete PDF-Version (nicht normgerechte Ausgabe), fehlerhaftes PDF, fehlende Schriften und/oder Bilder, falsche Bildauflösung, Sonderfarben
c) Kosten für Arbeitszeiten, Druckplatten und ggf. das Einrichten der Druckmaschine, Verzögerungen im Workflow
d) In Profilen können Prüfungen festgelegt werden. Bei Fehlern zeigt eine Alarmsymbol eine Warnung an. Alle Fehler sind in der Druckvorstufe zu korrigieren, bevor das PDF-Dokument weiter im Workflow verwendet werden kann. Ggf. muss der Kunde fehlerhafte Daten optimieren.

8

a) Computertechnik: Programmbedienung. Bei einem Mausklick auf einen Steuerbefehl in der Menüleiste öffnet sich ein Untermenü.
b) Gebunden: Alle Seiten eines Produkts sind „unverrückbar" miteinander verbunden, z. B. Klammerheftung, Klebebindung
Ungebunden: Falzprodukt aus mehreren Blättern, die nicht miteinander verbunden sind
c) Das zu liefernde Format eines Druckprodukts
d) Hochformat, z. B. 210 mm × 297 mm: Die Betrachtungs- bzw. Leserichtung verläuft parallel zur kurzen Seite.
Querformat, z. B. 297 mm × 210 mm: Die Betrachtungs- bzw. Leserichtung verläuft parallel zur langen Seite.
e) Bindearten, Produkte: einlagige Broschuren, mehrlagige Broschuren, Bücher
Heftungsarten: Fadenheftung, Drahtheftung, Klebebindung, Sonderbindung
f) Buch: Buchblock, klebegebunden; Buchdecke bestehend u. a. aus Pappen und Überzugsmaterial
g)
- Beschnitte: auf dem Druckbogen alle über das Endformat herausragende Bereiche
- Rücken: Zusammenhängende Blätter bilden im Falz oder Bindebereich einer Broschur oder eines Buchs den Rücken des Produkts.
- Vor- und Nachfalz (auch: Überfalz vorn, Überfalz hinten): Bei einer gefalzten Lage ein überstehender Teil des Falzprodukts, der z. B. zum Öffnen des Produkts im Sammeldrahthefter benötigt wird.
  Vorfalz: längerer Teil an der vorderen Hälfte des Produkts
  Nachfalz: Längerer Teil an der hinteren Hälfte des Produkts
- Anschnitt: randabfallende Bilder oder Flächen, die über das Endformat hinausgehen
- Bundversatz: Bei umfangreichen einlagigen Broschuren ergibt sich durch die Rückendrahtheftung ein „Treppeneffekt", der die mittleren Blätter nach außen drängt. Wenn ein solches Produkt beschnitten würde, wären die inneren Seiten dementsprechend kürzer. Damit randnahe Elemente der Seite (z. B. Kolumnenziffern, Linien) nicht angeschnitten werden oder zu nahe am Rand der Seite stehen, muss diese „Verdrängung" in der Druckvorstufe berücksichtigt werden.

9

- Flächen und Bilder, die über den Rand des Endformats hinausgehen
- Zuschneiden eines gedruckten oder verarbeiteten Produkts auf das Endformat
- Winkel, auf den bei der buchbinderischen Verarbeitung das Material ausgerichtet wird
- Winkel, auf den beim Druck der Druckbogen ausgerichtet wird
- Alle Seiten eines Druckbogens, z. B. 16 Seiten, werden auf eine Bogenseite gedruckt. Für den Widerdruck (Druck der Rückseite) wird der Druckbogen umschlagen, dabei bleibt die Vorderanlage gleich, die Seitenanlage wechselt. Der Bogen wird mit der gleichen Druckform nochmals bedruckt. Es entstehen so zwei Nutzen.
- Alle Seiten eines Druckbogens, z. B. 16 Seiten, werden auf eine Bogenseite gedruckt. Für den Widerdruck (Druck der Rückseite) wird der Druckbogen umstülpt, dabei wechselt die Vorderanlage, die Seitenanlage bleibt gleich. Der Bogen wird mit der

gleichen Druckform nochmals bedruckt. Es entstehen so zwei Nutzen.

- Gedruckt werden soll ein 16-seitiger Bogen. 8 Seiten werden auf eine Bogenseite gedruckt. Für den Widerdruck (Druck der Rückseite) wird der Druckbogen umschlagen, dabei bleibt die Vorderanlage gleich, die Seitenanlage wechselt. Der Bogen wird mit einer weiteren Druckform (8 Seiten) bedruckt. Es entsteht so nur ein Nutzen.
- Im Bogendruck die Papierkante, die zum Bogentransport durch Greifer erfasst wird und nicht bedruckt werden kann
- Der exakte, positionsgenaue Übereinanderdruck (ggf. auch Nebeneinanderdruck) einzelner Druckfarben, z. B. eines Farbdrucks mit den Druckfarben C, M, Y und K
- Deckungsgleiches Übereinanderstehen der Satzspiegel des Vorder- und Rückseitendrucks
- Der erste Druck auf ein noch unbedrucktes Papier
- Der Druck auf ein bereits einseitig bedrucktes Papier
- Druckmaschinen, die in einem Druckgang (Durchlauf durch die Druckmaschine) beide Seiten eines Druckbogens bedrucken. Der Bogen wird dabei umstülpt.
- Durchschneiden eines gedruckten Bogens an einer bestimmten Stelle

10

- Bei einer höheren Flächendeckung besteht die Gefahr, dass der Lack nicht angenommen wird bzw. nicht haftet.
- Hellere Tonwerte sind drucktechnisch nicht wiederzugeben, in höheren Tonwertbereichen ist eine differenzierte Zeichnungswiedergabe nicht mehr möglich.
- Die Druckfarbe Schwarz allein erreicht nicht die gewünschte Farbtiefe, daher „Unterstützung" durch Cyan.

11

a) Im Greiferrand kann nicht gedruckt werden (je nach Drucksystem unterschiedlich).

b)

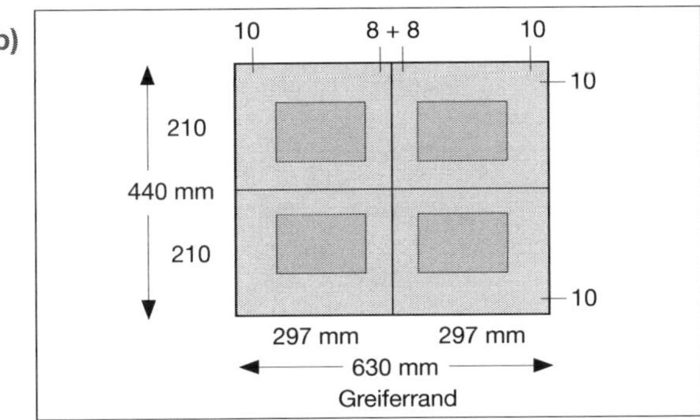

12

a) Skizzen zum Umschlagen und zum Umstülpen, Eintrag der Anlagen und der Wendeachse

b) Umschlagen (bezogen auf die Bogenkante): Vorderanlage bleibt, Seitenanlage wechselt.
Umstülpen (bezogen auf die Bogenkante): Vorderanlage wechselt, Seitenanlage bleibt.

c) Der Druckbogen wird parallel zum Greiferrand (Vorderanlage) gewendet, die Hinterkante wird zur neuen Vorderanlage. Die Wendung erfolgt über die Mitte des Bogens (Druckzylinderachse).

13

Fehler im Aufgabenbuch

Druckmaschine: max. Bogenformat 700 mm × 1020 mm, 4/4 Druck

a) 8 Druckplatten

b) 4/4-Druck bedeutet, der Bogen wird in der Druckmaschine umstülpt.

c) 1 Druckbogen = 1 Nutzen (Exemplar), 8240 Bogen

14

- Falzprodukt, beidseitig parallel eingeschlagene „Klappen" (Flügel), 2-Bruch-Falz, 6 Seiten
- Schön- und Widerdruck: Druckbogenseite mit der ersten Seite des gesamten Bogens
- Verbindende (Falz-)Linie zwischen zwei zu falzenden oder bereits gefalzten Blättern eines mehrseitigen Produkts
- Durch Linien dargestellte Ablauffolge für das Falzen, grafisch dargestellte Falzreihenfolge
- Bogen, der ein- oder mehrmals gefalzt worden ist
- Hochformat (Beispiel): Angabe 210 mm × 297 mm, Leserichtung parallel zur kurzen Seite
  Querformat (Beispiel): Angabe 297 mm × 210 mm, Leserichtung parallel zur langen Seite
- Schön- und Widerdruck: Druckbogenseite mit der zweiten Seite des gesamten Bogens
- Typografie (Beispiel): Der obere Beginn des Satzspiegels einer Seite
  Druckseite: Breite der Fläche oberhalb des Satzspiegels bis zum oberen Papierrand
  Druckverarbeitung: obere Papierkante eines Druckprodukts (z. B. Buchseiten)
  Analog dazu jeweils der Fuß
- Der Bund der Seiten (Hochformat) eines Druckprodukts liegt parallel zur Druckzylinderachse.
- Der folgende Falz steht rechtwinklig zum vorhergehenden Falz, dabei erfolgt der Falz jeweils auf der Mitte.
- Druck: Anzahl gleicher Exemplare

- Der folgende Falz steht parallel zum ersten bzw. vorhergehenden Falz.
- Druckweiterverarbeitung: Kurzbezeichnung für die Reihenfolge der Falzbogen

15

- Im Fuß, zumeist im Beschnitt, der ersten Seite eines jeden Druckbogens mitgedruckte kleine Ziffer, die fortlaufend die (Falz-)Bogennummer eines Werkes angibt, z. B. Signatur 1 mit den Seiten 1 bis 16, Signatur 2 mit den 17 bis 32.
- Alle Seiten eines Druckbogens, z. B. 16 Seiten, werden auf eine Bogenseite gedruckt. Für den Widerdruck (Druck der Rückseite) wird der Druckbogen umschlagen, dabei bleibt die Vorderanlage gleich, die Seitenanlage wechselt. Der Bogen wird mit der gleichen Druckform nochmals bedruckt. Es entstehen so zwei Nutzen.
- 8 Seiten werden auf eine Bogenseite gedruckt. Für den Widerdruck wird der Druckbogen umschlagen. Der Bogen wird mit 8 Seiten einer neuen Druckform bedruckt. Produkt: ein „Nutzen" = Bogen mit 16 Seiten
- Gedruckt werden soll ein 16-seitiger Bogen. 8 Seiten werden auf eine Bogenseite gedruckt. Für den Widerdruck wird der Druckbogen umstülpt, dabei wechselt die Vorderanlage, die Seitenanlage bleibt gleich. Der Bogen wird mit einer weiteren Druckform (8 Seiten) bedruckt. Es entsteht so nur ein Nutzen mit 16 Seiten.
- Anlagewinkel, auf den der zu verarbeitende Bogen in der Druckverarbeitung ausgerichtet (angelegt) wird
- Asymmetrischer Falz. Falzart für ein Falzprodukt mit beidseitig parallel eingeschlagenen „Klappen" als 6-Seiten-Fensterfalz. Durch einen zusätzlichen Parallelfalz in der Mitte entsteht ein 8-Seiten-Fensterfalz.
- Im Falz zwischen der ersten und letzten Seite eines Falzbogens gedruckte fette Linie, die vom ersten Falzbogen zu jedem weiteren um eine Stufe heruntergerückt wird. Die Flattermarke ermöglicht eine rasche Kontrolle der richtigen Reihenfolge der Falzbogen in einem zusammengetragenen Block.
- Fadenloses Heften einzelner Blätter von Broschuren- und Buchblocks mit Klebstoffen
- Ineinanderstecken gefalzter Bogen, es entsteht ein einlagiges Produkt.
- Der Bund der Seiten (Hochformat) eines Druckprodukts liegt rechtwinklig zur Druckzylinderachse.
- Bewegung eines einseitig bedruckten Bogens, um anschließend die Bogenrückseite zu bedrucken
- Parallelfalz, bei dem zwei oder mehrere gleich breite Teile eines Falzbogens in gleicher Richtung nach innen gefalzt werden
- Gefalzte Bogen werden übereinander bzw. hintereinander gelegt und bilden so einen (ungebundenen losen) Broschuren- oder Buchblock.

16

a) 105 mm + 3 mm + 105 mm + 3 mm = 216 mm,
210 mm + 3 mm + 3 mm = 216 mm

b) Bogenbreite max. 740 mm:
210 mm + 210 mm + 210 mm + 18 mm Beschnitt (3 x Kopf und 3 x Fuß) = 648 mm,
rund 650 mm (auf volle cm gerundet)
Bogenlänge max. 530 mm (Zylinderumfang):
105 mm + 105 mm + 105 mm + 105 mm + 12 mm Beschnitt (jeweils an allen 4 Seiten außen)
= 432 mm, rund 440 mm (auf volle cm gerundet)
Hinweis: Greiferrand ist nicht zu berücksichtigen, da nur Text im Satzspiegel

c) Bogenbreite max. 520 mm
210 mm + 210 mm + 12 mm Beschnitt (4 × 3 mm)
= 432 mm, rund 44 cm
Bogenlänge max. 370 mm (Zylinderumfang):
105 mm + 105 mm + 10 Greiferrand + 6 mm Beschnitt (je 3 mm außen) = 226 mm, rund 23 cm

17

a) Umfangreiche Zeitschrift mit Rückendrahtheftung = einlagige Broschur. Je nach Papierdicke werden die äußeren Falzbogen im Rücken durch innen liegende Falzbogen immer „kürzer": Innen liegende Falzbogen stehen daher vor. In einem beschnittenen Produkt steht ohne Korrekturen bei der Montage der Satzspiegel immer näher an dem äußeren Rand (Beschnitt).

b) Versatz des Satzspiegels und ggf. auch der Schneidezeichen; automatisches Berechnen des Versatzes im System möglich

18

a)

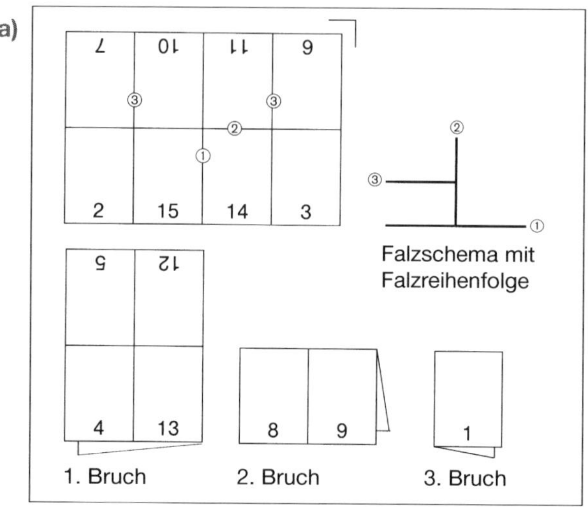

b)

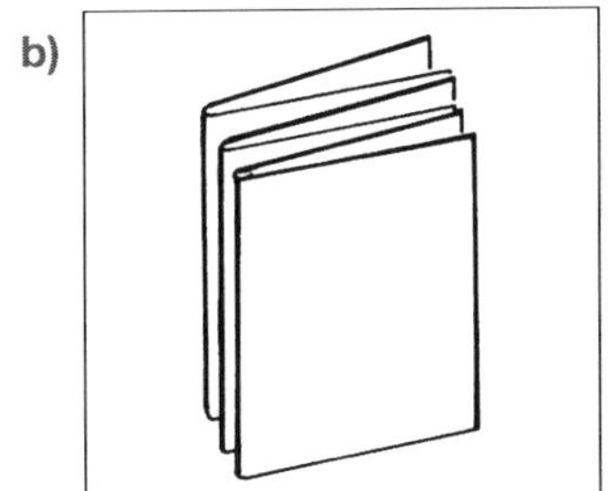

c)

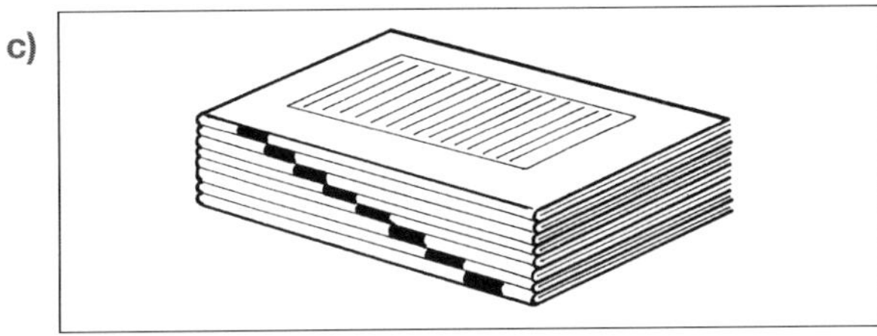

d)

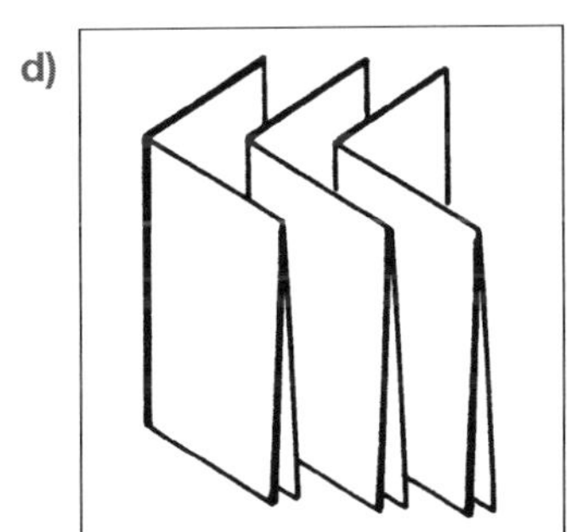

e)

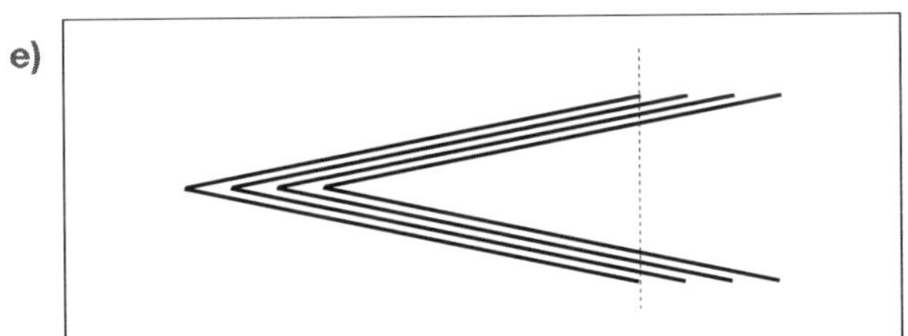

19

a) 1 Passkreuze, 2 Druckkontrollleiste, 3 Falzlinie, 4 Falzkreuze (Mitte), 5 Druckvermerke, Auftragsangaben o. Ä., 6 Greiferrand (nicht zu bedrucken), 7 Seitenmarke, 8 Druckplattengröße (graue Fläche), 9 Schneidezeichen, 10 Druckbogenformat (weiße Fläche)

b) Hilfszeichen für den Druck und die Weiterverarbeitung, die das Einrichten, laufende Kontrollen und die Verarbeitung erleichtern

c) Ein 16-seitiger Druckbogen zum Umschlagen mit zwei Druckformen

20

Einlagige Broschuren, Verarbeiten im Sammelhefter, der „herausstehende" längere Teil ermöglicht ein leichtes Öffnen der Lage (Falzbogen), um diesen auf das Transportsystem aufzulegen. Beim Überfalz vorn ist bei der gefalzten Lage der längere Teil auf der vorderen Hälfte des Falzbgens, beim Überfalz hinten steht der hintere Hälfte des Falzbogens über. (Skizzen dazu)

21

Das Produkt enthält 5 x 8 Seiten = 40 Seiten. Die Flattermarken müssen im Kopf (Kopflinie über der jeweils ersten Seite des Falzbogens) stehen, da der Bund nur bei dem äußeren Bogen sichtbar ist.

Beispiel mit 4 Falzbogen

22

a) Computer-to-Plate: digitale Datenübertragung aller benötigten Druckbogeninformationen über einen RIP, danach Bebilderung der Offsetdruckplatte in „Belichter" (Laser); Produkt: permanent bebilderte Offsetdruckplatte (Aluminiumplatte)
Weitere Verfahren heute ohne Bedeutung: Computer-to-Film und Computer-to-Press

b) Direktgravur: Elastomer-Druckplatte, Elastomer-Dessinwalze; Computer-to-Plate: Fotopolymer-Druckplatte, Informationsübertragung mit Laser; Computer-to-Sleeve: Flexodruck-Hülse, Fotopolymer, Informationsübertragung mit Laser; Produkte: permanent bebilderte Flexodruckformen, Material: Elastomere oder Polymere

c) Elektronische Gravur in Kupfer: Elektromechanische Bebilderung in einen verkupferten Zylinder; nach der Informationsübertragung wird der gesamte Zylinder verchromt (vgl. konventionelle Gravur und Gravur mit XtremeEngraving); auch: Lasergravur in Zinkschicht und Verchromung. Produkte: permanent bebilderter Tiefdruckzylinder

d) Digitale Informationsübertragung (Daten) direkt in das Druckmaschinensystem
Computer-to-Print: dynamische „Druckform“, intern bebilderte Bildträgertrommel mit temporärem Druckbild für jeweils eine Druckbildübertragung (z. B. Pulvertoner, Flüssigtoner)
Computer-to-Paper: Informationsübertragung (Druck) durch Bebilderung direkt auf den Bedruckstoff, ohne Druckform (z. B. Inkjetverfahren)

23

a) Digitale Daten für den Druck werden in das Druckmaschinensystem abgerufen. Diese Daten erzeugen auf einer Bildträgertrommel (Fotohalbleiter) ein latentes elektrostatisches Ladungsbild, das Tonerpartikel anzieht. So entsteht ein „temporäres“ (Druck-)Bild auf der Bildtrommel. Das Druckbild wird danach auf den Bedruckstoff gedruckt. Für jeden weiteren Druck muss der gesamte Vorgang dynamisch (Physik: von Kräften erzeugte Bewegung bzw. erzeugter Vorgang) wiederholt werden.
b) Computer-to-Print

24

a) Durchgängig vernetzter Workflow, JDF-Schnittstellen im gesamten Unternehmen
b) Eindeutige, sichere Informationen zu Aufträgen in allen Phasen, vom Auftragseingang bis zur Rechnungsstellung
c) Ein Grundsystem, dass durch weitere Systemergänzungen den Anforderungen entsprechend ausgebaut werden kann

25

a) Erfassung aller Auftragsdaten
b) Benötigte Auftragsdaten
c) Daten wie Text, Bild, Grafik (als PDF vorliegend) für die PDF-basierte Verarbeitung
d) System für die digitale Herstellung und das Ausschießen von Druckbogen (z. B. mit PDF-Daten)
e) Digitale Auftragstasche
f) Job Definition Format. Herstellerunabhängiges Datenaustauschformat für die Beschreibung des gesamten Prozesses eines Druckauftrags
g) Einheitliche Verbindungen für den Datenaustausch zwischen unterschiedlichen Systemkomponenten

26

a) Vektorgrafiken speichern nur mathematisch definierte „Eckpunkte“ (Koordinaten der Konturen) von Zeichnungen und Grafiken mit Angaben von Längen, Richtungen, Linienstärken und -farben sowie Füllfarben. Vektordaten lassen sich daher beliebig skalieren.
Bild: 300 dpi ergeben bei einer Bildwiedergabe von 100 % eine ausreichende Datenmenge für sehr gute Druckqualität.
b) 4 Seiten DIN A4
c) Eine Druckerei hat nicht jede durch den Kunden verwendete exakt gleiche Schrift. Daher würde es zu Fehlern im Schriftbild bzw. im gesamten Layout kommen.
d) Jeder Nutzer muss selbst eine Lizenz besitzen.
e) Einfache, rasche Datenübertragung (Sendung) auch großer Datenmengen über das Internet auf einen Server

27

a) Falzen Sie ein Blatt Papier mehrfach im Mittenkreuzfalz. Nummerieren Sie die Seiten im Fuß fortlaufend. Öffnen Sie das Falzprodukt und zeigen Sie die Anordnung der Seiten auf diesem Bogen: Anordnung der Seiten so, dass nach dem Falzen alle Seiten in einer fortlaufenden Reihenfolge stehen
b) Ausschießschema für den Druck mit einer Druckform oder mit zwei Druckformen zum Umschlagen skizzieren
c) Skizze für das Ausschießschema: Druck zum Umstülpen mit zwei Druckformen
d) Minimale Druckbogengröße nach Angaben zu c): 852 mm × 608 mm

28

a) Druck zum Umstülpen in einer Druckform
b)

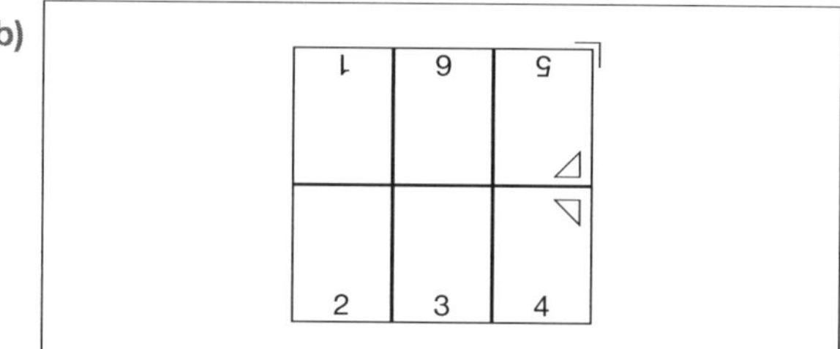

29

a) Bogenbreite (Greiferkante):
5 mm + 210 mm + 210 mm + 4 mm + 4 mm + 210 mm + 210 mm + 5 mm = 858 mm
Bogenlänge (Zylinderumfang):
10 mm (Greiferrand) + 3 mm + 297 mm + 3 mm + 3 mm + 297 + 5 mm = 618 mm (ohne Druckkontrollleiste)

b)

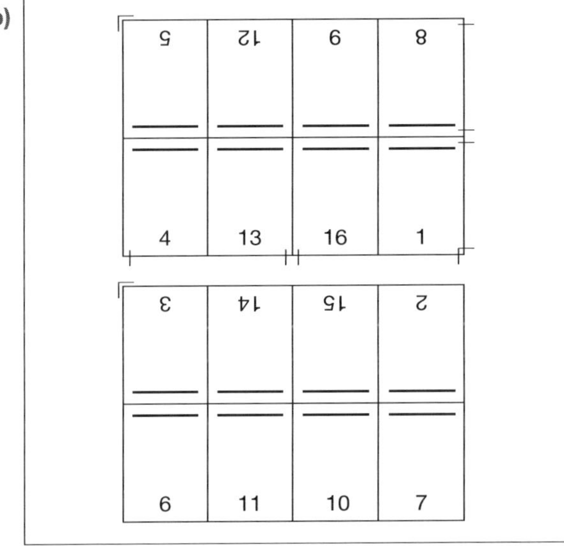

30

a) 8 Blatt = 16 Seiten DIN A5
b) 96 Seiten : 16 Seiten/Bogen = 6 Bogen/Exemplar
c) Hinweis: keine Schön- und Widerdruckmaschine
Gedruckt in jeweils 2 Druckformen

Einfarbig	= 2 Druckpl. · 3 Bg.	= 6 Druckplatten
Zweifarbig	= 4 Druckpl. · 1 Bg.	= 4 Druckplatten
Vierfarbig	= 8 Druckpl. · 2 Bg.	= 16 Druckplatten
Gesamt		= 26 Druckplatten

d) Annahme: Bogen mit einfarbig gedruckten Seiten 26, 27, 30, 31, 66, 67, 70, 71
e) Annahme: Bogen mit vierfarbig gedruckten Seiten 1, 4, 5, 8, 89, 92, 93, 96

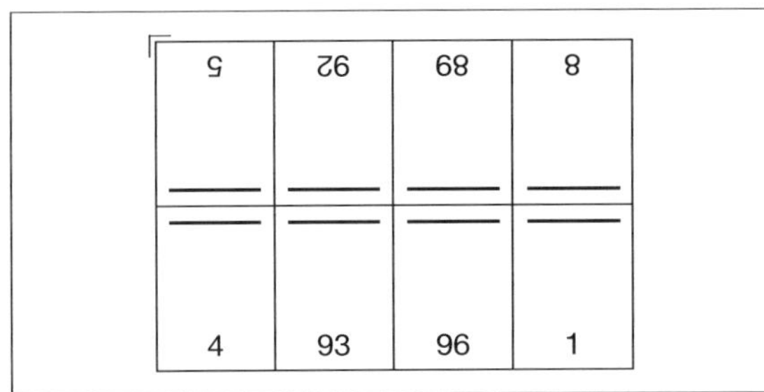

31

a)

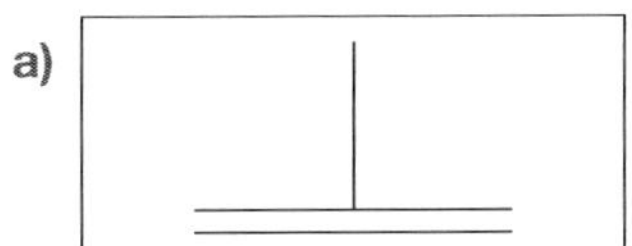

b)

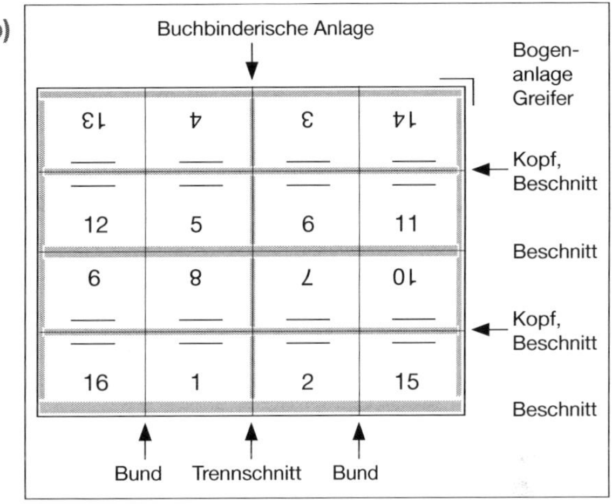

c) Alle 16 Seiten stehen auf einer Bogenseite, nach dem Umschlagen ergeben sich 2 Nutzen
d) 5200 Bogen

32

a)

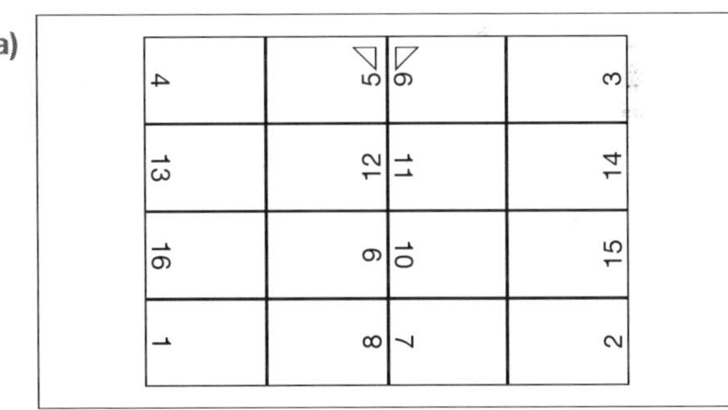

b) Bogenbreite (Greiferkante):
3 mm + 210 mm + 3 mm + 3 mm + 210 mm + 3 mm + 3 mm + 210 mm + 3 mm + 3 mm + 210 mm + 3 mm = 864 mm
Bogenlänge (Zylinderumfang):
3 mm + 297 mm (148 mm + 148 mm gerundet!) + 3 mm + 3 mm + 297 mm + 3 mm = 606 mm

33

a)

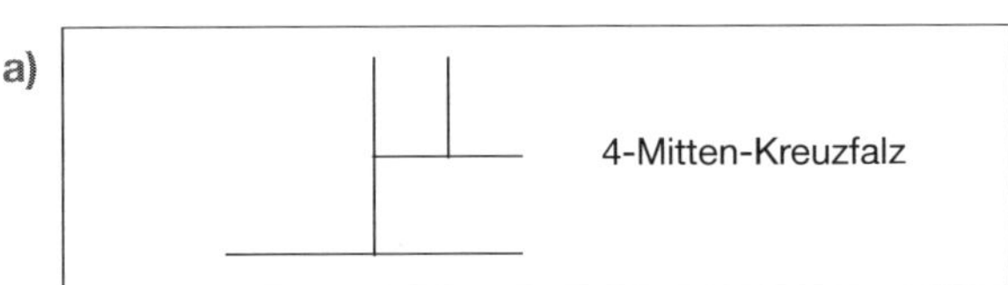

b)

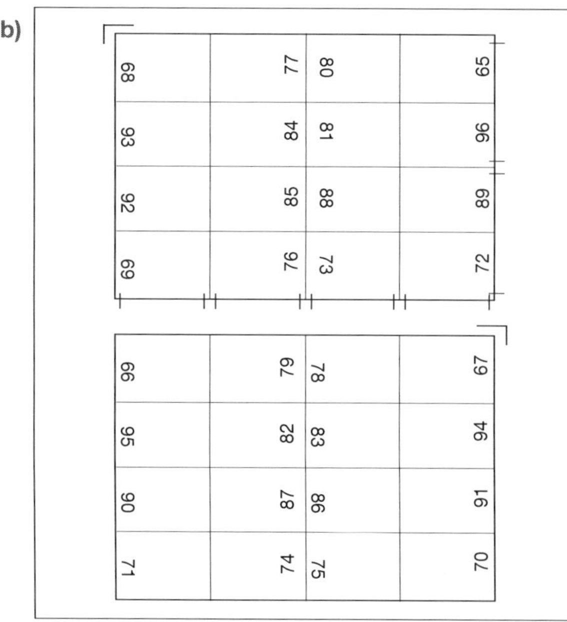

34

a)

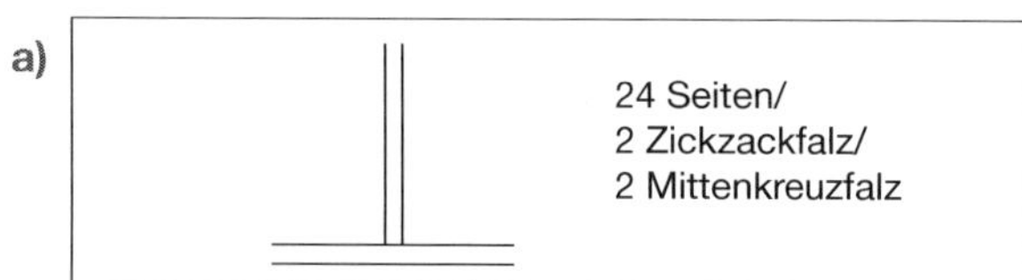

b)

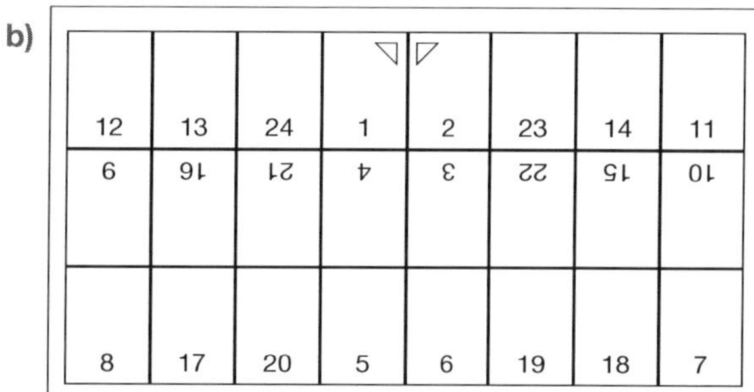

35

Analyse

- Druckformat 70 cm × 100 cm = 16 Blatt DIN A5
- Druck: 1 Druckform z. Umschlagen = 2 Nutzen/Bg.
- Drahtrückstichheftung: Sammeln der Bogen
- Amtsblatt Mai:
  4 Monate je 48 Seiten gedruckt = 192 Seiten
  Heft Mai beginnt mit S. 193 und endet bei S. 240
- Zum ersten Bogen gehören demnach die Seiten 193 bis 200 und 233 bis 240

Ausschießschema

- Bogenanlage Druck diagonal gegenüber der ersten Seite
- Buchbinderische Anlage in der Mitte zwischen den Seiten 197/198

36

Analyse und Berechnungen

a) **Druckmaschine 1:**
740 mm – 20 mm = 720 mm
540 mm – 10 mm = 530 mm
Nutzen: 720 mm × 530 mm
90 mm × 120 mm
8 × 4 = 32 Nutzen

Druckmaschine 2:
1040 mm – 20 mm = 1020 mm
740 mm – 10 mm = 730 mm
Nutzen: 1020 mm × 730 mm
120 mm × 90 mm
11 × 6 = 66 Nutzen

b) **Bogenformat zu 1:**
8 x 90 mm = 720 mm
4 x 120 mm = 480 mm
Bogenformat: 480 mm × 720 mm

Bogenformat zu 2:
11 x 90 mm = 990 mm
6 x 120 mm = 720 mm
Bogenformat: 720 mm × 990 mm

c) Druckzeit

Druckmaschine 1:
960 000 : 32 x 1,032 : 13 000 = 2,38 Std.
= 2 Std. 23 min

Druckmaschine 2:
960 000 : 66 x 1,032 : 12 500 = 1,2 Std.
= 1 Std. 12 min

37

a)

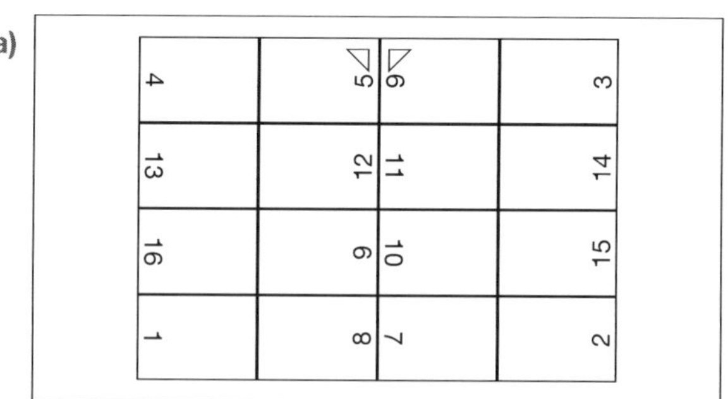

b) 606 mm × 864 mm

38

Lösung siehe Aufgabe 29b)

39

a) Pixelflächenrechner. Computergesteuertes System zur Umwandlung digitaler Dokumente (z. B. Lesen und Verarbeiten von PDF-Dateien mit Texten, Bildern, Grafiken unter Berücksichtigung sämtlicher zusätzlicher Befehle) in eine Bebilderungs-Bitmap. Diese steuert einen Laser für die Informationsübertragung (Bebilderung) in einem Ausgabesystem.
b) Feinheit in der Wiedergabe einzelner Tonwertstufen. Die Bebilderung erfolgt mit 2540 Pixeln pro Inch.
c) Papier ist weiß, wenn alle auftreffenden Lichtstrahlen des gesamten Spektrums gleichmäßig und vollständig reflektieren.
Papier „wirkt" schwarz, wenn alles auftreffende Licht absorbiert wird. Kleine Rasterpunkte decken wenig Papierweiß ab, je größer die Rasterpunkte werden, desto mehr Licht wird absorbiert.

40

a) Druck in einer Druckform zum Umschlagen
b) Ausschießschema für 3-Mittenkreuzfalz, Hochformat
c) 700 m × 1000 mm* = größer DIN A1
Nutzen: $2^5 - 2^1 = 2^4$ = 16 Blatt (32 Seiten)
10000 + 4 % = 10400 Bogen : 2 Nutzen/Bogen = 5200 Bogen
* Fehler im Arbeitsbuch. Statt 100 mm muss es 1000 mm heißen.

41

a) Direktbebilderung aus dem digitalen Datenbestand. Daten der Druckseiten bzw. des Druckbogens werden an den Raster Image Processor (RIP) gesendet. In diesem „Pixelflächenrechner" werden alle Daten sowie weitere Befehle (z. B. Rasterart, Rasterfrequenz, Überfüllung, Farbseparation) in eine Bitmap umgerechnet. Diese ergibt eine Belichtermatrix mit winzig kleinen quadratischen Flächen, Recorderelement (REL) genannt. Dieses entspricht der Größe eines gesetzten Spots des Laserstrahls.
Ein RIP steuert die Bebilderung der Druckplatte durch das Ein- und Ausschalten des Lasers.
b) Standardisierte Produktion in der Druckvorstufe.
Linearisierung: identische Tonwerte im Datensatz und auf der Druckform
Prozesskalibrierung: im Standardisierungskonzept geforderte Tonwertzunahme im Druck

42

- Abläufe in der Produktion, deren Ergebnisse vorhersehbar sind
- Qualität = Zweckeignung eines Produkts. Konkrete Anforderungen an ein zu erstellendes Produkt
- Technische Verfahren, die durch Steuerungs- und Regelungstechnik Aufgaben ohne menschliches Eingreifen erledigen
- Das Wissen um die Wechselbeziehungen, die ein Organismus (z. B. der Mensch) zu seiner organischen und anorganischen Umwelt unterhält
Vgl.: Folgen des eigenen Handelns
- Betriebswirtschaftlicher Begriff.
Wirtschaftlichkeit = Ertrag : Aufwand

43

a) Schwammartige, sehr widerstandfähige Metalloberfläche mit hohe Kapillarkraft, sehr gute Haftung der Bebilderungsschicht, sehr gute Benetzung mit Feuchtmittel
b) Hohe Widerstandfähigkeit, Haltbarkeit (Standzeit): Verstärken der „natürlichen" Oxidschicht mit einer sehr dünnen, extrem widerstandsfähigen Aluminiumoxidschicht

44

Bearbeiten Sie diese Aufgabe an einem Beispiel aus Ihrem Betrieb. Erkundigen Sie sich in der Druckformherstellung (Hersteller, Typ: positiv/negativ arbeitend, Verarbeitungsprozess u. a.; Warum wurde dieser Typ gewählt?)

45

a) Extrem scharf gebündelte Emission von Strahlen, monochromatisch (gleiche Frequenz)
b) Violett-Laser: ca. 410 nm
Infrarot-Laser: ca. 830 nm
c) Thermal-Druckplatten
d) Es sind keine Entwicklungschemikalien für die Verarbeitung der bebilderten Druckform erforderlich, nur eine spezielle Gummierung.

46

a) „Licht härtet", Laserenergie bewirkt die Vernetzung farbfreundlicher Polymere, Bildstellen = auf der Druckplatte verbleibende Polymerschicht. Alle nicht durch den Laser bebilderten Bereiche (Nichtbildstellen) werden bei der Verarbeitung entfernt.
b) „Licht zerstört", alle durch den Laser bebilderten Bereiche (Nichtbildstellen) werden bei der Verarbeitung entfernt. Bildstellen = auf der Druckplatte verbleibende Polymerschicht

47

Eigenschaften der Druckplatte

- Druckplattentyp: negativ arbeitende Hochgeschwindigkeits-Laserdruckplatte
- Beschichtung: Fotopolymer
- Maße, Stärke: 0,15 mm, 0,20 mm, 030 mm
- Oberfläche: Elektrochemisch aufgeraut und anodisiert
- Maß (vgl. Bereich, Einsatzbereich): Zeitungsdruck, Rollen-Offsetdruck
- Spektrale Empfindlichkeit: 405 nm Violett-Laserdioden-Technologie
- Auflösung: 2 % bis 98 % (konventioneller Raster)
- Chemikalien: nicht erforderlich, nur Violett-CF-Gummierung

48

- Digitale Schaltung mit nur zwei Zuständen: Ja/Nein, Ein/Aus
- Aussenden
- Infrarot-Strahlung: langwellige Strahlung, die über den sichtbaren Bereich (ca. 700 nm bzw. 780 nm) hinausgeht
- Energieform: scharf gebündelter Lichtstrahl mit sehr hoher Intensität bei gleichbleibender Frequenz
- Strahlung in einer bestimmten, gleichbleibenden Frequenz (= „Lichtfarbe")
- Chemische Vernetzung, bei der sich kleine Moleküle (Monomere) zu Riesenmolekülen (Polymere) zusammenschließen
- Druckformherstellung CtP: fotochemische Bebilderungsschicht, sehr hohe Empfindlichkeit, Violett-Laser, positiv arbeitend
- Strahlung (sichtbares Licht) in einem Wellenbereich von ca. 400 nm bis 700 nm
- Druckplatten mit sensiblen Schichten für eine thermische Bebilderung > 800 nm Wellenlänge; verschiedene Verfahren, z. B. thermisch vernetzend, thermisch löslich
- Strahlungen unterhalb des sichtbaren Wellenlängenbereichs von ca. < 400 nm

49

Prozesslos arbeitende Thermal-Druckplatte

50

Ermitteln Sie die erforderlichen Informationen in Ihrem Betrieb und dokumentieren Sie diese. Vergleichen und erörtern Sie Ihre Informationen mit anderen.

51

a) Thermaldruckplatte, Bebilderung im Infrarot-Bereich, Wiedergabefeinheiten, kein Sicherheitslicht
b) Positiv arbeitende, thermisch lösliche Schicht
c) Entwicklung (Nassentwicklung), Gummierung

52

- Flachbett: flach (plan liegend)
  Laserstrahl mit Modulator und Polygon-Spiegel, kontinuierlicher Plattentransport, Bebilderung von einer Druckplattenseite zur anderen bei einer Umdrehung des Polygonspiegels.
  Einfaches Druckplattenhandling und problemloser Transport, kostengünstige Konstruktion, problemloses Bebildern von Druckplatten mit verschiedenen Stärken
  Bebilderung durch unterschiedliche Winkel vom mittleren Bereich zu den Randbereichen problematisch, Verformung des Laserpunkts, aufwendige Kompensation der geometrischen Probleme, Ausgabeformat begrenzt, Qualität z. B. für Zeitungen ausreichend
- Innentrommel: Zylindrische, fest stehende Trommel, Druckplatte durch Vakuum darin fixiert, nur eine Lichtquelle
  Fest stehender Laser lenkt Laserstrahl auf einen Ablenkspiegel, Linse fokussiert den Laserstrahl, ein rotierender Drehspiegel, der sich linear längs der Trommelachse bewegt, lenkt Laserstrahl auf die Druckplatte in der Trommel, jede Umdrehung zeichnet zeilenweise eine Scanlinie auf.
  Eine Lichtquelle, immer gleicher Winkel und gleicher Abstand bei der Bebilderung, Druckplatte wird bei der Bebilderung nicht bewegt, kompakte Bauweise, für alle Druckformate geeignet;
  langer optischer Weg, erschütterungsempfindlich
- Außentrommel: Trommel, auf der außen die Druckplatte gespannt und durch Vakuum zusätzlich gehalten wird. Drehung der Trommel, Belichterkopf fährt parallel zur Zylinderachse in geringer Entfernung über die Druckplatte und bebildert diese.

Möglichkeit, anstelle einer Lichtquelle den Laser in mehrere Unterstrahlen aufzuteilen, um höhere Geschwindigkeiten zu erzielen;
geringe Trommelumdrehung, geringer Abstand Druckplatte – Laser, hohe Bebilderungsqualität
Einsatz mehrerer Lichtquellen erfordert sehr genaue Kalibrierung, Trommel muss optimal ausgewuchtet sein, Druckplatte muss präzise befestigt sein, damit sie sich durch die Rotation der Trommel nicht ablöst.

53

a) Berufsgenossenschaft Energie, Textil, Elektro, Medienerzeugnisse
Wichtigste Aufgabe ist der Arbeitsschutz: Prävention mit Aufsicht, Beratung , Bildung
b) Gelbes dreieckiges Schild mit schwarzem Rahmen und Lasersymbol in der Mitte

c) Bauliche Schutzmaßnahmen: Technische Verkleidung der Anlage
Organisatorische Schutzmaßnahmen: Unterweisung, Sicherheitsdatenblatt, Sicherheitszeichen
Persönliche Schutzmaßnahmen: Laser-Sicherheitsbrille (vgl. u. a. BG ETEM, Laserstrahlung BGV B2)

54

Grafische Darstellungen in zwei Phasen zu chemisch-physikalischen Reaktionen auf der Druckform beim Einfärbeprozess
- Feuchten der hydrophilen Nichtbildstellen
- Einfärben der nicht gefeuchteten Bildstellen: oleophile Druckelemente auf der Druckplatte

55

a) Skizzen in zwei Phasen im Einfärbeprozess
Hinweise dazu: Silikon-Gummischicht auf der verarbeiteten Druckplatte ergibt Nichtbildstellen (farbabstoßend, nicht druckend), Fotopolymerschicht ergibt Bildstellen (farbannehmend, druckend)
b) Silikon-Gummischicht

56

a) Druckverfahren, insbesondere Bedruckstoff (Oberflächenqualität)
b) Vorgaben: ISO 12647-2, MedienStandard Druck; Vermeidung einer Moiré-Bildung
c) Vollerwerden der Bildwiedergabe im Vergleich zum Datensatz. Druckverfahren, Raster, Bedruckstoff
d) Hellster Rastertonwert, der gedruckt werden kann
e) Digitale Schriften: optisch wirksame Größe einer Schrift in Punkt (pt)

57

a) Plan liegend bebilderte Flexodruckplatten werden bei Montage auf den Druckformzylinder in Umfangsrichtung des Zylinders gedehnt. Oberer Teil gedehnt, Mitte bleibt neutral, darunter liegender unterer Teil wird gestaucht.
b) Erforderliche Verkürzung ist zu berechnen und in der digitalen Druckvorstufe entsprechend dem Druckzylinderformat auszugleichen.
c) Verkürzung des Druckbilds im Zylinderumfang um 3,85 %

58

a) CtF: digitales Herstellen eines Films als Kopiervorlage für die Druckplattenkopie (plan liegend), z. B. auf eine Fotopolymerdruckplatte
CtP: direkte digitale Bebilderung einer Fotopolymerdruckplatte
CtS: digitale Bebilderung auf z. B. eine „Hülse“ mit einer vormontierten Fotopolymerdruckplatte, eine Längendehnung entfällt dabei
Lasergravur: direkte Lasergravur auf ausgehärtete Elastomere, Sleeves oder Platten
b) Druckprodukte in die Berufsschule mitbringen und Produktion erläutern
c) Erstellen einer Übersicht, Kurzbeschreibungen

59

Arbeitsablauf als tabellarischer Verfahrenvergleich: Computer-to-Plate/Computer-to-Sleeves – Laserdirektgravur. Hinweise:
- polymere Druckplatte – Vorbelichtung – Hauptbelichtung: Laserinformationsübertragung, Belichten – Auswaschen – Trocknen – Nachbelichten.
- Elastomer – Informationsübertragung, Laserdirektgravur – Reinigen (Hochdruck)

60

a) Prinzipiell gleicher Arbeitsablauf. Unterschied: Flach hergestellte Druckplatten müssen auf die Trägerhülse montiert werden, Endlos-Sleeves werden direkt (rund) bebildert.
b) Gute bis sehr gute Druckqualität (Druckplattenart, Unterbau u. a.), Endlos-Sleeves: keine Montagearbeiten erforderlich

61

a) Druckplattenhärte und die Härte des Klebebands (Unterbau) haben einen starken Einfluss auf Tonwertzunahmen und Volltondichten.
Hinweis: Kissprint. Harter Unterbau (Klebebänder) ermöglicht einen besseren Vollflächendruck. Beachte: Pinholes

b) Weicher bzw. kompressibler Unterbau
Weicherer Unterbau (Klebeband) führt zu einer geringeren Quetschung in der Druckzone.

62

Je größer die zu druckende Tonwertsumme (Druckfläche), desto höher muss grundsätzlich die Druckbeistellung sein. Folge: Je kleiner die Druckelemente, desto weniger Druckbeistellung wird benötigt. Durch dieses Verfahren, auch Undercut genannt, können Tonwerte in der Druckform definiert (nach vorgegebenen Werten) abgesenkt werden.

63

Sehr weiche Druckformen und ein sehr weicher Unterbau führen leicht zu Deformationen der Rasterpunkte und damit zu Tonwertveränderungen und einem deutlichen Quetschrand. Kissprint erforderlich, d. h. geringst mögliche Druckbeistellung zwischen Druckform- und Druckzylinder

64

a) Flanke: schräg vom Grund der Druckplatte nach oben verlaufender Rasterpunkt, je nach Technik modifiziert

Rasterpunkt mit Flanke

Druckformträger

b) Stabile Verankerung für den Druckprozess

65

a) Aufbau des Druckplattenmaterials von unten: Druckformträger – Polymerschicht – Laserschicht LAMS – Schutzschicht.
Ablauf: Vorbelichtung der Druckplattenrückseite mit UV-Licht (Polymerisation, Begrenzung der Auswaschtiefe) – Bebilderung mit IR-Laser in die LAMS-Schicht (nur wenige µm stark), wird an Bildstellen „zerstört“ und thermisch entfernt. (Verbliebene Schicht entspricht prinzipiell einer Schablone) – UV-Hauptbelichtung: Polymerisation der freigelegten Bildstellen – Nachbehandlung: Auswaschen (je nach Druckformtyp) – Trocknen – Nachbelichtung

b) Feinere Detailwiedergabe, geringere Tonwertzunahme, bessere Verläufe, keine Hohlkopien, kein Film

66

Stahlrohrzylinder mit hoher Biegesteifigkeit und ausgewuchtet mit exaktem Rundlauf – Vorbehandlung – Vernickeln – Aufkupferung, Schichtdicke 80 bis 120 µm Grundkupfer (fertiger Druckformzylinder-Rohling) – Oberflächenbearbeitung – weitere „Bebilderungskupferschicht“ in drei Verfahren, danach Polieren:

- Dickschichtverfahren, ca. 320 µm dicke Kupferschicht für mehrere Bebilderungen
- Dünnschichtverfahren, ca. 60 bis 80 µm dicke Kupferschicht (ohne Trennschicht) für eine einmalige Bebilderung
- Ballard-Verfahren, ca. 90 µm dicke, abreißbare Kupferschicht (mit Trennschicht) zur einmaligen Bebilderung

67

Unterschied in der Galvanik (Kupferaufbau, Gravurschichtdicke) – Ablauf nach dem Druck:

- Abtragen der Bebilderung (Druckschicht abfräsen, schleifen, polieren) – Gravurdaten: neues Bebildern – Entfetten – Verchromen – Polieren
Hinweis: Der Zylinderdurchmesser verringert sich.
- Abziehen der bebilderten Kupferschicht – Reinigen, Entfetten, Aufbringen einer neuen Trennschicht – Verkupfern (neue Ballardhaut) – Gravurdaten: neues Bebildern – Entfetten – Verchromen – Polieren
Hinweis: immer gleicher Zylinderdurchmesser

68

a) Hinweise zu Unterschieden durch verfahrens- und objektbezogene Prozesse, z. B. Publikationstiefdruck – Verpackungstiefdruck; neue Verfahren wie High Quality Hinting, XtremeEngraving, CellEye
Elektromechanische Gravur (Prinzip konventionell):

- Gravierwagen mit zu bebilderndem, drehbar gelagertem Tiefdruckzylinder
- Ein Gravierkopf oder auch mehrere Gravierköpfe
- Linearantrieb des Gravierkopfs über dem Gravierwagen
- Gravurdaten (z. B. TIFF-/PDF-Daten + Jobtickets) steuern durch Stromimpulse das Graviersystem
- Je nach Graviersystem von einem Gravierkopf bis zu 12 Gravierköpfen (Illustration)
- Pyramidenförmiger Gravurstichel (Diamant) – Gravur in konstanter Frequenz (Rasternäpfchen, z. B. 70 L/cm) sowie variabler Einstichtiefe (Optionen dazu)
- Gravur: tiefen- und flächenvariable Näpfchen (Bildstellen)
- Gravurtiefen ca.: Lichter 7 µm, Tiefen bis zu 40 µm

b) 12 000/s (Stichelbewegungen bzw. Näpfchen pro Sekunde)

c) Beispiel: halbautotypische Näpfchengeometrie mit zusätzlicher Skizze
- Näpfchenmittelpunkte alle gleich weit voneinander entfernt
- Lichter: geringe Näpfchentiefe und geringe Näpfchenfläche
- Mittelton: mittlere Näpfchentiefe und mittlere Näpfchenfläche
- Tiefen: große Näpfchentiefe und große Näpfchenfläche

d) Verschleißschutz (hohe Standzeit), ca. 5 µm

69

a) Insbesondere bei großer Druckformzylinderbreite und zu hohem Anpressdruck kann es wegen der großen Masse zu einer Durchbiegung des Zylinders kommen. Dadurch ist eine gleichmäßige Pressung in der Druckzone (NIP = Druckspalt, Druckstreifenbreite) nicht mehr möglich. Probleme: ungleichmäßiger Ausdruck, lokale Überpressung, ungleichmäßige Erwärmung, Passerprobleme

b) Beispiel: Dünnschichtverfahren
Stahlkern – Nickelschicht – Grundkupfer – Gravurkupfer

70

Skizzen dazu anfertigen:

Konventionelle Näpfchengeometrie
- Näpfchenmittelpunkte alle gleich weit voneinander entfernt, Näpfchenfläche bei allen Tonwerten gleich
- Lichter: geringe Näpfchentiefe
- Mittelton: mittlere Näpfchentiefe
- Tiefen: große Näpfchentiefe

Halbautotypische Näpfchengeometrie
- Näpfchenmittelpunkte alle gleich weit voneinander entfernt
- Lichter: geringe Näpfchentiefe und geringe Näpfchenfläche
- Mittelton: mittlere Näpfchentiefe und mittlere Näpfchenfläche
- Tiefen: große Näpfchentiefe und große Näpfchenfläche

Autotypische Näpfchengeometrie
- Näpfchenmittelpunkte alle gleich weit voneinander entfernt, Näpfchentiefe bei allen Tonwerten gleich
- Lichter: geringe Näpfchenfläche
- Mittelton: mittlere Näpfchenfläche
- Tiefen: große Näpfchenfläche

71

High Quality Hinting (HQH), XtremeEngraving

72

(D)

73

(D)

74

(A), (E)

75

(D)

76

(B)

77

(A)

78

(D)

79

(A)

80

(D)

81

(A)

82

(D)

83

(D)

84 (B)	91 (A)	98 (D)	105 (A)
85 (D)	92 (B)	99 (D)	106 (A)
86 (C)	93 (C)	100 (B)	107 (C)
87 (A)	94 (D)	101 (B)	108 (C)
88 (A)	95 (B)	102 (C)	109 (C)
89 (B)	96 (D)	103 (B)	110 (C)
90 (A)	97 (C)	104 (A)	

4 DRUCKVERFAHREN, DRUCKPRODUKTE

1

a)

Aussagen, zu beurteilende Kriterien/Merkmale	Offset-druck	Buch-druck	Flexo-druck	Sieb-druck	Blech-druck	Digital-druck	Rakel-tiefdruck
Hochdruckverfahren (Beispiel)		X	X				
Die Druckform muss vor dem Einfärben gefeuchtet werden.	X				X		
Die Druckform wird elektronisch graviert.							X
Kleine Auflagen, farbig, Printing on Demand						X	
Flachdruckverfahren	X				X		
Die Druckform ist immer seitenverkehrt.		X	X	X			
Druck von Illustrierten in Groß-auflage	(X)						X
Es sind beliebige Bedruckstoffe und Körper zu bedrucken.				X		(X)	
Druck von Tageszeitungen	X						
Es sind absolut deckende Farben zu drucken.				X			
System: Computer-to-Paper						X	
Druck von flexiblen Verpackungen auf Folien, Verbundmaterialien; personalisiertes Drucken						X	
Autotypischer Raster	X	X	X	X	X		(X)
Bildelemente (Text, Grafik, Bild) der Druckform allg. gerastert							X
Keine statische Druckform						X	
Direkter Rotationsdruck			X			(X)	X
Auswaschdruckplatten mit hochstehenden Bildstellen		X	X				
Tiefenvariable oder tiefen- und flächenvariable Bildstellen							X
Druckfarbe wird durch Rakel auf Bedruckstoff übertragen.				X			
Druck von hochwertigen Akzidenzen, Büchern, Faltschachteln	X						
Druck von Wellpappe, Tragetaschen, Vordrucken			X				
Piezoelektrische Drop-on-Demand-Technologie						X	

Aussagen, zu beurteilende Kriterien/Merkmale	Offset-druck	Buch-druck	Flexo-druck	Sieb-druck	Blech-druck	Digital-druck	Rakel-tiefdruck
Die Rasterweite ist von der Feinheit des Gewebes abhängig.				X			
Indirekter Rotationsdruck: Bogen- und Rollendruck	X						
Direkter Druck		X	X	X		(X)[1]	X
Die Druckfarbe ist niederviskos (dünnflüssig).			X				X
Heatset-Druckfarben, Heißlufttrockner	X						
Einfärbung der Druckform: Kammerrakel, Rasterwalze			X				
Naturpapier und gestrichene Papiere sind gut zu bedrucken.	X					X	
Druck von Tafeln, Schildern, Körpern u. a.				X			
Druck von Textilien, z. B. Dekostoffe				X		X	
Drop-on-Demand						X	
Druck von Fachzeitschriften, z. B. PM, GEO, Computer	X						
Druck von Etiketten auf Papier/Stoff			X	X		X	
Einfärbung mit Elektronik-Ink (flüssig) oder Toner (Pulver)						X	
Erkennungsmerkmale: keine Schattierung, randscharfer Rasterpunkt, in den Spitzlichtern vielfach kein Rasterpunkt.	X						
Erkennungsmerkmale: Schattierung, Quetschrand, flächenvariabler Raster		X					
Erkennungsmerkmale: starker Quetschrand, keine Schattierung, relativ geringe Rasterweite, überwiegend Strich, Flächen			X[2]				
Erkennungsmerkmale: Farbdichte im Rasterpunkt ungleichmäßig, keine autotypische Rasterung, Schrift ist gerastert							X[3]
Erkennungsmerkmale: große Farbschichtdicke, kein Quetschrand, geringe Rasterweite (Rasterfrequenz)				X			

[1] Je nach Systemtechnologie: direkter und indirekter Druck

[2] Erkennungsmerkmale: starker Quetschrand, keine Schattierung, relativ geringe Rasterweite, überwiegend Strich (flächige Bildstellen) Je nach Druckmaschinensystem und Druckform geringer Quetschrand, höhere Rasterweite, 4c-Druck und wesentlich bessere Qualität im Flexodruck

[3] Erkennungsmerkmale: Farbdichte im Rasterpunkt ungleichmäßig, keine autotypische Rasterung, Schrift ist gerastert. Überwiegend halbautotypisch (tiefen- und flächenvariable Näpfchenstruktur), Rasterung der Schrift durch neue Technologien nicht mehr zu erkennen.

b) • Druck von Illustrierten in Großauflage: Tendenz zum Rollen-Offsetdruck
- Es sind beliebige Bedruckstoffe und Körper zu bedrucken: mit entsprechenden Drucksystemen auch im Digitaldruck
- Autotypische Rasterung der Bildelemente (Näpfchenstruktur) auch im Rakeltiefdruck möglich
- Direkter Rotationsdruck: je nach Druckmaschinensystem

2

a) Rollen-Offsetdruck
b) Rollen-Offsetdruck
c) Digitaldruck
d) Rollen-Offsetdruck
e) Digitaldruck
f) Flexodruck, Rakeltiefdruck
g) Digitaldruck
h) Rakeltiefdruck, Rollen-Offsetdruck
i) Rollen-Offsetdruck
j) Siebdruck
k) Bogen-Offsetdruck
l) Flexodruck
m) Digitaldruck
n) Rakeltiefdruck
o) Digitaldruck
p) Siebdruck
q) Digitaldruck, Siebdruck, ggf. Hybridtechnologie
r) Bogen-Offsetdruck
s) Tampondruck, evtl. auch Siebdruck
t) Blechdruck

3

Erstellen Sie eine tabellarische Übersicht.
Verwenden Sie für die zu erarbeitenden Vergleiche alle Informationen aus Ihrem Betrieb, Ihren Fachbüchern und Unterrichtsmaterialien.
Lassen Sie Ihr Manuskript durch Ihren Ausbilder, andere Mitarbeiter und Auszubildende prüfen.
Optimieren Sie die Angaben in Ihrer Übersicht durch Hinweise aus Ihrem Team bzw. Ihrer Klasse.

4

Erstellen Sie eine tabellarische Übersicht.
Beachten Sie alle weiteren Hinweise aus Aufgabe 3.

5

Erstellen Sie eine tabellarische Übersicht.
Beachten Sie alle weiteren Hinweise aus Aufgabe 3.

6

Tragen Sie die Informationen in Ihre Dokumentation ein.

7

a) Gefahrensymbol: hautätzende Wirkung
b) Gefahrensymbol: entzündbare Flüssigkeit
c) Warnung: Gefahrenstelle
d) Brandschutzzeichen: Feuerlöschgerät
e) Gebotszeichen: Gehörschutz benutzen
f) Verbotszeichen: Feuer, offenes Licht, Rauchen verboten

8

a) Fest (auch Staub), flüssig, gasförmig
b) Einatmen, Verschlucken, Hautresorption

9

Hautkontakt mit gefährdenden Stoffen vermeiden; außerdem: Schutzkleidung tragen; Hautschutzmittel verwenden

10

Zehenschutz, geschlossener Fersenbereich, Antistatik, Energieaufnahme im Fersenbereich

11

- Verschmutzte Hände sind vor den Pausen und am Arbeitsende unter warmem Wasser zu reinigen.
- Hautreinigungsmittel müssen auf die Verschmutzungsart und den Grad der Verschmutzung abgestimmt sein.
- Reinigungsmittel müssen ausreichende Reinigungskraft bei maximaler Hautschonung besitzen.

12

a) 230 mA
b) Schwere bis tödliche Unfälle, z. B. Verbrennung von Gewebe, Herzkammerflimmern, Atemnot, Krampfgefühle in der Brust

13

Warnung vor elektrischer Spannung

14

Auf Verkehrswegen, vor Feuerlöscheinrichtungen, vor elektrischen Schalt- und Verteileranlagen

15

Bereithalten in sicheren Behältern erlaubt, z. B. in selbstschließenden und abgesaugten Sicherheitsschränken. Allgemein gilt: Es dürfen nur solche Mengen von gefährlichen Stoffen vorhanden sein, die für den Fortgang der Arbeiten notwendig sind.

16

a) $\geq$ 80 dB(A)
b) Gehörschutz nutzen, Vorsorgeuntersuchungen, technischen Lärmschutz nutzen (Verkapselung u. a.)

17

- Flammpunkt, Explosionsgrenze, Zündtemperatur
- Gefahrklasse A (nicht wasserlösliche brennbare Flüssigkeiten):
  Gefahrklasse A I: Flüssigkeiten mit einem Flammpunkt unter 21 °C,
  Gefahrklasse A II: Flüssigkeiten mit einem Flammpunkt zwischen 21 °C und 55 °C,
  Gefahrklasse A III: Flüssigkeiten mit einem Flammpunkt zwischen 55 °C und 100 °C
  Gefahrklasse B:
  Bei 15 °C wasserlösliche brennbare Flüssigkeiten mit einem Flammpunkt unter 21 °C
- Neue Einteilung von brennbaren Flüssigkeiten nach Gefahrstoffverordnung (GefStoffV):
  Einstufung nach Gefährlichkeitsmerkmal:
  - hochentzündlich, Flammpunkt < 0 °C
  - leichtentzündlich, Flammpunkt < 21 °C
  - entzündlich, Flammpunkt ≥ 21 °C

18

Flammpunkt: Maß für die Feuergefährlichkeit einer Flüssigkeit. Lösemittel verdunstet und bildet Dämpfe. Flammpunkt ist die niedrigste Temperatur eines Lösemittels, bei der so viel Lösemittel verdampft, dass dieser Dampf im Gemisch mit Luft mit einer wirksamen Zündquelle entflammt werden kann.

- Ethylalkohol und Toluol sind „hochentzündlich“
- Testbezin ist „entzündlich“

19

a) Geben Sie an, wo die Sicherheitsdatenblätter jeweils zu finden sind
b) Angaben zur Sicherheit bei Tätigkeiten mit Gefahrstoffen.
c) Angaben über mögliche Gefahren, Schutzmaßnahmen, Erste Hilfe, Entsorgung sowie zur Toxikologie und Ökologie bei Tätigkeiten mit Gefahrstoffen
d) Fügen Sie die Kopie in Ihre Dokumentation

20

a) Schutzhandschuhe, Schutzbrille, Hautschutz, geeignete Arbeitskleindung. Beispiele:
   - Arbeitskleidung nicht zu lange tragen. Jede Woche mindestens einmal wechseln.
   - Arbeitskleidung nicht mit Lösemitteln reinigen.
   - Verschüttete Lösemittel sofort mit Putzlappen aufsaugen, nicht verdunsten lassen. Putzlappen in dicht schließende Behälter entsorgen.
   - Bei Einrichtarbeiten an der Maschine sollte man weitgehend mit Schutzhandschuhen arbeiten. Bei Kontakt mit Druckfarbe, beispielsweise beim Reinigen der Farbkästen, geeignete lösungsmittelbeständige Schutzhandschuhe benutzen.
   - Handschuhe sorgfältig und hygienisch behandeln.
   - Hautschutz vor der Arbeit und nach der Arbeit.
   - Haut nicht mit Lösemitteln reinigen. Möglichst milde Hautreiniger verwenden.
   - Beim Arbeiten mit ätzenden Flüssigkeiten, z. B. beim Reinigen der Rasterwalzen mit Laugen, muss eine Schutzbrille getragen werden. Spritzgefahr ist nie ganz auszuschließen. Laugen sind für die Augen besonders gefährlich. Augenspülflasche bereithalten.

- Bei Reinigungsarbeiten an Maschinenteilen und Zylindern: Lösemittel sparsam verwenden.

b) In gut verschlossenen Behältern aufbewahren, damit die Restlösemittelgehalte nicht weiter verdunsten. Gründe z. B.: Ethanol und Ethylacetat sind sehr leicht flüchtig und leicht entzündlich. Verringerung der Atemwegsbelastung

21

Kohlendioxidschnee ist schwerer als Luft und verhindert in der Schneeform die Zufuhr von Sauerstoff.

22

a) Volatile Organic Compounds, leicht flüchtige organische Verbindungen mit umwelt- und gesundheitsschädlichen Wirkungen
b) Umwelt-, Luftqualitätsziele, d. h. schädigende Wirkung auf Mensch und Umwelt möglichst verhindern

23

a)
- Wo ist der Unfall passiert?
- Was ist geschehen?
- Wie viele Verletzte/Betroffene sind zu versorgen?
- Welche Verletzungen oder Krankheitszeichen haben die Betroffenen?
- Warten auf Rückfragen, z. B. der Rettungsleitstelle!

b) Angabe des Ortes im eigenen Betrieb
c) Grünes quadratisches Schild mit weißem Telefon und weißem Kreuz rechts oben

24

a) Light Amplification by Stimulated Emission of Radiation, d. h. Lichtverstärkung durch angeregte (stimulierte) Emission von Strahlungen
b) Klassen 3A, 3B, 4
c) Schild dreieckig, gelbe Fläche mit schwarzem Rahmen, in der Mitte ein symbolisierter Laserstrahl

25

Besprechen Sie Ihre Maßnahmen mit Ihrem Ausbilder und in der Berufsschule. Heften Sie die Endfassung in Ihrer Dokumentation ab.

26

a) Was kann ich tun? Schreiben Sie Ihre eigenen konkreten Maßnahmen auf.
b) Papierverbrauch reduzieren: Möglichst wenig Makulatur verursachen
Luft, VOC-Emission: Feuchtmittel ohne oder wenigstens mit geringstmöglichem Zusatz von Isopropylalkohol (IPA)
Umweltschutz im Digitaldruck: Inkjet-Tinten, auch UV-härtende, sind nicht VOC-frei. Unsachgemäßer Umgang mit Trockentonern verursacht Feinstaub.

27

a) Ziele: Organisation und Gestaltung der Arbeitsplätze und des Arbeitsumfelds, z. B. Ordnung, Sauberkeit, Ergonomie, Arbeitssicherheit, Leistungsfähigkeit, Produktivität
Vorteile: Arbeitszufriedenheit und Motivation der Mitarbeiter durch Verbesserung des Arbeitsumfelds, Optimierung von Prozessen und der Nachhaltigkeit, Steigerung des Qualitätsbewusstseins
Vision: fehlerlose Produktion durch ständige Verbesserung (KVP) und Stabilisierung der Prozesse; Prozess, der nachhaltig in der Unternehmenskultur verankert ist und im Unternehmen gelebt wird
b) Unnötiges Werkzeug entfernen, richtige Werkzeugablagen nutzen, stets gereinigte Werkzeuge und Maschinen einsetzen, sauberer Arbeitsplatz, sauberes Gebäude, positives Erscheinungsbild des Unternehmens, ständiges Hinterfragen der Organisation zur Verbesserung der Prozesse

28

a) Um 1400 (1397) bis 1470
b) Gutenberg erfand das „maschinelle" Vervielfältigen von Texten und schuf damit die wesentlichsten Voraussetzungen für die (Volks-)Bildung, für Reformen und technische Entwicklungen.

29

a) Einzelne bewegliche Lettern, ein „technisches" Schriftsystem (Zeichengestaltung), Gießinstrument, eine spezielle Konstruktion der Druckerpresse sowie geeignete Druckfarbe
b) Übergang vom Mittelalter zur Neuzeit, Macht lag in den Händen der Kirche und der Landesherren. Geistiger Umbruch, das Volk wollte selbst Wissen erwerben, unabhängiger sein, Lesen lernen und

dazu Bücher besitzen. Informationen konnten im Vergleich zum bisherigen Abschreiben sehr rasch vervielfältigt und verbreitet werden.
c) 42-zeilige Bibel

30

a) Friedrich Koenig
b) Times in London, 1811/1812

31

a) Prinzipskizzen
b) Im Druckprinzip „Fläche gegen Fläche" druckt die gesamte Fläche (z. B. 42 cm x 29,7 cm).
= Hoher Anpressdruck
Im Druckprinzip „Zylinder gegen Zylinder" druckt die Druckbreite und nur ein schmaler Druckstreifen (z. B. 42 cm x 1 cm, Drucklinie).
= Niedriger Anpressdruck

32

a) Direkter Druck: 2 Zylinder, Druckformzylinder und Druckzylinder
Indirekter Druck: 3 Zylinder, Druckformzylinder, Gummituchzylinder (Übertragzylinder) und Druckzylinder
b) Direkter Druck: Druckform seitenverkehrt
Indirekter Druck: Druckform seitenrichtig
c) Direkter Druck: Buchdruck, Flexodruck, Rakeltiefdruck
Indirekter Druck: Offsetdruck, Blechdruck

33

- Skizzen zu direkt arbeitenden Druckverfahren, z. B.: Flexodruck, Rakeltiefdruck, Digitaldruck, Siebdruck
- Skizzen zu indirekt arbeitenden Druckverfahren, z. B.: Offsetdruck (Bogen- und Rollendrucksysteme), Lettersetdruck, Tampondruck, Digitaldruck (vgl. HP-Indigo)

34

a) Hochdruck, Flachdruck, Tiefdruck, Durchdruck, Digitaldruck
b) Typische Merkmale der Informationsübertragung (Druckform)
Hochdruck: Bildstellen stehen höher als Nichtbildstellen.
Flachdruck: Bildstellen und Nichtbildstellen liegen auf einer Ebene.
Tiefdruck: Bildstellen liegen tiefer als Nichtbildstellen.
Durchdruck: Druckform, bei der die Bildstellen in einem Gewebe farbdurchlässig sind
Digitaldruck: Informationsübertragung prinzipiell ohne Druckform (ggf. temporär)
c) Hochdruck: Buchdruck, <u>Flexodruck</u>, Lettersetdruck
Flachdruck: <u>Offsetdruck</u>, Blechdruck, Steindruck
Tiefdruck: <u>Rakeltiefdruck</u>, Tampondruck, Stahlstich
Durchdruck: <u>Siebdruck</u>, Serigraphie, Filmdruck
Digitaldruck: Systeme auf der Basis Computer-to-Print (Elektrofotografie) und Computer-to-Paper (Inkjet)

35

a) Bogen-Offsetdruck:

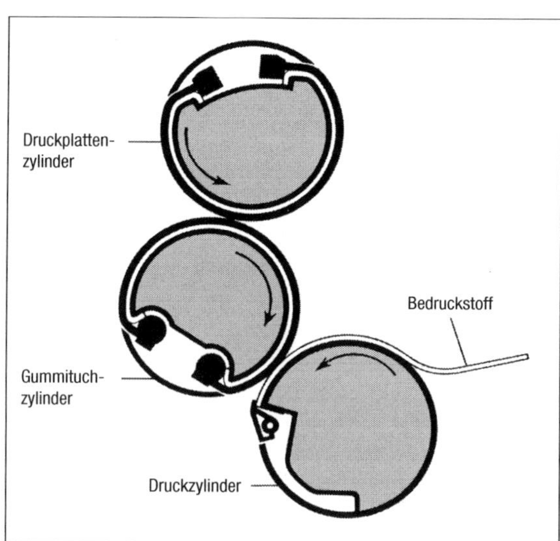

Rollen-Offsetdruck:

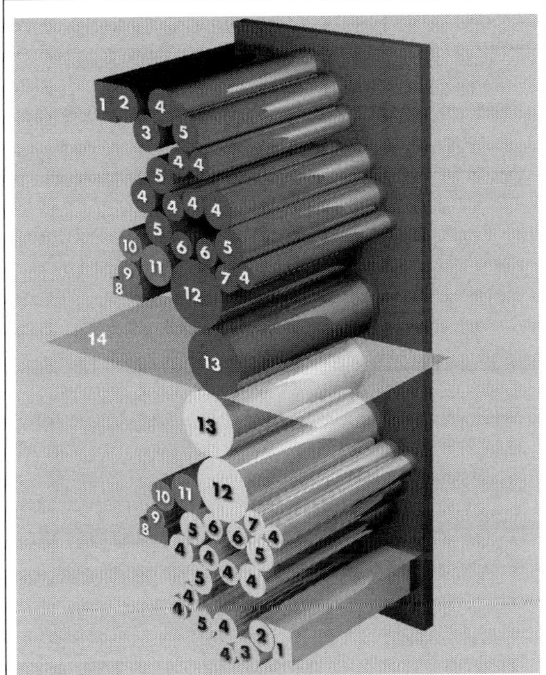

1 = Farbkasten, 2 = Farbduktor, 3 = Filmwalze, 4 = Farbübertragwalze, 5 = Farbreibzylinder, 6 = Farbauftragwalze, 7 = Farbauftragwalze (changierend), 8 = Feuchtmittelkasten, 9 = Feuchtduktor, 10 = Feuchtübertragwalze, 11 = Feuchtauftragwalze, 12 = Plattenzylinder, 13 = Gummituchzylinder, 14 = Papierbahn

Flexodruck:

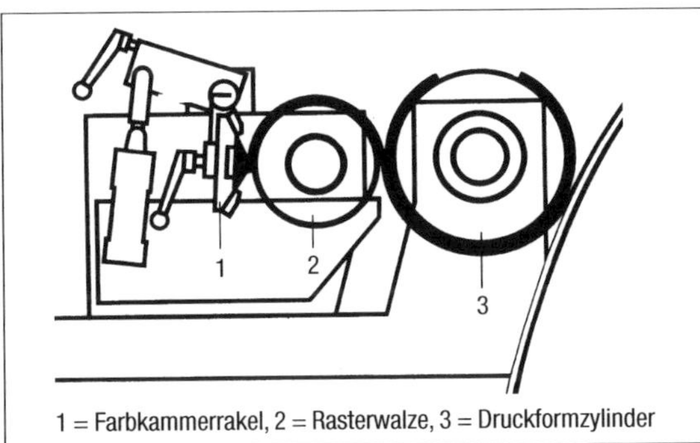

1 = Farbkammerrakel, 2 = Rasterwalze, 3 = Druckformzylinder

Rakeltiefdruck:

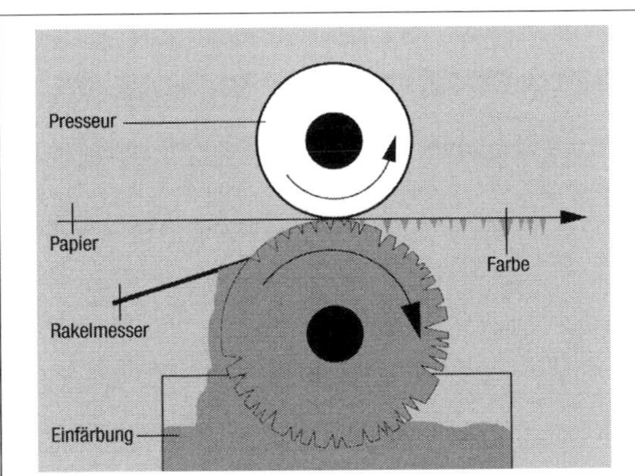

b) • Bogen- und Rollen-Offsetdruck
Einfärbung in zwei Phasen:
Feuchten der Nichtbildstellen, Bildstellen nehmen kein Feuchtmittel an, Bildstellen (nicht gefeuchtet) nehmen Druckfarbe an.
Druck: Informationsübertragung von der Druckform auf den Gummituchzylinder und von diesem auf den Bedruckstoff
- Flexodruck
Einfärbung: Niedrigviskose Druckfarbe – Kammerrakel färbt kontinuierlich eine Rasterwalze ein, Druckfarbe wird von der Oberfläche abgerakelt – Rasterwalze färbt Druckform ein.
Druck: Informationsübertragung von der Druckform direkt auf den Bedruckstoff
- Rakeltiefdruck
Einfärbung: Druckformzylinder läuft in „Farbwanne“ mit einer niedrigviskosen Druckfarbe, „flüssige“ Druckfarbe auf der Oberfläche wird abgerakelt.
Druck: Informationsübertragung von der Druckform direkt auf den Bedruckstoff

36

Möglichkeiten zur Darstellung mit Skizzen
- Offsetdruckplatte: Nichtbildstellen (Aluminium) und Bildstellen (Informationsträger, z. B. gehärtete Rest-Kopierschicht auf der Druckplatte)
- Grundprinzip: Unterschiedliche Reaktionen durch physikalische Oberflächenbeschaffenheit – Nichtbildstellen reagieren hydrophil, Bildstellen reagieren oleophil (demnach hydrophob, wasserabweisend).
- Festkörper und Flüssigkeiten haben immer eine typische Oberfläche (vgl. Kohäsion). Grenzen zwei Phasen mit unterschiedlichen Stoffen aneinander, entstehen Grenzflächen, die zu anderen Grenzflächen unterschiedliche reagieren (vgl. Adhäsion, Oberflächenspannung). Wechselwirkung zwischen dem Festkörper und der Flüssigkeit, z. B.
  - Nichtbildstellen zu Feuchtmittel,
  - Bildstellen zu Feuchtmittel,
  - trockene Nichtbildstellen zu Druckfarbe,
  - gefeuchtete Nichtbildstellen zu Druckfarbe,
  - trockene Bildstellen zu Druckfarbe.
- Wirkungen an Grenzflächen (Reaktionen: Oberflächenspannung und Grenzflächenspannung)
  - Flüssigkeit perlt auf der Oberfläche
  = Keine Benetzung
  - Flüssigkeit benetzt die Oberfläche bzw. spreitet auf der Oberfläche
  = Gute oder vollständige Benetzung

- Einfärben der Druckform im konventionellen Offsetdruck in zwei Phasen (Benetzungen, Grenzflächenspannungen …)
  - Feuchten der Druckform:
    Nichtbildstellen nehmen Feuchtigkeit an, Bildstellen stoßen Feuchtigkeit ab.
  - Einfärben der Bildstellen:
    Feuchte Nichtbildstellen stoßen Druckfarbe ab, trockene Bildstellen nehmen Druckfarbe an.

37

Digitaldruck: Elektrofotografie
Laserbebilderung einer elektrostatisch aufgeladenen Bildtrommel (Fotohalbleitertrommel), Toner-Feststoffpartikel, temporäre „Druckform“, Bildtransfer (Druck) und Fixierung, Reinigung der Bildtrommel

38

Abhängig von Bedruckstoff, Druckform, Druckfarbe

a) Schrift: randscharf
   Bild, Raster: randscharfer Rasterpunkt, AM-/FM-Raster, hohe Rasterweite > 60 L/cm möglich
   Sonstige Merkmale: auch auf rauen Bedruckstoffoberflächen gute Qualität
b) Schrift: relativ randscharf, leichter Quetschrand
   Bild, Raster: allgemein geringere Rasterweite als im Offsetdruck, ggf. Probleme bei Verläufen im Lichterbereich (Abrisskanten), mögliche Rastertechnologien: AM-, FM-, Hybrid- und HD-Raster
   Sonstige Merkmale: Produktbereich vor allem Verpackungsdruck (Papier, Kunststoff- und Verbundfolie, Wellpappe), mehr oder weniger erkennbarer Quetschrand an Zeichnungskanten bzw. Druckbildrändern, Druck vielfach mit mehr als vier Druckfarben, ggf Text-, Raster- und Flächendruck separat
c) Schrift: wenig bis relativ gut randscharf, je nach Druckformgravur „Sägezahn“ zu erkennen
   Bild, Raster: gravierter Druckformzylinder mit unterschiedlichen Näpfchengeometrien, z. B. tiefen- und flächenvariabel
   Sonstige Hinweise: Weichverpackungen in hoher Qualität, Dekordruck; Großauflagen von Katalogen, Illustrierten u. Ä. sehr stark abnehmend

39

Bogen-Offsetdruck:
- Akzidenzen aller Art, hochwertige Werbedrucke, Verpackungen (Karton), Faltschachteln
- Einfache, standardisierte Druckformherstellung, standardisierte, sichere Druckproduktion, hohe Druckqualität

Rollen-Offsetdruck:
- Mittlere und hohe Druckauflagen: Zeitschriften, einfache bis hochwertige Werbedrucke aller Art, Bücher, Zeitungen
- Einfache, standardisierte Druckformherstellung, standardisierte, sichere Druckproduktion, hohe Druckqualität, hohe Druckleistung, Druckverarbeitung teilweise integriert

Flexodruck:
- Flexible Verpackungen auf Papier, Kunststofffolien, Wellpappe, Verpackungsmaterialien (Beutel, Säcke, Geschenkpapiere)
- Produktbezogene gute Druckqualität, wirtschaftlicher Rollen-Rotationsdruck

Rakeltiefdruck:
- Weichverpackungen auf Papier, Kunststoff- und Metallfolien, umfangreiche Illustrierte und Kataloge in Großauflagen
- Sehr hohe und konstante Druckqualität, sehr gute Bildwiedergabe, feinste Verläufe, hohe Druckleistungen (wirtschaftlich bei hohen Druckauflagen)

Siebdruck:
- Plakate, Keramik, Flockdruck, gedruckte Schaltungen, Skalen
- Spezialfarben: stark auftragend, höchste Lichtechtheit, absolut deckend

40

Siehe Lösung 35a)

41

a) Bebilderte Druckform (Druckplatte) mit Bildstellen und Nichtbildstellen – Einfärbeprozess in zwei Phasen: Feuchten der Druckform (Reaktionen dabei) und Einfärben der Druckform (Reaktionen dabei) – Möglichst Demonstration an einer Druckplatte – Skizzen dazu
b) Informationen auf der Druckform seitenrichtig, d. h. alle zu druckenden Informationen sind „normal“ zu lesen – Informationsübertragung auf einen Gummituchzylinder Übertragzylinder), Bildwiedergabe seitenverkehrt („spiegelverkehrt“) – Informationsübertragung auf den Bedruckstoff seitenrichtig (Vorteile dieser indirekten Informationsübertragung?)
c) Schmieren, mangelhafte Einfärbung und Farbtonwiedergabe

42

a) Begriffsdefinition: Faltschachtel, Produkte, Verwendungszweck, Material, Lieferform an Kunden

Druckformherstellung:
Basis Stanzkontur (Beispiel mit Maßen, CAD-Datenimport), ggf. mit Perforationen, Rillungen, Ritzungen, Prägungen, Blindenschrift. Beachten u. a.: Beschnitt, Marken, Kleberand, Strichcodes. Digitale Bogenmontage, Bogenoptimierung bei Sammelformen, optimale Druckbogenbelegung bei unterschiedlichen Nutzen und Auflagenhöhen, CAD-Datenexport (Herstellung der Stanzform), Proof, Druckfreigabe, Druckformherstellung CtP
Druck:
Farbdruck und Inline-Veredelung (z.B. Lackierung)
Druckverarbeitung:
Stanzen (Funktionen von Haltepunkten, Schnittlinien, Rilllinien), Rillen, Nuten, Ausbrechen, Falten und Kleben (Faltschachtelklebemaschine, Klebstoffauftrag, Falten, Pressen), Verpacken.
Produkt: Faltschachteln im zusammengefalteten, sofort gebrauchsfertigen Zustand für den Kunden

b) Handout zu wesentlichen Phasen der Produktion

43

a) Rollendruckmaschine, die unterschiedliche Formate im Zylinderumfang bedrucken können, z. B. durch Sleeve-Technologie
Veredelungs- oder sonstige Verarbeitungssysteme nach dem Druck innerhalb der Druckmaschine

b) Schmalbahniger Druck von flexiblen Verpackungen, Etiketten, Folien und Kartonagen

44

Bogen-Offsetdruck 4/4:
- Merkmale: Reihenbauweise, S/W-Druck, 4/4
- Produktionstechnik: Nass-in-Nass-Druck, 4 Seiten Schöndruck, Wendung Umstülpen, 4 Seiten Widerdruck, formatvariabel, ggf. Trockner im Auslageweg
- Einsatzbereiche: Akzidenzen aller Art, hochwertige Werbedrucke, Bildbände

Rollen-Offsetdruck (Coldset):
- Merkmale: Produktion von der Rolle bis zum Falzprodukt, „Zeitungsdruckmaschine“, vertikale Bahnführung, festformatig, Druck ohne Trockner, nur wegschlagende Druckfarben
- Produktionstechnik: Druckwerk: 8-Zylinder-Bauweise oder 9-Zylinder-Bauweise (Satellitenbauweise), je nach Druckmaschine: 1 bis 2 Papierbahnen, Überbau und Falzapparat: Zusammenführen der Papierbahnen, ggf. auch vorheriges Trennen in mehrere Stränge, Falzen und Transport in den Versandraum
- Einsatzbereiche: Zeitungen und zeitungsähnliche Produkte

Rollen-Offsetdruck (Heatset):
- Merkmale: Produktion von der Rolle bis zum Falzprodukt, horizontale Bahnführung, Druck mit Trockner, festformatig
- Produktionstechnik: Gummi-Gummi-Druckwerke in Reihe, Nass-in-Nass-Druck, Heißlufttrockner, Kühlwalzengruppe, Falzüberbau, Falzapparat (variable Falzungen), Transport der Falzprodukte in die Druckverarbeitung.
  Spezielle Systemtechniken für schmalbahnigen Druck, ggf. auch mit Hybriddrucktechnik und produktspezifischen Verarbeitungsaggregaten
- Einsatzbereiche: Werbedruck, Zeitschriften, Kataloge, Bücher

45

a) Druckmaschinen arbeiten allgemein im Rollendruck. Je nach Produktanforderungen sind neben dem Offsetdruck auch andere Druckverfahren in der Druckmaschine einzusetzen, z. B. Flexodruck, Tiefdruck, Siebdruck (rotativ druckend). Ausstattungsmöglichkeiten mit Trocknern (z. B. UV-Trocknung), Heißfolienpräge- und Kaltfoliendruck, Veredelungen und Stanzungen

b) Digitaldruck, Siebdruck (Rollendruck)

46

Rakeltiefdruck, Spezialmaschinen für den Dekordruck

47

a) Bildstellen der Druckform vertieft, Druckformzylinder läuft in einer Farbwanne, eine Rakel entfernt die Druckfarbe von der Oberfläche der Druckform, Druckfarbe bleibt in den Näpfchen (= Bildstellen), durch den Anpressdruck des Presseurs (Druckzylinder) wird die Druckfarbe aus den Näpfchen auf den Bedruckstoff übertragen.

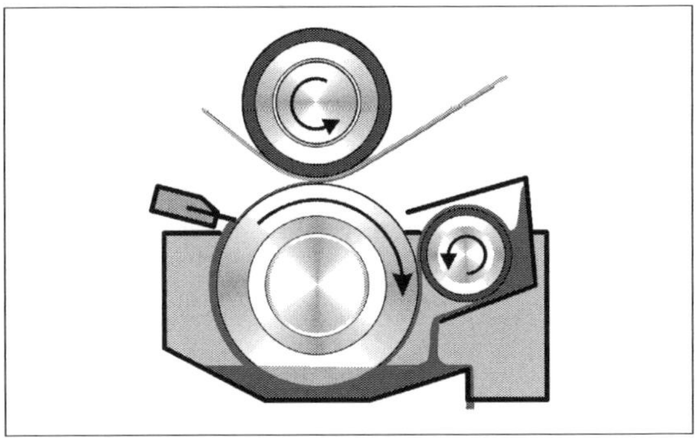

b) Ca. 432 cm

48

- Vorteile Rollen-Offsetdruck: Entwicklung von Druckmaschinen mit sehr großen Papierbahnbreiten und -umfängen, standardisierte, wesentlich schnellere und wirtschaftlich günstigere Druckformherstellung und Prozesse
- Probleme im Rakeltiefdruck: nur für umfangreiche Großauflagen wirtschaftlich einzusetzen, sehr hohe Kosten für die Druckzylinderherstellung, zeitaufwendige Herstellung

49

Rakeltiefdruck:
- Druckformherstellung: sichere Produktion, zeitaufwendig, sehr hohe Kosten
- Bedruckstoffe: Papier, Folien aller Art
- Druckqualität: hervorragende Qualität (Kundenforderung)
- Prozessstabilität: konstante Produktionsprozesse (Kundenforderung)
- Wirtschaftlichkeit: ideal für hohe Auflagen bei sehr hohen Qualitätsanforderungen der Kunden
- Standzeit der Druckform: extrem hoch

Flexodruck:
- Druckformherstellung: sichere Produktion, weniger zeitaufwendig, geringe Kosten
- Bedruckstoffe: Papier, Folien aller Art
- Druckqualität: gut (produktbezogene Anforderung)
- Prozessstabilität: weniger konstante Produktionsprozesse
- Wirtschaftlichkeit: kleine bis hohe Auflagen
- Standzeit der Druckform: hoch

50

a) Hinweise zur Vorbereitung der Präsentation
Anforderungen an die Verpackung
Herstellung des Druckformzylinders:
- Gravur- und Arbeitsvorbereitung
  - Auftragsdokumente Gravur-Arbeitsvorbereitung, Erstellung des „Gesamt-Layouts" (Vervielfachung des Einzelnutzens für die Zylindergravur)
- Druckformzylinder je Druckfarbe
  - Galvanik: Grundaufbau, Verkupferungsverfahren, Aufbringen des Gravurkupfers
  - Elektromechanische Gravur: Näpfchen, Stege, Wiedergabe der Bildinformationen, Verchromung
  - Kontrollandruck, Qualitätsprüfung

Druck:
- Druckwerk (Schema), Farbübertragung, Druckprozess
- Ablauf Rüsten (Einrichten)
- Material prüfen, einlaufen lassen, Bahnspannung
- Druckformzylinder in Druckwerkswagen einbauen
- Druckwerkswagen in das Druckwerk einbauen und anschließen
- Druckfarbe einfüllen, Viskosität messen
- Druckmaschinen anfahren und drucken: Rakelanstellung, Presseur (Anpressdruck), Passer, Bahnzug, Farbwiedergabe, Trocknung, Messtechnik, Qualitätskontrolle, Auswertung, automatische Regelung des Seiten- und Längsregisters, Aufrollung, automatischer Rollenwechsel

Druckverarbeitung:
- z. B. Kaschieren, Umrollen, Schneiden, Verpacken

b) Handout zu wesentlichen Phasen der Produktion

51

a) Hinweise zur Vorbereitung der Präsentation
Anforderungen an die Verpackung
Herstellung der Druckform (exemplarisch als Beispiel):
- Druckformart, Druckprozess
  - Druckplatte, Sleeve
  - Frontaldruck, Konterdruck
- Bebilderung und Verarbeitung
  - Laserbebilderung bzw. Direktgravur, Produkte
  - Plate-on-Sleeve: Montage der Druckplatten, Klebeband (Art, Härte)
  - Endlos-Sleeve: keine Montage erforderlich
  - Wiedergabe der Bildinformationen
  - Qualitätsbereiche, Qualitätsprüfung
  - Anzahl der Druckformen/Druckfarben, Prozess (Druckfarbe Weiß, Deckfähigkeit)

Druck:
- Druckwerk: Schema Zentralzylindersystem, zentraler Druckzylinder mit satellitenförmig angeordneten Druckwerken, Farbübertragung, Druckprozess
- Ablauf Rüsten (Einrichten)
- Material prüfen, einlaufen lassen, Bahnspannung
- Farbversorgung mit Kammerrakel anschließen und anstellen, Viskosität messen, Farbübertragung, Einfluss der Rasterwalze
- Druckformzylinder bzw. Hülsensystem in das Druckwerk einsetzen
- Kontaktabstände anfahren und andrucken: Druckformzylinder und Rasterwalze, Druckformzylinder und Druckzylinder (Kissprint), Druckformzylinder über Kissprint zum guten Ausdruck auf dem Bedruckstoff
- Passer einstellen (z. B. Kamerasystem)

- Druckmaschinen anfahren und drucken: laufende Kontrollen Passer, Bahnzug, Farbwiedergabe, Trocknung, automatische Regelung des Seiten- und Längsregisters, Aufrollung, automatischer Rollenwechsel
- Messtechnik, Qualitätskontrolle, Auswertung

Druckverarbeitung:
- z. B. Kaschieren, Umrollen, Schneiden, Konfektionieren, Verpacken

b) Handout zu wesentlichen Phasen der Produktion

52

Allgemein:
Technische Optimierungen: „Lernen aus Fehlern" (bzw. Problemen)
Durchgängige Farbkommunikation im Prozess, kontrollierter Druckprozess: Mess- und Prüftechnik mit Druckkontrollstreifen und Signalelementen
Druckformherstellung:
Neue Rastertechnologien (vgl. HD-Raster, Microcells, 3-D-Profilierung u. a.), hochauflösende Bebilderungsqualität, optimierte Rasterpunktform, Unterbautechnik
Druckprozess:
Kammerrakelsystem, Rasterwalzen (Material, Geometrie, Volumen, Steuerung der Druckfarbenmenge), Antriebstechnik, Automatisierung durch Steuer- und Regeltechnik, automatische Viskositätsregelung, Farbtemperaturregelung, Farbniveauregelung, spektrale Inline-Farbmessung und automatische Inline-Prozesskontrolle

53

a) Technologien
- Elektrofotografie
  Systemtechnik: Computer-to-Print
  Laserbebilderung auf eine Bildtrommel (temporäre „Druckform"), als Farbmittel wird Toner (Feststoffpartikel) eingesetzt.
- Inkjet-System
  Systemtechnik: Computer-to-Paper
  Tintenstrahltechnologie, direkte Informationsübertragung auf den Bedruckstoff

b) Prozessablauf Elektrofotografie
- Aufladen der Bildtrommel
- Bebilderung aus dem digitalen Datenbestand
- Bildentwicklung: Tonerübertragung auf Bildstellen
- Bildtransfer (Bildübertragung) auf den Bedruckstoff
- Bildfixierung durch Druck und Hitze auf dem Bedruckstoff
- Reinigen und Konditionieren der Bildtrommel

54

a) Keine statische Druckform. Keine Zeit zur Herstellung und keine Kosten für Druckformen.
Direkte Informationsübertragung (Daten der Druckseite) in die Druckmaschine.
Systemtechniken: Computer-to-Print und Computer-to-Paper

b) Für kleinere Auflagen sehr günstig. Produktion ohne aufwendige Vorbereitungen (Druckformherstellung). Personalisierter Druck. Printing-on-Demand. Verteiltes Drucken.

55

a) Vorab-Auflage:
Auftraggeber wünscht von einem Prospekt, 4c, eine Auflage von 500 Exemplaren zum Test bei seinen Kunden.
Technische Dokumentationen, Auflage 50 Expl.: Kurzfristige Herstellung, eigene Daten können direkt genutzt werden, integrierte Druckverarbeitung
Personalisierte Mailings: Personalisierung in keinem anderen Druckverfahren durchzuführen
Fotobücher, individuelle Kalender:
Ab Auflage 1 kostengünstig zu produzieren
Flyer: aktuelle, zielgruppenspezifische Produktion
Werbebanner, Plakate, Poster: auf allen Materialien, auch im XXL-Format
Druck von Büchern in kleineren Auflagen, verschiedenen Sprachen u. Ä.: Verlage haben keine Kosten für unverkaufte Exemplare, keine Lagerhaltungskosten, Nachdruck ist kurzfristig zu ordern.

b) Flexible Verpackungen, 6 Druckfarben, Druck auf Kunststofffolienverbund, Rollendruck 20 000 m: Auflage zu groß
Tageszeitungen, Auflage 210 000, Umfang 48 Seiten: Auflage und Umfang zu groß, zeitnahe Produktion nicht möglich
Illustrierte, Fachzeitschriften u. Ä., DIN A4, Umfang 240 Seiten, 4c-Druck, Auflage 15 000: Auflage zu hoch und zu umfangreich
Druck auf beliebige Körper und Formen, auch mit unterschiedlicher Oberflächenbeschaffenheit (z. B. Hohlglas, Kugelschreiber, strukturiertes Material), druckempfindliches Material: spezifische Eignung dazu im Tampondruck

56

a) Hinweise zur Vorbereitung der Präsentation
Druckvorstufe:
- Auftragsinformationen prüfen, Auftrag vorbereiten
- Daten auf Vollständigkeit und Verwendbarkeit (Datenformat für Personalisierung, z. B. PPML) prüfen
- Daten in das System laden

Druck (exemplarisch, Flüssigtoner):
- Prozesskontrollen, z. B. Testform (in bestimmten Zeitabständen), Maschinenkalibrierung (mehrmals täglich)
- Material einsetzen, Bogendruck
- Auftragsdaten eingeben
- Druckdaten steuern dynamisch den gesamten Druckprozess:
  Laserbelichter schreibt das Druckbild auf den Fotobelichtungszylinder (Bebilderungstrommel), der Laser entlädt alle nicht druckenden Stellen. Ein elektrostatisches Ladungsbild entsteht. Elektrisch geladene Flüssigfarbe (Electro-Ink) färbt über Farbwalzen die belichteten Bildstellen ein. Das Druckbild wird auf den Gummituchzylinder übertragen und von diesem auf den Bedruckstoff gedruckt. Druck aller Farben und der Personalisierung, danach erfolgt automatisch der Widerdruck.
  Andruck (Prüfung), Auflagendruck, Prozesskontrollen

Druckverarbeitung (je nach Produktionstechnik):
- Schneiden, Falzen, Verpacken

b) Handout zu wesentlichen Phasen der Produktion

57

a) **Produktbereiche**
- Getränkeflaschen: Wasser, Sprudel, Bier u. a.
- Hochwertige Getränke: Wein, Alkohol
- Lebensmittel
- Hygiene, Kosmetik
- Verpackungen, Transport

Material
- Papier, Kunststoff, textile Stoffe

Art
- Rollen
- Haftetiketten
- Kleber: permanent haftend, ablösbar
- Sandwich-Etiketten
- Sicherheitsetiketten, RFID-Etiketten
- In-Mould-Etiketten
- Bierkasten-Labelling
- Duftetiketten

b) Offsetdruck, Digitaldruck, Flexodruck, Siebdruck

c) Zweck: Verbraucher- bzw. Gesundheitsschutz
Beispiele: Druckfarbe darf mit dem Lebensmittel nicht in Berührung kommen. Der Druck muss gegen Einwirkungen des Lebensmittels resistent sein und darf das Lebensmittel nicht in Geruch, Aussehen und Geschmack beeinflussen.

58

A Innenteil: Rollen-Offsetdruck
Umschlag: Bogen-Offsetdruck
Hohe Druckleistung, Qualität

B Digitaldruck
Personalisierung, kleine Auflage

C Flexodruck
Druckprodukt, Auflage und Qualität

D Bogen-Offsetdruck
Hochwertiger Verpackungsdruck (Faltschachtel)

E Rakeltiefdruck, ggf. auch Rollen-Offsetdruck
Produktumfang, Auflage

F Bogen-Offsetdruck
Auflage, Qualität

G Schmalbahnige Rollen-Druckmaschine, ggf. Hybrid-System mit verschiedenen Druckverfahren
Rollendruck, 6 Druckfarben und Inline-Veredelung, spezifische Anforderungen

59

a) Digitaldruck

b) Spezielle Unternehmen liefern dazu eine Software im Internet mit verschiedenen Gestaltungsvorlagen und -variationen, in die eigene Bilder eingesetzt werden können. Der gesamte Umfang ist variabel. Die Art des Einbands kann gewählt werden.
Die Gestaltung erfolgt ebenfalls nach Mustern.
Die Übertragung der gesamten Daten erfolgt digital über ein Upload-System.

c) Glänzend oder matt gestrichenes Bilderdruckpapier, 170 bis 200 g/m^2

60

a) Bedruckte Schrumpffolien. Verarbeitung: Schrumpffähige Verpackungsfolien, zu einem Schlauch verklebt, durch thermische Behandlung zu schrumpfen, anzupassen und auf dem Produkt zu fixieren

b) Rollendruckverfahren: schmalbahniger Rollen-Offsetdruck, ggf. als Hybriddrucksystem mit Flexodruck und/oder Tiefdruck kombiniert, Flexodruck

61

a) „Riesen-Plakate“, Fahnen, Banner u. a., Druck auf beliebige Materialien wie Plakatpapier, textile Stoffe, Selbstklebefolien, PVC-Planen, starre Materialien wie Plexiglas, PVC-Hartschaumplatten in (fast) unbegrenztem Format
b) Tintenstrahldrucker, Druckbreiten zwischen 1 m und 5 m, Bogen- und Rollendruckmaschinen

62

- Redaktionen liefern digitale Daten der kompletten Druckseiten einer Tageszeitungsausgabe über ein Netzwerk auf den Server in der Druckformherstellung.
- Druckformherstellung: Computer-to-Plate (CtP)
  - Mitarbeiter gibt den benötigten kompletten Datensatz zur Bebilderung im CtP-System frei.
  - Automatische Druckplattenherstellung, pro Druckseite und Druckfarbe eine Druckplatte, Druckplattenart und -verarbeitung: Aluminium. Z. B. negativ arbeitende Bebilderungsschicht, Leistung der Anlage(n) je 300 Druckplatten/Std., Entwicklung, Abkantung (Genauigkeit 0,02 mm Toleranz, Begründung dazu), Transport/Förderung an die Druckmaschine, Druckplattenverbrauch/Tag, Recycling?
- Druck (Systemtechnik beispielhaft)
  - Druckmaschine: Typ, Druckverfahren, Größen, max. Seitenumfang, Produktionsgeschwindigkeit; Aufbau: Rollenwechsler, Bahndurchlauf, Druckwerke, Druckprozess (farbiger Druck), Falzapparate, Transport in den Versandraum
  - Rüsten und Drucken (Aufgabenbereiche der Medientechnologen Druck): Prozessbereitschaft des Druckmaschinensystems, automatischer Druckplatteneinzug (z. B. APL = Automatic Plate-Loading), Übernahme der Voreinstelldaten, Andrucken, Kontrolle von Passer, Farbgebung und Falzung, im Auflagendruck laufende Qualitätskontrollen
- Versandraum
  - Zweck: Versand der komplettierten Zeitung
  - Förderung vom Druck- in den Versandraum: Offline-/Online-Produktion
  - Wickler: Speicher für gedruckte Exemplare
  - Einsteckmaschine: Komplettieren durch Beilagen
  - Verpacken: Zählen, Etikettieren und versandfertig zum Laden in Transportfahrzeuge fördern

63

a) Funktionen: eindeutige und berührungslose Kennzeichnung, Codierung, Identifizierung, Sicherung und Authentifizierung von Objekten; drahtlose Funkkommunikation, kontaktloses Speichern und Übertragen von Informationen
Einsatzbereiche: Produkt- und Markenschutz, Fälschungsschutz bzw. -sicherheit, Produktion, Handel, Logistik, Materialverwaltung, z. B. Warenwirtschaft mit Lieferungseingang, Paletten, Inventarisierung, Bestand, Bestellungen, Teileverfolgung
b) Lieferung von Papier: Palettenidentifikation
Papierlager: Lagerbestand
Arzneimittel: Schutz vor Fälschung
Bibliothek: Verwaltung der Bestände, Sicherung gegen Diebstahl
Betrieb: Zutrittskontrolle
Lebensmittel: Nachverfolgung der Produktion
c) Komponenten:
Das System besteht aus zwei Komponenten, dem Transponder (Datenträger) und dem RFDI-Lesegerät. Das Lesegerät ist sowohl eine Sende- als auch eine Empfangseinheit. Der Transponder ist ein elektronischer Datenspeicher.
Funktion: Kommt der Transponder in den Empfangsbereich des Lesegeräts, wird eine wechselseitige Kommunikation ausgelöst. Beide Geräte verfügen dazu über Antennen.

64

- **Abluft:** im Arbeitsprozess verbrauchte Luft
- **Feuchtmittel:** Wasser, das mit geeigneten Zusätzen für das Feuchten einer Offsetdruckplatte im Einfärbeprozess benötigt wird
- **Druckplattendehnung:** Verzug einer Druckplatte in Zylinderumfangsrichtung, wenn die Druckplatte plan liegend bebildert worden ist
- **Greiferrand:** Im Bogendruck wird grundsätzlich der Bedruckstoff mit Greifern in bzw. durch das Druckwerk geführt. Dieser Greiferrandbereich kann nicht bedruckt werden.
- **Imprimatur:** Druckreiferklärung, Druckfreigabe durch den Kunden: „Es werde gedruckt“.
- **Inline-Produktion:** Zusätzlich zum Druck kann in diesem Druckmaschinensystem das Druckprodukt veredelt und/oder verarbeitet werden, z. B. Lackieren, Prägen, Schneiden, Falzen
- **In-Mould-Etiketten:** in das Produkt integrierte Etiketten für innovative Kunststoffverpackungen, fest mit dem Kunststoff verbundenes „Dekor“
- **Leitstand:** zentrale Produktionssteuerung
- **OEM:** Hersteller von Geräten, der Teile oder komplette Anlagen von einem anderen Unternehmen für

eigene Produkte vereinbarungsgemäß übernimmt und unter eigenem Namen anbietet
- **Piezo-Inkjet-Technologie:** System Drop on Demand. Die Steuerung der Düsen für die Übertragung der Flüssigfarbe auf den Bedruckstoff erfolgt durch elektrische Impulse in einem Piezo-Element. Hier wird ein Tröpfchen gebildet, das auf den Bedruckstoff gespritzt wird.
- **RFID:** Abkürzung für Radio Frequency Identification; technisches System, das über Funk Daten (Informationen) lesen und speichern kann
- **Siebdruckgewebe:** Informationsträger, der die Schablone für den Druck trägt
- **Steindruck:** erstes direkt arbeitendes Flachdruckverfahren; Druckform ist ein spezieller Kalkstein (Solnhofener Kalkschiefer), auf den das Druckbild mit geeigneter Fett-Tusche gezeichnet ist
- **Strahlung im IR-Bereich:** elektromagnetische, langwellige Strahlung, die über den sichtbaren Rot-Bereich hinausgeht, > 700 nm Wellenlänge
- **Tiegelprinzip:** Druckwerk, bei dem zwei Flächen gegeneinander wirken, d. h. die Druckform und der Druckkörper für den Anpressdruck liegen plan auf einer Ebene.

65

- **Betriebsanweisung:** schriftliche Informationen und Vorgaben für die Arbeitssicherheit, z. B. Tätigkeiten, Umgang mit Arbeitsmitteln, Gefahrstoffen
- **Dekordruck:** Rakeltiefdruckverfahren, Druck auf spezielle Bedruckstoffe und mit produktspezifischer Technik. Produkte für die Möbelindustrie und zur Raumgestaltung wie Holzimitationen, Wandpaneele, Laminatfußböden
- **IPA:** Isopropanol, ein technischer Alkohol, der im Feuchtmittel für den Offsetdruck eingesetzt wurde bzw. in geringem Maße auch noch wird. IPA senkt die Oberflächenspannung des Wassers, verdunstet sehr leicht. Umweltschutzbestimmungen und Sicherheitsdatenblatt beachten.
- **ISBN:** Internationale Standardbuchnummer, die jedes Buch eindeutig kennzeichnet. Wichtige Angaben: Land, Verlagsnummer, Buchnummer
- **Kupferstich:** Ältestes manuelles Tiefdruckverfahren. Der Kupferstich, die Druckform, besteht aus einer Kupferplatte, in die Bildstellen manuell eingraviert werden.
- **Laser:** Light Amplification by Stimulated Emission of Radiation, Lichtverstärkung durch angeregte (stimulierte) Emission von Strahlung; monochromatischer, extrem scharf gebündelter Lichtstrahl mit sehr hoher Intensität
- **MHz:** Abkürzung für Megahertz, Basiseinheit: Hertz (Hz); physikalische Angabe der Frequenz, die die Anzahl sich wiederholender Vorgänge pro Sekunde in einem periodischen Signal angibt
- **Presseur:** Druckzylinder im Rakeltiefdruck
- **Rollendruckmaschine:** Druckmaschine, der der Bedruckstoff in Rollenform zugeführt wird
- **Schnellpresse:** historische Bezeichnung für eine Flachformzylinderdruckmaschine im Buchdruck mit dem Druckprinzip flach (Druckform) gegen rund (Druckzylinder, Anpressdruck)
- **Siebdruck:** Wichtigstes Durchdruckverfahren. Die Druckform ist eine farbdurchlässige Schablone auf einem Gewebe.
- **Strahlung im UV-Bereich:** Stahlungen in einem nicht sichtbaren Wellenbereich, der < 400 nm liegt
- **Stream-Technologie:** Continuous-Inkjet-Technologie von Kodak mit wasserbasierten Pigment-Tinten
- **Tubendruck:** Druck in verschiedenen Druckverfahren wie Offsetdruck, Siebdruck, Flexodruck sowie ggf. zusätzliche Veredelungen, z. B. Prägen
- **wasserloser Offsetdruck:** Offsetdruckverfahren mit speziellen Druckplatten und darauf abgestimmten Druckfarben, das zum Einfärbeprozess kein Feuchtmittel benötigt

66
(A)

67
(A)

68
(B)

69
(C)

70
(B)

71
(A)

72
(E)

73
(A)

74
(B)

75
(C)

76
(B)

77
(C)

78
(C)

79
(B)

80
(B), (D), (E)

81
(D)

82
(C)

83
(D)

84
(A)

85
(E)

86
(C)

87
(C)

88
(A)

89
(B)

90
(B)

91
(B)

92
(A)

93
(A)

94
(D)

95
(A)

96
(B)

97
(A)

98
(A)

99
(C)

100
(A)

101
(A)

102
(A)

103
(B)

104
(D)

105
(A)

106
(B)

107
(D)

108
(B)

109
(A)

110
(B)

111
(D)

112
(C)

113
(A)

114
(C)

115
(E)

116
(C)

117
(E)

118
(D)

119
(A)

120
(B)

121
(A)

122
(A)

123
(C)

124
(A)

125
(A)

126
(C)

127
(A)

128
(C)

129
(B)

130
(B)

131
(C)

132
(D)

133
(A)

134
(D)

135
(D)

136
(C)

137
(A)

138
(C)

139
(B)

140
(B)

141
(A)

142
(C)

143
(C)

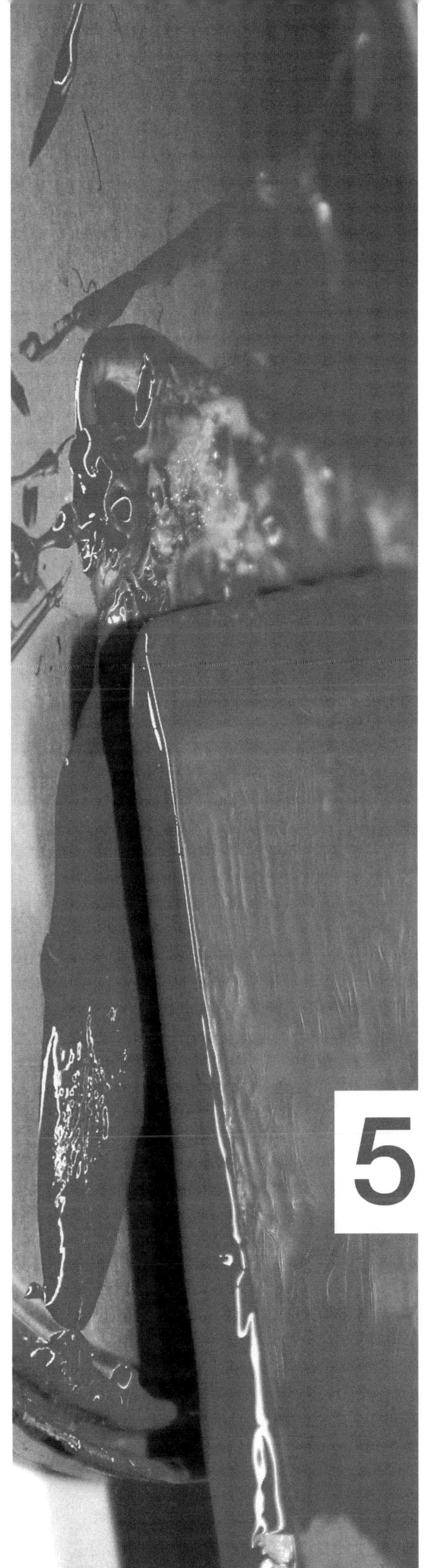

5 MATERIAL DRUCK

1

- Primärfasern: Frischfasern
- Sekundärfasern: aus Altpapier gewonnener Faserstoff

2

a) Zellstoff (Holz, Einjahrespflanzen), Holzstoff, Hadern, Kunststofffasern (teilweise für Spezialpapiere)

b) Holz: Aufbereitungsverfahren
   - Zellstoff: Hackschnitzel, chemischer Aufschluss im Zellstoffkocher, Sortieren, Reinigen Hervorragende Qualität, nur ca. 50 % Ausbeute
   - Holzstoff: Holzprügel (in speziellen Verfahren auch Hackschnitzel und Sägewerksabfälle), mechanischer Aufschluss durch Schleifen (oder im Refiner), Sortieren, Reinigen. Mittlere Qualität, etwa 98 % Ausbeute

3

Erarbeiten Sie eine Übersicht. Hinweise:

- Zellstoff: chemischer Aufschluss in Zellstoffkochern, Eignung für Nadelholz, Laubholz, Einjahrespflanzen, höchste Qualität, hohe Festigkeit, geringe Vergilbungsneigung, geschmeidige Fasern, leichte Verfilzung. hervorragende Verdruckbarkeit, langfaseriger, geringere Opazität
- Holzstoff: mechanischer Aufschluss in Schleifmaschinen und Refinern (verschiedene Verfahren), Rohstoff überwiegend Fichte, Durchforstungs- oder Windbruchholz, mittlere Qualität, hohe Faserstoffausbeute, hohe Opazität, hohe Steifigkeit, hohes Volumen, gute Bedruckbarkeit, kurzfaseriger, geringere Festigkeit, neigt zum Vergilben (Liginanteil), niedrigerer Weißgrad

4

Nadelholz, z. B. Fichte. Relativ rasches Wachstum, bildet gerade Stämme, langfaseriger Rohstoff

5

a) Weizen- und Roggenstroh, Esparto- und Alfagras, Bagasse

b) Aus Abfällen aus sortierten Lumpen und Textilien aus pflanzlichen Rohstoffen, z. B. Baumwolle, Leinen, Jute, Hanf

c) Sehr hohe Faserstoff-Qualitäten: langfaserig, reißfest (vgl. Bruch- und Falzfestigkeit), geschmeidig

d) Wasser-, reiß- und falzfeste Landkarten, Ausweise u. ä. Dokumente

6

a) Hohe Faserstoffausbeute: sämtliche Bestandteile einschließlich „Inkrusten“ verbleiben im Halbstoff. Hoher Anteil von Inkrusten: hohe Opazität, hohe Steifigkeit

b) Relativ leichtes Vergilben: Ligninanteil im Faserstoff, geringere Festigkeit: nur ca. 50 % Zellulose, die sehr gut verfilzt, Faserqualität: spröde durch verschiedenste Bestandteile

7

a) Keine Neigung zum Vergilben: sehr geringer Ligninanteil, hohe Festigkeit: besteht fast ausschließlich aus sehr gut verfilzendem Zellstoff Langfaserig: unbeschädigter Faserstoff (je nach Rohstoff unterschiedlich lang)

b) Faserstoffausbeute 50 %: Inkrusten u. Ä. werden beim chemischen Aufschluss entfernt Geringere Opazität: reiner Zellstoff ist transparenter Höhere Kosten für den Halbstoff: geringere Faserstoffausbeute

8

a) Verschiedene Verfahren
   - Refinerholzstoff: Hackschnitzel ohne Vorbehandlung im Refiner zerfasern
   - Thermomechanische Verfahren: Unter Dampfeinwirkung vorbehandelte Hackschnitzel im Refiner (Mahlscheiben) zerfasern

b) Hackschnitzel in sauren oder alkalischen Chemikalien bei hohen Temperaturen kochen; dabei lösen sich Inkrusten, insbesondere Lignin und Harze, die entfernt werden können. Produkt: Zellstoff. Im Prozess folgen danach Waschen, Sortieren, Reinigen und Bleichen.

9

a) Recycling spart Ressourcen, d. h. Rohstoffe (z. B. Holz) und Energie für die Aufbereitung zum Halbstoff

b) Altpapier besteht nicht aus einheitlichen Papiersorten (sortenreine Sammlung?), die Faserstoffqualität und Festigkeitseigenschaften werden durch jede neue Verwendung verringert, enthält Fremdstoffe und Reststoffe (Metalle, Kunststoffe, Schmutz u.Ä.)

10

Zeitungsdruckpapier, Zeitungsbeilagen, Wellpappe, Einlagen im Faltschachtelkarton, Verpackungspapier (grau, braun)

11

a) Hohe Faserstoffausbeute, hohe Opazität und Steifigkeit des Faserstoffs
b) Hohe Neigung zum Vergilben, geringere Festigkeit

12

a) Holzschliff bzw. Steinschliff, Refiner-Holzstoff, thermomechanischer Holzstoff
b) Holzschliff: Zerfasern durch rein mechanisches Schleifen von Holzprügeln. Thermomechanischer Holzstoff: Hackschnitzel unter Wasserdampf „erweichen", Zerfasern zwischen Mahlscheiben im Refiner
c) Allgemeine Bezeichnung: Holzstoff
d) 1 Holzprügel, 2 Holzfüllschacht, 3 Ketten, 4 Schleifstein, 5 Fasertrog, Endprodukt: Holzschliff

13

Listen Sie tabellarisch Vor- und Nachteile auf (vgl. vorhergehende Aufgaben). Einsatzbereiche der Faserstoffe:

- **Holzstoff:** aufgebessertes Zeitungspapier, Zeitungsbeilagen, Einlage von Faltschachtelkarton, Karton, Hygienepapiere, Einsatz im Faserstoffmix mit Zellstoff, z.B. Illustrationsdruckpapier
- **Zellstoff:** hochwertige Druckpapiere aller Art, Rohpapier für gestrichene Papiere, Dokumentenpapier, Schreibpapier, Hygienepapier („reiner Zellstoff")
- **Recyclingstoff:** Zeitungspapier, Zeitungsbeilagen, Einlage von Faltschachtelkarton, Karton, Pappe, Schreibpapier (Schulblocks u.Ä.), Hygienepapier

14

a) Geringerer Verbrauch an Ressourcen durch das Einsparen von Rohstoffen (Holz), Wasser und Energie
b) Allgemein unterscheidet man zwischen sortierten unbedruckten sowie bedruckten Papierabfällen. Nicht alles, was an Altpapier gesammelt wird, eignet sich für die Verarbeitung zu Recyclingpapier. Der gesammelte Stoff enthält, trotz einer Sortierung, verschiedenste Fremdstoffe wie Metalle, Kunststoffe, Schmutz und zudem Druckfarben, Klebstoffe, Beschichtungen.
c) Jede Papiersorte hat eine bestimmte Rezeptur bei der Herstellung und damit eine unterschiedliche Zusammensetzung. Aus einem solchen „Mix" oder einer minderen Papierqualität kann keine einheitliche Papierqualität mit geforderten optischen und drucktechnischen Eigenschaften hergestellt werden.

15

a) Falsch. Ein völliger Verzicht ist nicht möglich, da bei jedem Recyclingprozess die Faserqualität verringert wird und die geforderten Qualitäten bzw. Eigenschaften für ein neues Papier nur durch Zugabe von Frischfasern erreicht werden können.
b) Falsch. Labortests haben ergeben, dass im Inkjetverfahren eingesetzte Tintenstrahlfarben entweder lösliche Farbstoffe oder besonders feinteilige Pigmente enthalten, die das De-inkingergebnis deutlich verschlechtern. Das gilt derzeit auch noch für Flüssigtoner. Die Hersteller arbeiten an einer Modifizierung und Verbesserung der Tinten und Flüssigtoner für das De-inken.
c) Richtig, trifft derzeit – eingeschränkt – zu.

16

a) Je sortenreiner das Altpapier ist, desto bessere Qualitäten können für Papier- und Kartonsorten hergestellt werden. Bei jedem Altpapierrecycling entsteht ein bestimmter Abfall durch ungeeignetes, beschädigtes Fasermaterial sowie durch Fremdstoffe verschiedenster Art.
b) Das Recyceln aller Produkte ist sinnvoll. Für die Herstellung von Papier wird als Faserrohstoff überwiegend Holz eingesetzt. Das Recyceln schont die Ressource Wald. Weitere Aspekte:
Es werden für das Aufbereiten von Altpapier (Sekundärfaserpapier) im Vergleich zu einem Frischfaserpapier ca. 50 % Energie und 30 % Wasser weniger benötigt.
Hinweis: Diese Angaben schwanken je nach Produktionsverfahren und Produkt sehr stark.

17

a) Die Aussage ist falsch. Durch das De-inken wird grundsätzlich die Druckfarbe entfernt. Ein besserer

Weißgrad kann nur durch ein zusätzliches Bleichen erreicht werden.

b) Die Aussage ist falsch. Der Anteil liegt bei > 60 %.

18

Weißmakulatur ist wertvoller, sie kann unmittelbar ohne De-inking wieder verwendet werden.
Bedruckte Makulatur muss vor der Verwendung deinkt werden.

19

Beispiel: Zeitungen, Wellpappe und Pappen haben eine relativ geringe Faserqualität. Jedes hochwertige Papier erfordert z. B. eine sehr gute Festigkeit (Verfilzung der Fasern), eine gute Bedruckbarkeit und Verdruckbarkeit. Mit unterschiedlichen Faserstoffqualitäten (Art, Faserlängen, unbeschädigtem Fasermaterial) sind die geforderten Eigenschaften nicht zu erreichen.

20

a) Flotationsverfahren: Hydrophile Fasern werden von Wasser benetzt, hydrophobe Druckfarbe dagegen nicht. Zum De-inken benutzte Lösungen enthalten bestimmte Tenside (Seife, Natronlauge u. a.). Diese lösen die Druckfarbenpartikel von den Papierfasern. Durch Belüften der Fasersuspension lagern sich Druckfarbenpartikel an den zugeführten Luftbläschen an und schwimmen nach oben. An der Oberfläche werden die abgelösten Druckfarbenpartikel als Schaum abgeschöpft.

b) Der Recycling-Faserstoff ergibt eine bestimmte gelblich-braune Eigenfärbung, die nur durch ein Bleichen entfernt werden kann.

21

Bei dem üblichen Flotationsverfahren für das De-inken von Altpapier wird wesentlich mit Wasser gearbeitet. Somit lassen sich wasserbasierte Druckfarben nicht oder nur unzureichend entfernen.

22

DIP = De-inked-Pulp, De-Inking-Prozess. Altpapier-Faserstoff nach dem De-inken

23

a) Sortierung: Störende Partikel oder Verunreinigungen entfernen. Fraktionieren: teilen, aufteilen. Trennung von Fasern nach unterschiedlichen Eigenschaften, z. B. lang und kurz, starr und flexibel.

b) Der Altpapierfaserstoff besteht aus unterschiedlichsten Fasersorten mit verschiedenen Längen.

24

- Kaolin und Kreide als Füllstoffe: verbessern die Glätte, erhöhen die Opazität
- Leime: steuern die Aufnahme von Flüssigkeit, vermindern die Saugfähigkeit
- Stärke: verringert Saugfähigkeit, erhöht Festigkeit

25

a) Für die gesamte Produktion wird viel Wasser gebraucht. Der Ganzstoff kommt in einer Supension aus ca. 98 % Wasser und 2 % Feststoff auf den Stoffauflauf der Papiermaschine.

b) Titandioxid: Füllstoff, sehr hohe Weiße und Opazität
Entschäumungsmittel: gleichmäßiger, störungsfreier Wasserkreislauf
Farbstoffe, Farbpigmente: Papierfarbe
Optische Aufheller: erhöhen bei Tageslicht und insbesondere UV-haltigem Licht die „sichtbare" Weiße des Papiers.

26

a) Harzleime und weitere Zusätze zur Faser-Wasser-Supension umhüllen die Fasern und schließen die Poren, die Fasern sind dadurch weniger saugfähig.

b) Zusätzlich zur Stoffleimung erfolgt bei bestimmten Papieren (Schreib-, Zeichen-, Dokumenten-, Banknoten- und bestimmten Offsetdruckpapieren) bei der Produktion in der Papiermaschine eine zusätzliche Leimung der Papieroberfläche. Papiere werden dadurch in der Oberfläche für den Einsatzbereich verbessert und allgemein fester, z. B. stärker feuchtigkeitsabweisend, radierfest, tuschefest, rupffest.

27

a) Kaolin, Kreide, Titandioxid

b) Ausfüllen von Zwischenräumen im Faserverbund

28

Höhere Reflexion von der Papieroberfläche, „unsichtbare“ Wellenlängen (< 400 nm) werden dadurch sichtbar: Erhöhen dadurch bei Tageslicht im unteren Wellenbereich und insbesondere bei UV-haltigem Licht die „sichtbare“ Weiße des Papiers.

29

a) Faserstoffe weisen ohne Bleiche eine mehr oder weniger deutliche gelb-braune Färbung auf. Bleiche: Weißgrad und Reinheit der Faserstoffe werden erhöht.
b) Elementarchlor
c) Wasserstoffperoxid
d) Total chlorfrei gebleichter Papierfaserstoff

30

a) Kaolin, Kreide, Titandioxid, Bariumsulfat (Blanc fix)
b) Verbesserte Glätte, höhere Opazität, bessere Bedruckbarkeit, größere Weichheit

31

a) Wasser wird bei der Aufbereitung der Faserstoffe und vor allem zu der produktionsfertigen Mischung zum Ganzstoff, einer Faserstoff-Wasser-Suspension, benötigt; ca. 98 % Wasser und 2 % Feststoffe. Nur so ist eine Blattbildung in der Papiermaschine möglich.
b) Benutztes Wasser ist durch Reststoffe (Fasern, Hilfsstoffe, organische Stoffe und andere Chemikalien) verunreinigt: Ein geschlossener Abwasserkreislauf mit unterschiedlichen, überwiegend mehrstufig mechanisch und biologisch arbeitenden Kläranlagen beseitigt Reststoffe und Geruchsbelastungen.

32

a) Die Opazität wird erhöht
b) Die Oberfläche wird glatter, da Füllstoffe die Faserzwischenräume ausfüllen.

33

Selbst ein gebleichtes Fasermaterial hat eine geringe gelb-braune Färbung. Der Zusatz bewirkt eine bessere Weiße durch eine höhere Lichtreflexion.

34

a) Saugfähigkeit, dazu eine bestimmte Reißfestigkeit
b) Leimstoffe, Stärke, Harze. Alle Stoffe verringern die Saugfähigkeit.

35

a) Stauben des Papiers, stärkere Druckplattenabnutzung, Butzenbildung, Abnahme der Festigkeit
b) Druckschwierigkeiten, Fehler im Druckbild
c) Messung des Glührückstands (auch: Aschegehalt), der nach dem Verbrennen und Ausglühen einer bestimmten Probe gemessen wird (Masseanteil in %)

36

a) Skizzieren Sie schematisch vereinfacht das Ergebnis dieser Mahlungen
b) Die Fasern müssen ihr Volumen und damit ihre Saugfähigkeit behalten. Mahlung/Faserart: schneidend, kurz
   Die Fasern müssen dicht, hart, zäh, reißfest und wenig voluminös sein. Mahlung/Faserart: fibrillierend, lang

37

a) Fibrillierend
b) Schneidend
c) Schneidend
d) Fibrillierend

38

a) Zerfaserung der Faserrohstoffe, Aufbereitung von Altpapier. Produktion in der Papiermaschine, Veredelung und Ausrüstung, z. B.: Antrieb, Trocknung, Satinieren (Kalander), Streichen, Klimatisierung
b) Trocknung, dampfbeheizte Trockenzylinder

c) Reststoffe (Kunststoffe, Metall, Schlamm u. a.) und Rejekte (leicht brennbare Abfälle) können nicht mehr einfach, umweltschonend und kostengünstig entsorgt werden. Wegen des vermehrten Einsatzes von Altpapier steigt aber ihr Anteil. Papierfabriken nutzen neue Technologien, um aus diesem Wertstoff selbst Energie zu gewinnen.

39

Erarbeiten Sie eine Übersicht und beschreiben Sie die Produktionsphasen: Stoffauflauf – Blattbildung im Duoformer mit Ober- und Untersieb – Entwässern – Trocknen – Glätten – Aufrollen (Tambour)

40

a) Aus Wasser, Faserstoffen, Füll- und Hilfsstoffen
b) Ca. 98 %

41

a) Hauptsächliche Ausrichtung der Fasern in die Produktions- bzw. Umlaufrichtung des Siebs (vgl. dazu Langsiebpapiermaschinen)
b) Papierproduktion: gleichmäßige Formgebung bei der Blattbildung

42

a) Rechte Seite: Stoffauflauf,
Stoffdichte beim Stoffauflauf: ca. 98 %,
Langsieb und Maschinenrichtung (Laufrichtung): Pfeil von rechts nach links (horizontal)
Stoffdichte am Ende: ca. 20 %,
Nasspressenpartie (Beginn): linke Seite
b) Durch den Lauf des Siebs in der Maschinenrichtung (Fließrichtung) richten sich die meisten Fasern in dieser Richtung aus.

43

a) Die Papierbahn hat nach der Nasspressenpartie eine Stoffdichte von ca. 40 %. Die Trocknung beginnt mit einer leichten Aufwärmphase. Um eine absolut gleichmäßige Trocknung zu erreichen, ist eine Vielzahl von dampfbeheizten Zylindern erforderlich, über die die Papierbahn mit Trockenfilzen geführt wird. Dabei muss auch die Feuchtigkeit im Innern der Papierbahn gleichmäßig entzogen sein.
b) Eine ungleichmäßige Trocknung führt zu ungleichmäßig gewickelten Papierrollen (Beulen, Papiersäcken) und unterschiedlichem Papierverzug.
c) Gleichgewichtsfeuchte beachten; ca. 18 bis 22 °C, 45 bis 60 % relative Feuchte
d) Papierverzug, Randwelligkeit, Tellern, ggf. Blasenbildung bei Heatset-Trocknung, Auswachsen

44

a) Hinweise: Stoffauflauf (Stoffdichte) – Sieb: feines, endlos umlaufendes Metall-/Kunststoffsieb – Entwässerung nach unten führt auf dem Sieb zu einer stärker werdenden Verfilzung und Ausrichtung der Fasern – Sehr leicht verfestigter, hochempfindlicher Stoff kann an (Nass-)Pressenpartie überführt werden.
b) Ca. 20 %
c) Zweiseitigkeit: Faserstoff liegt auf einem Sieb. – Nach unten wird Wasser entzogen. – Die Struktur des Siebs wird dadurch leicht auf die darauf liegende „Siebseite“ übertragen. – Die Oberseite, sogenannte Filzseite, bleibt glatter.

45

a) Stoffauflauf – Entwässerung einseitig nach unten – Bildung einer „Zweiseitigkeit“ (unterschiedliche Feinheit/Struktur der Papierseiten) – steigende Verfilzung auf dem Sieb – Übergabe an die (Nass-)Pressenpartie
b) Blattbildung: Duoformer entwässern den Ganzstoff gleichmäßig zu beiden Seiten – praktisch keine Zweiseitigkeit.
c) Skizze an Siebpartie einer Langsiebpapiermaschine: Laufrichtung entsteht durch die Fließrichtung des Ganzstoffs, d. h. in der Produktionsrichtung (Maschinenrichtung), je nach Verfahrenstechnik mehr oder weniger stark.
d) Beispiel: Im letzten Drittel der Siebpartie wird eine Wasserzeichenwalze, der Egoutteur, eingesetzt. Das zylindrische Sieb mit einem sehr feinen Drahtgeflecht aus erhabenen Metallfäden (Motiv des Wasserzeichens) verdrängt bei synchronem Lauf zum Sieb mehr oder weniger Faserstoffe. In der Durchsicht ist das Motiv danach sichtbar.

46

a) Stoffleimung: Leimstoffe werden entsprechend der Rezeptur dem Ganzstoff zugefügt.
Oberflächenleimung: Bei der Produktion in der Papiermaschine erfolgt innerhalb der Trockenpartie ein Leimauftrag auf beide Papierseiten.

b) Stoffleimung: Steuerung der Feuchtigkeitsaufnahme, mehr Leim = geringere Feuchtigkeitsaufnahme
Oberflächenleimung: Erhöhen der Festigkeit bzw. des Faserbunds an der Papieroberfläche, geringere Feuchtigkeitsaufnahme; Eigenschaften: tuschefest, radierfest

47

a) Gleichmäßig klanghart gewickelte Papierrollen, gleichmäßiges Feuchtigkeitsprofil, optimale Gleichgewichtsfeuchte (vgl. Papierlager ... Produktion), Reißfestigkeit bzw. Zugfestigkeit
b) Altpapier wird je nach Art und Qualität in 5 Gruppen mit verschiedenen Sorten eingeteilt. Nur die Sorte 1.11 ist zur Herstellung von Zeitungspapier geeignet. Eigenschaften der Sorte: sortiertes grafisches Papier aus haushaltsnaher Erfassung, Zeitungen, Zeitschriften
Forderungen: gut de-inkbarer Stoff, danach keine Fehler bzw. Schmutzpunkte (Stickies), gute Helligkeit, ein bestimmter zu erreichender Weißgrad

48

a) Kalander: Walzensystem mit bis zu 15 übereinander angeordneten, abwechselnd harten und elastischen Walzen. Diese arbeiten mit hohem Anpressdruck (Liniendruck) gegeneinander.
Wirkung: Druck (mechanische Kräfte), Reibung (unterschiedliche Geschwindigkeiten) und Wärme (thermische Kräfte) gleichen Unebenheiten des Papiers aus.
Hinweis: Satinage ergibt eine Kalibrierung und damit eine Verringerung des Volumens.
b) Satiniert

49

- Aufbau: Rohpapier, beidseitiger Strich
- Forderung: Strichauftrag 2 x 20 g/m^2 = 40 g Strich
- Papier mit 60 g/m^2 hätte demnach ein Rohpapier: 60 g/m^2 – 40 g = 20 g/m^2

Ein solches Rohpapier kann nicht gestrichen und gedruckt werden (keine ausreichende Stabilität und Festigkeit).

50

a) Durch den Transport war das Papier einem völlig anderen Klima ausgesetzt.
Sofort auspacken: Randbereiche der Papierrollen nehmen Feuchtigkeit aus der Umgebungsluft auf.
Folgen: Randwelligkeit, ungleichmäßige Bahnspannung, unterschiedlicher Bahnzug, ggf. Bahnriss
b) Ca. 20 °C, 50 bis 55 % relative Feuchte

51

a) Satinierte Papiere, gestrichene Papier (unterschiedliche Arten), gussgestrichene Papiere und Kartons
b) Verschiedene Gründe: glattere, gleichmäßigere Oberfläche, glänzende, hochglänzende oder matte Oberfläche, Druck mit höherer Rasterweite, optimale Bildwiedergabe (Bilddetails, Farbe), ästhetisch „edel“
c) Satinieren: Druck, Reibung und Wärme wirken auf das Rohpapier ein.
Streichen: Das Rohpapier wird ein- oder beidseitig mit einer Streichdispersion mehr oder weniger stark beschichtet (Bilderdruckpapiere, Original-Kunstdruckpapier); allgemein danach satiniert.
Gussgestrichen: Das Rohpapier wird in der Regel einseitig, bei besonderen Papieren auch beidseitig, mit einer hochwertigen Streichdispersion sehr stark beschichtet.
d) Gussgestrichene Sorten werden nie satiniert, somit das Volumen nicht verringert.

52

- Begriff: feuchtigkeitsanziehend, Feuchtigkeitsaustausch mit der Umgebung
- Papier muss an die Raumbedingungen, z. B. 20 °C, 50 bis 55 % rL, angepasst sein, um Druck- und Verarbeitungsschwierigkeiten zu vermeiden.
- Mögliche Probleme: Papierverzug, Randwelligkeit, Tellern, schlechte Laufeigenschaften in der Produktion durch statische Elektrizität, Auswachsen aus einem Broschurenblock

53

a) Rupfen = Mehr oder weniger starkes Herausreißen von winzigen Faserteilchen bzw. Aufreißen von Bedruckstoffoberflächen durch starke mechanische Beanspruchung bei zu geringer Festigkeit des Materials.
Beispiel Offsetdruck: Papier muss eine hohe Oberflächenfestigkeit und gute Strichqualität aufweisen, vgl. erforderliche Zügigkeit der Druckfarbe, „kleben“ am Gummituch u. a.

b) Wegschlagverhalten = Zeit des Eindringens von Bestandteilen der Druckfarbe in die Papieroberfläche. Die Druckfarbe ist danach nicht trocken, aber weiterverarbeitungsfähig (wischfest). Durch geringe Wegschlagefähigkeit liegt die Druckfarbe auf der Bogenoberfläche; dies kann zum Ablegen führen. Probleme kann es u. a. auch im Nass-in-Nass-Druck geben, wenn Druckfarben nicht rasch genug wegschlagen.

54

- Anlieferung: Thermoverpackung mit wasserdampfdichtem Material o. ä. Schutz, der einwirkende Temperatur- und Feuchtigkeitseinflüsse verringert
- Lagerung: Papier in der Verpackung langsam und ausreichend lange klimatisieren
- Verarbeitung: Nur ausreichend lange klimatisiertes Papier verwenden, um Schwierigkeiten im Druck und in der Druckverarbeitung zu vermeiden

55

a) Papier, das in der Papiermaschine gefertigt und ggf. ausschließlich „inline" in einem Glättwerk nach der Trockenpartie geglättet worden ist
b) Papier, das in einem separaten Kalander veredelt (geglättet) worden ist
c) Papier (hier: Rohpapier), das in der Regel in einer separaten Streichanlage ein- oder beidseitig mit einer Streichdispersion beschichtet worden ist

56

a) Hauptsächliche Ausrichtung der Fasern in einem Papier, entstanden durch die Produktionsrichtung (Maschinenrichtung, Fließrichtung)
b) Rauminhalt eines Körpers.
Volumen (cm^3/g) = Papierdicke (µm) : flächenbezogene Masse (g/m^2)
Bei Papier gilt vor allem der Vergleich mit einem einfachen Volumen, damit ergibt sich u. a. eine Aussage über die Kompressibilität.
Beispiel für einfache Berechnung: Dicke 0,1 mm = 100 µm, Naturpapier, 100 g/m^2 Volumen = 1
c) Bei Bedruckstoffen die Eigenschaft der Fasern, durch Kapillarwirkung Feuchtigkeit aufzunehmen

57

Original-Kunstdruckpapier, besonders hochwertig gestrichenes Papier, weiß, Rohpapier holzstofffrei (andere Bezeichnung: holzfrei), Flächenmasse 120 g/m^2, Format (Bogengröße) 61 cm × 86 cm, Schmalbahn (Laufrichtung parallel zu langen Seite = 86 cm)

58

a) Volumen = Papierdicke (µm) : flächenbezogene Masse (g/m^2)
b) 100 µm : 120 g/m^2 = ca. 0,8-faches Volumen

59

Papierdicke ca. 0,168 mm = 168 µm

60

a) Buchproduktion: Die Laufrichtung soll parallel zum Buchrücken verlaufen. Besseres Aufschlagverhalten des Buchs, bei Klebebindung problemloses Kleben
b) Letzter Falz sollte parallel zur Laufrichtung verlaufen. Leichteres Falzen (z. B. keine Quetschfalten). Digitaldruck, Laser- und auch Inkjetpapiere unter ca. 200 g/m^2: Laufrichtung in Produktionsrichtung

61

a) Bedruckbarkeit: sämtliche Oberflächeneigenschaften wie ungestrichen oder gestrichen, Glätte, Farbannahme, Saugfähigkeit
Verdruckbarkeit: sämtliche Eigenschaften, die den Transport (Führung) in der Druckmaschine und das störungsfreie Verhalten beim Druckprozess betreffen wie Planlage, Stabilität, Reißfestigkeit, Rupffestigkeit
b) printability, runability

62

- **Bogen-Offsetdruck:** richtige Gleichgewichtsfeuchte, dimensionsstabil, rupffest, staubfrei, rasches Wegschlagen
- **Rollen-Offsetdruck Coldset:** Reißfestigkeit, einwandfreie Wicklung der Rolle, richtige Gleichgewichtsfeuchte, ausreichendes Farbwegschlagverhalten (keine Trockenphase), keine oder nur eine geringe Satinage
- **Rollen-Offsetdruck Heatset:** Reißfestigkeit, einwandfreie Wicklung der Rolle, glatte und geschlossene Oberfläche, Oberflächenfestigkeit, kein Auf-

bauen auf dem Gummituch, geeignete Gleichgewichtsfeuchte (allg. nur ca. 45 % rel. Feuchte, d. h. ein geringerer Feuchtigkeitsgehalt von ca. 5 bis 7,5 %), keine Wellenbildung, kein Falz- oder Strichbrechen
- **Flexodruck:** Reißfestigkeit, einwandfreie Wicklung der Rolle, glatte und geschlossene Oberfläche
- **Tiefdruck Illustration:** Reißfestigkeit, einwandfreie Wicklung der Rolle, glatte Oberfläche, ausreichend geschlossene Oberfläche
- **Digitaldruck Inkjet:** gleichmäßige Farbaufnahme, rasche Farbfixierung, kein Ausbluten der Tinte, keine Neigung zur Blasen- bzw. Wellenbildung (Cockling-Effekt), Wasserfestigkeit
- **Digitaldruck Elektrofotografie:** geringerer Feuchtigkeitsgehalt im Papier (ca. 4,5 bis 5,5 %), glatte Oberfläche, hohe Steifigkeit, staubfrei

63

- Je gleichmäßiger und glatter die Papieroberfläche ist, desto exakter können feinste Bildelemente (Raster) auf dem Bedruckstoff gedruckt werden.
- Sorten und Oberflächenqualitäten der Papiere: Naturpapier (ungestrichen), satiniert, gestrichenes Bilderdruckpapier, Original-Kunstdruckpapier
- Weitere Parameter: Wechselwirkungen Bedruckstoff – Druckfarbe, Druckfarbe mit geeigneter Zügigkeit, zu hoher Anpressdruck zwischen Druckplatte und Gummidrucktuch

64

a) Produktion: Umschlag im Bogen-Offsetdruck, Inhalt im Rollen-Offsetdruck (Heatset-Druck) Ursache: Starkes Austrocknen durch Heatset-Trockner (Schrumpfung des Papiers 0,3 bis 0,7 %), Feuchtigkeitsverlust nur teilweise wieder zugeführt. Im Bogen-Offsetdruck erfolgt keine thermische Belastung, d. h. die ursprüngliche Feuchtigkeit bleibt erhalten. Nach dem Klebebinden und dem Beschnitt nimmt der Innenteil wieder die „normale" Feuchtigkeit auf, dehnt dementsprechend und wächst aus dem Umschlag heraus.
b) Rückbefeuchtung, möglichst digitale Erfassung der Messwerte der Papierbahn und entsprechendes Wiederbefeuchten

65

Auswahl der geeigneten, ggf. frei gegebenen Papiersorte und Abstimmung auf entsprechenden Tintentyp.

Allgemein: Die Papieroberfläche muss flüssige Druckfarbe (Tinte) schnell, gleichmäßig und leicht aufnehmen, die Farbe muss danach exakt auf dem Papier „stehen" bleiben, kein Auslaufen („Ausbluten") der Farbtröpfchen, kein Papierverzug oder Verspannen durch Quellen der Fasern.

66

Tageszeitungen werden im Coldset-Verfahren gedruckt, d. h. die Druckfarbe trocknet nur durch Wegschlagen in das Papier. Es wird nach dem Bedrucken des Papiers kein Trockner eingesetzt.

67

- Prozess: Alle Druckfarben werden auf beiden Seiten (z. B. 4/4) in hoher Geschwindigkeit auf die durchlaufende Papierbahn gedruckt. Sehr hohe Zugspannungen im Druckprozess (Gummidrucktücher, Druckfarben, Rückspaltung von Druckfarben u. a.)
- Oberflächenfestigkeit: Kein Rupfen, kein Ablösen von Strichpartikeln, kein Papierstaub, gleichmäßiges Wegschlageverhalten, geringster Papierverzug
- Heatset-Trocknung: Durch Hitze wird Feuchtigkeit entzogen. Je feuchter das Papier, desto stärker die Wasserdampfbildung im Papiergefüge. Vermeiden von Blasenbildung, „Waschbrett-Effekt"

68

a) Die absolute Luftfeuchtigkeit bleibt ohne einen Luftaustausch gleich. Steigt die Temperatur, sinkt demnach die relative Luftfeuchtigkeit.
b) Eine Klimaanlage regelt die Temperatur und Luftfeuchtigkeit auf die vorgegebenen Werte (Temperatur, relative Luftfeuchtigkeit).

69

a) Engl. Abk: Light Weight Coated. Leichtgewichtiges, zweiseitig gestrichenes stark holzstoffhaltiges Rollendruckpapier, ca. 50 g/m^2
b) Rollen-Offsetdruck, Rakeltiefdruck: Zeitschriften, Kataloge, Werbung, Mailings
c) Geringe Faserstoffverbrauch (ca. 50 g/m^2), Faserrohstoff überwiegend Holzstoff, ggf. geringer Anteil Zellstoff und Recyclingstoff. Geringerer Rohstoffverbrauch = geringere Papierkosten

70

a) Hohe und sehr rasche Wegschlagfähigkeit
b) Glatte Oberfläche mit sehr guter Farbannahme, brillante Farbwiedergabe, hoher Kontrast, glänzender oder matter Bilderdruckkarton, gussgestrichener Karton, Eignung für Veredelung
c) Gleichmäßig glatte Oberfläche, gute Haftung des Toners (keine elektrostatischen Störungen), unempfindlich gegenüber Hitze (Fixierung, Trocknung)
d) Gleichmäßig glatte Oberfläche, hoher Weißgrad, alle verwendeten Materialien mit entsprechender „Lebensmittelechtheit“ (Unbedenklichkeit)

71

a) Engl. Abk.: supercalandered, superkalandriert. Stark satiniertes, holzstoffhaltiges Naturpapier mit hohem Füllstoffanteil
b) Engl. Abk.: Ultra Light Weight Coated Paper Ultraleichtes gestrichenes Papier mit einer Flächenmasse < 52 g/m^2
c) Engl. Abk.: Zeitung, Zeitungsdruckpapier, Naturpapier, allgemein bis zu 100 % aus Recyclingstoff

72

Rauheit/Glätte, Weiße, Glanz, Wegschlagverhalten, Rupffestigkeit, Scheuerfestigkeit, Dimensionsstabilität

73

- Gleichgewichtsfeuchte (nicht zu trocken, zu feucht). Mögliche Probleme: Tellern, Randwelligkeit, Papierverzug, statische Aufladung
- Planlage. Mögliche Probleme: schlechter Transport, Stopper, mangelhafte Anlage und Auslage
- Reißfestigkeit. Mögliche Probleme: Reißen der Papierbahn bei Rollenpapier

74

a) Bedruckbarkeit. Eigenschaften, die die Qualität des Druckprodukts bei der Wiedergabe von Texten, Bildern und Farben beeinflussen. (Hinweis: Bei manchen Eigenschaften ist eine scharfe Trennung zwischen Bedruckbarkeit und Verdruckbarkeit nicht möglich.)
b) Verdruckbarkeit. Eigenschaften, die ein reibungsloses Laufen des Papiers (Bogen, Rolle) im Druck und auch der Druckverarbeitung betreffen
c) Feine Wellenbildung, wellig liegen, Blasenbildung im Papier. Konkrete Ursachen wenig bekannt. Mögliches Problem z. B. beim Inkjet-Digitaldruck: zu hohe und ungleiche Aufnahme von Feuchtigkeit

75

a) Ausrichtung der Faser bei der Papierherstellung nach dem Stoffauflauf auf dem (Lang-)Sieb
b) 18 bis 22 °C, 50 bis 55 % rL
c) Papier (Fasermaterial) ist hygroskopisch, daher reagiert es mit dem umgebenden Klima (Temperatur, Luftfeuchtigkeit). In der Papierlaufrichtung richten sich die Fasern überwiegend in dieser Fließrichtung aus. Durch Feuchtigkeitsaufnahme dehnen sich die Fasern in der Breite, nicht jedoch oder nur minimal in der Faserlänge. Je nach Einwirkungen kann der Papierstapel tellern (außen trockener als innen), randwellig werden (innen trockener als außen). Einzelne Bogen verziehen sich in der Dehnrichtung oder laden sich statisch auf.

76

a) Das Papier ist wesentlich gelblicher geworden.
b) Zeitungspapier besteht fast zu 100 % aus Recyclingstoff, der aus unterschiedlichstem Fasermaterial besteht. Tageslicht und Anteile von Lignin in diesem Stoff verursachen diese Färbung.

77

a) Skizze: Gedruckt werden alle 8 Seiten (Hochformat) in einer Druckform zum Umschlagen.
Damit stehen alle Seiten auf einem Druckbogen > DIN A1 mit der kurzen Seitenkante (21 cm) parallel zur Bogenanlage.
Produkt: Laufrichtung parallel zum Bund = Zylinderumfang: Breitbahn
b) Beispiel: Format des Druckbogens 63 cm × 88 cm
Bestellung: 63 cm × 88 cm Breitbahn (oder: BB), 63 M × 88 (M = Maschinenrichtung)

78

a) Skizze: glänzend = sehr starke, gerichtete Reflexion des auftreffenden Lichtes an der Papieroberfläche; matt = starke, diffuse Reflexion des auftreffenden Lichts an der Papieroberfläche (Art und Form der Streichpigmente, nicht oder nur gering satiniert)

b) Die Oberfläche ist nicht glatt, sondern besitzt eine Mikrorauheit, verursacht im Wesentlichen durch die verwendeten Streichpigmente (z. B. Größe, Form, Kanten, Orientierung). Die Oberflächenstruktur des Papiers ist nur gering scheuerfest.

79

a) Sehr starker Strich, vielfach nur einseitig; hochwertige Streichdispersion; hoch glänzend; nicht satiniert
b) Hochwertige Produkte: Faltschachteln, Dokumentenmappen, Umschläge (z. B. Geschäftsberichte), Etiketten, Ansichtskarten

80

a) Sorten allgemein
   - Bilderdruckpapier, ein- und beidseitig gestrichen
   - Original-Kunstdruckpapier, überwiegend beidseitig gestrichen
   - Gussgestrichene Papiere und Kartons, einseitig gestrichen

b) Aufbau
Rohpapier (Einlage) holzstoffhaltig, holzstofffrei, je nach Sorte: Vorstrich (teilw. innerhalb der Papiermaschine), Deckstrich (separate Streichmaschine), Satinieren (Kalander)

c) Hinweise zu Qualitäten
Bilderdruckpapier
Volumen: je nach Satinage unterschiedlich;
Strichstärken: Konsum, ca. 5–12 g/m^2 und Seite;
Standard, ca. 8–12 g/m^2 und Seite;
spezialgestrichen, ca. 12–20 g/m^2 und Seite;
Oberfläche: satiniert glänzend, matt, weiß oder farbig
Original-Kunstdruckpapier
Strichstärke: höchste Qualität der Streichdispersion, hohe Strichstärke, ca. 20–30 g/m^2 und Seite
Oberfläche: sehr gleichmäßige Oberfläche, satiniert glänzend, matt, weiß oder farbig, sehr gute Bedruckbarkeit
Gussgestrichene Papiere
Spitzenqualität der Streichdispersion, höchste Strichstärke, ca. 25–30 g/m^2, hochglänzend, nicht satiniert, hohes Volumen, sehr gute Bedruckbarkeit

d) Flächenmasse
   - Bilderdruckpapier, ab 70 g/m^2
   - Original-Kunstdruckpapier, ab ca. 115 g/m^2
   - Gussgestrichene Papiere und Kartons, allgemein ab ca. 200 g/m^2

81

a) Anpassung. Das gelieferte Papier bleibt im verpackten Zustand im Papierlager. Es passt sich nach entsprechender Zeit an die Klimabedingungen im Lager an. Die Dauer der Akklimatisierung des Papiers hängt vom Rollendurchmesser (Temperaturausgleich vom Rand), Palettenvolumen (Anzahl der Bogen) und von Temperaturunterschieden zwischen Transportmittel, Papierlager und Druckerei ab.
b) Temperatur und Feuchtigkeitsgehalt (relative Stapelfeuchte in %) von Papier nach der Akklimatisierung, nach der zwischen Umgebungsluft und hygroskopischem Papier kein Feuchtigkeitsaustausch mehr stattfindet

82

a) Oberflächenqualität des Papiers: Widerstandsfähigkeit des Bedruckstoffs gegen Adhäsionskräfte (Zugkräfte), die im Druckprozess beim Trennen von der Druckfarbe auftreten. Beispiel: Der Druckbogen wird nach dem Druck von der Druckfarbenschicht auf dem Gummidrucktuch abgezogen.
b) Fähigkeit eines Stoffs, seine Form – auch bei äußeren Einflüssen – zu behalten
c) Leichter Leimauftrag auf beide Seiten der Papierbahn innerhalb der Trockenpartie der Papiermaschine. Die Oberflächenleimung erhöht die Wasserfestigkeit (geringere Feuchtigkeitsaufnahme), macht tinten- und tuschefest, radierfähig, staubfrei und rupffest.
d) Beim Mehrfarben-Offsetdruck, z. B. 4-Farbendruck nass in nass, wird im ersten Druckwerk Druckfarbe auf das noch unbedruckte Papier übertragen. Diese Druckfarbe ist wischfest, trocknet bis zum nächsten Druckwerk aber nicht. Der Druckbogen wird in dem folgenden Druckwerk mit der entsprechenden Druckfarbe bedruckt, ein sehr geringer Teil der bereits aufgedruckten Farbe wird aber auch von dem bedruckten Papier an dieses Gummituch angegeben. Dies kann Verschmutzungen der Druckfarbe (vor allem Gelb) sowie Mängel wie Mottling bzw. unruhigen Flächenausdruck verursachen.

83

a) Die relative Luftfeuchtigkeit sinkt.
b) Mögliches Problem: statische Aufladung im Falzapparat und der Auslage, Aufladung durch Reibung

84

a) Unterschiedliche Laufrichtung der Falzbogen, unterschiedliche Feuchte der Falzbogen
b) Laufrichtung: Nutzenzahl auf der Papierbahn bzw. auf dem Druckbogen
Bogen-Offsetdruck: akklimatisiertes Papier, Verarbeitung unter üblichen Klimabedingungen
Rollen-Offsetdruck (Heatset): „trockneres" Papier beim Druck, weiterer Feuchteentzug beim Trocknen (mehr oder weniger Ausgleich durch Rückbefeuchtung)

85

a) Kühlaggregat, Rückbefeuchtung mit Silikonauftrag, Bahnsteuerung
b) Kühlaggregat: Schockartiges Abkühlen lässt die Druckfarbe hart und glänzend auftrocknen.
Rückbefeuchtung, Silikonauftrag: Feuchtigkeitszufuhr (durch den Trockner entzogene Feuchtigkeit ausgleichen), Verbessern der Kratzfestigkeit

86

a) Blasenbildung
b) Im Heatset-Trockner „trocknet" die Druckfarbe, aber auch dem Papier wird Feuchtigkeit entzogen. Ist das Papier empfindlich oder die Trocknertemperatur zu hoch, kann es zur Bildung von Blasen kommen. Dies tritt vor allem in flächigen Druckbereichen auf, insbesondere wenn beide Papierseiten mit hohen Farbschichtdicken bedruckt sind. Die Feuchtigkeit kann nicht gleichmäßig und rasch entweichen, es kommt zur Blasenbildung.

87

a) Saugfähige, gleichmäßige Oberfläche, gute Farbannahme (schwach geleimt), hoch satiniert, geschmeidig, reiß- bzw. zugfest, nicht staubend
b) Das Papier der Tageszeitung brennt sehr gut, es hat einen relativ geringen Füllstoffanteil. Tiefdruckpapier (Illustrationsdruck) hat einen hohen Anteil an Füllstoffen (mineralische Stoffe), die nicht brennen (Hinweis: Lösemittel im Druckprozess!).

88

Skizzen zu: Reißprobe, Streifenprobe, Feuchtprobe und Nagelprobe

89

a) Satinieren, Streichen, Gussstreichen
b) **Satinieren:** In einem Kalander, der aus einer Kombination mehrerer unterschiedlicher Walzen besteht, wirken Druck, Reibung und Wärme auf die durchlaufende Papierbahn ein. Das Papier erhält dadurch eine konstant präzise Dicke sowie eine gewisse Glättung. Bezeichnung: satiniert (sat.)
Streichen: In unterschiedlichen Verfahrenstechniken wird das Streichrohpapier mit einer Streichdispersion „beschichtet". Je nach Qualität erfolgt ein Vorstrich (Grundierstrich) und ein Deckstrich in unterschiedlicher Qualität und Strichdicke. Oberfläche: Das Streichrohpapier wird mehr oder weniger gleichmäßig gedeckt. Allgemein zusätzlich satiniert.
Bezeichnungen:
Bilderdruckpapier in den Qualitäten Konsum, Standard, spezialgestrichen (mit herstellerspezifisch unterschiedlichen Produktbezeichnungen); auch LWC Papiere (leichtgewichtige gestrichene Papiere u. Ä.). Original-Kunstdruckpapier, Spitzenqualität mit besonders hoher Strichdicke. Allgemein zusätzlich satiniert.
Gussstreichen: In einer speziellen Guss-Streichmaschine wird eine hohe Strichmenge auf das Rohpapier aufgetragen. Der feuchte Strich wird über einen geheizten Hochglanzzylinder gezogen und dabei getrocknet. Gleichmäßig glatt, hochglänzend, kein Satinieren, daher voluminös. Allgemein nur einseitig gestrichen.
Bezeichnung: gussgestrichenes Papier bzw. gussgestrichener Karton

90

Ermitteln Sie Bedruckstoffe in Ihrem Betrieb und bearbeiten Sie die Aufgabenbereiche a) bis c)

91

a) LWC-Papier
b) 48 bis 70 g/m^2
c) Beispiel: LWC-Papier, 50 g/m^2; Strichmenge pro Seite 10 g/m^2 = Streichrohpapier 30 g/m^2
Geringere Zug- und Reißfestigkeit, leichtere statische Aufladung durch Wärme-/Hitzetrocknung
d) 320 Seiten = 160 Blatt DIN A4 (= 1/16tel m^2), gerundet gerechnet: 10 m^2 pro Exemplar, benötigte Papiermenge: 2 000 000 m^2
Kosten pro kg: 1 €

Sorte A	144 000 kg =	144 000 €
Sorte B	108 000 kg =	108 000 €
Differenz		36 000 €

92

- Naturpapier
  Ungestrichen (hier beispielhaft nicht satiniert), einfache Anforderungen, nur grobe Rasterung, z. B. Zeitungsdruck und ähnliche Produkte
- Satiniertes Papier
  Ungestrichen, einfache bis mittlere Anforderungen, mittlere Rasterweiten (bis 54 L/cm), im Rasterdruck relativ hohe Tonwertzunahme, z. B. Massenauflagen Illustrationsdruck
- Bilderdruckpapier
  In unterschiedlichen Qualitäten und Strichmengen gestrichen, allgemein satiniert, höhere Rasterweiten, im Rasterdruck relativ geringe Tonwertzunahme, gute bis sehr gute Farbwiedergabe, z. B. Werbung, Illustrationsdruck, Zeitschriften, Bildkalender
- Original-Kunstdruckpapier
  Spitzenqualität (Streichrohstoff) bei sehr hoher Streichmenge (Strichdicke), allgemein satiniert, für höchste Rasterweiten (AM, FM), im Rasterdruck nur eine geringe Tonwertzunahme, sehr gute Farbwiedergabe, relativ hohe Flächenmasse, z. B. sehr hochwertige Werbung, Bildbände, Kunstreproduktionen, Bildkalender
- Gussgestrichener Karton
  Höchster Glanz, hohes Volumen (nie satiniert), für höchste Rasterweiten (AM, FM), im Rasterdruck nur eine geringe Tonwertzunahme, sehr gute Farbwiedergabe, z. B. hochwertige Faltschachteln (Kosmetik u. Ä.), Umschläge für Dokumente, Bild- und Kunstbände sowie Fotobücher
- Recyclingpapier
  Wiederverwendetes Altpapier, z. B. Taschenbücher, Broschüren, Zeitungen, Schreib- und Kopierpapier

93

- Image-Prospekt
  Bilderdruckpapier spezialgestrichen, Original-Kunstdruckpapier, holzstofffrei, hochweiß, hoher Kontrast; glänzend bis hochglänzend, hohe Opazität, edel wirkend (Haptik), lackierfähig, ggf. Eignung für Prägen und Folienkaschieren; ca. 135 g/m^2
- Schreibpapier
  Naturpapier, unterschiedliche Faserstoffe (holzstoffhaltig, holzstofffrei, Recyclingstoff), satiniert, hohe Opazität, verschiedene Oberflächen (glatt, auch strukturiert), gut geleimt (Stoffleimung, Oberflächenleimung), 80 g/m^2
- Illustrierte
  LWC-Papier, leichtgewichtiges gestrichenes Papier, allgemein glänzend, gute Opazität; ca. 45 bis 60 g/m^2
- Tageszeitung
  Recyclingpapier (bis zu 100 % aus Altpapier), Naturpapier maschinenglatt, gute Festigkeiten, geringe Kosten; ca. 42 bis 48 g/m^2
- Flyer
  Illustrationsdruckpapier (ungestrichen), scharf satiniert oder Bilderdruckpapier (Qualität Konsum) mit geringem Strich, satiniert, gute Opazität, geringe Kosten (Qualität – Kosten); ca. 50 bis 60 g/m^2

94

a) Bilderdruckpapier spezialgestrichen, z. B. holzstofffrei gestrichene Rollen-Offsetdruckqualität, hoher Weißgrad, sehr gute Opazität, sehr guter Kontrast, halbmatt (optimale Lesbarkeit) oder glänzend (hervorragende Bildwiedergabe), perfekte Farbwiedergabe, feinste Rasterpunktwiedergabe, hohe Scheuerfestigkeit, optimales Wegschlagverhalten, hohe Dimensionsstabilität; ca. 90 bis 115 g/m^2

b) Bilderdruckpapier Konsum oder Standard, hochweißes, holzstofffreies, gestrichenes Papier für guten Druckglanz, gute Lesbarkeit, gute Bildwiedergabe, gute Opazität, 90 g/m^2

c) Zeitungspapier, Recyclingpapier (bis zu 100 % Altpapieranteil); Naturpapier, nicht satiniert. Gute Festigkeiten, gutes Wegschlagverhalten, kostengünstig, ca. 42 bis 48 g/m^2

d) Gussgestrichener Karton, einseitig gussgestrichen, absolut glatte Oberfläche, spiegelglänzend, hohes Volumen, hohe Steifigkeit, sehr gute Farbannahme mit gutem Wegschlagverhalten, sehr gut rillfähig; ca. 250 bis 350 g/m^2

e) Offsetdruckpapier, ungestrichen, satiniert, Faserstoffmix, ca. 60 bis 80 g/m^2

f) Broschurenblock: Offsetdruckpapier (Faserstoffmix), vielfach Recyclingpapier (Fasermix), Auswahl des Faserstoffs je nach Qualitätsanspruch, Druckverfahren, Auflage und Kosten; mehr oder weniger stark satiniert, naturweiß oder weiß, gute Wegschlagfähigkeit, Volumen teilweise > 1,5; ca. 70 bis 90 g/m^2
Umschlag: ein- oder teilweise auch mehrlagiger Karton, einseitig gestrichen, hohe Steifigkeit, gute Bedruckbarkeit und Veredelungsfähigkeit, gute Rillfähigkeit; ca. 250 bis 350 g/m^2

g) Inhalt: hochwertig gestrichenes Papier (spezialgestrichen), matt bis schwach glänzend (Lesbarkeit), holzstofffrei, hohe Weiße, edle Haptik, die dem Erscheinungsbild des Unternehmens entspricht; ca. 90 bis 130 g/m^2
Umschlag: hochwertig gestrichener Karton, Eigenschaften wie beim Inhalt; ca. 200 bis 300 g/m^2

h) Holzstofffreies Naturpapier (entsprechend dem Erscheinungsbild/Image, ggf. auch Faserstoffmix oder Recyclingpapier), voll geleimt, stark satiniert, falzfest; ca. 80 g/m^2

95

Bearbeiten Sie mit der Kleingruppe den Arbeitsauftrag. Protokollieren Sie die Ergebnisse.

96

Hinweise: Ziel muss ein einheitliches Erscheinungsbild des Unternehmens durch eine durchgängige Gestaltungskonzeption (Corporate Design) sein, gedruckt auf einem gleichartigen Bedruckstoff. Geeignetes Angebot der Papierhersteller für Geschäftsdrucksachen wählen

a) Hartpostpapier oder ähnlich festes, zähes und klanghartes Schreibmaschinenpapier, stark satiniert, Stoff- und Oberflächenleimung, Eignung auch für Tintenstrahldrucker und Faxgerät, ggf. mit Wasserzeichen, ca. 80 g/m^2
b) Material in Art und Qualität entsprechend dem Briefbogen (Corporate Design), 250 bis 600 g/m^2
c) Beim Material Art und Qualität das Corporate Designs beachten; hier z. B.: matt gestrichenes Bilderdruckpapier, 115 bis 120 g/m^2
d) Beim Material Art und Qualität das Corporate Designs beachten; hier z. B.: einseitig matt gestrichener Karton, 250 bis 350 g/m^2

97

a) Gussgestrichener Karton (GGZ). Premiumqualität, teuerer, aber absolut die beste Qualität: einseitig gussgestrichen, hochglänzend, optimal im Druck und zur Veredelung (Blindprägung, Lack), Bildwiedergabe in „Fotoqualität“ durch feinste Rasterdrucke (AM-, FM-Raster) und optimale Farbwiedergabe, hohe Steifigkeit, hohes Volumen, edle Haptik
b) Gestrichener Primärfaserkarton (GZ). Frischfaserkarton: insgesamt gebleichter Zellstoff für Oberseite, Einlage und Rückseite, weiß
c) Ermitteln Sie exemplarisch den Unterschied in den Kosten (Preislisten von Papierlieferanten, Telefon- oder Mail-Kontakt)

98

a) Bilderdruckpapier spezialgestrichen, satiniert, glänzend (sehr gute Bildwiedergabe), hoher Weißgrad, hohes Volumen, ca. 100 g/m^2
b) Werkdruckpapier, holzstofffrei oder holzstoffhaltig; alternativ: Recyclingpapier; weiß bzw. leicht gelblich, satiniert, Volumen > 1, ca. 80 g/m^2
c) LWC-Papier, leichtgewichtiges gestrichenes Papier, guter Glanz, gute Opazität; ca. 50 bis 60 g/m^2

99

Erläutern Sie mit zusätzlichen anschaulichen Skizzen die Problematik

100

a) Logos
   - FSC: Forest Stewardship Council, www.fsc-deutschland.de
     Der FSC fördert eine umweltverträgliche, sozial gerechte und wirtschaftlich sinnvolle Bewirtschaftung der Wälder der Erde. Nachhaltigkeit. Festlegen von ökologischen und sozialen Mindestandards für die Bewirtschaftung von Wäldern. Die Einhaltung dieser Standards wird jährlich durch unabhängige Prüfer (Zertifizierer) bei jedem Waldbesitzer vor Ort überprüft.
   - PEFC: Programme for the Endorsement of Forest Certification Schemes, www.pefc.de
     Wirtschaftliche, gleichzeitig umweltschonende und sozial verträgliche Waldbewirtschaftung. Nachhaltigkeit. Zertifizierung durch das PEFC-Siegel verfolgt die Ziele Kontrollieren, Dokumentieren und Verbessern der Waldbewirtschaftung.
   - EU-Ecolabel: EU-Umweltzeichen, www.eco-label.com
     Festlegen von umfassenden Kriterien: Rohstoffeinsatz, Energie- und Wasserverbrauch, Emissionen, Abfallmanagement, zertifizierten Faseranteilen, Chemikalieneinsatz
   - Der Blaue Engel: nationales Umweltzeichen, www.blauer-engel.de
     Eine vom Staat initiierte und von einer unabhängigen Jury vergebene Kennzeichnung für Produkte auf ihre Umweltfreundlichkeit. Die Auszeichnung soll dem Käufer die Kaufentscheidung erleichtern.

b) Prinzipiell gleichwertige Ziele und Zertifikate. Informieren Sie sich direkt bei den Organisationen und im Internet.

101

a) Eigenschaften zur Verdruckbarkeit (Lauffähigkeit) und Bedruckbarkeit (Druckqualität): Temperaturstabilität (Einfluss auf Blistering, Welligkeit; wichtig bei der Fixierung ...), Dimensionsstabilität (Papiertransport, Fixierung, Druckverarbeitung), Glätte (Transport, Gefahr statischer Aufladung), Rauigkeit (Tonerverbrauch, Bildlqualität, Fixierung), elektrische Eigenschaften (Papier = Isolator, Tonertransfer, Papiertransport, Auslage, Druckverarbeitung), prozessgeeignete Feuchtigkeit (relativ geringe

Feuchte im Papier, ca. 30 % rF; Welligliegen, Papierverzug bei Schön- und Widerdruck), Formation (Gleichmäßigkeit)

b) Wählen Sie ein geeignetes Papier aus einem Online-Katalog eines Papiergroßhändlers aus. Diskutieren Sie in Ihrer Arbeitsgruppe die Auswahl.

102

a) Klimatisierter Raum, sachgerechtes Stapeln (Bogen, Rollen), Beschädigungen an der Verpackung und am Bedruckstoff, ausreichend große Arbeitsflächen und Transportwege

b) Klimatisierter Arbeitsraum, ausreichend große Transportwege und Abstellflächen, Rüsten der Druckmaschine (Einrichten), Papierlauf in der Druckmaschine, Verdruckbarkeit, Schwankungen im Auflagendruck, Bogenauslage bzw. Auslage bei Rollenproduktion

c) Klimatisierter Arbeitsraum, ausreichend große Transportwege und Abstellflächen, Rüsten der Verarbeitungsmaschinen, Laufeigenschaften, Eignung für die geforderte Verarbeitung (Laufrichtung, Falzen, Rillen, Kleben u. a.)

d) Verpackung (Art, Schutzfunktion), sachgerechtes Laden, Beschädigungen an der Verpackung und am Transportgut (Produkte)

103

- Besondere Eignung: gestrichene, glatte, glänzende oder matte Papiere
- Geeignet: ungestrichene Papiere, stark satiniert, geringe Porösität

104

a) Vergleiche, dazu Skizzen
   - Oberfläche rau und relativ saugfähig; Rasterpunkte „verlaufen“ leicht und dringen in das Papier ein, keine Randschärfe an Druckelementen (Schrift, Rasterpunkt), schlechtere Farbwiedergabe
   - Oberfläche ohne Satinage rau, mit Satinage glatter, Rasterpunkte „stehen“ relativ randscharf auf der bedruckten Fläche, Tinte dringt nicht in das Papier ein, bessere Farbwiedergabe
   - Oberfläche glatt, randscharfe Wiedergabe der Rasterpunkte, sehr gute Farbübertragung und Farbwiedergabe

b) Tinte liegt optimal auf der glatten Oberfläche, kein Eindringen; weniger Tinte ergibt bereits eine optimale Farbwiedergabe.

c) Papier kann matt, glänzend oder hochglänzend sein, gute Bedruckbarkeit, gute Verdruckbarkeit, edlere optische Wirkung.

105

a) Wasserfest, nassfest, weiß (kein Vergilben, lichtecht), hochopak; dazu nach Anforderung: einseitige Inkjet-Beschichtung für eine höhere Auflösung und Farbbrillanz, Rückseite eingefärbt (kein Durchscheinen des Untergrunds)

b) Wählen Sie aus den Katalogen der Papierlieferanten und begründen Sie Ihre Wahl.

106

Erarbeiten einer anschaulichen Präsentation.
Dazu Muster zur Anschauung. Vortrag und Diskussion in der Klasse. Bewertung durch ein „Expertenteam“.

107

a) GGZ, gussgestrichener Zellstoffkarton, Oberseite, Einlage und Rückseite holzstofffrei, weiß, gebleichter Zellstoff
   GZ, gestrichener Zellstoffkarton, Einlage und Rückseite holzstofffrei, weiß, gebleichter Zellstoff

b) Gleichmäßige Oberfläche, sehr gute Farbannahme, Eignung für Inline-Veredelung, einwandfreie Planlage, keine Randwelligkeit

108

a) Bedrucken der Außendecke im Offsetdruck, danach Bogen auf eine einseitig offene Wellpappe kaschiert

b) Einwellige Wellpappe mit hochwertiger Oberfläche, die direkt im Offsetdruck zu bedrucken ist. Flächengewichte von ca. 350 bis 550 g/m^2, Dicken zwischen 0,82 und 0,98 mm

c) Skizzen: Wellenhöhe (Wellenberg) = Abstand vom „Fuß“ bis zum „Kopf“ Wellenteilung = Abstand zwischen zwei „Köpfen“ (Bergspitzen)

109

a) Skizzen zu
   - Einseitig: gewelltes Papier, mit einer glatten Papierbahn verklebt = Wellenbahn auf einer Decke

- Einwellig: Gewelltes Papier auf beiden Seiten mit einer glatten Papierbahn verklebt = Wellenbahn liegt zwischen zwei Decken.
- Zweiwellig: Auf die obere Decke einer einwelligen Wellpappe wird eine weitere Wellenbahn und darauf eine glatte Papierbahn als Decke aufgeklebt. Die Wellenbahnen sind in der Regel verschiedene Wellenarten (z. B. Grobwelle und Feinwelle) kombiniert, um bestimmte Verpackungsanforderungen zu erfüllen (Polsterung, mechanischer Schutz, Bedruckbarkeit)
- Dreiwellig: Auf eine dreiwellige Wellpappe wird eine einseitige Wellpappe geklebt. Aufbau mit unterschiedlichen Wellenbahnen: Außendecke, Wellenbahn, Zwischenbahn, Wellenbahn, Zwischenbahn, Wellenbahn, Innendecke.

b) G-Welle, auch E-Welle (Feinstwelle und Mikrowelle)

110

a) Kraftliner, spezielles Papier aus Kraftzellstoff, ab ca. 100 bis 440 g/m^2, Zellstoffgewinnung durch das Sulfatverfahren
b) Lange, zähe Fasern, sehr hohe mechanische Festigkeiten und Widerstandsfähigkeit gegen Feuchtigkeit
c) Dünne, weiße Oberschicht ist im Gegensatz zu den „naturbraunen“ Sorten gut zu bedrucken.

111

a) Halbzellstoff ist eine Qualität zwischen Holzschliff und Zellstoff. Gefordert werden vor allem hohe Steifigkeit und Elastizität. Durch ein teilweises chemisches Aufschließen (Auflösen) werden die unerwünschten Bestandteile des Holzes (Lignin, Harz) zum Teil herausgelöst. Daran schließt sich eine mechanische Nachbehandlung an. Halbzellstoff ist der wichtigste Halbstoff für die Produktion der Papiere für Wellpappen. Hinzu kommen in geringen Mengen Recyclingstoffe
b) Aus hochwertigem Altpapier sowie Anteilen an Halbzellstoff. Durch verschiedene Zusätze sind geforderte Festigkeitswerte zu erreichen.

112

- Begriff: Ort des Einkaufs bzw. Ort des Verkaufs
- Erscheinungsbild eines Unternehmens bzw. einer Marke vgl. u. a. „Telekom“, „lila Kuh“, „Ritter Sport“
- Marketinginstrument, Wellpappe als Träger von Verbraucherinformation mit Präsentationsfunktion. Ziel: Förderung des Verkaufs einer Marke durch ihr unverkennbares Äußeres. Der Kunde erkennt die Marke wieder und hat die Gewissheit, bekannte Qualität zu kaufen.

113

a) Weißblech, Aluminium oder Stahlblech
b) Schutz vor chemischen Einflüssen, Kontaktschutz zum Füllgut
c) Blech hat eine bestimmte Eigenfarbe. Weiß ist ein Ersatz für ein weißes Papier (Lichtreflektor, Farbwiedergabe).

114

Kunststoffe lassen sich nach allen geforderten Eigenschaften für jeden Verwendungszweck chemisch herstellen.

115

a) Synthetisch: künstlich hergestellt
Thermoplastisch: fadenförmig vernetzte Makromoleküle, die durch Zufuhr von Wärme mehrfach zu verformen sind
b) PET = Polyethylenterephthalat
Temperaturbeständigkeit, extrem niedrige Wärmeausdehnung oder -schrumpfung im Temperaturbereich von –60 bis +150 °C, sehr hohe Steifigkeit, Festigkeit und Härte, sehr gute Verschleißfestigkeit und hervorragende Gleiteigenschaften, ausgezeichnete Dimensionsstabilität, gute Beständigkeit gegenüber schwachen Säuren, Laugen, Salzlösungen, physiologisch unbedenklich, geringe Durchlässigkeit für Sauerstoff und Kohlendioxid
c) Stabilität, Festigkeit, besonders temperaturbeständig und dimensionsstabil, chemisch beständig gegen Wasser, Alkohole, Säuren und Laugen

116

a) Polypropylen
b) Selbstklebeetiketten: Diese Etiketten werden auf das Verpackungsmaterial (Karton, Pappe, Glas, Kunststoff u. a.) aufgeklebt.
In-Mould-Label: Verpackung und Etikett werden aus demselben Material produziert, Verpackung ist als Ganzes zu recyceln, Etikett ist mit der Verpackung untrennbar verbunden, Wegfall von Trägermaterial und Klebstoff beim Aufbringen des Etiketts, Etikett in einem Spritzgusswerkzeug eingelegt, mit Vakuum oder Elektrostatik fixiert und mit dem Kunststoff hinterspritzt

117

Größtes Problem ist die Oberflächenspannung des Kunststoffs. Für das Bedrucken muss die Oberflächenspannung der Folie höher sein als die der Druckfarbe. Eine Corona-Behandlung, das Einwirken eines elektrischen Ladungsfelds, erhöht die Oberflächenspannung auf nichtsaugenden Kunststofffolienoberflächen.

118

a) Hinweis: Elektrostatische Aufladungen. Bei einer elektrostatischen Aufladung befinden sich an der Oberfläche Atome mit Elektronenmangel (positive Aufladung) oder Elektronenüberschuss (negative Aufladung). Bei allen Nichtleitern (z. B. Kunststoffen) oder sogenannten Halbleitern (z. B. Papier) bleiben diese Ladungen an der Oberfläche haften. Folge: Die Kunststoffbogen haften aneinander, laufen schlecht durch die Druckmaschine und lassen sich schlecht stapeln.

b) Entelektrisierungseinrichtungen

119

Die folgenden Angaben sind mehr oder weniger umfangreiche Lösungshinweise. Optimierung durch eigene Worte.

- **chlorfrei gebleicht:** Faserrohstoff ist absolut ohne (Elementar-)Chlor gebleicht. Stoffbezeichnung: TCF
- **Chromoersatzkarton:** einseitig glatter Faltschachtelkarton, ein- oder beidseitig holzstofffrei weiß gedeckt, helle Einlage mit hohem Holzstoffanteil
- **Füllstoffe:** Hilfsstoffe bei der Papierherstellung, weiße Mineralien (z. B. Kaolin). Sie dienen u. a. dazu, die Faserzwischenräume auszufüllen, die Opazität zu erhöhen, eine höhere Flächenmasse zu erreichen.
- **FSC:** Internationale Organisation. Ziele: Förderung einer umweltverantwortlichen, sozialverträglichen und ökonomisch tragfähigen Bewirtschaftung der internationalen Wälder. Vergibt ein Gütesiegel.
- **Gleichgewichtsfeuchte:** Wassergehalt innerhalb des Papiers (Stapel, Rolle), der sich nach längerer Lagerung bei konstantem Raumklima im Papier ergibt. Das Papier gibt in diesem Zustand weder Feuchtigkeit ab noch nimmt es Feuchtigkeit aus der Luft auf.
- **gussgestrichener Karton:** hochwertig gestrichener Karton, größte Strichdicke, vielfach einseitig gestrichen, hochglänzend, voluminös, da nicht satiniert
- **Hygienepapier:** Papiere aus verschiedenen Faserstoffen, sehr voluminös und saugfähig, vielfach nur für einmalige Verwendung geeignet
- **Klima:** Umweltbedingungen, die sich aus unterschiedlichen Faktoren wie Temperatur, Luftfeuchtigkeit, Niederschlag und Luftdruck ergeben. In der Druckindustrie, insbesondere für das Verarbeiten von Bedruckstoffen, sind das Raumklima, die relative Feuchtigkeit und die Gleichgewichtsfeuchte wichtig.
- **Langsiebpapiermaschine:** Papiermaschine, bei der der Stoffauflauf auf ein endlos umlaufendes „langes“ Sieb erfolgt. Die Entwässerung des Stoffs (Stoffdichte zu Beginn nur ca. 2 bis 3 %) erfolgt dabei nur nach unten durch das Sieb. Überwiegende Ausrichtung der Fasern in der Maschinenlaufrichtung (Laufrichtung des Papiers). Bei Übergabe an die Pressenpartie: Stoffdichte ca. 20 %
- **Laufrichtung:** hauptsächliche Faserausrichtung im Papier, die der Maschinenrichtung (Produktionslauf, Bildung auf dem Langsieb einer Papiermaschine) entspricht
- **Lignin:** organischer Gerüstbaustoff, der in Zellwänden eingelagert ist und die Verkrustung und Versteifung der Fasern (Verholzung der Zelle) bewirkt
- **matt gestrichenes Bilderdruckpapier:** Gestrichene Papiere, die nicht oder nur sehr gering satiniert worden sind. Die verwendeten Pigmente in der Streichdispersion sind ungleichförmig und reflektieren auftreffendes Licht nicht spiegelartig, sondern diffus (gestreut).
- **Naturpapier:** allgemeine Bezeichnung für alle ungestrichenen Papiere
- **Oberflächenleimung:** zusätzliche Leimung der Papierbahn, die innerhalb der Trockenpartie aufgetragen wird
- **Papier ist randwellig:** Die Feuchte innerhalb eines Papiers (Stapel, Rolle) ist deutlich geringer als die Feuchte der Umgebungsluft. Papier ist ein hygroskopisches Material, es nimmt daher Feuchtigkeit an den Randzonen aus der umgebenden Luft auf. Dadurch quellen die Fasern in der Faserbreite (Dehnrichtung im Papier) auf und bilden Wellen.
- **Scheuerfestigkeit:** Abriebfestigkeit. Widerstandsfähigkeit gedruckter Farben gegenüber mechanischen Beanspruchungen wie Scheuern und Reiben
- **Wellpappe:** Pappe, die aus mehreren Lagen (Faserstoffbahnen) besteht, von denen innen eine oder auch mehrere Lagen in verschiedenen Formen gewellt sind
- **Zellstoff:** Pflanzliche Rohstoffe sind mehr oder weniger aus Zellulose aufgebaut. Das daraus durch chemische Verfahren gewonnene reine Fasermaterial ist der Zellstoff.

120

Die folgenden Angaben sind mehr oder weniger umfangreiche Lösungshinweise. Optimieren Sie diese mit eigenen Worten.

- **Blisterverpackung:** „Sichtverpackung" mit einseitig offenen (Verpackungs-)Hauben aus Kunststoff, die auf einen bedruckten Träger aus Karton geklebt sind. Der Kunde kann das verpackte Produkt sehen und Informationen auf dem bedruckten Karton lesen.
- **Dimensionsstabilität:** Maßbeständigkeit in allen Ausdehnungen
- **Feuchtprobe:** Probe zur Feststellung der Laufrichtung im Papier. Parallel zur Laufrichtung rollt sich das Papier deutlich ein. Hinweis: Spannung durch das Ausdehnen in der Faserbreite bei Feuchtigkeitsaufnahme
- **Holzstoff:** mechanisch aufbereitetes Holz, enthält alle Holzbestandteile
- **maschinenglattes Papier:** Papier, das ohne weitere Satinage oder Veredelung am Ende der Papiermaschine aufgerollt ist
- **Opazität:** Lichtundurchlässigkeit
- **Original-Kunstdruckpapier:** Hochwertig gestrichenes Papier mit sehr starker Strichdicke, allgemein satiniert
- **Papier tellert:** Die Feuchte innerhalb eines Papiers (Stapel, Rolle) ist deutlich höher als die Feuchte der Umgebungsluft. Papier ist ein hygroskopisches Material, es gibt daher Feuchtigkeit an den Randzonen an die umgebende Luft ab. Dadurch schrumpfen die Fasern in der Faserbreite (Dehnrichtung im Papier) und verändern die Planlage.
- **Papiervolumen:** Verhältnis zwischen der Papierdicke und dem Papiergewicht in g/m^2 (flächenbezogene Masse)
- **PEFC:** Abkürzung für eine Dachorganisation zur Anerkennung nationaler und internationaler Forstzertifizierungen. Vergibt Siegel für zertifizierte Produkte.
- **Recyclingverfahren:** Wiederaufbereitung, Wiederverwendung von (Grund-)Stoffen aus bereits gebrauchten Stoffen (z. B. Papier), Maschinen, Geräten u. a.
- **Rillfähigkeit:** Qualitätseigenschaft eines Kartons, wenn er beim Rillen keine Risse im Strich- und Gefüge zeigt bzw. nicht bricht. Papiere sowie Kartons, die innerhalb eines breiten Bereichs (Kombination von Tiefen und Breiten) keinen Falzbruch zeigen, haben eine gute Rillfähigkeit.
- **rL (relative Luftfeuchtigkeit):** Luft kann je nach Temperatur eine unterschiedliche Menge an Feuchtigkeit (Wasserdampf) aufnehmen. Die relative Luftfeuchtigkeit ist eine Angabe, wie viel Prozent des maximal möglichen Wasserdampfanteils bei einer bestimmten Temperatur tatsächlich in der Luft vorhanden sind. Sättigungsgrad an Wasserdampf in der Luft in %.
  rL % = absolute Luftfeuchtigkeit : maximale Luftfeuchtigkeit · 100 %, gemessen mit Hygrometer
- **Papiereigenschaft, Angabe: SC** = superkalandriert. Die Papierbahn wird in Schlangenlinien zwischen den Walzen hindurchgeführt. Hitze, Druck und die Reibung im Walzenspalt glätten die Papieroberfläche und ergeben einen gewissen Glanz.
- **Schmalbahn:** hauptsächliche Faserausrichtung im Bogenpapier parallel zur langen Seite des Bogens Beispiel: Bogen im Format 61 cm x 86 cm (SB), Laufrichtung parallel zu 86 cm.
  Hinweis: Die schmale Seite des Bogens wurde aus der laufenden Papierbahn geschnitten.
- **TCF:** engl. Abk. für Totally Chlorine Free, d. h. total chlorfrei. Papiere mit dieser Kennzeichnung sind ausschließlich mit (elementar-)chlorfreien Bleichmitteln gebleicht.
- **Volumen:** allg. Rauminhalt, bei Papier das Verhältnis der Papierdicke (µm) zur flächenbezogenen Masse (g/m^2) in cm^3/g.
  Beispiel: 80 g/m^2 : 80 µm = 1 (einfaches Volumen; allgemein ohne Einheitenangabe)
- **Wellpappe:** Teilung, Höhe. Die Wellenteilung *t* ist das Maß zwischen zwei Wellenspitzen, die Wellenhöhe *h* ist das Maß zwischen Wellental und Wellenspitze.

121

Die folgenden Angaben sind mehr oder weniger umfangreiche Lösungshinweise. Optimieren Sie diese mit eigenen Worten.

- **Ausrüsten des Papiers:** Arbeitsverfahren nach der Produktion in der Papiermaschine, z. B. Veredeln des Papiers (Streichen, Satinieren), Schneiden (Rollen, Bogen) und transportgerechtes Verpacken
- **Breitbahn:** hauptsächliche Faserausrichtung im Bogenpapier parallel zur kurzen Seite des Bogens Beispiel: Bogen im Format 61 cm × 86 cm (BB), Laufrichtung parallel zu 61 cm.
  Hinweis: Die lange Seite des Bogens wurde aus der laufenden Papierbahn geschnitten.
- **Chromopapier:** einseitig gestrichenes Papier mit einer wasserfesten, hochwertigen Strichdispersion (je nach Verwendungszweck), verwendet z. B. für Etiketten, Chromokarton, z. B. für Faltschachteln
- **Dickdruckpapier:** stark voluminöses Papier
- **Duoformer:** Bei der Papierherstellung erfolgt der Stoffauflauf auf einen Former mit einem Ober- und Untersieb, dabei wird der Ganzstoff beidseitig entwässert. Dies ergibt eine annähernd gleiche Oberflächenqualität (Struktur).
- **Bilderdruckpapier glänzend gestrichen:** Papier mit einem glänzenden Strich, allg. ergibt ein Satinieren eine höhere, gleichmäßigere Reflexion des Lichts.
- **Bilderdruckpapier Konsum:** gestrichenes Papier mit einer geringen Strichmenge (untere Qualitätsstufe)
- **Etikettendruckpapier: Papiersorten, Eigenschaften:** einseitig gestrichene Papiere (z. B. Chromopapiere, gussgestrichene Papiere), gut geleimt, die im Offsetdruck (Bogendruck, schmalbahniger Rollen-

druck), Digitaldruck oder Rakeltiefdruck mehrfarbig zu bedrucken sind. Spezifische Eigenschaften: sehr gut lackierfähig, bronzierfähig, gut zu stanzen, nass- und laugenfest

- **Hygrometer:** Gerät zur Messung der relativen Feuchte
- **Hysteresis:** Ungleiches Verhalten des Papiers beim Angleichen auf eine bestimmte relative Feuchte von einem zu niedrigen bzw. einem zu hohen Feuchtigkeitswert aus. Durch den Feuchtungs- und Trockenprozess auf den gleichen relativen Wert hat das Papier danach nicht den gleichen absoluten Feuchtigkeitsgehalt.
- **Klimatisierung des Papiers:** Anpassen von Materialien, z. B. Bedruckstoffe, an ein vorgegebenes Klima
- **LWC-Papier: Papiersorte und Einsatzbereich:** leichtgewichtiges, leicht gestrichenes Papier, das vor allem im Rollendruck eingesetzt wird
- **maschinenglattes Papier:** Papierqualität, die am Ende der Papierproduktion entsteht
- **Papierdicke:** Dicke des Papiers in μm
- **Tambour:** Stahlzylinder, auf den am Ende der Papierproduktion das fertige Papier aufgerollt wird
- **Trockenpartie:** Wasserentzug. Nach der Siebpartie und dem Durchlaufen der (Nass-)Pressenpartie hat das Papier eine Stoffdichte von ca. 40 %, erreicht werden muss eine Stoffdichte von ca. 95 %. Dieses ist nur durch Verdampfen von Feuchtigkeit zu erreichen. In der Trockenpartie wird das Papier mit Filzen über sehr viele dampfbeheizte große Zylinder (bis zu 100 Zylinder auf 100 °C aufgeheizt) geführt und dabei schonend und über die gesamte Bahnbreite gleichmäßig getrocknet.
- **Zeitungsdruckpapier:** maschinenglattes, reißfestes Papier, das allgemein bis 100 % aus Recyclingstoff besteht
- **Wasserzeichen:** Qualitätszeichen im Papier, das bei der Papierproduktion (echtes Wasserzeichen) oder nachträglich durch Druck erzeugt und als Motiv oder Marke im Papier sichtbar ist

122

Erarbeiten Sie die Aufgaben nach Ihren Möglichkeiten und protokollieren Sie die Diskussionen und Ergebnisse dazu.

123

Erarbeiten Sie die Aufgaben als Teammitglied bzw. Vertreter einer bestimmten Gruppe und protokollieren Sie die Diskussionen und Ergebnisse dazu.

124

Führen Sie diesen Test im Betrieb oder in der Berufsschule aus. Erarbeiten Sie die Aufgaben nach den gegebenen Möglichkeiten, messen Sie die Druckergebnisse aus, protokollieren Sie Ihre Ergebnisse dazu und erstellen Sie eine vergleichende Übersicht.

125

Teilen Sie Ihre Gruppe in verschiedene (vorgegebene) „Interessenvertreter“. Diskutieren Sie sachlich über die unterschiedlichen Standpunkte und Interessen. Protokollieren Sie Ihre Diskussionen und Ergebnisse dazu: Wie kann/muss der Konflikt gelöst werden?

126

a) Thermoplast: Kunststoff, der überwiegend aus fadenförmigen Makromolekülen besteht; grundsätzlich durch Wärme mehrfach zu verformen
Duroplaste: Kunststoff, der überwiegend aus räumlich vernetzten, eng verknüpften Makromolekülen besteht. Nach der Herstellung nicht mehr plastisch zu verformen.
Elastomere: polymere Kunststoffe mit einer gummiähnlichen Elastizität

b) Benutzt für 3-D-Druck elektronischer Komponenten und Schaltungen: Funketiketten (RFID), organische Transistoren, flexible, extrem dünne Batterien, Antennen, Sensoren, flexible Tastaturen und Displays

c) Bogen- und Rollendruck in verschiedenen Druckverfahren mit speziellen Druckfarben (spezifische elektrische Eigenschaften) möglich: Offsetdruck, Flexodruck, Tiefdruck, Inkjet-Druck, Siebdruck

127

a) Lichtquellen: Organic Light Emitting Diodes (OLED) und OLED-Flächenstrahler
Material: sehr dünne biegsame Kunststofffolie
In der Entwicklung: Bildschirme für Smartphones, Tablet-Computer, großflächige Monitore, „elektronisches Papier“

b) Elektronische (Gruß-)Karten, Smartcards, aktive Sensoren (intelligente Chips, Sensor-Karten) u. Ä. benötigen elektrische Energie zum Betrieb. Kostengünstige und flexible Energiequelle, < 1 mm dick, für dünne und flexible Produkte geeignet, in denen sie leicht integriert werden können

c) Grundsätzliche Komponenten: Transponder und Erfassungs- bzw. Lesegerät, die miteinander kommunizieren können. Einsatzbereiche: Produktions- und Logistikbereiche, wo automatisch gekennzeichnet, erkannt, registriert, gelagert, überwacht oder transportiert werden muss.
Produktfälschungsschutz, Schutz vor Plagiaten, Diebstahlsicherung
d) Entwicklung flexibler und völlig neuer Formen (z. B. rollbar) für Smartphones und andere Kommunikationsgeräte

128

ca. 4746 Bogen

129

(B)

130

(A)

131

(D)

132

(B)

133

(B)

134

(B)

135

(E)

136

(D)

137

(A)

138

(A)

139

(A), (B), (D)

140

(C)

141

(C)

142

(D)

143

(C)

144

- Lichtfarben sind Selbstleuchter, sie strahlen selbst Licht ab (additive Farbmischung).
- Materielle Farben sind Nichtselbstleuchter. Um sichtbar zu sein, benötigen sie Licht (eines Selbstleuchters). Die Lichtreflexion ergibt die farbige Erscheinung.

145

a) Eine ideale Farbwiedergabe (Optimalfarbe) erfordert absolute Reflexionen bzw. Absorptionen in bestimmten Wellenbereichen. Subtraktive Grundfarben für den Druckprozess sind reale Farben, d. h. die erforderlichen Reflexionen bzw. Absorptionen sind unzureichend (Fehlreflexionen bzw. Fehlabsorptionen). Dadurch wirken die Farben nicht rein.
b) Skizzieren Sie für Magenta die ideale Wiedergabe mit Reflexionen von 400 nm bis 500 nm und 600 nm bis 700 nm (gerundet) sowie einer Absorption von 500 nm bis 600 nm. In der weiteren Skizze zeigen Sie Fehler einer realen Druckfarbe Magenta.
c) Diese Fehler sind bekannt und müssen in der Druckvorstufe „korrigiert“ werden, damit im Druck eine möglichst optimale Wiedergabe zu erreichen ist.

146

Gelb besteht optimal aus den Wellenbereichen Grün (500 nm bis 600 nm) und Rot (600 nm bis 700 nm). Trifft weißes Licht auf eine gelbe Fläche (den gelben Buntton) auf, so wird Blau (Wellenbereich 400 nm bis 500 nm) absorbiert.

147

a) Mit den Prozessfarben C, M, Y sowie K ist jeweils und damit auch im Zusammendruck nur ein begrenzter Farbenraum (Farbumfang) wiederzugeben. Farben, die außerhalb dieses Farbenraums liegen, erfordern spezielle Sonderfarben.
b) Die Nachstellung einer vom Kunden geforderten Hausfarbe durch CMYK ist vielfach nicht möglich. Mischfarbensysteme wie Pantone und HKS bieten Farbfächer auf gestrichenen und ungestrichenen Bedruckstoffen. Visuell oder durch eine farbmetrische Messung kann die naheliegendste Sonderfarbe ausgewählt und ggf. optimiert werden.

148

a) Pantone, HKS
b) Jeder Bedruckstoff hat eine spezifische Oberfläche (Saugfähigkeit, Glätte, Farbannahmefähigkeit u. a.). Die gleiche Druckfarbe wird daher auf jedem Bedruckstoff mehr oder weniger anders wiedergegeben. Es ist nicht möglich, alle Besonderheiten der Bedruckstoffe darzustellen. Daher gibt es eine „Bündelung" von Bedruckstoffen mit ähnlichen Eigenschaften. Diese zwei wichtigen, großen Gruppen von Bedruckstoffen sind ungestrichene Papiere und gestrichene Papiere.

149

a) Mit einem Spektralfotometer ist der Farbort einer Farbe exakt zu beschreiben. Diese „Daten" können im Rechner mit einer Farbrezeptierungs-Software für die Rezeptierung verarbeitet werden.
b) Exakte Messwerte, rasche Erstellung eines Rezepts und der benötigten Druckfarbe, Kosten für unzureichende Mischergebnisse (Druckfarben, Andruck bzw. Druck in der Produktionsmaschine), Kosten für längere Arbeitszeiten, nachweisbare Qualität (Protokolle)
c) Ermitteln der „Daten" (Farbort, Farbmenge) der Restfarbe; die Farbrezeptierungs-Software rechnet diese Restfarbe mit in das neue Rezept ein.

150

a)
- Konventioneller Offsetdruck:
  Nichtbildstelle gefeuchtet – Druckfarbe
  Bildstelle trocken – Druckfarbe
- Flexodruck:
  Viskosität – Rasterwalze/Farbübertragung
- Rollen-Offsetdruck (Heatset):
  Nass-in-Nass-Druck – Farbannahme
  Hitzebeständigkeit im Trockner – „Trocknung" und Wirkungen im Kühlwerk (Kühlwalzengruppe)
- Bogen-Offsetdruck:
  Lacksorte und Trocknereinstellung

b) Die Druckfarbe wird über Walzen vom Farbkasten auf die Druckform transportiert.
c)
- Flexodruck: Über eine Farbkammerrakel wird eine Rasterwalze eingefärbt. Näpfchen der Rasterwalze übertragen die flüssige Druckfarbe auf die Druckform.
- Rakeltiefdruck: Der Druckformzylinder wird in einem Farbbehälter vollflächig eingefärbt. Eine Rakel entfernt kurz vor der Druckzone die Druckfarbe von der Zylinderoberfläche (Nichtbildstellen).

151

Die Lichtquelle hat einen entscheidenden Einfluss auf die Farbwiedergabe. Bei der Abmusterung farbiger Vorlagen und Druckprodukte ist die Farbtemperatur der Lichtquelle in Kelvin (K) entscheidend für eine optimale, neutrale Beurteilung. Zur Abmusterung von Vorlagen und Drucken schreibt die ISO-Norm 3446 das Normlicht D 50 (5000 Kelvin) bei einer Beleuchtungsstärke von 2000 lx $\pm$ 500 lx verbindlich vor.

152

a) Zusammenhangskraft gleicher Moleküle. Molekularkräfte zwischen Molekülen eines Stoffs, z. B. der Druckfarbe (vgl. Fließeigenschaften, Zügigkeit).
Feste Stoffe = sehr hohe Kohäsionskräfte,
flüssige Stoffe = geringe Kohäsionskräfte,
gasförmige Stoffe = keine Kohäsionskräfte, die Teilchen breiten sich leicht aus (expandieren).
b) Aneinanderhaften. Anhangskraft durch Anziehung zwischen Molekülen verschiedener Stoffe, z. B. Übertragen der Druckfarbe über Walzen auf die Druckform, auf das Gummituch, auf den Bedruckstoff. Einfärben (Benetzen) der Bildstellen auf einer gefeuchteten Druckform im Offsetdruck
c) Molekulare Kräfte an der Oberfläche eines Stoffs. Flüssigkeiten: Molekulare Kräfte an der Oberfläche, die die Oberfläche der Flüssigkeit wie eine elastische Haut zusammenziehen. Die Oberflächenspannung hängt ab von der Kohäsion der Moleküle und ist somit bei verschiedenen Flüssigkeiten unterschiedlich. Flüssigkeiten ändern ihre Form, wenn Kräfte auf sie einwirken: Je stärker die zwischenmolekularen Kräfte im Inneren, desto größer die Oberflächenspannung.
Beispiele für Oberflächenspannungen in mN/m: Wasser: 72; Isopropanol: 21; Ethanol: 23, Glas: 95.
Feststoffe: Die „Oberflächenenergie" von Feststoffen (Bedruckstoffe, Druckform u. a.) kann nur indirekt über Kontaktwinkelmessungen ermittelt werden. In Zusammenhang mit der Oberflächenspannung stehen Grenzflächenspannung und Benetzung.
d) Grenzfläche = Kontaktfläche. An Grenzflächen von zwei nicht mischbaren Stoffen (z. B. fest – flüssig) durch Kohäsion, Adhäsion, Oberflächenspannung u. a. Einflussfaktoren wirkende molekulare Kräfte. Prinzipielle Beispiele: Feuchtmittel – Nichtbildstellen, Feuchtmittel – Bildstellen, Druckfarbe – Papier, Druckfarbe – Kunststofffolie
e) Die Größe der gemeinsamen Berührungsfläche zweier Stoffe bzw. die Kontaktfläche der Phasen. Im Druckprozess: Wechselbeziehungen im Kontakt zwischen einem festen und einem flüssigen Stoff. Kommt Flüssigkeit mit einem Feststoff in direkten

Kontakt, bildet sich an der Berührungsfläche eine bestimmte Form der Flüssigkeit aus. Der Kontaktwinkel, Randwinkel genannt, wird zwischen der Grundlinie (Feststoff) und der Tangente am Berührungspunkt gemessen.
Der Randwinkel gilt als Maß für die Benetzung.
Hinweise zum Druckprozess:
Für eine gute Benetzung muss der Bedruckstoff (Feststoff) eine hohe und die Druckfarbe (Flüssigkeit) eine niedrige Oberflächenspannung haben. Durch eine Vorbehandlung wird die Oberflächenspannung eines Kunststoffs erhöht, um ein Haften der Druckfarbe zu ermöglichen.
Gute Benetzung: Oberflächenspannung Feststoff > Oberflächenspannung Flüssigkeit
Unzureichende, schlechte oder keine Benetzung: Oberflächenspannung Feststoff < Oberflächenspannung Flüssigkeit

153

a) Farbgebender Bestandteile der Druckfarbe
b) Umhüllen pulverförmiges Farbmittel, Trägersubstanz für Pigmente in Druckfarben. Aufgaben: Homogene Benetzung der Pigmente in einer stabilen Dispersion, „Transportmittel“ zum Übertragen der Druckfarbe vom Farbbehälter (z. B. Farbkasten, Farbwanne) im Druckprozess, Verfestigen und Trocknen der Druckfarbe auf dem Bedruckstoff, Erreichen bestimmter, geforderter Eigenschaften und Beständigkeiten des Farbfilms auf dem Druck, z. B. Haftung, Scheuerfestigkeit, Lebensmittelechtheit

154

Je nach Rezeptur ca.

• Bindemittel	70–85 %
• Additive	3–6 %
• Organische Lösemittel	–
• Wasser	–

155

a) Allgemein gleichbedeutende Bezeichnung für verschiedene rheologische Eigenschaften der Druckfarben wie Viskosität, Zügigkeit (Tack), Thixotropie
b) Druckfarbe: Fließverhalten
Einfacher Test: Spachteltest
Eigenschaften: dick, dünn
Grad der Zähflüssigkeit einer Druckfarbe, die auf der inneren Reibung der Moleküle beruht. Die Viskosität ist temperaturabhängig. Sie nimmt z. B. mit steigender Temperatur ab, d. h. die Druckfarbe wird dünnflüssiger, sie hat eine niedrigere Viskosität.
c) Druckfarbe: „Klebkraft“, Grad der Klebrigkeit
Einfacher Test: Fingerprobe
Eigenschaften: kurz = geringe Klebkraft), lang, zügig = hohe Klebkraft
Eine Kraft, die z. B. nötig ist, um einen Farbfilm zwischen zwei Walzen, zwischen Farbwalzen und Bildstellen der Druckform, zwischen Gummituch und Bedruckstoff zu spalten.

156

Je nach Rezeptur ca.

• Pigmente:	5–15 %
• Additive	1–3 %
• Organische Lösemittel	bis 80 %
• Wasser	–

157

Je nach Rezeptur ca.

• Additive	1–5 %
• Organische Lösemittel	0–5 %
• Wasser	45–70 %

158

a) Farbstoffe sind Farbmittel, die in einem Bindemittel oder einem ähnlichen Stoff völlig löslich sind. Pigmente sind dagegen Farbmittel, die unlöslich in Bindemitteln oder Lösemitteln, bunt oder unbunt, pulver- oder plättchenförmig sind.
b) Ruß (Kohlenstoffpigmente)
c) Reine Schwarzpigmente haben eine zu geringe „Farbtiefe“ (Farbkraft, Deckkraft). Durch den Zusatz einer oder zweier Buntfarben (z. B. Cyan) wird eine größere Tiefe erreicht.
d) Bronzen wie Gold- und Silberbronzen; Legierungen aus Kupfer und Zink sowie Aluminiumpulver

159

a) Je gröber Metallpigmente sind, desto stärker decken die Pigmente und desto höher ist der Glanz.
b) Im Offsetdruck kann nur eine ca. 2 µm starke Farbschichtdicke gedruckt werden. Im Tiefdruck kann durch die Vertiefungen der Druckform (Näpfchen) und im Flexodruck durch die Farbübertragung mit einer Farbkammerrakel eine höhere Schichtdicke übertragen werden. Alternativen: Siebdruck, Kaltfolienkaschierung

160

a) Titandioxid, Bariumsulfat, Kreide
b) Titandioxid

161

a) Aufgaben
   - Homogene Benetzung der Pigmente in einer stabilen Dispersion
   - Transport der Druckfarbe von einem Farbbehälter (Farbkasten, Farbwanne) in der Druckmaschine
   - Verfestigen und Trocknen des gedruckten Farbfilms auf dem Bedruckstoff
   - Erreichen der geforderten Echtheit und Beständigkeit des Farbfilms auf dem Druck (Haftung, Scheuerfestigkeit, Lebensmittelechtheit, Flexibilität des Farbfilms u. a.)

b) Hartharze, Weichharze, trocknende Öle, Mineralöle

162

a) Bindemittel umhüllt dabei vollständig feinste Pigmentteilchen in einer homogenen Dispersion. Dispergierprozess: In Rührwerkskugelmühlen werden Pigmente zu einer sehr gleichmäßigen Korngröße feinst gemahlen und vollständig mit dem Bindemittel benetzt. Das Pigment ist in einem Bindemittel nicht löslich.
b) Das Bindemittel ist verantwortlich für das Fixieren und Verankern und damit das Trocknen des Druckfarbenfilms. Das Bindemittel besteht aus verschiedenen Komponenten, die druck- und produktspezifische Eigenschaften erfüllen.
Vgl.: Wegschlagen, oxidative Trocknung, Strahlentrocknung, Scheuerfestigkeit

163

- Dissolver: Schnellrührer, in dem nach Rezeptur ausgewogene Komponenten in großen Mischkübeln vorgemischt und vordispergiert werden
- Rührwerkskugelmühlen: Hohe Behälter mit vertikal angeordnetem Rührwerk. Sehr feine Mahlperlen werden durch das Rührwerk bewegt. Vordispergierte Druckfarbenkomponenten werden von unten in die Rührwerkskugelmühle gepumpt. Durch intensive Reibung der Mahlperlen entstehen hohe Scherkräfte, die das Gemisch sehr fein dispergieren.
- Für das Entlüften der dispergierten Druckfarbe werden Dreiwalzenstühle eingesetzt. In den Maschinen laufen große Zylinder gegeneinander, die mit unterschiedlichen Geschwindigkeiten angetrieben werden. Durch den sehr engen Reibspalt und die starken Reibungskräfte wird die Druckfarbe noch einmal verrieben und homogenisiert. Gleichzeitig werden Lufteinschlüsse beseitigt.

164

a) Grad der Zähflüssigkeit. Vergleiche u. a.: Auslaufen aus einem Gefäß bei Wasser – Honig, Leinöl – Druckfarbe (Offsetdruck, Flexodruck, Tiefdruck). Einfacher Praxistest: Spachteltest. Ablaufgeschwindigkeit der Druckfarbe von der Spachtel.
b) Grad der Klebrigkeit. Vergleiche: Wasser – Honig. Einfacher Praxistest: Fingerprobe. Testen der Klebkraft zwischen verschiedenen Druckfarben. Präzise Messung mit Probedruckgerät

165

Leicht flüchtige Lösemittel würden auf dem Weg vom Farbkasten über Walzen bis auf die Druckform verdunsten und damit das ganze System unbrauchbar machen.

166

- Beschleunigen oder Verlangsamen der Filmbildung oder Trocknung, z. B. das Einleiten der oxidativen Trocknung, walzenfrisch, kastenfrisch
- Verbessern der Scheuer- und Kratzfestigkeit (z. B. durch Wachse)
- Einstellen von rheologischen Eigenschaften (Fließeigenschaften)

167

a) Spachteltest. Auf einer Spachtel wird Druckfarbe aus einer Farbdose genommen. Durch Schräghalten kann die Druckfarbe von der Spachtel ablaufen. Die Viskosität (Zähflüssigkeit) ist an der Ablaufgeschwindigkeit von der Spachtel grob zu beurteilen:
   - Eine Druckfarbe ist „dick“ (auch „klacksig“ genannt), wenn sie nur sehr langsam oder gar nicht von der Spachtel abläuft.
   - Eine Druckfarbe ist „dünn“, wenn sie leicht von der Spachtel abläuft.

b) Auftupfen auf Papier oder Fingerprobe. Klebt die Druckfarbe auf dem Papier oder zwischen den Fingern, hat sie einen starken Zug. Es bilden sich „lange“ Fäden, die Farbe ist „zügig“.

Klebt die Druckfarbe dagegen wenig oder gar nicht, hat die Druckfarbe eine geringe Zügigkeit, sie ist „kurz".

168

Hinweise

- Flexodruck:
  Kammerrakelsystem – Viskosität der Druckfarbe/Farbmenge
  Kunststofffolie – Vorbehandlung/Farbannahme
  Lösemittel – Fließfähigkeit
  Lösemittel (Verdunstungszahl) – Trocknung (Temperatur der Warmluft)
  Haftvermittler – Trocknung
- Tiefdruck:
  Lösemittel (z. B. Ethanol, Ethylacetat) – Trockner/Trocknung physikalisch durch Verdunsten, zuverlässige Entfernung der Lösemittel;
  Verarbeitungsviskosität – Füllen der Näpfchen im Druckformzylinder;
  geruchs- und migrationsarme Farbsysteme (vgl. Prüfung durch Robinson-Test, Gas-Chromatografie) – Lebensmittelverpackungen (Verordnungen, rechtliche Regelungen);
  Weichmacher – Flexibilität des trockenen Farbfilms;
  Haftvermittler – Haftung des Farbfilms;
  Beständigkeit beim Konterdruck auf transparenter Folie beim Laminieren sowie durch Belastungen der fertigen Verpackung, z. B. bei Pasteurisation und Sterilisation – Verbundverpackungen (zwei oder mehrere Folien aufeinander kaschiert)
- Rollen-Offsetdruck:
  physikalische Trocknung – rasches Wegschlagen, Weiterverarbeitungsfähigkeit;
  Bindemittelauswahl, Zügigkeit – Rupfen (schlechte Papierqualität);
  Bindemittelauswahl, Zügigkeit – Aufbauen auf dem Gummituch;
  Farbton, Farbwiedergabe (Prozessfarben, Sonderfarben) – Zeitungsdruckpapier;
  automatische Farbversorgung – Pumpensystem
- Tampondruck:
  spezifische Druckfarbe – Druckprodukt, Metall;
  Druckfarbensystem – Typen: 1-Komponenten-, 2-Komponenten-, UV-Farben;
  Druckfarbe – hohe Brillanz, extrem gute Deckkraft;
  Klischeetyp, Tampon, Druckfarbe – Wiedergabe feinster Details;
  Bedruckstoff – Farbhaftung, Trocknung
  Druckfarbe, Druckprodukt – Widerstandsfähigkeit gegenüber mechanischen und chemischen Belastungen
- Bogen-Offsetdruck:
  Bedruckstoff – Papierqualität, Papieroberfläche, Strich;
  Bedruckstoff – Flächenmasse g/m² (Papiergewicht);
  Druckfarbe – Nass-in-Nass-Druck;
  Druckfarbe – Trocknung;
  Inline-Lackierung – Problem: Bestäubungspuder;
  UV-Glanzlack, Dispersionslack – geringe oder keine Bestäubung;
  abgestimmte Kombination von UV-Druckfarben und UV-Lacken – maximaler Glanz, sehr gute Beständigkeit des Farbfilms
- Tiefdruck:
  Trägermaterial: weißes oder eingefärbtes Dekor-Spezialpapier – Papierglätte, Reißfestigkeit, gute Farbannahme;
  umweltschonende, wasserbasierte Farben – extrem lichtecht;
  Dekordruck auf Papier – laminierbar, hitzestabil, d. h. Widerstandsfähig gegen Harze (Imprägnierung) und Verpressen auf Span- oder Faserplatten;
  Druckfarbe – Melaminharze

169

a) Lackierungen, z. B. Dispersionslack, Metalleffektlack, Duftlack, UV-Lack, Hybrid-Lack
b) Vor jedem Einsatz ist es erforderlich, unbekannte Systeme aus Bedruckstoff – Druckfarbe – Lack für eine störungs- und fehlerfreie Inline-Produktion und den vorgesehenen Einsatzbereich zu prüfen (Test). Allgemein gilt bei
   - Dispersionslack: alkaliecht, ggf. spritecht;
   - UV-härtende Lacke: alkaliecht, lösemittelecht

170

a) Kleinste Tröpfchen werden im Farbwerk beim „Fadenabriss" im Walzenspalt weggeschleudert. Durch Luftverwirbelung können diese Tröpfchen wolkenartige, gesundheitsgefährdende Aerosole im Farbwerk bilden. Außerdem verschmutzen sie die Maschine.
b) Bindemittelaufbau: Viskosität, Zügigkeit.
   Ursachen: niedrige Viskosität der Druckfarbe, hohe Druckgeschwindigkeiten (= Umfangsgeschwindigkeit der Walzen), durch Feuchtmittelaufnahme reduziert sich die Zügigkeit (Tack)

171

a) Bindemittel: Art, Aufbau
b) Entscheidend sind Wechselwirkungen zwischen Bedruckstoff und Druckfarbe im Druckprozess.
   Vorteil: geringere Tonwertzunahme, höhere Farbübertragung
   Probleme: Rupfen (geringe Oberflächenfestigkeit), Rollneigung (bei leichten Bedruckstoffen), Aufbauen auf Walzen und Gummitüchern

172

- Eigenschaft bei höherviskosen (zähflüssigen) Druckfarben, die durch mechanische Einwirkungen (Rühren, Spachteln, Transport über Walzen) dünnflüssiger und im Ruhezustand – auf dem Druckbogen gedruckt – wieder höherviskos zu werden.
- Durch thixotropische Eigenschaften der Druckfarben ist ein Nass-in-Nass-Druck möglich. Beim Auflagendruck in der Druckmaschine wird die Druckfarbe im Farbwerk leichter flüssig, nach dem Druck ist der Farbfilm auf dem Bedruckstoff, unabhängig vom eigentlichen Trockenvorgang, wieder fester. Dieses rasche Verfestigen ist beim Druck in Mehrfarben-Offsetdruckmaschinen eine wesentliche Voraussetzung für einen randscharfen, schmierfreien Druck. Außerdem können Druckbogen ohne bzw. mit geringem Bestäuben in größeren Stapeln ausgelegt werden.

173

a) Giftig, Giftstoffe enthaltend
b) Pflanzenöle, UV-härtende Druckfarben (Monomere, Prepolymere, Fotoinitiatoren)
c) Rohstoffauswahl, die verhindert, dass so wenig wie nur derzeit möglich schädliche Stoffe aus dem Druckfarbenfilm in das Füllgut übergehen.

174

a) Farbgebender Bestandteil. Wichtigste Eigenschaften: Farbton, Farbstärke, Lichtechtheit, Lasur-/Deckvermögen, Beständigkeiten gegen chemische und physikalische Einflüsse
b) Homogene Benetzung der Pigmente, stabile Dispersion, Übertragen der Druckfarbe aus dem Fabbehälter auf die Druckform, Verfestigen und Trocknen des Farbfilms auf dem Bedruckstoff, Erreichen einer bestimmten Beständigkeit des Farbfilms auf dem Bedruckstoff, z. B. Scheuerfestigkeit
c) Hilfsmittel, die bestimmte Eigenschaften der Druckfarbe produkt- und/oder produktionsbezogen beeinflussen, z. B. Kratz- und Scheuerfestigkeit, Trocknung durch Verlangsamen (Verzögerer) und Beschleunigen (Beschleuniger), Optimieren der Fließeigenschaften
d) Lösemittelbasierte Druckfarbe (Tiefdruck, Flexodruck). Lösemittel lösen die Bindemittel (Harze). Einstellung der Fließfähigkeit und Trocknungsgeschwindigkeit

175

a) Verdunstungszahl: Ethanol 8,3 und Ethylacetat 2,9
b) Verdunstungszahl (VZ) = relativer Zahlenwert der Verdunstungsgeschwindigkeit
Als Bezugsgröße wird die Verdunstungsgeschwindigkeit eines Lösemittels (Ethylether) eingesetzt, die den Wert 1 erhält. Alle langsamer verdunstenden Lösemittel erhalten ein Vielfaches von 1.
Prinzip: Je größer die Verdunstungszahl, desto langsamer verdunstet (trocknet) dieses Lösemittel. Lösemittel A verdunstet demnach langsamer als Lösemittel B.
c) Einstellung der Verdunstungs- bzw. Trocknungsgeschwindigkeit. Beim Druck feiner Details und Raster sowie abhängig von der Druckgeschwindigkeit müssen Druckfarben ggf. in ihrer Trocknungsgeschwindigkeit verzögert werden. Dadurch wird eine zu rasche Trocknung im Druckprozess vermieden, feine Details und Raster bleiben „offen“. Wichtigster Verzögerer für den Flexodruck mit der VZ 70 ist Ethoxypropanol.

176

a) Verbessert Benetzung und Plastifizierungseigenschaften sowie die Flexibilität des trockenen Farbfilms. Der Farbfilm bleibt länger „offen“, daher Verringerung des Restlösemittelgehaltes.
b) Optimierung der Druckfarbendispersion
c) Optimierung der Haftung von Druckfarben

177

a) Ethanol, Ethylacetat
b) Das Lösemittel kann die Druckform (Fotopolymer- bzw. Gummiklischees) angreifen.

178

a) Durch eine zu schnelle Trocknung könnte Druckfarbe mehr oder weniger auf feinen Druckelementen antrocknen und nicht mehr einwandfrei gedruckt werden.
b) Verzögerer

179

a) Lösemittelbasierte, speziell rezeptierte Flexodruckfarben (in geringem Umfang zur Zeit auch wasserbasierende Systeme)

b) Pigmente 5–20 %
Bindemittel 10–20 %
Additive 1–3 %
organische Lösemittel 50–80 %

180

a) Beständigkeit gegenüber dem verpackten Füllgut (ggf. auch aggressiven Bestandteilen des Materials)
b) Widerstandsfähigkeit beim Verbinden thermoplastischer Kunststoffschichten. Beispiel: Durch Verschweißen Folien verschließen. Die auftretende Temperaturbelastung muss die Druckfarbe überstehen.
c) Wanderung. Druckfarbe (einschließlich Bestandteile daraus) darf nicht in andere Materialien übergehen.
d) Druckfarbe darf sich bei einem Scheuern nicht ablösen und auf andere Materialien übergehen.
e) Widerstandsfähigkeit der Druckfarbe gegen das Einwirken von Licht, Angabe der Lichtechtheitsstufen von 1 bis 8 (höchste Lichtechtheit) nach der Wollskala (WS)

181

Ein Teil des Lösemittels ist ggf. verdunstet, damit hat sich die Viskosität der Druckfarbe verändert.

182

a) Auslaufbecher: Volumen und Düsen genormt Auslaufbecher randvoll mit Druckfarbe füllen, Auslaufdüse mit einem Finger zuhalten. Mit einer Stoppuhr die Zeitspanne messen, bis der Strom der Flüssigkeit das erste Mal abreißt und die Flüssigkeit ausgelaufen ist. Hinweis: präzisere Messungen mit einem Rotationsviskosimeter
b) Druckfarbe A hat eine geringere Viskosität, Druckfarbe B ist zähflüssiger.
c) Die Messbedingungen sollten immer gleich sein, da die Temperatur die Viskosität beeinflusst (verringert).

183

Verschnitt verändert die Helligkeit des Bunttons (Farbton) optisch und damit farbmetrisch den L-Wert im Lab-System. Es ändert sich aber auch der Farbort auf der a*- und der b*-Achse. (Hinweis: Machen Sie dazu einen Versuch mit einer beliebigen Stammfarbe.)

184

a) Lebensmittelverpackungen. Hinweis dazu: Prüfbedingungen für Papier und Karton: nach den Normen DIN EN 1230-1 Sensorische Analyse – Geruch und DIN EN 1230-2 Sensorische Analyse – Geschmacksübertragung
b) Sensorische Eigenschaften: Geruch, Geschmack. Prüfung von Lebensmitteln in Bezug auf die qualitätsbeeinflussenden Eigenschaften Geschmack, Geruch, Farbe, Aussehen, Formerhaltung und Konsistenz. Tests mit mindestens sechs Prüfpersonen ohne Hilfsmittel, ausschließlich mit den Sinnen.

185

Wesentliche Parameter im Druckprozess, die durch die Viskosität der Druckfarbe beeinflusst werden, sind Fließverhalten, Farbmenge, Farbwiedergabe, Farbstärke, Bildkontrast, Abstimmung auf Bedruckstoff. Ist die Viskosität auf diese Parameter abgestimmt, sollten Veränderungen des Farbtons in der Helligkeit und der Farbintensität durch Zugabe von Verschnitt optimiert werden.

186

- Begründung: Die Druckfarbe muss von der Druckform einwandfrei auf den Bedruckstoff übertragen werden und dort haften. Die Übertragung der Farbmenge ist vom Fließverhalten der Druckfarbe, der Oberflächenbeschaffenheit des Bedruckstoffs sowie von der Oberflächenspannung zwischen Druckfarbe und Bedruckstoffoberfläche abhängig.
  Zu einer einwandfreien Benetzung müssen die Oberflächenspannungen von Druckfarbe und Bedruckstoff aufeinander abgestimmt sein.
- Möglichkeiten: Oberflächenspannung des Bedruckstoffs durch Korona-Vorbehandlung erhöhen

187

a) Durch Änderung der Viskosität sind rheologische Wechselwirkungen zu optimieren, d. h.: Druckbedingungen entsprechend Druckgeschwindigkeit, Druckbild (Strich, Raster, Fläche) und Bedruckstoff anpassen. Änderungen, z. B. Verändern der Druckfarbe im Tonwert und in der Intensität.
Beseitigen von Druckfehlern, z. B. bei unsauberem Ausdruck, mangelhaftem Ausdruck, unzureichender Farbannahme, zu geringem Farbauftrag, zu hohem Farbauftrag
b) Veränderungen im Farbton (Aufhellen) und der Farbintensität

188

a) Gestrichene und ungestrichene saugfähige Bedruckstoffe, z. B. Kraftliner für den Wellpappenvordruck (Preprint) und Wellpappendirektdruck, Tragetaschen
b) Trocknung durch die Verdampfung und Abführung der wässrigen Bestandteile, z. B. Kombination Heißluft- mit Infrarottrocknung
c) 100 °C

189

a) Sehr enge, feinste „Haarröhrchen" in verschiedenen Stoffen, z. B. Papier, Oberfläche von Offsetdruckplatten, Blutgefäße. Sehr starke Adhäsion durch Kapillarwirkung
b) Wegschlagen
c) Physikalische Trocknung. Bindemittel, die flüssigen Bestandteile der Druckfarbe, werden durch Kapillarkräfte von der Oberfläche des Bedruckstoffs aufgesaugt. An der Papieroberfläche verbleibenden Harze und Pigmente verfestigen mehr oder weniger stark.

190

a) Rollen-Offsetdruck, Heatset
b) Nass-in-Nass-Druck
   - Sehr geringes Wegschlagen nach dem Druck
   - Heatset-Trockner, Verweildauer der Papierbahn ca. 1 s; das in der Druckfarbe enthaltene Mineralöl verdampft sehr rasch, Trocknungsprozess nicht abgeschlossen, Druckfarbe ist plastisch fest.
   - Durchhärten des Farbfilms durch schockartiges Abkühlen, dazu wird die Papierbahn über mehrere Kühlwalzen geleitet. Optimierung des Trockenprozesses durch eine Silikonanlage, die ein Wasser-Silikon-Gemisch aufträgt, Wiederbefeuchtung, Optimierung der Druckverarbeitung

191

a)
   - Wegschlagen: saugfähige Bedruckstoffe
   - Verdampfen: saugfähige Bedruckstoffe
   - Verdunsten: saugfähige- und nicht saugfähige Bedruckstoffe

b)
   - Oxidative Trocknung: saugfähige Bedruckstoffe
   - UV-Trocknung: saugfähige- und nicht saugfähige Bedruckstoffe

192

Druckmaschine 4/0, ohne separaten Trockner:
1. Phase:
sehr rasches Wegschlagen (Hinweis: Thixotropie), Druckfarbe wird in Bruchteilen von Sekunden wischfest
2. Phase:
Aufnahme von Luftsauerstoff, Beginn der oxidativen Trocknung, die zu einem chemisch vernetzten, mechanisch stabilen Farbfilm führt; Dauer mehrere Stunden

193

a) Trockenstoffe: Druckhilfsmittel für oxidativ trocknende Druckfarben. Sie wirken als Katalysator und fördern eine höhere Sauerstoffaufnahme und damit die intensivere Durchtrocknung.
   Zu wenig bringt keinen erkennbaren Erfolg.
b) Das Gegenteil: Die Trocknung wird verzögert oder unterbleibt vollständig.

194

a) Je fester und gleichmäßiger die Oberfläche des Bedruckstoffs ist, desto höher kann die Zügigkeit sein. Eine zu hohe Zügigkeit führt z. B. zum Rupfen.
b) Je höher die Zügigkeit, desto exakter die Wiedergabe feinster Druckelemente

195

a) Persönlicher Schutz: Atemschutz, Augen- und Gesichtsschutz, Schutzhandschuhe, Schutzkleidung (Schürze, Kittel etc.), Hautschutz (z. B. beschmutzte, getränkte Kleidung sofort ausziehen). Hautschutzcreme oder -salbe verwenden. Die Haut gründlich mit Wasser und Seife waschen oder anerkannten Hautreiniger benutzen.
   Produktbezogen: Absaugung, Aufbewahrung in geschlossenen, gekennzeichneten Behältnissen
b) Angabe des Orts in Ihrem Betrieb

196

Skizzieren Sie: Druckfrische Farbe ergibt eine höhere Reflexion und damit einen höheren Glanz, trockene Druckfarbe reflektiert geringer und vor allem diffuser.

197

a) Trocknungsverzögerer = Inhibitoren
b) Dieser Zusatz verzögert den Einsatz der oxidativen Trocknung. Es würden Probleme bei der Trocknung entstehen.

198

L Explosionsschutz erforderlich
L schnelle Trocknung
L spezielle Lagervorschriften
W Abwasserreinigung erforderlich
W kein Gefahrgut/Gefahrstoff
W Trocknung sehr energieaufwendig
L Abluftreinigung erforderlich
L hohe Echtheiten
W unproblematische Lagerung
W gute Sensorik
L entflammbar, Gefahrgut
L eingetrocknete Farbreste leicht anzulösen

199

- **oxidativ:** Bindemittel vernetzen zu einem Feststoff, der die Pigmente intensiv bindet. Relativ langer Trockenprozess (mehrere Stunden)
- **IR:** Wärmestrahlen verringern die Viskosität der Druckfarbe, dünnflüssige Bestandteile schlagen rascher weg, Harze verfestigen sich an der Oberfläche, Druckfarbe wird rasch wischfest und klebfrei, durch Wärmezufuhr im Stapel läuft die oxidative Trocknung rascher ab.
- **UV:** Der Druckfarbenfilm trocknet nicht, sondern „härtet". Bestrahlen aktiviert den Fotoinitiator, der die Energie auf das Bindemittel überträgt. Schlagartig polymerisieren Monomere und Prepolymere und bilden einen trocknen, harten Farbfilm.
- **Coldset:** Ausschließlich Wegschlagen der dünnflüssigen Bindemittelanteile (Mineralöle und Harze) in den Bedruckstoff

200

Hinweis: Einige Angaben, z. B. der Glanz, hängen von verschiedenen Wechselwirkungen wie Farbaufbau und Bedruckstoffoberfläche ab.

- **wegschlagend:** Zeitungsdruck und ähnliche Produkte, nur für saugfähige Bedruckstoffe geeignet, trocknet in der Druckmaschine nicht, sehr geringer Glanz, schlechte Scheuerfestigkeit
- **walzenfrisch:** ungestrichene, gestrichene Papiere (nicht matt gestrichen), kein Antrocknen über Nacht im Farbwerk, relativ schnell wegschlagend, sehr langsame oxidative und damit stark verzögerte Trocknung, geringer Glanz, bedingt scheuerfest
- **kastenfrisch:** ungestrichene und gestrichene Papiere, Farbe kann über Nacht im Farbkasten bleiben, leicht verzögerte oxidative Trocknung, mittlerer Glanz, mittlere Scheuerfestigkeit
- **stark oxidativ:** alle gestrichenen Papiere einschließlich matt gestrichen, rein oxidative Trocknung, langsames Durchtrocknen des Farbfilms, Farbkasten und Walzen müssen bei längeren Arbeitspausen gereinigt werden, hoher Glanz, hohe Scheuerfestigkeit

201

a) Aus Pigmenten, speziellem Bindemittel aus Monomeren, Prepolymeren, Fotoinitiatoren sowie Additiven
b) Ca. 250 nm bis 360 nm
c) Fotoinitiatoren absorbieren aufgestrahlte UV-Energie, dadurch zerfallen sie in hochreaktive Teilchen, diese Energie überträgt sich auf die Monomere und Prepolymere und löst eine Kettenreaktion aus, Monomere und Prepolymere polymerisieren, der Farbfilm ist schlagartig trocken (korrekt: gehärtet).

202

Einsatzbereiche: Etiketten, geringer Einsatz auch bei Faltschachteln, flexiblen Verpackungen

203

a) UV-Trocknung
b) Ca. 250 nm bis 360 nm
c) Fotoinitiatoren absorbieren aufgestrahlte UV-Energie, dadurch zerfallen sie in hochreaktive Teilchen, diese Energie überträgt sich auf die Monomere und Prepolymere und löst eine Kettenreaktion aus, Monomere und Prepolymere polymerisieren, der Farbfilm ist schlagartig trocken (korrekt: gehärtet).
d) Für den Druck auf verschiedenste Bedruckstoffe geeignet, keine Lösemittel, nach dem Bestrahlen sofortige Trocknung (Härtung), sofortige Weiterverarbeitung, kein Bestäubungspuder, hohe Echtheiten, hohe chemische und mechanische Beständigkeit

204

- Skizzieren Sie schematisch die Oberflächenstruktur der beiden Papiersorten (Querschnitt)
- Erklären Sie die Art und Struktur der beiden Oberflächen und die Auswirkungen auf die Druckqualität.
- Skizzieren Sie beide Papiersorten in der Draufsicht (Oberfläche), tragen Sie darin exemplarisch die Wiedergabequalität einiger Rasterpunkte (Licht, Mittelton, Tiefe) ein. Erklären Sie daran die Problematik.

205

a) Druckfarben, die stark durch Oxidation trocknen (längere Trocknungszeit), „Kartondruckfarben" mit hoher Scheuerfestigkeit, keine walzen- oder kastenfrische Druckfarbentypen verwenden; evtl. UV-Druckfarben (UV-System)
Empfehlungen: möglichst wenig pudern, Lackierung nach dem Druck

b) Rasch wegschlagend und oxidativ trocknende Farben (stark satiniert, daher verdichtete Oberfläche)

c) Sehr rasch wegschlagend

206

Der Glanz besteht immer aus der Wechselwirkung zwischen Papieroberfläche (Struktur, Rauigkeit) und der Druckfarbe. Naturpapier: Oberflächenstruktur rau, daher geringer Glanz

207

a) Streichfarbe mit grobkörnigen, vielkantigen Pigmenten, die das auftreffende Licht diffus in alle Richtungen streuen und keine optimale Haftung der Druckfarbe ermöglichen

b) Tests vor dem Druck mit unbekannten Material
   - Druckproduktion: einwandfreie, gleichmäßig ruhige Auslage, geringe Stapelhöhe, kein mechanischer Druck durch Verschieben, Reiben
   - Schutzlackierung (matt) mit ausreichend hoher Lackschichtdicke, ggf. UV-Lack (matt)
   - Druckbestäubungspuder: Pigmentart, Stärkebasis ergibt ein besseres Scheuerverhalten (runde, weniger abrasive Formen), geringe Korngröße
   - Druckbestäubung: geringstmögliche Pudermenge
   - Trocknung der Druckfarbe muss vor der Druckverarbeitung abgeschlossen sein (Test)

208

a) Angabe der Widerstandsfähigkeit einer Druckfarbe bei Einwirken von Licht; Maßstab ist die Wollskala (WS) in den Stufen 1 bis 8. Beispiel: WS 1 sehr gering, WS 8 hervorragend, d. h. keine oder nur sehr geringe Veränderung im Farbton in einem bestimmten Zeitraum

b) Eigenschaft einer Druckfarbe, den Untergrund abzudecken bzw. nicht durchscheinen zu lassen. Bei Druckfarben nur eine grobe Einteilung in deckend (relativ, je nach Druckverfahren mehr oder weniger), leicht deckend und lasierend

c) Hinweis auf die Empfindlichkeit gegen alkalische Chemikalien (z. B. Waschmittel), Lacke und Lösemittel

d) Angabe der Art der Trocknung: wegschlagend, oxidativ trocknend; Verhalten in der Druckmaschine: walzenfrisch, kastenfrisch

209

a) Druckfarben müssen optimal lasierend sein, nur so geht auftreffendes Licht durch die Pigmentschichten. Gehen nicht alle Wellenlängen des Lichts durch die Farbschichten, kommt es zu einer Absorption bestimmter Wellenlängen und damit zu einer mangelhaften Reflexion.

b) Alkaliecht, sonst keine besonderen Eigenschaften

210

a) Druckfarbe wird durch in Kontakt stehende Walzen vom Farbkasten auf die Druckform übertragen. Eine eingefärbte Walze überträgt dabei Druckfarbe im Farbspalt (Kontaktzone, Nip) an die jeweils folgende Walze. Es erfolgt ein „Auseinanderreißen" der Druckfarbenschicht. Dieser physikalische Effekt wird Farbspaltung genannt (vgl. dazu Kohäsion, Adhäsion, Grenzflächenspannung).

b) Nebeln; auch Aufbauen

211

a) Glanzkontraste: Matt-/Glanz-Effekte

b) 5-/6-Farben-Bogen-Offsetdruckmaschine + Lackwerk, verlängerte Auslage mit Infrarot- und Thermolufttrockner
Druckwerke 1–4: Farbdruck 4c (K + C + M + Y), Druckwerk 5: Druck mit speziellem Drip-off-Lack; an den später glänzenden Bereichen ist das Druckbild ausgespart.

Lackturm, Lackauftrag mit Kammerrakelsystem: vollflächiger Auftrag von konventionellem Hochglanzlack (Dispersionslack). An Stellen, an denen der Drip-off-Lack gedruckt wurde, perlt der Dispersionslack ab. So entsteht der Matt-/Glanz-Effekt.

212

a) Öldrucklacke entsprechen in ihrem Aufbau dem konventionellen Offsetdruck, jedoch ohne Pigmente.
Bindemittel: Mineralöle, Hartharze und oxidativ trocknende Öle
Nachteile: mittlerer Glanz, mittlere Schutzfunktion, langsame Trocknung, besitzen eine leichte Eigenfärbung, neigen teilweise noch zum Vergilben
b) Auch: Wasserlack.
Aufbau: farbloser Lack, Festkörperanteil ca. 40 %, Rest Wasser; Rezeptur aus Polymerdispersionen, Hydrosolen, Wachsdispersionen, Netzmitteln, Entschäumern u. a.
Einsatzbereiche: alle Bedruckstoffe (Papier, Karton, Kunststofffolie), die durch das enthaltene Wasser nicht in ihrer Planlage negativ beeinflusst werden
Vorteile: keine Eigenfärbung, guter Glanz (glänzend, seidenmatt und matt), intensivere Effekte, schnelle Trocknung, geruchsfrei
c) Aufbau: Monomere, Prepolymere, Fotoinitiatoren, Additive, ggf. zusätzliche Effektpigmente, zu 100 % aus Festkörpern bestehend
Vorteile: keine Lösemittel, sofort nach dem Bestrahlen „trocken“ (ausgehärtet), grundsätzlich für alle Bedruckstoffe geeignet, stärkste Wirkungen von matt bis zu hervorragendem Glanz, sehr gute Schutzfunktionen

213

a) Effekte: von matt bis zum Hochglanz.
Sehr hohe Schutzfunktionen: scheuerfest, abriebfest; geruchsfrei
b) Aufdruck einer „versiegelnden“, schnell trocknenden Dispersions-Primerschicht als Grundierung und Haftvermittler

214

a) Tampondruck: bei Forderung nach extrem hohen mechanischen oder chemischen Beständigkeiten (Lösemittel, Haushaltsreinigungsmittel, Handschweiß, Abriebfestigkeit u. a.)
(Auch: Offsetdruck, Gold- und Silberdruckfarben; Digitaldruck, Zwei-Komponenten-Toner u. a.)
Einsatz: Bedrucken von duroplastischen wie auch thermoplastischen Kunststoffen
b) Zweikomponenten-Druckfarben trocknen sowohl physikalisch wie auch chemisch. Die endgültige Aushärtung erfolgt durch chemische Reaktionen zwischen der Farbe und dem Härter – teilweise erst nach mehreren Tagen.

215

Die folgenden Angaben sind mehr oder weniger umfangreiche Lösungshinweise. Optimieren Sie diese mit eigenen Worten.

- **Farbmittel:** Bezeichnung für alle farbgebenden Bestandteile von Druckfarben
- **Füllgut:** zu verpackendes Material
- **Gaschromatografie:** Methode zur Analyse von Stoffgemischen und die Ermittlung einzelner chemische Bestandteile
- **Golddruckfarbe:** glänzende, wenig scheuer- und wischfeste Druckfarben mit Metallpigmenten
- **GMP, engl. Abk.: Good Manufacturing Practice:** „Gute Herstellungspraxis für die Produktion, die Herstellung von Produkten ...“, im Qualitätsmanagement Richtlinien und Verpflichtungen zur Qualitätssicherung in der Produktion und im Produktionsumfeld
- **HKS-Farbmischsystem:** Mischfarbensystem für Sonderfarben auf ungestrichenen und gestrichenen Papieren
- **Inhibitoren:** Substanzen, die einen Vorgang verzögern, Druckfarben: Trocknungsverzögerer
- **Lasur:** Durchscheinung, durchscheinender Stoff
- **Lichtechtheit:** Widerstandsfähigkeit gegen Lichteinflüsse. Je nach Qualität der Lichtechtheit verändert sich der Farbton.
- **Migration:** Wanderung, z. B. Weichmacherwanderung in Kunststoffen
- **Robinson-Test:** Geruchs- und Geschmackstest durch mindestens 6 prüfende Personen in einem neutralen Raum
- **Sensorik, sensorische Bewertung:** Geruchs- und Geschmacksbewertung von Druckfarben und Lacken
- **Sikkative:** flüssige Trockenstoffe für oxidativ trocknende Druckfarben
- **Trocknungsart bei migrationsarmen Druckfarben:** UV-Trocknung
- **wegschlagend:** physikalische Trocknung, bei der ausschließlich flüssige Bestandteile der Druckfarbe durch Kapillarkräfte (Adhäsion) vom Bedruckstoff „aufgesaugt“ werden

216

Die folgenden Angaben sind mehr oder weniger umfangreiche Lösungshinweise. Optimierung mit eigenen Worten.

- **Alkaliechtheit:** Echtheit (Widerstandsfähigkeit) gegenüber alkalischen Stoffen
- **Bindemittel:** Wichtiger Bestandteil der Druckfarben. Aufgaben: Benetzung der Pigmente und Bilden einer feinen Dispersion, die den Transport im Drucksystem ermöglicht und Pigmente verdruckbar macht, Verankern der Pigmente auf dem Bedruckstoff (Trocknung), Bilden eines Schutzfilms um die Pigmente
- **Beurteilung von Farben:** Wirkung des Lichts Pigmente können je nach Qualität durch das Einwirken von Licht den Farbton verändern, Einteilung der „Qualitätsklassen" nach der Wollskala (WS). Dabei ist die höchste Stufe der Lichtechtheit (Beständigkeit) WS 8, geringste Stufe WS 1.
- **Entsorgung von Druckfarbenresten und Farbdosen:** Druckfarbenreste können ggf. für andere Druckfarbenmischungen gebraucht werden. Farbabfälle sind Sondermüll. Spachtelsaubere Farbdosen sind Metallschrott.
- **Farbstoff:** Farbmittel, das sich in einem Medium (Bindemittel) vollständig auflöst
- **Inkjet-Farben:** Flüssige Farbe („Tinte") für Digitaldruck
- **Konterdruck und Farbreihenfolge:** Druck auf der Rückseite eines transparenten Bedruckstoffs, seitenrichtig von der Vorderseite aus zu sehen. Druckreihenfolge: K + C + M + Y
- **Legierung:** Mischung verschiedener Metalle
- **oxidativ trocknende Druckfarbe:** Chemische Trocknung. Durch Aufnahme von Luftsauerstoff vernetzen Bindemittel der Druckfarbe zu einem mechanisch stabilen Farbfilm. Die Trocknung verläuft langsam.
- **Pantone:** international eingesetztes Farbmischsystem für Sonderfarben
- **Ruß:** bei Druckfarben das wichtigste Pigment für Schwarzdruckfarben
- **Sicherheitsdatenblatt:** Information, die ein Hersteller von Produkten ausstellen muss. Anzugeben sind u. a. Hersteller, Produktbezeichnung, typische Charakterisierung (z. B. chemische Hinweise, Toxikologie), chemische, physikalische und sicherheitstechnische Angaben, Hinweise zum Transport, zur Lagerung und Handhabung, Schutzmaßnahmen, Maßnahmen bei Unfällen und Bränden
- **Skalendruckfarben:** Prozessfarben, Druckfarbensatz für den Vierfarbdruck, C, M, Y und zusätzlich K
- **Stammfarbe:** Grund-/Basisfarbe für das Farbmischen
- **Zwei-Komponenten-Druckfarbe:** Ein Druckfarbensystem aus zwei Komponenten, Pigmentpaste und Bindemittel, die kurz vor Druckbeginn gemischt werden. Einsatzbereiche unterschiedlicher Farbsysteme im Tampondruck, Offsetdruck (Druckfarbe und Lack, Lackwerk mit Kammerrakel), Digitaldruck (Carrier/ Entwickler und Tonerpartikel)

217

(C)

218

(C)

219

(A)

220

(B)

221

(C)

222

(C)

223

(A)

224

(A)

225

(A)

226

(C)

227

(D)

228

(C)

229

(C)

230

(E)

231

(B)

232

(B)

233

(B)

234

(B)

235

(B)

236

(A)

6 DRUCK-VERARBEITUNG

1

- Für das Rüsten von Verarbeitungsmaschinen, für Mängel oder fehlerhafte Exemplare beim Falzen, Heften, Binden, Veredeln u. a. ist ein bestimmter Zuschuss erforderlich.
- Mögliche Probleme beim Falzen, Klebebindung
- Nur mit einem ausreichend breiten Beschnittrand ist ein sicheres, einwandfreies Beschneiden – insbesondere in größeren Stapeln – möglich.
- Beschädigte Kanten führen zu Verarbeitungsfehlern und Makulaturexemplaren.
- Schlechte Laufeigenschaften in Verarbeitungsmaschinen, Mängel in Produkten

2

a) Inhalt besteht aus einzelnen Blättern, z. B. durch eine Spiral- oder Kammbindung geheftet

b) Alle Blätter des Innenteils sind vierseitig (Doppelblätter, z. B. Format DIN A4, Doppelblatt DIN A3). Diese werden in der richtigen Reihenfolge ineinandergesteckt (gesammelt) und durch eine Rückstichheftung mit Draht oder Faden geheftet. Bei Produkten mit einem Umschlag wird dieser als äußerste Lage mitgeheftet.

c) Falzbogen, sogenannte Lagen, werden in richtiger Reihenfolge hintereinandergelegt (zusammengetragen). Geheftet wird überwiegend in Klebebindung, aber auch mit Fadenheftung oder durch Fadensiegeln. Der Broschurenblock wird in den Umschlag „eingehangen" (verschiedene Techniken des Verbindens). Allgemein wird der Umschlag 2- oder 4-fach gerillt, um ein einfaches Aufschlagen zu ermöglichen.

3

- Voraussetzung für ein rationelles, fehlerfreies Schneiden und Falzen
- Exaktes Schneiden und Verarbeiten, standgenaue Produkte, kein „Tanzen" von Satzspiegel, Kolumnenziffern, Handregister u. a.
- Um Verschmutzungen von Transportelementen, Streifen und Markierungen im Produkt sowie Störungen in der Produktion zu vermeiden, ist ein absolut trockener, scheuerfester Farbfilm eine wichtige Voraussetzung.
- Sämtliche Fehlbogen (Plano- oder Falzbogen) müssen aussortiert sein, um eine rationelle Druckverarbeitung zu gewährleisten und Mängelexemplare zu vermeiden.
- Für alle Verarbeitungsprozesse (Rüsten, Produktion) ist ein Zuschuss erforderlich. Der Kunde verlangt einwandfreie Produkte in der bestellten Auflage.

4

a) Ein „Taschenbuch" ist technisch korrekt eine mehrlagige Broschur.

b) Das Produkt hat keine gegliederte, aus mehreren Teilen bestehende Buchdecke. Der Inhalt (Broschurenblock) ist in einen Umschlag eingehangen, der allgemein durchgängig aus einem Material (z. B. Karton) besteht.

5

a) Fertigungsstraße
Sammeldrahtheftmaschine: Einsetzen von Falzbogen und Umschlag in richtiger Reihenfolge von innen nach außen in die einzelnen Stationen – Sammeln von Falzbogen und Umschlag zu einer Lage – Rückendrahtheftung
Trimmer: dreiseitiges Beschneiden sowie Qualitätskontrolle, versandfertig verpacken

b) Seiten 1 bis 8 sowie 189 bis 196

c) Es entsteht eine „Bundverdrängung" (auch Bundzuwachs): Durch das Ineinanderstecken (Sammeln) ragen die innen liegenden Falzbogen wie eine Treppe leicht abgestuft aus den äußeren Bogenteilen heraus. Je höher die Seitenzahl und je dicker das Papier, desto größer ist der Effekt. Durch den Beschnitt auf das Endformat sind die innen liegenden Seiten kürzer als die außen liegenden Seiten. Dadurch verschiebt sich der Satzspiegel (Achtung: angeschnittene Bilder, Flächen, Kolumnenziffern u. Ä.!). Dieses „Problem" des Bundzuwachses bzw. der Bundverdrängung ist zu berechnen und in der Druckvorstufe bei der Montage zu berücksichtigen.

6

- Messerschneiden: Schneiden eines Schneidemessers gegen eine fest stehende Unterlage, die Schneideleiste. Sie ist das Unterschnittwerkzeug des Schneidemessers. Ziehend schwingender Schnitt, präziser Schnitt, für größere Stapelhöhen geeignet
- Scherenschneiden: Schneiden mit einem Ober- und einem Untermesser, d. h. zwei Schneidmesser trennen den Werkstoff. Merkmale: abquetschender Schnitt, Faserverformung, Schneiden einzelner Bogen, Blätter oder dünnerer Produkte wie Zeitschriften (Trimmer)

7

a) Umfang: 400 Seiten
Druck, Druckbogen: 16 Seiten zum Umschlagen in einer Druckform gedruckt (2 Nutzen/Bogen) = 25 Druckbogen à 16 Blatt
Verarbeitung in der Druckverarbeitung:
- Trennschnitt der Druckbogen 2 Nutzen/Druckbogen zu 1 Nutzen/Falzbogen à 16 Seiten
- Falzen der 16-seitigen Bogen
- Zusammentragen aller 16-seitigen Falzbogen zu einem Buchblock (25 Falzbogen à 16 Seiten)

b) Blockklebebindung, Klebebindemaschine: zusammengetragenen Buchblock pressen und rückseitig rau auffräsen, ggf. weitere Rückenbearbeitung (Egalisieren, Kerben, Bürsten u. a.), Pressen, auf den Buchblockrücken an den Blattkanten im Rückenleimwerk Klebstoff auftragen, ggf. Seitenbeleimung

8

a) Schneiden von Papierstapeln (Papierlagen), z. B. Winkelschnitt, Trennschnitt, Beschnitt von verarbeiteten Produkten auf Endformat

b) Automatischer Dreiseitenbeschnitt (Endformat) von Broschuren und Buchblocks

9

a) Beschneiden auf Endformat: Broschuren (mehrlagig, z. B. klebegebunden), Buchblocks

b) Dreimesserautomaten arbeiten mit einem Messerschnitt (ähnlich Planschneidemaschinen).
Das unbeschnittene gebundene Produkt wird in die Schneideposition eingefahren und fest gepresst. Zwei Messer führen danach gleichzeitig in einem Schneidetakt den Kopf- und Fußbeschnitt aus. In einem nachfolgenden Schneidetakt beschneidet ein weiteres Messer die Vorderseite. (Hinweis: Je nach System kann die Reihenfolge wechseln.)

10

- Prinzip: Messerschnitt
- Vorbereitung: Maße jeweils einstellen oder mit programmgesteuerten Schneidfolgen Schneidgut kantengenau auf dem Schneidtisch am richtigen Winkel anlegen
- Schneidvorgang: Schräges Aufsetzen des Schneidemessers an einer Ecke des Schneideguts, ziehend schwingender Schnitt entlang der Schnittlinie, mikrofeine Unebenheiten im Schneidemesser bewirken ein sägeartiges Schneiden mit relativ geringer Kraft, stufenlose Winkeländerung des Schneidmessers zum Schneidgut und paralleles Aufsetzen des Schneidmessers auf die Schneidleiste.

11

Das Schneidmesser ist stumpf, die Schneidleiste ist beschädigt

12

Systemintegration in Fließfertigungsstraßen
- Schneidprinzip: Scherenschnitt mit Ober- und Untermesser, Schneiden in zwei Stationen
- Eignung: einfache, einlagige Broschuren in Großauflagen
- Vorgang: automatische Zuführung des Schneidguts (z. B. eine Illustrierte)
  1. Station: Pressen, Vorderkantenbeschnitt (außen), automatischer Transport
  2. Station: Pressen, Kopf- und Fußbeschnitt gleichzeitig, automatische Auslage

13

- Verwenden eines Stapellifts, damit ist einfach die richtige Arbeitshöhe zu erreichen.
- Schneidtisch mit Luftdüsen, diese erzeugen ein Luftpolster zwischen dem Schneidtisch und dem Schneidgut, auf dem das Schneidgut leicht zu bewegen ist. Technik: Der mechanische Druck des Schneidguts drückt die Verschlusskugeln herunter, dadurch strömt Druckluft unter das Schneidgut.

14

Die folgenden Angaben sind mehr oder weniger umfangreiche Lösungshinweise. Optimieren Sie diese mit eigenen Worten.
- **Formatangaben:**
  Hochformat: 21,0 cm × 29,7 cm
  Querformat: 29,7 cm × 21,0 cm
  Es wird immer zuerst die „Basislänge“ (= Leserichtung) angegeben.
- **Winkelschnitt:** Bogen erhalten einen rechtwinkligen Glattschnitt an einem Bogenwinkel, um ein exaktes Anlegen in der Druckmaschine und späteren Druckverarbeitung zu gewährleisten.
- **Trennschnitt:** Bogen ohne Zwischenschnitt in mehrere Nutzen teilen

- **Zwischenschnitt:** Bogen werden in Teile getrennt, zusätzlich wird ein Materialstreifen herausgeschnitten
- **Beschnitt:** Schneiden von Bogen oder Produkten auf das gewünschte Endformat
- **Randabfallender Beschnitt:** Beschneiden von Produkten mit Druckflächen oder Bildern, deren äußerste Kante(n) im Endprodukt bis an den Papierrand reichen soll(en). Um Blitzer an diesem Rand zu vermeiden, ist an diesem Seitenrand ein Beschnitt von ca. 3 mm erforderlich, d. h. Bilder oder Flächen werden angeschnitten.
- **Nutzen:** Anzahl gleicher (Produkt-)Teile

15

Tragen Sie die Angaben in die Skizze ein.

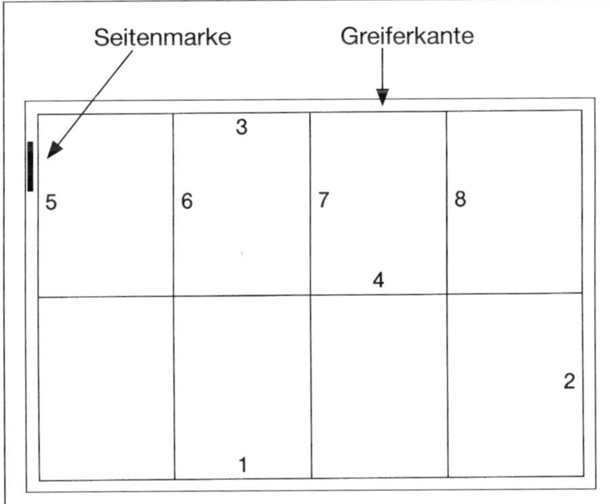

Druck- und Verarbeitungsanlage links oben. Die Ziffern in der Skizze des Bogens geben die Schnittfolge an.

16

Hinweis: Flachbettstanzmaschine

a) Stanzmaschinen für die Herstellung von Faltschachteln sind Maschinensysteme für verschiedene erforderliche Arbeiten wie Stanzen, Rillen, Prägen, Ausbrechen von (Karton-)Abfall. Stanzen ist ein Trennverfahren nach dem direkten Stanzprinzip Fläche gegen Fläche. Getrennt wird mit geraden, gebogenen oder anderen beliebig geformten Stanzlinien. Stanzlinien sind auf beiden Seiten von Gummipolstern umgeben, um ein Abheben des gestanzten Druckbogens von der Stanzform zu ermöglichen. Gestanzt wird hubweise Bogen für Bogen. Damit die gestanzten Produkte transportiert werden können, sind die Stanzlinien sehr fein unterbrochen. Dadurch bleiben kleinere Kerben („Brücken“) zwischen den Nutzen stehen.

b) Trennen von Nutzen, Faltschachtelklebemaschine

17

a) Mangelhafte Planlage: Schlechte Laufeigenschaften, höhere Makulaturquote. Falsche Laufrichtung: Die Laufrichtung im Papier sollte möglichst parallel mit dem letzten Falz laufen. Mögliche Probleme sind Quetschfalten. Mattgestrichenes Papier: Gefahr von Streifen oder Verschmutzungen durch nicht scheuerfeste Druckfarbe
Flächenmasse zu hoch: Nur durch Zusatzeinrichtungen wie rillen und perforieren exakt zu falzen

b) Einsatz spezieller Vorrichtungen für das Rillen und/oder Perforieren

18

a) Auf einem Druckbogen sind die Seiten so anzuordnen, dass sie nach einem Falzen in der Falzmaschine in der richtigen Reihenfolge stehen. Die Falzmaschine falzt immer in einer bestimmten Reihenfolge. (Falzen Sie zur Anschauung einen Bogen, nummerieren Sie fortlaufen die Seiten (im Fuß), öffnen Sie danach den gefalzten und nummerierten Bogen und erklären Sie daran.)

b) Erstellen Sie eine Skizze.
Der Druck mit „einer Druckform zum Umschlagen“ bedeutet: Die benötigten 8 Seiten stehen auf einer Druckform. Alle Seiten werden auf eine Seite des Bogens (Schöndruck) und danach ebenso auf die Rückseite des Bogens (Widerdruck) gedruckt. Nach dem beidseitigen Druck wird der Druckbogen durch einen Trennschnitt in der Bogenmitte in zwei identische Nutzen getrennt, die anschließend gefalzt werden.

5	4	3	6
8	1	2	7

c) Hochformat: „Leserichtung“ (übliche Betrachtung) läuft parallel zur kurzen Seite, hier 21 cm.
Druckbogengröße: DIN A1 zuzüglich Beschnitt
Beschnitt: Vor dem Falz ein Trennschnitt (vgl. b), nach dem Falz ist im Kopf und Fuß sowie an der Außenkante (Vorderschnitt) zu beschneiden.

19

a) 16 Seiten
b) 6 Seiten
c) 6 Seiten
d) 12 Seiten
e) 8 Seiten

20

a) Skizze: Zwei Blatt (Seitenflügel) sind zur Mitte eines gleich großen Bogenteils eingeklappt (2 Parallelfalzungen, asymmetrisch), die Mitte wird danach ebenfalls gefalzt (3. Bruch).
b) 8 Seiten
c) Die beiden eingeklappten Seitenflügel müssen seitlich ein wenig (1–2 mm) kürzer sein, um ein Stauchen in der Mitte zu vermeiden.

21

a) Falzschema
b) 3-Mittenkreuzfalz
c) Ausschießmuster; Prüfung der Lösung in der Berufsschule oder im Betrieb

22

a) Skizzen vgl. Angaben zu 22b)
b) Symmetrisch: 8 Seiten / 2 Parallelmittenfalz
Asymmetrisch: 6 Seiten / 2 Zickzackfalz
6 Seiten / 2 Wickelfalz
6 Seiten / 2 Fensterfalz

23

a) Falzschema:

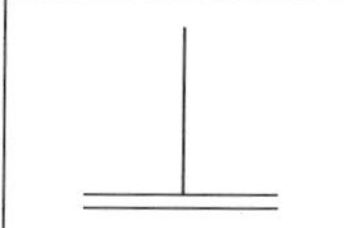

b)

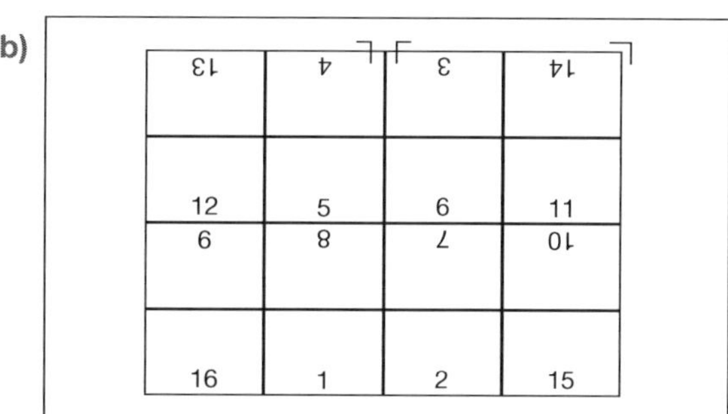

24

a) Lösung siehe nachfolgende Skizze.
b) Hinweis: Bogengröße unter Berücksichtigung von je 3 mm Beschnitt: 1 212 mm × 852 mm

24a)

12	13	14	11
53	52	51	54
56	49	50	55
9	16	15	10

25

a)

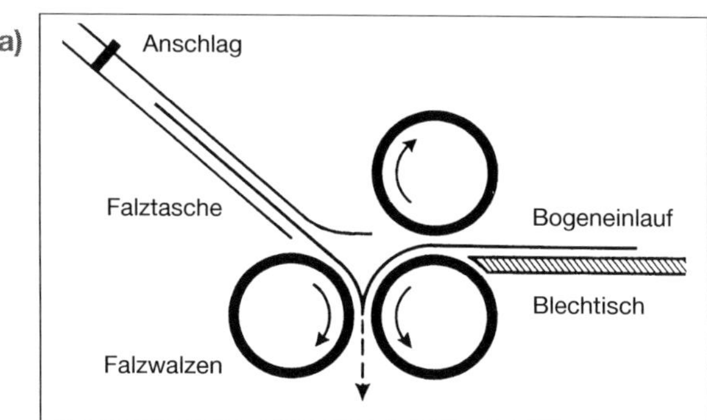

b)

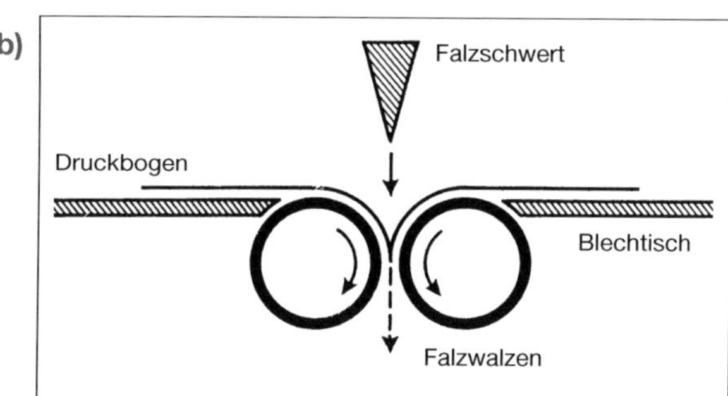

26

Falz-Voraussetzungen und Begründung:

- Korrekte Bogenanlage, angegeben durch eine Markierung: standgerechtes Falzen ...
- Kantengenaue Stapel: keine Beschädigungen an Ecken, gute Laufeigenschaften ...
- Planlage des Stapels: gute Laufeigenschaften, hohe Produktionsleistung ...
- Trockene Druckfarbe: einwandfreies, schmierfreies Falzen, vermeiden von Makulatur ...

27

a) Jeder ankommende Bogen löst einen Impuls zur Messerbewegung aus. Dadurch spielten die Geschwindigkeit und Regelmäßigkeit der Bogen keine Rolle mehr. Die Falzleistungen konnten so wesentlich gesteigert werden.

b) Optimierung des Falzvorgangs; Vermeiden von Materialspannungen, Quetschfalten

28

a) Nach dem Falzapparatüberbau in Rollendruckmaschinen der erste Längsfalz über einen Falztrichter: Papierbahn – angetriebene Trichterwalze – Falztrichter (seitlich zwei kegelförmige Trichterstangen) mit Trichterspitze (Trichternase) und einem bestimmten Neigungswinkel – Falzwalzen pressen den Falz in die exakte Form – Zugwalzen sorgen für die erforderliche Bahnspannung. (Weitere Möglichkeiten: Perforation, Trichter luftumspült)
b) Rollen-Druckmaschinen mit Längs- und/oder Querleimung: Verbinden von Blättern durch Klebstoff anstelle vom Klammern, z. B. für Werbeprospekte mit 8, 12 oder 16 Seiten (Verbinden von Bogenteilen), Einfügen von Werbebeilagen

29

Hinweis: Maßgebend für das Ausschießen ist das Falzschema bzw. die Falzfolge in der Falzmaschine.

- Druckanlage und Falzanlage müssen identisch sein.
- Die erste und die letzte Seite eines Druckbogens stehen im Bund nebeneinander.
- Der letzte Falz ist immer der Bundfalz.
- Seiten, die im Bund nebeneinander stehen, ergeben in der Addition der Seitenzahlen (Kolumnenziffern) immer die gleiche Summe wie die Addition der ersten und letzten Seitenzahl des Druckbogens.
- Die Falzanlage ist immer bei den Seiten 3 und 4. Ausnahmen: Die Falzanlage ist an den Seiten 5 und 6 bei Hochformat mit 16 Seiten und bei Querformat mit 32 Seiten.
- Im Kopf der ersten Seite eines Druckbogens steht immer die „bogenhalbierende“ Seite. Beispiel: 16 Seiten = Seite 8

30

a)

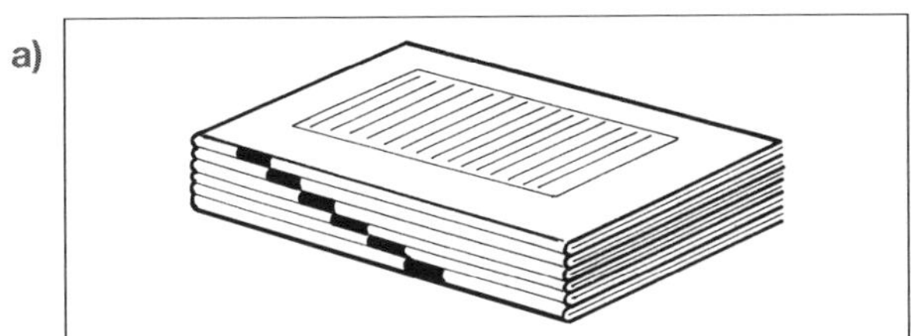

b) Kennzeichnung der Druckbogen eines Werks (Buch, mehrlagige Broschur) in einer fortlaufenden Nummerierung

31

a) Automatisch arbeitende Sammelheftmaschine, z. B.: Beschicken, Einlegen der 12 Falzbogen jeweils in das entsprechende Magazin – Sauger oder Greifer übernehmen aus dem ersten Magazin mit dem innersten Falzbogenteil den untersten Bogen und kippen ihn nach unten. Greifer übernehmen den gefalzten Bogen aus dem Magazin, der Falzbogen wird in der Bogenmitte (Hinweis: Überfalz) geöffnet und auf die Sammelförderkette gelegt. Die weiteren Falzbogen werden aus den folgenden Magazinen entnommen und darauf gesammelt. Rückstichheftung mit Draht, integriertes Heftaggregat heftet das gesammelte Produkt durch den Rücken mit zwei oder vier (Rund-) Drahtklammern. Dreiseitig im Trimmer beschneiden, auslegen (Kreuzleger) und verpacken.
b) 96 Blatt, 60 g/m^2, einfaches Volumen,
Papierdicke 0,06 mm · 96 Blatt = 5,76 mm
c) Innere Bogenteile „wachsen“ aus den äußeren Lagen heraus, d. h. sie stehen je nach Umfang und Bedruckstoff vor.
d) 1 Bogen DIN A0 = 16 Blatt DIN A4
96 Blatt (192 Seiten) : 16 Blatt/Expl. =
6 Bg. DIN A0/Expl. · 60 g/m^2 = 360 g/Expl.

32

a) Mehrseitiges geheftetes Druckprodukt mit oder ohne Umschlag, das durch den Rücken geheftet ist
b) Zusammentragen: Alle Falzbogen eines Produkts werden aufeinandergelegt und danach gebunden
Sammeln: Alle Falzbogen eines Produkts werden ineinandergesteckt und danach mit einer Rückenheftung (Draht, Faden) gebunden.
Ausschießen beim Zusammentragen: Jeder Falzbogen wird für sich in fortlaufender Reihenfolge der Seiten ausgeschossen.
Ausschießen beim Sammeln: Die ersten Seiten (z. B. 1 bis 8) und die letzten Seiten (z. B. 185 bis 192) bilden einen Falzbogen, danach folgen nach innen jeweils die weiteren Falzbogenteile (die zweite und die vorletzte Seitengruppe usw.).
c) Überfalz, Greiffalz: Der hintere oder der vordere Teil eines Falzbogens steht um einige Millimeter über, um ein fehlerfreies, sicheres Öffnen der Falzbogen in der Bogenmitte zum Auflegen auf die Sammelförderkette (Transportsystem) zu ermöglichen.

33

a) Exemplarisches Beispiel
Zusammentragen: maschinelles Übereinanderlegen der Falzbogen in einer Zusammentragmaschine

Kollationieren: Überprüfen der richtigen Reihenfolge an der Flattermarke
Fadenheften: Heften (Verbinden) der Lagen zu einem Buchblock in der Fadenheftmaschine
Rückenbearbeitung: Rücken beleimen, hinterkleben
Beschneiden: dreiseitiges Beschneiden in einem Dreimesserautomaten
Rückenbearbeitung: Rücken runden und abpressen, leimen, begazen, kapitalen, hinterkleben

b) Kopf, Fuß, außen (Front)

34

a) Einzelne Falzbogen eines Produkts werden zusammengetragen (= übereinander gelegt).
b) Fadenheftung: Der zusammengetragene Block einzelner Falzbogen (Lagen) wird im Rücken zusammengeheftet
Klebebindung: Der zusammengetragene Block einzelner Falzbogen (Lagen) wird im Rücken gepresst und aufgefräst, der darauf aufgetragene Klebstoff verbindet die „Einzelblätter“ (Blätterkante, Stirn) miteinander.
c) Fräsrand im Bund (vgl. Beschnitt im Bund)
d) Skizze: auf jede Seite und damit auf dem gesamten Bogen Beschnitt im Bund, am Kopf, Fuß und der Front (außen)

35

a) Im Bund, am Kopf, Fuß und der Front (außen)
b) Grundsätzlich 3 mm
c) Laufrichtung parallel zum Bund. Bundfalz ist der letzte Falz; liegt die Laufrichtung dazu parallel, ist allgemein ein „leichteres“ Falzen (z. B. ohne Quetschfalten) möglich. Leser: Die Seiten lassen sich leichter umlegen und bleiben in dieser Lage ohne sich aufzustellen.

36

Spiralbindung, Drahtkammbindung

37

a) Hinweise
- Jeder Bedruckstoff hat spezifische Eigenschaften (Art und Qualität der Faserstoffe, Oberflächeneigenschaften wie Satinage, Strich).
- (Block-)Klammern pressen den zu bearbeitenden Block zusammen.
- Klebebindung erfolgt nur an der Stirnseite (Blattkante) einzelner Blätter.
- Ein staubfreies Fräsen ergibt eine raue und vergrößerte Oberfläche, die für das Kleben oft nicht ausreichend ist; daher entsprechend dem Bedruckstoff zusätzliche Bearbeitung durch spezielle Fräsen (z. B. Egalisierfräse, dabei besseres Freilegen der Fasern), Einkerbungen

b) 3 mm je Seite

38

a) Schnelle, industrielle, rationelle und kostengünstige Bindetechnik. Für die Bindequalität zu beachten sind der gewählte Bedruckstoff, der verwendete Klebstoff und die Bindetechnik (flexible Buchdecke und Buchblock), gutes Aufschlagverhalten; günstige Herstellungskosten.
b) Sehr hohe Bindequalität, Haltbarkeit hervorragend, für ständigen Gebrauch besonders geeignet; sehr gutes Aufschlagverhalten; im Vergleich zur Klebebindung deutlich teurer.
c) Klebebindung des Broschurenblocks, Herstellung der Buchdecke entfällt (Kosten), ein Umschlag besteht aus einem durchgängigen, bedruckten, ggf. veredelten und gerillten Karton, mittleres bis gutes Aufschlagverhalten; kostengünstigste Produktion.

39

a) Jede Störung in einem Arbeitsbereich wirkt sich auf den anderen Arbeitsbereich aus.
b) Jeder Arbeitsbereich kann unabhängig von der Leistung des anderen produzieren, d. h. Trennung von Druckerei und Versandraum durch Offline-Produktionsprozess mit dynamischem Puffersystem.
Einstecken von Vordrucken, Beilagen: Störungen beeinflussen die Druckproduktion nicht.
Regionalzeitungen: Bei einem Wechsel der Druckplatten zu einer anderen Ausgabe kann der Versandraum weiterarbeiten.

40

a) Der letzte Falz ist der Bundfalz. Nicht parallel zum Bund und damit zur Klebekante liegende Fasern erschweren das Falzen (Papier 80 g/m^2) und vor allem das Klebebinden mit Hotmelt-Klebstoff (es ist ein „Wellblecheffekt“ möglich; Ausnahme: PUR). Das Aufschlagverhalten ist weniger gut. Ebenso kann die Feuchte des Papiers im Vergleich zum Umschlag zu Mängeln führen. Der Umschlag (Karton) sollte unbedingt eine Laufrichtung parallel zum Rücken haben. Beim Rillen und Umlegen des Umschlags wird der Karton sonst leicht beschädigt, es gibt Risse oder er bricht.

b) Beseitigen elektrostatischer Aufladungen, die die Verdruckbarkeit (Laufeigenschaften) stören
c) Jedes Buch wird komplett mit allen Seiten gedruckt und fertig zusammengetragen.

41

- **Blindprägung:** Informationen (Logos, Texte u. Ä.) werden mit einem Prägestempel vertieft oder erhaben in ein Material geprägt, ohne dass Farbe übertragen wird.
- **Buchdecke (Bestandteile, „Aufbau" mit Skizze):** Ein aus mehreren Materialien bestehender Einband für Bücher; prinzipiell bestehend aus zwei Buchdeckeln, einer Rückeneinlage (Schrenz) und einem Bezugstoff
- **Drahtrückstichbroschur:** Bindetechnik einer einlagigen Broschur, bei der das Produkt mit Drahtklammern durch den Rücken geheftet wird
- **Hotmelt:** thermoplastischer Schmelzklebstoff, lösemittelfrei, fast 100 % Feststoff, sehr rasches Abbinden nach dem Erstarren der flüssigen Schmelze, starke Klammerwirkung, für gestrichene Papiere bedingt geeignet
- **Lochperforation:** Grundverfahren: Trennen. Stanzen von periodisch aufeinanderfolgenden kleinen Löchern in den Bedruckstoff. Die Lochperforation ermöglicht ein besonders leichtes Abtrennen eines Bogenteils.
- **PUR:** Polyurethan-Klebstoff, lösemittelfreier Klebstoff, wird verarbeitet bei ca. 120 °C. Sekundenschnelles Abbinden durch Erstarren der Klebstoffschmelze und das Vernetzen von bereits vorvernetzten Bestandteilen. Vorteile: Für alle Papiersorten gut geeignet, beständig gegen Druckfarben, hohe Alterungsbeständigkeit, kein Quellen der Papierfasern, sehr gute Klammerwirkung, kein Brechen der Klebung, hohe mechanische Festigkeit. Verarbeitungstemperatur und Sicherheitshinweise beachten!
- **Rillen:** Verdrängen des Materials: Eindrücken einer linienförmigen Vertiefung in einen Bedruckstoff (Papier, Karton, Pappe). Das Material wird nur verdrängt und dabei stark verdichtet (gepresst). Das Rillen verhindert ein Platzen oder Brechen des Materials beim Umlegen oder Aufschlagen.
- **Schweizer Broschur:** Der Broschurenblock, fadengeheftet oder klebegebunden, wird gefälzelt und nur auf der dritten Seite des Umschlags angeklebt (eingehangen). Dadurch ist der vordere Umschlagteil einschließlich des Bunds weit und plan liegend zu öffnen.
- **Stauchen:** Umformen des Materials durch Verdrängen und Pressen: Bei sehr starkem Verpackungsmaterial (Karton, Pappe) wird das Material mit Stauchwerkzeugen so stark verformt, dass sich einzelne Faserlagen lösen. Es entsteht ein Wulst. Die einzelnen Faserlagen sind darin ohne Schwächung „aufgelockert".
- **Überzugpapier (Buchdecke):** geeignetes Material für das „Überziehen" (Bekleben) der Deckelpappen, z. B. bedrucktes Papier, Gewebe, Leder
- **Vorsatz: Spiegel:** In der Buchfertigung die Verbindung zwischen Buchdecke und Buchblock durch ein spezielles vierseitiges Vorsatzpapier. Reißfestes, zähes Papier im doppelten Format (4 Seiten). Die auf den Buchdeckel angeklebte Hälfte des (Doppel-)Blatts nennt man Spiegel, die andere freie Hälfte „fliegendes Blatt".

42

- **Adhäsion (Klebstoff):** molekulare Kraft (Anhangskraft), mit der sich Materialien und Klebstoff verbinden und aneinanderhaften
- **Blindband:** Muster eines herzustellenden Produkts (z. B. Buch, repräsentativer Geschäftsbericht), das in Umfang, Format, Papier, Verarbeitung, Einband und sonstiger Ausstattung dem Endprodukt entspricht
- **Bogensignatur:** Kennzeichnung eines jeden Druckbogens im Werkdruck mit der fortlaufenden Nummer auf der ersten Seite im Bund (Rücken) oder im Beschnitt im Fuß
- **Dispersionsklebstoff:** Wichtigste Klebstoffgruppe. Feinst verteilte hochpolymere Kunststoffteilchen in flüssigem Dispergiermittel, meist Wasser, sowie Hilfsstoffen. Durch Trocknen wird Wasser entzogen, die Kunststoffteilchen verbinden sich zu einem festen Klebstoff-Film.
- **Hinterklebematerial:** Materialstreifen aus Papier, Krepp-Papier oder leichtem Gewebe, das für das Verstärken oder Versteifen des Buchblockrückens verwendet wird
- **Kapitalband (auch: Kaptalband):** Gewebtes schmales Stoffbändchen mit einem meist farbigem Wulst, das zur Verzierung der unteren und oberen Seite des Buchblock im Bund genutzt wird. Das Kapitalband verdeckt den freien Raum zwischen Buchblock und Buchdecke und verstärkt die Lagenkanten im Bund.
- **Nuten:** Verfahren, bei dem ein dreieckiger oder rechteckiger feiner Span aus dem Material (sehr starker Karton, Pappe) herausgeschnitten wird. Das Material kann an dieser Stelle leicht umgelegt werden, es ergibt aber eine Schwächung des Materials. Eingesetzt u. a. zur Herstellung von Faltschachteln, Displays
- **Pagina:** Seitenzahl, Kolumnenziffer in einem Druckprodukt
- **Prägefoliendruck:** Hochdruckverfahren, bei der eine bestimmte Form, ein Text o. Ä. mit einem Prägestempel unter Druck bei starker Wärmeeinwirkung von einer dünnen Farbfolie im Transfer auf ein anderes Material (Papier, Karton, Buchdecke u. a.) mit 135–600 g/m² übertragen (hoch oder tief geprägt) wird
- **Ritzen:** Zweck: Leichteres Umlegen von Material, z. B. bei der Faltschachtelproduktion. Starke Kartons oder Pappen werden in der Materialoberfläche ein-

geschnitten. Im Gegensatz zum Rillen wird das Material durch das Einschneiden geschwächt. Eingesetzt u. a. zur Herstellung von Faltschachteln, Displays

- **Schlitzperforation:** Grundverfahren: Trennen. Stanzen von aufeinanderfolgenden kleinen Schlitzen in den Bedruckstoff. Die Schlitzperforation ermöglicht ein leichtes Abtrennen eines Bogenteils.
- **Stanzen:** Vollständiges Durchtrennen von Material in beliebigen Formen. Gestanzt werden vorgegebene Konturen mithilfe einer Stanzform. Beispiele u. a.: Loch- und Schlitzperforationen, Puzzleteile, gerundete oder schräge Ecken, Faltschachteln, „Fenster“ in Displays und bei Briefumschlägen, Griffregister
- **Vorsatz: fliegendes Blatt:** In der Buchfertigung die Verbindung zwischen Buchdecke und Buchblock durch ein spezielles vierseitiges Vorsatzpapier. Reißfestes, zähes Papier im doppelten Format (4 Seiten). Die auf den Buchdeckel angeklebte Hälfte des (Doppel-)Blatts nennt man „Spiegel“, die andere freie Hälfte „fliegendes Blatt“.

43

a) Innen: 96 Seiten = 48 Blatt, 120 g/m^2
Umschlag: $2 \cdot 250$ g/m^2 Dicke (ca.)
48 Blatt $\cdot$ 0,12 mm + $2 \cdot$ 0,25 mm = 6,26 mm (ca.)

b) Der dünne, gefälzelte Broschurenblock wird nur auf der dritten Umschlagseite angeklebt. Der nur zweimal gerillte Umschlag ist dadurch plan liegend frei umzulegen.

c) Broschurenblock
$2^{4-0} = 2^4 = 16$ Blatt aus 1 Bg. DIN A0
Benötigt: 48 Blatt : 16 Blatt = 3 Bogen DIN A0/Expl.
$3 \cdot 120$ g = 360 g
Umschlag; offen DIN A3
$2^{3-0} = 2^3 = 8$ Blatt (Umschläge) aus 1 Bg. DIN A0
250 g/m^2 : 8 Umschläge/DIN A0 = 31,25 g
Sonstiges Material = 5 g

• Broschurenblock	360,00 g
• Umschlag	31,25 g
• Sonstiges Material	5,00 g
Gesamt ca.	396,25 g ≈ ca. 400 g

44

a) **Möglicher Arbeitsablauf Buchblock**
- Zusammentragen der Falzbogen zu einem Buchblock
- Kollationieren: Überprüfen der richtigen Reihenfolge der zusammengetragenen Falzbogen
- Fadenheften: Vereinigen der Lagen (Falzbogen) zu einem gehefteten Buchblock
- Rückenbeleimen, Hinterkleben: Festigen und Stabilisieren des gesamten Rückens
- Beschneiden: dreiseitiges Beschneiden von Kopf, Fuß und Front (Außenbeschnitt)
- Rückenrunden (evtl.) und Abpressen
- Leimen, Begazen, Kapitalen und Hinterkleben: Verstärken der Haltbarkeit, Abdecken einzelner Heftlagen, Verbessern der Formbeständigkeit
- Vorsätze an den Buchblock kleben

Möglicher Arbeitsablauf Buchdecke
- Schneiden: Zuschneiden der Werkstoffe für Buchdeckel (Pappe), Überzugmaterial mit Kreisscheren bzw. Planschneidern, Rückeneinlage (Schrenz) von Rollen in geforderter Breite
- Deckenmachen: Überziehen von Deckelpappen und Rückeneinlage mit dem Bezugstoff, Pressen der Buchdecke
- Prägen der Buchdecke (nach Auftrag)
- Runden der Buchdecke

Möglicher Arbeitsablauf Fertigmachen (Einhängen)
- Einhängen des Buchblocks in die Buchdecke: „Anpappen“ der Vorsatzblätter des Buchblocks an die Buchdecke in einer Einhängemaschine
- Formpressen und Falzeinbrennen (Rückenfalz)
- Schutzumschlag automatisch umlegen
- Qualitätsprüfung

b) Für Ihre Präsentation beschaffen Sie sich möglichst Muster zum gesamten Fertigungsprozess. Evtl. Bilder zur Anschauung!

45
(A)

46
(D)

47
(B)

48
(C)

49
(B)

50
(C)

51
(C)

52
(C)

53
(B)

54
(D)

55
(D)

56
(D)

7 DRUCKMASCHINEN: SYSTEME, WARTUNG

1

a) Arbeit = Kraft · Weg
Leistung = Arbeit : Zeit
Leistung = Kraft · Weg : Zeit
Druck = Kraft : Fläche
Geschwindigkeit = Weg : Zeit
1 Watt = 1 Volt · 1 Ampere

b) Zusammenwirken von Mechanik, Elektronik und Informatik in modernen Systemen

c) Vgl. Druckmaschine:
- Mechanischer Aufbau, klassischer Maschinenbau mit Grundgestell, Druckwerk mit Farbwerk, Feuchtwerk, Zylindern, Zahnrädern, Anleger, Bogentransport, Anlagesystem, Greifern u. v. a.
- Elektronik mit Antriebstechnik, Sensorik, Steuerungs- und Regeltechnik, Automatisierung u. v. a.
- Informatik mit Sensoren, Prozessoren und Aktoren, software-gesteuerte Schlüsseltechnologie des gesamten Systems zur Automatisierung, Steuer- und Regelungstechnik, Informationsübertragung, Vernetzung u. v. a.

d) Einfachere, schnellere und sichere Abläufe von Funktionen, Automatisierung und Vernetzung; geringere Kosten

2

a)

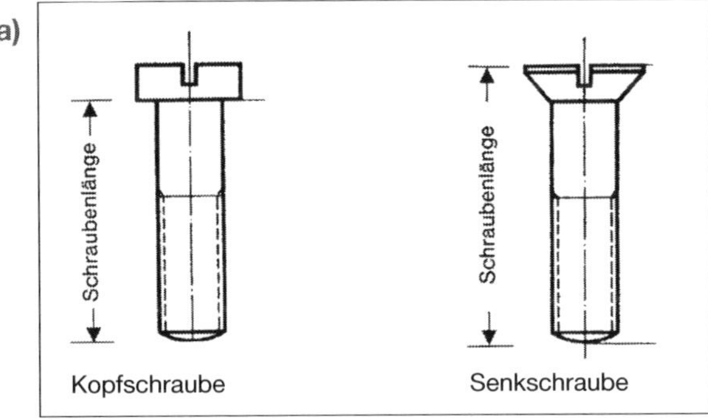

b) Leichtes, rasches Lösen oder Zusammenfügen von Schraubenverbindungen mit der Hand

c) Sicheres, festes Anziehen mit dem richtigen Schraubendreher

3

a) Antrieb, Feuchtmittelaufbereitung, Trockner, Klimaanlage, Vernetzung u.v.a. (je nach Druckmaschinensystem)

b) Betriebliche Informationen erfragen

c) Optimales Nutzen vorhandener Energie, um die Umwelt zu schonen und in hohem Maße Energiekosten zu sparen

d) Betriebsinterne exemplarische Berechnung

4

a) Kraftübertragung geschieht durch direkten Eingriff, z. B. Zahnrädergetriebe, Ketten, Kupplungen. Formschlüssigkeit ist durch gegeneinanderwirkende Formschlusskörper (z. B. Zahnrad – Zahnrad, Zahnrad – Kette) gegeben. Die Bewegungen sind zwangsläufig ohne Rutschen oder Schlupf zu übertragen.
Beispiel an Druckmaschinen: Zylinderantrieb

b) Bei einer kraftschlüssigen Bewegung ist eine genaue Kraftübertragung selbst bei ausreichender Anpresskraft der Kraftübertragungselemente nicht sicher. Die Folge ist ggf. ein Rutschen, vor allem beim Anlaufen der Maschinen. Beispiel an Druckmaschinen sind Walzen im Farbwerk, Rollengetriebe, Kurvengetriebe (ohne Führungsnut).

5

Elementare Grundgetriebe

a) Rollengetriebe. 1 = Gestell, 2 und 3 = Rolle (Antriebs-/Abtriebsglied); Antriebe direkt oder indirekt (über Riemen), Walzen im Farbwerk

b) Kurbelgetriebe. 1 = Gestell, 2 = Kurbel, 3 = Schwinge, K_0 = Koppel; Kolbenbewegung, Exzenter

c) Kurvengetriebe. 1 = Gestell, 2 = Kurvenscheibe, 3 = Rolle (Abtaster) mit An-/Abtriebsglied; Steuerung für das Öffnen und Schließen der Greifer

d) Rädergetriebe. 1 = Gestell, 2 und 3 = Zahnräder; Druckwerk (Zylinderantrieb über Zahnräder)

e) Sperrgetriebe. 1 = Gelenkstück (Antrieb), 2 = Schaltklinke (Koppel), 3 = Zackenrad (Abtrieb); Spannvorrichtungen, auch Malteserkreuz-Getriebe

f) Schraubengetriebe. 1 = Gestell, 2 = Schraube (Antriebsglied), 3 = Antriebsglied; Schrauben aller Art, Antriebswellen

6

a) Verschiedene Kraftübertragungen, die keine höchste Präzision in der Kraftübertragung erfordern; Steuerung am Anlagestapel, Auslagestapel

b) Antrieb der Zylinder im Druckwerk. Das Abrollen der Zahnräder an den Zylindern muss andauernd mit höchster Präzision und Laufruhe erfolgen. Dabei muss zudem ein Bewegen von Zylindern im Teilkreisbereich möglich sein. Weitere Vorteile: nur geringfügige gleitende Reibung, gleichmäßige Druckverteilung zwischen den Flanken

7

- Kegelrad. Nutzung als Winkelgetriebe. Direkte Kraftübertragung zwischen zwei Kegelrädern, in verschiedenen Winkeln möglich. Geeignet für höchste Belastungen und extremste Bedingungen, erlauben schlupffreie Kraftübertragung.
- Schneckenrad. Schneckenräder übertragen Kräfte auf quer zueinander angeordneten Wellen. Eignung für sehr große Übersetzungsverhältnisse
- Kettenrad. Indirekte Kraftübertragung mit Ketten. Die Form ist abgestimmt auf den Kettentyp (z. B. Rollketten, Förderketten). Beispiel: Bogenführung durch Greifer am Auslagesystem vom Druckwerk zum Auslagestapel

8

- Sechskantschraube
- Senkschraube: Kegelschraube
- Flügelschraube
- Inbusschraube

9

a) Kraftübertragung über ein elastisches Zugmittel mit verschiedenartigen Riemen zwischen zwei Wellen. Einsatz: Es ist keine exakte Kraftübertragung erforderlich, z. B. Bändertisch bei der Bogenanlage.
b) Einsatz, wenn eine exakte Kraft- bzw. Bewegungsübertragung erforderlich ist, z. B. Greiferschluss im Bogendruck, Zylinderbewegungen.
c) Mechanisch: Beliebige Steuerung der Drehzahlen (Antriebskräfte) in einem bestimmten Bereich.
Elektrisch: Steuerung durch Elektrik
Einsatzbeispiele
Lackdosierung: Durch gezielt unterschiedliche Rotationsgeschwindigkeiten der Walzen ist eine „stufenlose“ Anpassung der Lackmenge an die Druckgeschwindigkeit möglich.
Axialspiel der Farbauftragwalzen: Stufenlos und zentral für alle vier Auftragwalzen einzustellen

10

a) Achsen: Tragen verschiedene Maschinenelemente, sie sind nur auf Biegung beansprucht.
Wellen: Tragen verschiedene Maschinenelemente, sie drehen sich im Gegensatz zu Achsen immer. Sie übertragen Drehmomente und werden daher insbesondere auf Verdrehung (Torsion) beansprucht. Durch die Masse der getragenen Maschinenelemente (Zahnräder, Räder u. a.) sowie durch das Eigengewicht der Welle treten zudem mehr oder weniger starke Biegebeanspruchungen auf.
b) Beispiel an einer Bogen-Offsetdruckmaschine: Mess- und Schmitzringe an Druckplatten- und Gummituchzylinder (auch: Drucktuchzylinder), nur Messringe am Druckzylinder
c) Der Schmitzring ist immer auf Teilkreishöhe. Im Druckprozess ist eine ausreichende Druckspannung von 0,1 mm erforderlich. Ein Schmitzring auf Höhe des Teilkreises ist nicht möglich, weil der Abstand vom Gummituch- zum Druckzylinder den unterschiedlichen Dicken des Bedruckstoffs angepasst werden muss. Bei Bedruckstoffen unter 0,1 mm wäre der erforderliche Druck nicht einzustellen.

11

a) Kurvengetriebe
b) Umwandeln einer Drehbewegung in eine geradlinige, periodisch unstetige Bewegung, formschlüssige Kraftübertragung

12

a) Zapfen der Wellen oder Achsen laufen in Lagerschalen oder Lagerbuchsen. Lagerspiel erforderlich, um einen nicht abreißenden Schmierfilm zu bilden, der die Lagerkraft des Zapfens auf das Lager überträgt. Permanente Flüssigkeitsreibung erforderlich
b) Lagerung der Zylinder im Druckwerk (je nach Hersteller unterschiedlich)
c) Geringer Platzbedarf beim Einbau, geeignet für sehr hohe Lagerkräfte und starke Belastungen, relativ unempfindlich gegen Stöße und Erschütterungen sowie Verschmutzungen, einfache und kostengünstige Herstellung
d) Hohe Reibung beim Anlaufen, höherer Schmierstoffverbrauch, stärkere Erwärmung bei höheren Drehzahlen, Festfressen des Zapfens im Lager bei nicht ausreichender Schmierung

13

a) Die Lagerkraft von Zapfen wird auf Wälzkörper übertragen, die die Lauffläche nur teilweise berühren und in ihr abrollen. Wälzlager bestehen allgemein aus einem Außenring und einem Innenring sowie einem Käfig mit Wälzkörpern. Nach den eingesetzten Wälzkörpern, z. B. Kugeln, Rollen, Nadeln, und der Art der Kraftübertragung werden die Wälzlager benannt.

b) Lagerung der Zylinder im Druckwerk (je nach Hersteller unterschiedlich)
c) Leichter, ruhiger Lauf durch geringe Reibung, leichtes Ablaufen (kein Reibungswiderstand), geeignet für hohe Drehzahlen, geringerer Schmierstoffverbrauch
d) Empfindlicher gegenüber Stößen und Erschütterungen, teuer in der Herstellung, empfindlicher gegenüber Verschmutzungen

14

a) Die Informationsübertragung feinster Druckelemente erfolgt mit einem geringem Anpressdruck (Kissprint). Jede geringste Erschütterung würde zu erheblichen Fehlern im Druckbild (Streifenbildung, ungleiche Tonwertzunahmen) und zu einer stärkeren Abnutzung der Druckform führen.
b) Die Zahnflanken (Hinweis: gerade Flanke oder Evolvente) sollen zu einer optimalen Kraftübertragung gleitend und mit möglichst geringer Reibung auf einer großen Kontaktfläche gegeneinander abrollen. Bei einer Geradverzahnung haben die Zahnflanken zur Kraftübertragung nur eine geringe Kontaktfläche, die Zahnreihen stehen parallel zur Radachse. Schrägverzahnungen haben eine wesentlich größere Zahneingriffsfläche zur Kraftübertragung und einen ruhigeren Lauf.

15

a) Bezeichnungen von oben nach unten: Zahnfuß, Zahnkopf, Zahnflanke
b) Skizze: Gerade, schräg vom Zahnkopf zum Zahnfuß breiter werdende Flanke. Geringe (exakt berechnete) Krümmung der Flanke vom Zahnkopf zum Zahnfuß.
c) Nahezu ideales, gleitendes Abrollen der Zahnflanken gegeneinander. Die Evolventenverzahnung ermöglicht eine Veränderung im Achsabstand der Zylinder im Druckwerk im „Teilkreisbereich“ bei gleichbleibender Präzision.

16

a) Der Teilkreisbereich ist ein exakt berechneter Bereich in der Mitte der Zahnflanke (Evolvente), in dem der Achsabstand für den erforderlichen Anpressdruck (Druckbeistellung) problemlos verändert werden kann.
b) Teilkreis: Mitte zwischen Zahnkopf und Zahnfuß. Skizzieren Sie dazu einen Bereich (Plus – Minus)
c) Der Achsabstand des Gummituchzylinders muss je nach Dicke des Bedruckstoffs und dem erforderlichen Anpressdruck zum Druckzylinder verstellt werden können, ohne dass die Qualität der Informationsübertragung darunter leidet.
Beispiel: Bei einem dickeren Bedruckstoff ist der Abstand (die Druckbeistellung) zwischen dem Gummidrucktuch- und dem Druckzylinder zu verringern. Dazu wird der Gummidrucktuchzylinder vom Druckzylinder bewegt.

17

a) Basis für alle Einstellungen der Zylinder im Druckwerk zueinander
b) Man unterscheidet zwischen Nichtschmitzringläufern und Schmitzringläufern. Bei Nichtschmitzringläufern haben alle Zylinder im Druckwerk Messringe. Bei Schmitzringläufern haben der Druckplattenzylinder und der Gummidrucktuchzylinder Schmitzringe, der Druckzylinder nur Messringe. (Hinweis: Aufzugsstärken am Druckplatten- und am Gummituchzylinder sind zu beachten.)
c) Im Druckprozess laufen Schmitzringe (unter Vorspannung) aufeinander. Grundsätzlich ist für die Informationsübertragung ein Anpressdruck von 0,1 mm erforderlich. Würden auch am Druckzylinder Schmitzringe angebracht sein, ist der erforderliche Anpressdruck bei Bedruckstoffen unter 0,1 mm nicht zu erreichen.

18

a) Bei einem Schmitzringläufer laufen im Druckprozess die Schmitzringe am Druckplatten- und Gummituchzylinder unter Vorspannung gegeneinander. Bei einem Nichtschmitzringläufer werden die seitlichen Ringe am Druckplatten-, Gummituch- und Druckzylinder Messringe genannt.
Im Druckprozess besteht kein Kontakt zwischen allen Messringen. Diese sind nur der Bezug für alle Einstellungen der Zylinderaufzüge und der Druckspannung.
b) Vorgegebener bzw. voreingestellter Anpressdruck, z. B. im Druckprozess zwischen den Schmitzringen des Druckplatten- und Gummituchzylinders. Dadurch ist ein gleichmäßig ruhiges, exaktes Abrollen der beiden Zylinder und der Informationsübertragung gewährleistet.

19

a) Messring – Messring – Messring
b) Schmitzring – Schmitzring – Messring

20

a) Indirekter Druck, Drucktuch
b) Sleeve, Kammerrakel
c) Vorrakel, Rakel
d) Rakel, schnell verdunstende Lösemittel

21

Die folgenden Abbildungen dienen zur Information für Ihre Skizzen.

a)

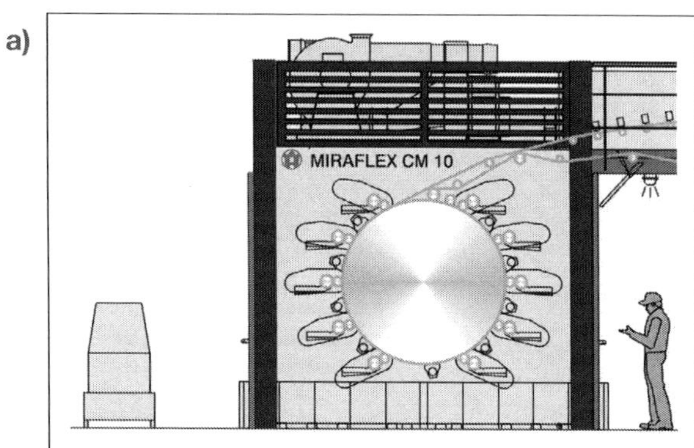

b)

c)

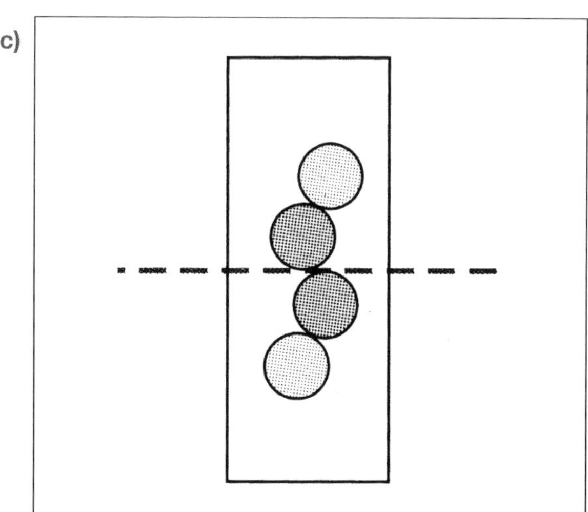

d)

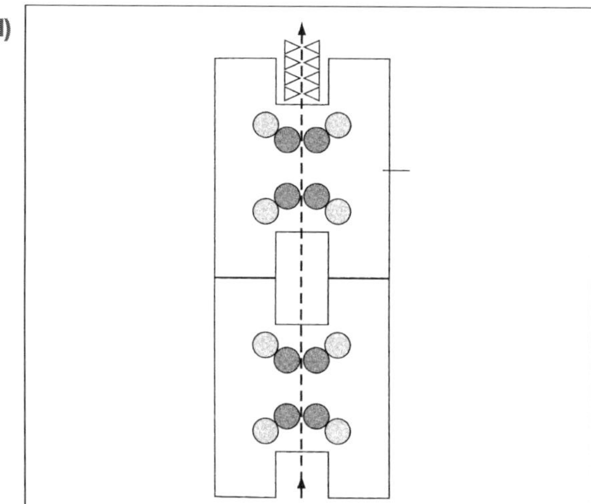

e)

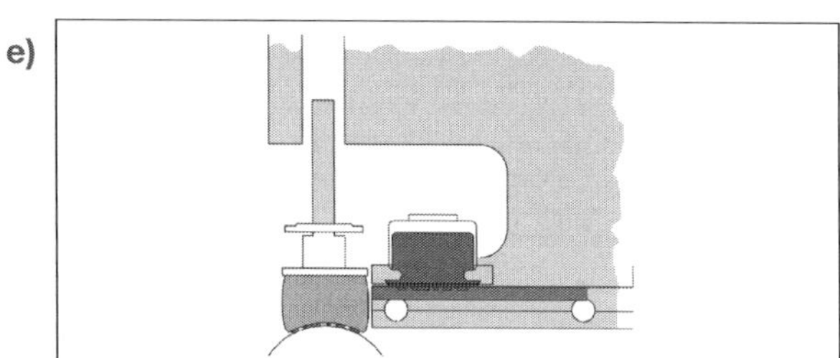

f)

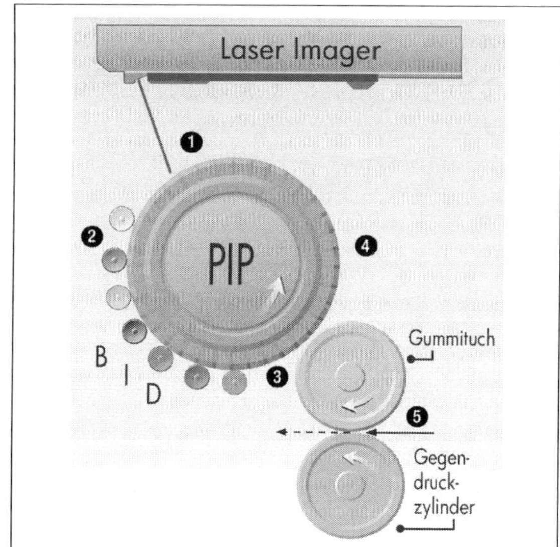

Tragen Sie an Ihren eigenen Skizzen wichtige Baugruppen bzw. -teile ein, z. B.

- Elemente des Druckwerks
- Einfärbung
- Bedruckstoff-Führung

22

a)

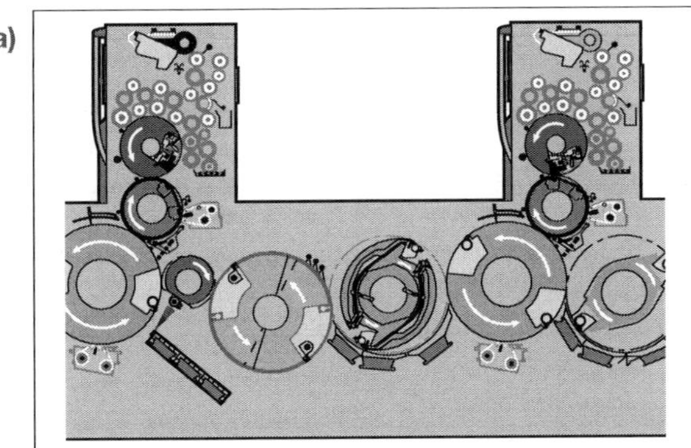

b) „Schlanker" Bogenlauf durch die Druckwerke durch weniger Krümmungen, Vorteile für unterschiedlich dicke Bedruckstoffe
c) Druck von 8 Druckfarben auf einer Bogenseite, beidseitiger (Schön- und Wider-)Druck mit 4 Druckfarben
d) Beidseitiger Druck (Schön- und Widerdruck) in einem Durchlauf durch die Druckmaschine
Exemplarisches Beispiel zur Wendung:
- Druckmaschinensystem mit einem doppeltgroßen Druckzylinder
- Phase 1: Der einseitig bedruckte Bogen (Druckwerk 1) wird zur Wendung von dem ersten Greifersystem der Wendetrommel am Bogenende erfasst.
- Phase 2: Die Bogenhinterkante wird an das zweite Greifersystem der Wendetrommel übergeben und umstülpt.
- Phase 3: Der umstülpte Bogen wird an das folgende Greifersystem (Druckwerk 2) übergeben.

23

a) Bearbeiten Sie die Angaben an der Grafik, lassen Sie Ihre Angaben prüfen
b) **Farbduktor:** „harte" (nicht-elastische) Walze, Oberfläche aus Metall (Spezialguss, Edelstahl u. a.) oder auch mit Keramik beschichtet
Reibzylinder: „harte", allgemein mit Rilsan beschichtete Stahlwalzen (Rilsan: sehr gut farbannehmender Kunststoff, Basis: Polyurethan, im Vergleich eine Shore-A-Härte 100)
Farbauftragswalzen: Gummibezug, 25–40 Shore A
Übertragwalze: Gummibezug, 30–40 Shore A
Feuchtauftragswalze: Gummi, ca. 25 Shore A
c) Gute Benetzung mit Feuchtmittel bzw. Druckfarbe
d) Vorzugsweise wirkende Farbübertragungsrichtung zähflüssiger Druckfarben aus dem Farbkasten über die Walzen des Farbwerks zur Druckform
Der Farbfluss entsteht durch Farbspaltung im Kontakt von einer zur nächsten Walze. Er ist von der Anordnung der Walzen in einem Farbwerk abhängig.
Theoretisch wird die vorhandene Farbschichtdicke auf einer Walze im Kontakt zur nächsten Walze um die Hälfte gespalten und auf diese übertragen. Der verbleibende „Rest" auf der Walze wird zur Hälfte bei der folgenden Kontaktstelle übertragen usw.
So kommt es, dass ein stärkeres Farbangebot zum Druckanfang oder zum Druckende geleitet wird.
e) Phase 1: Feuchten der (konventionellen) Druckform. Nichtbildstellen nehmen Feuchtmittel an, Bildstellen stoßen Feuchtmittel ab.
Phase 2: Einfärben der Druckform. Gefeuchtete Nichtbildstellen stoßen Druckfarbe ab, Bildstellen nehmen Druckfarbe an.

24

a) Tragen Sie Angaben zu Druckmaschinen in Ihrem Betrieb ein
b) Tragen Sie Angaben zu den genannten Druckmaschinen ein
c) Zu einer exakten Informationsübertragung im Druckprozess müssen Druckformzylinder und Gummituchzylinder in einem bestimmten Teilkreisbereich gegeneinander abrollen. Dazu benötigen sie einen präzise definierten Durchmesser.
Aufzug Druckformzylinder: Druckplatte + kalibrierte Unterlagebogen oder -folien
Aufzug Gummituchzylinder: Gummituch + kalibrierte Unterlagebogen oder -folien. Das Gummituch gibt die erforderliche Elastizität im Druckprozess (Kontakt zu Druckplatte, Bedruckstoff).

25

a)

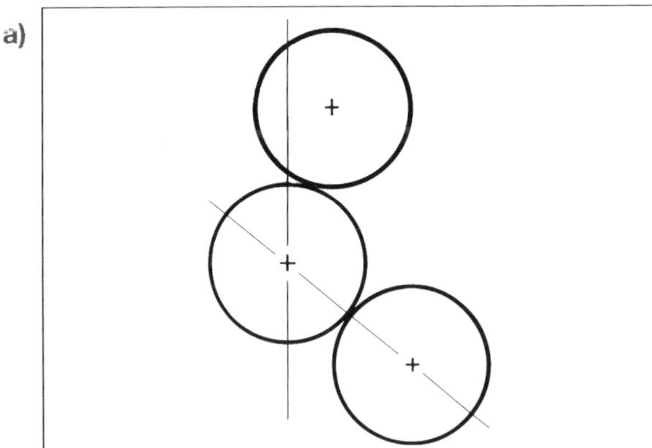

b)

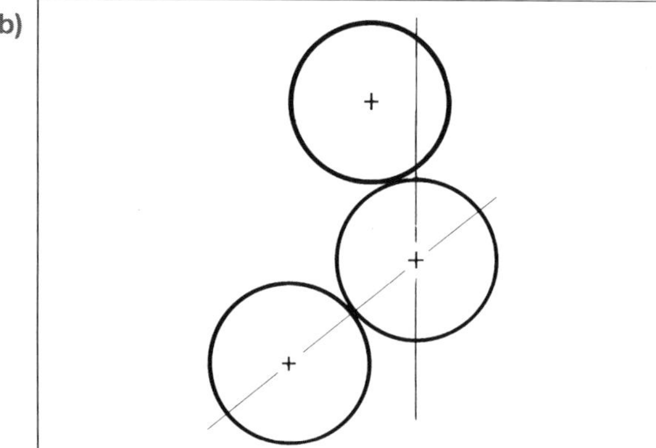

26

a) Voraussetzungen für einen störungsfreien Rollenwechsel:
   - konstante Gleichgewichtsfeuchte im Rollenpapier
   - gleichmäßige Wickelhärte
   - keine Beschädigungen an den Kanten der Rolle

   Grundtypen der Rollenwechsler
   - „fliegender“ Rollenwechsler
   - Stillstand-Rollenwechsler

   Systeme
   - manuell
   - automatisch

   Rollenvorbereitung
   - Rolle kurz vor dem Druck auspacken, Verpackungsmaterial entfernen, Papierschichten mit Beschädigungen entfernen
   - Klebestelle sorgfältig vorbereiten
   - Rolle einachsen

   Automatik bei „fliegendem“ Rollenwechsler (Stichpunkte zu heute vielfach automatisch ablaufenden Prozessen; Monitorkontrolle)
   - Drehzahlmessung der laufenden Rolle ergibt den Startzeitpunkt für den Start des Rollenwechsels
   - Rollenwechsel einleiten, Rollenarme drehen, Kleberahmen einschwenken
   - Kurz bevor der eingestellte Restrollendurchmesser erreicht ist, Klebevorgang auslösen: anpressen, ankleben, andrücken und direkt hinter der Klebestelle die alte Bahn abkappen
   - Einzugwerk und Bahnzugregelung übernehmen die korrekte Bahnspannung bei kantengenauer Bahnführung.
   - Rollenwechsler in Grundposition fahren
   - Restrolle entnehmen

b) Papierrollen laufen insbesondere zu Beginn nicht gleichmäßig rund. Bei ungleichmäßiger Bahnspannung käme es zum Bahnriss. Folgen: Makulatur, Zeit, Kosten

27

a) Bogendruck: KBA Genius 52 UV, Presstek 75 DI
   Rollendruck: KBA Cortina

b) KBA Genius:
   - Druckwerke: 4/0, spezieller Satellitenaufbau
   - Einfärbung mit dünnflüssiger Druckfarbe, Kammerrakel, Aniloxwalze und Farbauftragswalze
   - Gummituchzylinder
   - zentraler Druckzylinder
   - identische Durchmesser von Anilox-, Farbauftragswalze, Druckplatten- und Gummituchzylinder
   - Stabilität im Druckprozesses erfordert ein Temperieren von Druckplattenzylinder und Aniloxwalze.
   - Im geringen Maß ist die Farbmenge (über die gesamte Breite) über eine Temperatursteuerung der Aniloxwalze möglich.

   Presstek 75 DI:
   - Druckplattenzylinder, Gummituchzylinder, Druckzylinder
   - Farbwerk temperiert
   - kein Feuchtwerk
   - direkte Bebilderung in der Druckmaschine

c) Nichtbildstellen = Silikon-Gummischicht mit niedriger Oberflächenspannung, die unter bestimmten Bedingungen keine Druckfarbe annimmt. Sinkt die Oberflächenspannung der Druckarbe (d. h. die Oberfläche gegen Luft) bei Erwärmung stärker als die des verwendeten Silikons, kommt es zu „Tonen“ bzw. Mitdrucken von Nichtbildstellen. Daher ist das Einhalten einer bestimmten Temperatur für den Druckprozess sehr wichtig.

d) Bildstellen: Fotopolymere
   Nichtbildstellen: Silikon-Gummischicht
   Beim Einfärben mit einer temperierten speziellen Druckfarbe stoßen alle Nichtbildstellen (Silikon-Gummischicht) Druckfarbe ab, Bildstellen (Fotopolymere) nehmen Druckfarbe an.

28

Ein Kammerrakelsystem färbt die Rasterwalze mit flüssiger Druckfarbe gleichmäßig über die gesamte Bahnbreite ein. Die Rasterwalze überträgt die Druckfarbe dementsprechend in voller Breite gleichmäßig auf die Druckform. Ein zonenweises Einstellen ist nicht möglich.

29

a) Tiefdruck: Farbwanne – Rakel – Druckformzylinder – ggf. Farbwalze – Presseur (Druckzylinder)

b) Verschnitt: Das Verhältnis zwischen Druckfarbe und Verschnitt bestimmt die Farbstärke im Druck. Lösemittel, z. B. Toluol: Über den Anteil wird die Druckviskosität gesteuert. Die Druckviskosität wird eingestellt in Abhängigkeit von der Druckgeschwindigkeit, dem verwendeten Papier (Saugfähigkeit) sowie der Gravurtiefe. Hinweis: Farbtemperatur soll konstant gehalten werden.
c) Flexodruck: Farbkammerrakel – Rasterwalze – Druckformzylinder mit „Klischee" – Druckzylinder
d) Wahl einer entsprechenden Rasterwalze
Verschnitt: Das Verhältnis zwischen Druckfarbe und Verschnitt bestimmt die Farbstärke im Druck. Lösemittel, z. B. Ethanol, Ethylacetat, ggf. Wasser: Über den Anteil wird die Druckviskosität gesteuert.

30

a) Hauptantrieb – mechanische Königswelle: Kraftübertragung auf eine lange, durchgängige mechanische Welle. Ein oder mehrere Haupt- bzw. Zentralantriebe erzwingen über Längs- und Stehwellen, Getriebe und Zahnriemen den Synchronlauf aller beweglichen Teile. Sie koppeln damit z. B. bei Rollendruckmaschinen die Druckwerke, Zugwalzen, Falzapparate, Rotationsstanzen, Formatschneider usw. fest an die Bewegung des Hauptantriebs.
b) Hoher Verschleiß, „Spiel" in verschiedenen Bauelementen, hoher Geräuschpegel, zeitaufwendiges Umrüsten, relativ hoher Makulatur-Anfall beim Anlaufen der Produktion
c) „Intelligente" Einzelantriebe, die in Echtzeit koordiniert werden. Die elektronische Welle überträgt keine Kräfte oder Drehmomente zwischen Baugruppen, sondern Daten zur Steuerung von Motoren und Bewegungen. Die Steuerung synchronisiert dabei mehrere hundert Motoren, z. B. in der gesamten Rollendruckmaschine, auf 1/100 mm genau.
d) Produkt- und Formatwechsel, Umstellungen der Druckwerke „geradeaus" und zu Schön- und Widerdruck, Druckplattenwechsel an allen Druckwerken, wartungsfreier und spielfreier Antrieb

31

a) Druckformat 6b: ca. 1060 mm × 1450 mm
Buchformat: 170 mm × 240 mm
Nutzen/Bogen: 32 Blatt = 64 Seiten/Bogen
b) Direktantrieb ermöglicht einen simultanen (gleichzeitigen) Wechsel der Druckplatten.

32

a) Schreiben Sie Ihre persönlichen Informationen
b) Notieren Sie Ergebnisse, Informationen u. a.; heften Sie alle Informationen in Ihrer Dokumentation ab.

33

a)
- Aufladen der Bildtrommel (Fotohalbleiter mit einem gleichmäßig elektrostatischen Feld)
- Bebildern der Bildtrommel: latentes Druckbild
- Bildentwicklung: Latentes Ladungsbild zieht entgegengesetzt geladene Tonerpartikel an.
- Bildtransfer: Übertragung von der Bildtrommel auf den Bedruckstoff
- Bildfixierung: Druck und Hitze
- Reinigen und Konditionieren der Bildtrommel: Vorbereiten für den nächsten Druck

b)
- Aufladen des Fotohalbleiters: elektrofotografisches Laden der Fotobelichtungsplatte „PIP" (Photo Imaging Plate)
- Bebilderung (wie bei Trockentoner)
- Bildentwicklung: Elektrostatisch aufgeladene Flüssigfarbe (ElectroInk) wird von belichteten Stellen angezogen. Jede Druckfarbe wird durch separate BID-Einheit (Binary Ink Developer) aufgebracht. Farbübertragung von jeder BID-Einheit auf den PIP-Zylinder. Druckfarbe wird durch unterschiedlich geladene elektrische Felder von PIP und BID angezogen und von den Nichtbildstellen abgestoßen.
- „Erstübertragung" (indirekt arbeitendes Verfahren): Druckfarbe wird von dem PIP unter Wirkung elektrostatischer Kräfte auf das elektrisch geladene Gummidrucktuch übertragen.
- Reinigungsstation: Entfernen von Restfarbe, Entladen restlicher Spannung
- „Zweitübertragung": Die Farbschicht wird auf dem erhitzten Gummidrucktuch erwärmt. Es bildet sich ein heißer, klebrig-flüssiger Farbfilm, der auf den Bedruckstoff übertragen wird. Durch die geringere Temperatur des Bedruckstoffs wird der Farbfilm sofort fest, haftet an und löst sich dabei vollständig von dem Gummidrucktuch.

c) Unterschiedliche Inkjet-Technologien übertragen flüssige Druckfarben („Tinte") als winzige Farbtröpfchen direkt auf den Bedruckstoff. Bildinformationen steuern ein (verschieden aufgebautes) Druckkopfsystem an, das Farbtröpfchen mit unterschiedlichen Techniken erzeugt.
Grundsysteme:
- Drop-on-Demand-Verfahren
- Continuous-Verfahren

Wählen Sie für Ihre Beschreibung ein Verfahren beispielhaft aus.

34

Hinweise
Pneumatik: Erzeugung und Einsatz von Druckluft und druckluftbetriebenen Systemen

- Eignung: Verschiedene Einsatzgebiete; besonders geeignet sind pneumatische Systeme für Anlagen, deren Arbeitsfunktionen mit kleiner Kraft sehr schnell und gut steuerbar ausgeführt werden sollen.
- Einsatzbereiche u. a.: Luftsteuerung in Anlage und Auslage, pneumatische Seitenmarke, luftumspülte Wendestangen, Ultraschall-Doppelbogenerkennung, Gummituchwascheinrichtung, Kammerrakelsystem im Lackwerk (pneumatisches Ab- und Anstellen), elektropneumatisch gesteuerte Siebdruck- und Tampondruckmaschinen, Abfüll- und Verpackungsanlagen (höchste Sauberkeit)
- Medium: Luft (Gas), Druckluft
- Steuerstrecke: Rohr- und Schlauchleitungen, Luftverdichter (Kompressoren, Pumpen), Steuerventile
- Vorteile: Luft steht überall in unbegrenzter Menge zur Verfügung, keine Rückleitung erforderlich, sehr hohe Strömungsgeschwindigkeit der Luft in Leitungen und Ventilen, Geschwindigkeit und Kräfte sind einfach und stufenlos zu steuern, undichte Stellen verschmutzen nicht, Luft ist sauber und geruchsfrei.
- Nachteile: Wartung (Sauberkeit, Schmutzpartikel, Kondenswasser), Druckkraft ist wirtschaftlich auf etwa 6 bis 7 bar begrenzt (Sicherheit), keine absolut gleichmäßige und konstante Steuerbewegung durch komprimierte Luft möglich, hohe Erwärmung der Bauteile, Abluft (ausströmende Luft) verursacht laute Geräusche.

Hydraulik: Flüssigkeitsdruck in Leitungssystemen mit speziellem Hydrauliköl

- Eignung: Besonders geeignet für Anlagen, die sehr große Kräfte benötigen, ebenso für Anlagen, deren Arbeitsgeschwindigkeit von wechselnden Arbeitswiderständen unabhängig sein muss.
- Einsatzbereiche u. a.: Druckanstellung an Druckmaschinen, Pressen, Stanzen, Gabelstapler, Schneidemaschinen
- Medium: Hydrauliköl (Flüssigkeit)
- Steuerstrecke: Rohre und Schlauchleitungen mit Pumpen und Druckbegrenzungsventilen transportieren komprimiertes Hydrauliköl.
- Vorteile: Übertragen sehr hoher Kräfte und Leistungen, extrem hohe Drücke durch kleine Zylinderabmessungen, Hydrauliköl kaum zusammendrückbar, Regelung der Geschwindigkeit einfach und genau, unterschiedliche Arbeitswiderstände beeinflussen die Arbeitsgeschwindigkeit nicht, stufenlose Steuerung durch Ventile, gleichmäßige Bewegungen, geeignet für präzise, schnelle Bewegungsabläufe, hohe Lebensdauer, geringe Wartung.
- Nachteile: Hydrauliköl temperaturempfindlich, Rückleitung in der Steuerstrecke erforderlich, Dichtungsprobleme (Schmutz durch undichte Stellen), Wartung der Anlage (Entlüften, Ölwechsel, Kosten), nicht für Arbeiten mit geruchs- und geschmacksempfindlichen Produkten einzusetzen.

35

Hinweise: Funktionen, Abläufe bei der Steuerung. Wählen Sie zur Beschreibung das System eines Druckmaschinenherstellers aus.

a) Bogentrennung, Lockerungs- und Trennluft auf dem Anlegestapel: Hinterkantenbläser, Lockerungsbläser. Hinweise: Für den Bedruckstoff geeignete Lockerungsbläser auswählen und positionieren, Tragluftbläser am Anlagestapel, Druckluft einstellen (z.T. wird auch ionisierte Blasluft verwendet, um statische Aufladungen zu vermeiden); Hub- und Schleppsauger; Saugkopfhöhenverstellung, Stapelsteuerung
b) Übergabe Doppelbogenkontrolle, Taktrollen, ggf. Ultraschall-Doppelbogenkontrolle, Saugbändertisch, pneumatische Bogenführung über Saugbänder zur Bogenanlage, Bogenverlangsamung
c) Pneumatische Seitenmarke, Bogenausrichtung, Bogenkontrollen (Früh-, Schrägbogen), Bogenübergabe an das Greifersystem des Druckzylinders
d) Art des Bogenwendesystems: Eintrommel-System, Dreitrommel-System (Auswahl: Greifer, Bogenwendung umstülpen, Speichertrommel, Wendetrommel mit Zangengreifer, Air-Transfer-System, Transferter u. a.)

36

Hinweis: Prinzip, unterschiedliche Definitionen möglich

a) Aktive Sensoren (Messfühler): Umformung mechanischer, thermischer, chemischer oder optischer Energie in elektrische Energie (Energieumwandlung). Sensoren erzeugen ein elektrisches Signal aus einem Messprozess ohne extern zugeführte Energie. Der Sensor leitet die erfasste Größe aus einem Messprozess als Signal weiter. Einsatz: pH-Wert-Messung
b) Passive Sensoren: Beeinflussung elektrischer Größen durch nichtelektrische Größen. Für das Erfassen der Informationen wird eine elektrische Hilfsenergie benötigt. Energie durchfließt den Sensor. Beim Messprozess verändert sich der Widerstand. Daraus wird der Messwert ermittelt und als elektrisches Signal weitergeleitet.
c) Piezoelektrische Sensoren: Umwandlung von mechanischem Druck in eine elektrische Ladung und umgekehrt. Ein Verbiegen (Druck) bestimmter Kristalle erzeugt eine Spannung, ebenso ist umgekehrt durch das Anlegen einer Spannung ein Piezokris-

tall zu verbiegen. Es besteht ein Zusammenhang zwischen der mechanischen Verformung und der anliegenden Spannung. Einsatz: piezoelektrische Drop-on-Demand-Technologie zur Tröpfchenerzeugung

d) Kapazitive Sensoren: Zwei leitende Platten stehen in einem bestimmten Abstand zueinander. Eine Änderung im Abstand zwischen den beiden Kondensatorplatten führt zu einer Veränderung der elektrisch messbaren Kapazität zwischen den Elektroden (Kapazität: Aufnahmevermögen, Fassungsvermögen). Einsatz: Abstandsmessung (Ultraschall), kapazitiv arbeitende Hygrometer

e) Optoelektronische Sensoren: Lichtintensität wird in elektrischen Strom (Daten, Energie) umgewandelt. Einsatz: Reflexlichtschranke, Reflexlichttaster, Abstandssensor, Abtastung der Stapelhöhe

37

Hinweise: Erarbeiten Sie die Aufgabe mit der in Ihrem Betrieb üblichen Technologie. Berücksichtigen Sie die folgenden Angaben zur Information zu den komplexen Möglichkeiten einer Farbregelung.

- Druckverfahren: Offsetdruck, Flexodruck, Tiefdruck
- Druckmaschine: Bogen, Rolle
- Systemtechnik: Leitstand, Farbsteuerung bzw. Farbregelung, Vernetzung, Voreinstelldaten
- Qualitätssystem und Standards: PSO, Instrument Flight System Brunner. Messung: Densitometrie, Farbmetrik, Offline-Messung, Inline-Messung, Messung am Kontrollstreifen, Messung im Bild, Farbmetrik, Graubalance, Tonwertzunahme u. a., Soll/Ist-Vergleich der Druckfarbe: „Freigabe" der Regelung, automatische direkte Regelung der Farbzonen (closed loop), Qualitätsbewertung
- Basis: OK-Bogen

38

Hydraulik (griech. hydro = Wasser): Lehre von mechanischen Vorgängen, bei denen Bewegungen und Kräfte durch Flüssigkeiten mithilfe von Druck übertragen werden

Basis: Druck = Kraft_1 : Fläche_1 = Kraft_2 : Fläche_2

Prinzip: Ein kleiner und ein großer Kolben (Zylinder) sind miteinander verbunden. Mit einer kleinen Kraft_1 am Druckkolben wird über Flüssigkeit (z. B. Hydrauliköl) eine große Kraft_2 am Arbeitskolben erzeugt.

Beispiel: Bei einer hydraulischen Presse arbeiten Kolben mit unterschiedlicher Querschnittsfläche in einem Hydrauliköl miteinander. Wird der Kolben mit der kleineren Querschnittsfläche mit kleiner Kraft in die Flüssigkeit gedrückt, bewegt sich der Kolben mit der größeren Querschnittsfläche mit großer Kraft nach außen.

39

a) Druck = Kraft : Fläche

b) Pascal (Pa), 1 Pa = 1 N/m^2, 1 bar = 10^5 Pa

c) Luftversorgung; Bogentransport (Blasluft, Saugluft), Maschinensteuerung (Pressluft), Lackpumpen u. a. Drucklufterzeuger, Verdichter (Kompressoren), Saug- und Vakuumpumpen erzeugen die benötigte Energie.

Beispiel zu einem Saugluft-Prinzip (Ejektor):

- Strahldüse (Venturi-Düse) und Empfängerdüse
- Beschleunigte Druckluft strömt zur Empfängerdüse.
- In einzelnen Stufen entsteht eine Sogwirkung: Umgebungsluft wird durch den Strahl angesaugt, dadurch entsteht ein Unterdruck, das benötigte Vakuum.

Hinweise: Zur Druckluftübertragung und -verteilung dienen beispielsweise Druckluftnetze, die aus Rohr- bzw. Schlauchleitungen bestehen, sowie Druckluftspeicher und Wegeventile. Automatisch arbeitende Steuerungssysteme fördern die benötigte Luft an die Verbraucher. Die Anlagen für die Druckmaschine befinden sich unter der Galerie oder immer häufiger dezentral in einem separaten Raum (Lärmschutz, Entlüftung zur Wärmeabfuhr). Inzwischen ersetzen separat aufgestellte Luftversorgungsschränke an der Galerie befindliche Geräte.

40

Auf dem Schneidetisch ist eine größere Zahl von Luftdüsen eingebaut. Diese Luftdüsen erzeugen ein Luftpolster, auf dem das Schneidgut leicht bewegt werden kann: Durch mechanischen Druck des Papierstapels wird die Verschlusskappe der Düse heruntergedrückt. Dadurch strömt Druckluft unter das Schneidgut.

41

Druck = Kraft : Fläche

- 1000 N : 0,06 m^2 = 16666,67 Pa
- 1000 N : 0,1 m^2 = 10000 Pa

42

Geschwindigkeit 15 m/s, Zeit 5 min

Papierdurchlauf 4500 m

43

a) Vorgang, bei dem eine oder mehrere Größen (Eingangsgrößen) eine andere Größe (Ausgangsgröße) verändern. Das Ergebnis wird nicht durch das technische System überprüft, d. h. ein Soll-Ist-Vergleich findet nicht statt.
Merkmal: Offener Wirkungsablauf in einer Steuerkette: Führungsgröße (Sollwert) – Stellglied – Steuerstrecke – Steuergröße
b) Der Papierlauf vom Anleger bis zu den Vordermarken wird eingestellt. Die benötigte Farbführung wird manuell an Zonenschrauben eingestellt.

44

a) Die benötigte Farbführung wird am Leitstand eingestellt. Am Leitstand werden Zylinder axial und radial verstellt.
b) • Der Anleger stoppt.
- Die Vordermarken bleiben geschlossen.
- Die Druckbeistellung fährt heraus.
- Die Farb- und Feuchtmittelzufuhr wird unterbrochen.
- Die Auftragswalzen heben von der Druckplatte ab.
- Die Druckmaschine läuft auf Grundgeschwindigkeit zurück.

45

- Programmieren der optimalen Schneidfolge (je nach Systemtechnik)
- Speicherung der Daten
- Eingabe der Daten in den Speicher der Schneidmaschine
- Beginnen der Schneidarbeiten: Stapel an die Anlage auf den Schneidtisch legen, Taste für den Start (erster Schnitt) betätigen, in weiteren Schritten in vorgegebener Reihenfolge den Stapel nach Programm komplett fertig schneiden

46

a) Exemplarische Angaben
- Digitale Daten an das CTP-System senden
- Software-RIP: Datenaufbereitung für den Prozess mit Rastern, Separation einschließlich UCR, GCR, UCA, Trapping
- Druckplatte vom Stapel nehmen und für die Bebilderung positionieren
- Aufbereitete Daten an das Belichtungssystem (Laser) leiten: Digitale Informationen steuern die Bebilderung der Druckplatte.
- Druckplatte entsprechend dem Belichtersystem (Außen-, Innentrommel, Flachbett) präzise und fortlaufend positionieren
- Bebilderte Druckplatte an nachfolgenden Verarbeitungsprozess weiterleiten
- System in Grundposition zurückfahren

b) Exemplarische Angaben
- Elektromechanische Gravur
- Gravur- und Arbeitsvorbereitung: Datencheck, Überprüfen aller Daten, Gravurparameter wie Gradationen, Winkelungen, Einschnitte u. a. festlegen und im System programmieren
- Verkupferten Roh-Druckformzylinder einfahren und positionieren
- Justieren des Gravierkopfs auf Beschaffenheit des Kupfers
- Probeschnitt
- Digitale Daten steuern die elektromechanische Gravur: Gravierkopf arbeitet mit Diamantstichel, der mit sehr hoher Frequenz Näpfchen in die Kupferoberfläche des Druckformzylinders graviert
- Bildwiedergabe: Je nach Tonwert der Bildinformationen (Daten!) dringt der Stichel (etwa pyramidenförmig) unterschiedlich tief in das Kupfer ein. Dadurch entstehen tiefen- und flächenvariable Näpfchen, die im Druckprozess unterschiedliche Farbmengen aufnehmen. Dunkler Tonwert = flächenmäßig großes und vergleichsweise tiefes Näpfchen, heller Tonwert = flächenmäßig kleines und vergleichsweise wenig tiefes Näpfchen.

47

a) Auftragsdaten wie Auftrag, Produkt, Farbenzahl, Kunde, Termin; Vorwahlen wie Farbreihenfolge, Bedruckstoff, Format, Anleger, Ausleger, Feuchtmittel, Druckfarbe, Luft; Farbvoreinstellung nach Daten der AV
b) International Cooperation for Integration in Prepress, Press and Postpress
c) International Cooperation for Integration of Process in Prepress, Press and Postpress
d) Ziel ist es, den gesamten Fertigungsprozess einschließlich aller kaufmännischen Aufgabenbereiche (Kalkulation, Arbeitsvorbereitung) und ein Management-Informations-System zu integrieren und zu vernetzen.

48

a) • Aufrufen verschiedener Menüs zur Voreinstellung und Produktion
- Bedruckstoff: Formateinstellung
- Deckmarkenhöhe
- Druck an

- Farbe/Feuchtmittel an
- Permanentfeuchtung
- Druckbeistellung
- Seitenmarke, Vordermarke
- Stapelhöhe
- Auslage
- Wendung
- Lackmodul

b) Sämtliche Funktionen lassen sich großformatig visualisieren, der Druckbogen ist im Format 1:1 in der Breite der Farbzonen anzuzeigen, Farbseparationen lassen sich einzeln darstellen.

49

a) Schreiben Sie entsprechende Informationen aus Ihrem Betrieb auf

b) Workflow-Management-Systeme koordinieren und optimieren einen gesamten Prozess bzw. Fertigungsablauf mit allen Variablen, z. B.:
- wer (Abteilung, Mitarbeiter),
- was (konkrete Aufgabe),
- wann (Teilaufgabe, Prozess, Termine),
- wie (Umgebung, Qualitätssicherung).

50

- Steuerung: Nach dem Rüsten (Einrichten) das Starten der Druckmaschine für den Auflagendruck. Im Gegensatz zu einer Regelung laufen Steuerungen nicht in einem geschlossenen System ab, d. h. das System prüft nicht, ob alle Funktionen korrekt laufen.
- Passerregelung: automatisches Einhalten des Passers durch laufenden Soll-Ist-Vergleich und Korrektur bei Abweichungen
  Soll-Wert = Vorgabe für den Passer (z. B. Stand einer Passmarke),
  Ist-Wert = tatsächlich erreichter Passer (Stand der folgenden Passmarke)

51

a) Wartungsintervalle, Wartungsarbeiten
Hinweis: Eine sachgerechte Pflege und Wartung ist Voraussetzung für eine Garantieleistung!

b) Eine Störung am ... ist aufgetreten, die Sie nicht beheben können. Stillstand der Druckmaschine kostet Geld, daher ist auch eine vorbeugende Wartung systematisch zu planen. Ein elektronischer „Diagnose-Stecker" bietet eine gezielte Wartung und effektive Störungssuche. Fernwartung: Moderner Wartungsservice online. Schnelle Internetverbindungen ermöglichen den externen Zugriff auf die Druckmaschine für das Lokalisieren und Bearbeiten von Störungen über Internet und WebCam. Updates der vorhandenen Software lassen sich schnell und vor allem auch gezielt aktualisieren und ggf. mit weiteren Modulen neu konfigurieren.
Bei den Druckmaschinen der neuen Generationen können erforderliche Wartungsarbeiten in einem Wartungsmodul nach den effektiven Produktionsstunden aufgelistet und bei ihrer Fälligkeit abgearbeitet werden. Durchgeführte Arbeiten sind anschließend zu bestätigen.
Wartungslisten mit genauem Zeitaufwand und entsprechenden Arbeitsanweisungen werden erstellt und ausgedruckt. Alle Dokumentationen zur entsprechenden Druckmaschine sind jederzeit am Bildschirm abrufbar. Ein permanenter Online-Kundenservice spart Zeit und Kosten. Schnelle Analyse bei Störungen per Fernzugriff auf die Druckmaschine.
Einleitung gezielter Maßnahmen und Hilfe zur Selbsthilfe. Keine Kommunikationsschwierigkeiten zwischen Drucker und Hersteller. Eingrenzung der Fehlerursache, Verminderung von Stillstandszeiten.

52

a) Kennzeichnend für alle Regelungen ist ein geschlossener Regelkreis: Ein bestimmter Vorgang soll konstant gehalten werden. Dazu wird ein zu erreichender Soll-Wert (Führungsgröße) vorgegeben. Bei der Produktion wird das Ergebnis laufend gemessen und mit dem Soll-Wert verglichen. Bei Abweichungen der zu regelnden Größe setzt die Regelung ein.
- Geschlossener Regelkreis mit Sollwertvorgabe
  Was soll erreicht werden?
- Istwertaufnahme
  Welches Ergebnis zeigt das Produkt?
- Soll-Ist-Vergleich
  Messen: Ist das Ziel erreicht?
  Abweichungen korrigieren durch Angleichen des Istwerts an den Sollwert, Korrektur durch Regeln

b) Exemplarischer einfacher Vorgang
Regelkreis: Farbwerktemperierung
Vorgegebener Sollwert: 25 °C
Das Messglied erfasst den Istwert: 25 °C, keine Regelung erforderlich.
Störgröße: Die Walzen werden bei der Produktion rasch wärmer, gemessener Istwert: 35 °C.
Die Regelabweichung wird als Regelgröße (Stellgröße) an das Stellglied (Regelstrecke) weitergeleitet. Der Istwert wird fortlaufend messtechnisch erfasst und zur Regeleinrichtung zurückgeführt. Es wird so lange gekühlt, bis der Sollwert erreicht ist.

c) Skizze Regelkreis

53

Voraussetzung für eine konstante Farbführung ist eine Viskositätsregelung (und auch Farbtemperierung).

- Farbführung: Regelkreis
- Viskosität: Regelgröße
- Vorgabewert: Sollwert der Viskosität = Verhältnis der Komponenten Druckfarbe, Lösemittel, Verschnitt
- Messung bei der Produktion: Istwert
- Abweichungen zwischen Soll/Ist: Die Differenz (Regelabweichung) wird durch die Regeleinrichtung erfasst und berechnet.
- Regelabweichung wird als Stellgröße an das Stellglied (Regelstrecke) weitergeleitet.
- Es wird z. B. so lange Lösemittel hinzugefügt, bis der Sollwert erreicht ist.
- Permanenter Soll-Ist-Vergleich

54

a) Bahnspannung: Die einlaufende Bahn muss in einer bestimmten Spannung (materialabhängig) in die Druckmaschine einlaufen und geführt werden. Voraussetzung für einen einwandfreien Druck. Schwankungen können zu Störungen (Verdruckbarkeit), Verzug, Bahnriss u. a. führen.
Zwischentrocknung: Durch die kompakte Bauweise einer Druckmaschine im Zentralzylinder-System ist zwischen den Druckwerken eine Zwischentrocknung erforderlich. Nur so ist eine einwandfreie Farbübertragung gewährleistet.
Haupttrocknung: Nach dem Druck ist eine Trocknungseinrichtung erforderlich, die die mit Lösemitteln beladene Abluft umweltgerecht entzieht (lösemittelbasierte Druckfarben) und die Druckfarben auf der Bahn durchtrocknet.

b) Bahnspannung: Regelung, laufender Soll-Ist-Vergleich, Abweichungen werden permanent „geregelt“.
Zwischentrocknung: Steuerung; bei selbsttätig durchgeführtem Soll-Ist-Vergleich (Temperatur u. a.) eine Regelung
Haupttrocknung: Steuerung; bei selbsttätig durchgeführtem Soll-Ist-Vergleich (Temperatur u. a.) eine Regelung

55

a) Inline-Bogeninspektion nach dem Referenzprinzip. Sie stellen qualitative Abweichungen im Fortdruck fest, indem sie jeden Druckbogen mit einem im Systemspeicher abgelegten Musterbogen verglichen. Je nach System weitere Möglichkeiten, z. B. Prüfung nach PDF-Datei und OK-Bogen

b) Farbgebung (spektral), sonstige Fehler wie Fehler im Bedruckstoff, Flecken, Spritzer, Kratzer, Falten und Streifen sowie Tonen und Schmieren. Fehler werden angezeigt, zusätzlich schießt ein in der Auslage integrierter Streifeneinschießer eine Markierung ein bzw. Fehlbogen werden mit einem „InlineSorter“ automatisch ausgeschleust.

56

- Trend zu kleineren Auflagen, schneller laufende Druckmaschinen = immer kürzere Druckzeiten
- Kosten sind zu reduzieren, wenn die Druckmaschine möglichst permanent produziert.
- Zeit und damit Kosten sind vor allem dadurch zu sparen, dass unproduktive Zeiten, d. h. Rüstzeiten, reduziert werden.

57

a) Prinzip: Reflexions-Lichtschranke. Die Lichtschranke enthält einen Sender und Empfänger in einem Gehäuse. Das Licht des Senders wird von einem (externen) Reflektor im Eingangsbereich zum Empfänger (Sensor) zurückgestrahlt. Bei Unterbrechung des Lichtstrahls ändert sich die Lichtintensität, die Empfängerspannung sinkt, der Sensor wandelt diese Information in ein elektrisches Signal um und die Schaltfunktion wird ausgelöst.

b) Bogenabfühlung in den Vordermarken: Schräg-, Früh- oder Spätbogenkontrolle. Jeder „Tastkopf“ enthält einen Lichtsender und einen Empfänger. Der vom Sender ausgehende Lichtstrahl wird durch den Bogen zum Empfänger reflektiert. Kontrolleinrichtungen im Bogenlauf: Doppelbogenkontrolle. Beschreiben Sie jeweils die Funktionen.

58

a) Verarbeiten Sie alle betrieblichen Informationen zu einer Checkliste

b) Bei allen Wartungsarbeiten ist zu eigenem Gesundheitsschutz (und zur Vermeidung von Schäden an Maschinen und Einrichtungen) zu beachten:
   - Die Druckmaschine darf nur von dazu befugten, ausgebildeten Personen bedient und betrieben werden.
   - Alle Sicherheits- und Unfallverhütungsvorschriften sind bei Wartungsarbeiten zu beachten.
   - Die Maschine ist vor unbefugter Inbetriebnahme zu sichern, akustisches Signal vor dem Anlaufen.

Sicherheitseinrichtungen an Maschinen sind
- nicht abzumontieren,
- nicht zu manipulieren,
- nicht zu umgehen,
- täglich auf einwandfreie Funktion zu prüfen.

c) Liste zu den betriebsüblichen Schmierstoffen und Waschmitteln (Art, Bezeichnung, Einsatzbereich)

59

a) Der Bahnlauf-Regler positioniert eine laufende Bahn nach der Bahnkante. Das System besteht grundsätzlich aus zwei Sensoren zur Positions-Istwerterfassung (zwei Breitbandsensoren, zwei Kameras oder eine Kamera, mit der beide Bahnkanten erfasst werden können), einem Stellglied (Regelwalze mit zwei Stellantrieben) und zwei digitalen Regelgeräten.
Beispiel: Eine Bahnkante der laufenden Bahn wird von einem Sensor abgetastet. Weicht die Bahnkante von ihrer Soll-Position ab, gibt der Sensor die Größe und die Richtung der Abweichung an den digitalen Regler weiter. Dessen Positionsregler korrigiert über ein Stellglied die Bahnkante und führt diese zur Soll-Position zurück.

b) Vor dem Schneiden der Bahn muss diese exakt positioniert sein. Die Regelung gleicht Abweichungen vom Sollwert selbsttätig vor dem Schneiden (bzw. dem Schnittmesser) rasch aus. Sensoren erfassen Abweichungen an Passmarken und geben diese Informationen weiter.
Neue Rollen-Druckmaschinen sind bereits mit einem Kamerasystem ausgestattet, das umfangreiche Strangregister-Regelungsaufgaben präzise und schnell computergesteuert ausführt. Das Kamerasystem identifiziert selbst noch Marken von 0,51 mm Größe. Die Suche nach Registermarken erfolgt 30-mal pro Sekunde. Ein Positionsregler führt die Bahn in die Sollwert-Position.

60

a) Retrofit (engl.): Nachrüstung, Umrüstung; sinngemäß für Aktualisierung, Modernisierung von vorhandenen Maschinensystemen

b) Austausch, Einbau, Umrüstung, Optimierung von Maschinenelementen, -baugruppen, Ausstattungen. Ziele, Zweck:
- Automatisierung: Produktionssteigerung
- Technologie für die Produktion neuer bzw. qualitativ höherwertiger Produkte
- Flexibilität in der Produktion
- Energieeinsparung (Kosten, Umwelt)
- Umweltschutz, z. B. gesetzliche Vorgaben, eigene Leistungen

c) outsourcing: engl. Bezeichnung für Auslagerung, Leistung von außen beziehen. Betriebliche Aufgabenbereiche werden an externe Dienstleister vergeben. „Konzentration auf das Kerngeschäft", d. h. Auslagerung aller Leistungen und Aufgaben, die nicht zum Kernbereich gehören und – die Sicht des Unternehmens – so wirtschaftlicher erstellt werden können.
Beispiele: Verlagerung von IT-Aufgabenbereichen; Instandhaltung, Wartung und Remote-Service-Diagnose (Fernwartung); Druckformherstellung (Tiefdruckzylinder, Sleeves); Arbeiten im Rollenlager, Versandraum und in ähnlichen Bereichen

61

a) PPF: Print Production Format (herstellerübergreifendes Schnittstellenformat, vgl. CIP3, Speicherung technischer Produktionsdaten zur Voreinstellung der Maschinen im Workflow)
JDF: Job Definition Format (herstellerübergreifendes Schnittstellenformat, vgl. CIP4, CIM)

b) Vernetzter Workflow = Management Information System (MIS) mit sämtlichen kaufmännischen und technischen Produktionsdaten; Automatisierung von Druckvorstufe, Druck und der Druckweiterverarbeitung; Prozess-Steuerung von der Auftragsannahme bis zur Auftragsauslieferung; einmalige Datenerfassung: digitale Auftragstasche; Datenübernahme: Voreinstellung sämtlicher Anlagen und Systeme im Produktionsprozess
Effizienter Workflow: sichere, eindeutige Kommunikation im gesamten Prozess sowie zwischen kaufmännischen und technischen Bereichen, kürzere Rüstzeiten und Produktionszyklen, Material- und Energieeinsparungen, höhere Produktionssicherheit

62

a) Instandhaltung
- Wartung
- Inspektion
- Instandsetzung
- Verbesserung

b)
- Betriebssicherheit, Planungssicherheit
- Vorbeugung gegen Systemausfälle
- Maximale Verfügbarkeit für die Produktion
- Minimale Ausfallzeiten, Reduzierung von Störungen
- Sicherstellung der Funktionen und Leistungen
- Erfüllen von Sicherheits- und Umweltstandards
- Gewährleistung der Betriebssicherheit

63

Hinweise: Ordnung am Arbeitsplatz!

- Wartungsintervalle nach Betriebsanleitung beachten, in der Betriebsanleitung angegebene Schmier- und Betriebsstoffe verwenden
- Instandsetzungsarbeiten dürfen nur von dafür qualifiziertem Fachpersonal ausgeführt werden.
- Sicherheitseinrichtungen nie außer Betrieb setzen!
- Grundsätzlich ist die Maschine bei allen Wartungsarbeiten zu sichern!
- Achtung: Je nach Installation befinden sich Peripheriegeräte nicht in den gleichen Räumen und werden demzufolge oft vergessen.

a) Sensoren am Anlegesystem reinigen
Gesamte Anlage von Papierstaub und sonstigen Verschmutzungen reinigen,
Stapelketten reinigen und ölen,
Schmiernippel nach Wartungsplan

b) Saugbänder: Gleichlauf prüfen, spannen und auf Mittellage einstellen
Gebläse unter Saugbändertisch reinigen
Gesamte Anlage, insbesondere Sensoren, von Papierstaub und sonstigen Verschmutzungen reinigen, Funktionen der Sensoren prüfen

c) Farbkasten abklappen und mit Waschmittel reinigen, Seitenwände und Kontaktbereich Farbkasten zu Farbduktor sorgfältig reinigen
Einsatz einer Waschpaste (o.Ä.) entfernt Kalkablagerungen und regeneriert die Walzen.
Stellelemente prüfen und auf Null-Stellung justieren
Walzen: Grundeinstellungen, Walzenabnutzung, -verschleiß prüfen, Farbwerktemperierung prüfen; Axialspiel prüfen und einstellen, Walzenlager fetten; Walzenwascheinrichtung reinigen und prüfen

d) Feuchtmittel häufig wechseln (Verschmutzung, Versalzung), Feuchtmittelumlauf prüfen und einstellen
Wasserkasten einschließlich Zulauf, Ablauf und „Niveauwächter" reinigen
Walzen ein- und ausbauen, Feuchtwerk prüfen und justieren

e) Filter reinigen (Filterbeutel, ggf. spezielles Reinigungsmodul zur „Schlammentfernung" (Schmutz). Warmwasser-Wascheinrichtung zur Reinigung von Gerät oder Gesamtsystem mit ca. 60 °C warmem Frischwasser. Zu- und Abläufe prüfen (Dichtigkeit)

f) Zylinderoberflächen, Messringe und Schmitzringe auf Beschädigungen prüfen und bei Verschmutzung (spätestens nach jeder Schicht) sorgfältig reinigen
Grundeinstellung: Schmitzringe reinigen, Anpressdruck und Schmitzringkontakt (Folgen: zu gering, zu stark) prüfen und einstellen. Einstellungen nur mit korrektem Zylinderaufzug
Öl- und Fettnippel: Richtige Schmiermittel verwenden! Anwendung nach Schmierplan des Maschinenherstellers

g) Drucktuch von Papierstaub, Farbresten u.a. reinigen und permanent sauber halten. Stark staubende Papiere erfordern öfteres Waschen, ebenso Strichaufbau oder Puderablagerungen. Gummituchspannung nach Weisung des Maschinenherstellers mit dem Drehmomentschlüssel. Nach einem Wechsel des Gummituchs muss das Gummituch nochmals nachgezogen werden. Hinweis: Neue Gummitücher sind kühl, trocken, staubfrei und in planem Zustand zu lagern. Gummidecke ist durch Schutzbogen vor Beschädigungen und Lichteinwirkung zu schützen.

h) Greifer reinigen, Grundeinstellung kontrollieren; Übergabesystem reinigen, kontrollieren. Hinweis: Überschüssiges Fett neigt zum Spritzen. Fehldruckstellen auf Druckbogen können die Folge sein.

i) Die Ansaugfilter müssen regelmäßig gereinigt und je nach Einsatz auch gewechselt werden. Funktion des Bestäubungssystems prüfen und einstellen, Düsen reinigen

j) Sauber halten. Regelmäßig von Staub und Puder befreien. Puder am besten mit einem Staubsauger mit Bürstenaufsatz absaugen. Zur Reinigung eignen sich auch Pinsel, Bürsten oder trockene Lappen. Keine Druckluft verwenden, sonst verteilt sich der Puderstaub über die ganze Maschine und im Drucksaal. Schmiernippel nach Wartungsplan

k) Reinigen von Hand nach z.B. 50 Betriebsstunden (vgl. Betriebsanleitung). Bei stark staubendem Material eine stärkere Verschmutzung, daher häufig reinigen

64

a) Sauberkeit, Mengen an Schmierstoffen, Reste von Schmierstoffen, Entsorgung, Putzlappen

b) Entsorgung im Betrieb; gesetzliche Bestimmungen dazu beachten

c) Ölrückstände auf dem Boden oder an Tritten müssen sofort wegen besonderer Unfallgefahr entfernt werden! Je länger die Zeit des Einwirkens, desto schlechter zu entfernen. Stelle muss absolut trocken sein. Je nach Boden ggf. Ölbindemittel, Waschmittel oder ähnliche geeignete Mittel verwenden

d) Umweltschäden, Umweltstraftat. Gewässerschutz, z.B.: Gewässerverunreinigung, Gefährdung des Trinkwassers, Fischsterben

65

Beschreiben Sie diese Wartung nach den Vorgaben in Ihrem Betrieb.

66

a) Putzlappen falten und als „Ballen“ in die Hand legen, nie um die Hand wickeln
b) Spezielle Tränkbehälter, Sparbefeuchter für Reinigungsmittel benutzen. Vorteil: Es wird eine genau definierte Menge Reinigungsmittel auf eine breite Fläche des Lappens abgegeben.
c) Umweltschutz, Wirtschaftlichkeit. Einwegputztücher aus Zellstoff: Geringe Widerstandsfähigkeit, Saugkraft, hoher Anschaffungspreis. Stark verunreinigte Putzlappen müssen entsorgt werden. Mehrwegputzlappen vermeiden umweltbelastende Abfälle. Angebot von Dienstleistern, diese Lappen umweltgerecht zu reinigen und wieder zur Verfügung zu stellen. Sammlung in luftdicht verschließbaren Behältern, die Lösemittelemissionen verhindern.
d) Brandgefahr; daher ist das Anhäufen von gebrauchtem Putzmaterial, von selbstentzündlichen und feuergefährlichen Abfällen in den Arbeitsräumen verboten. Zum vorübergehenden Aufbewahren sind nicht brennbare Behälter mit dicht schließendem Deckel aufzustellen und die Inhalte eindeutig kenntlich zu machen. Diese Behälter dürfen nicht in feuer- und explosionsgefährdeten Räumen aufgestellt werden.

67

a) Volatile Organic Compounds; leicht flüchtige organische Verbindungen mit gesundheitlichen und umweltschädigenden Wirkungen
b) Gesundheitsgefährdung, Gefährdung der Umwelt, Umweltschutz
c) Betriebliche Informationen in die eigene Dokumentation einfügen (Reinigungsmittel, Lösemittel u. a.)

68

a) Messung mit einem mechanischen oder digitalen Härtemessgerät (° Shore-A-Härte), optische Kontrolle im Umfang und an den Rändern der gesamten Walze
b) Grundeinstellung nach Betriebsanleitung
Justierungen: Verreibewalzen zu Auftragswalzen
Verschiedene Methoden:
   - stehende Druckmaschine, gewaschene Walzen, „Streifenprobe“ (Folien, Tauenpapier, ggf. Seidenpapier), Zugprobe
   - Druckmaschine mit eingefärbtem Farbwerk: Walzen auf die Druckplatte vorsichtig aufsetzen, Streifenbreite nach Betriebsanleitung
   - Druckmaschine mit eingefärbtem Farbwerk: Gummierte Druckplatte vollflächig einfärben, Maschine stoppen, dass Auftragswalzen auf der Druckplatte stehen, manuelles Abheben der Auftragswalzen von der Druckplatte, Streifenbreite „ablesen“ (prüfen, vergleichen, beurteilen)

c) Geprüfte, zertifizierte Waschmittel einsetzen, Kriterien u. a.: Beständigkeit von Wasch-, Farb- und Feuchtauftragswalzen und Maschinenteilen gegen das Reinigungsmittel, Flammpunkt > 55 °C, Benzol-Gehalt < 0,1 %, Toluol- und Xylol-Gehalt < 1 %, frei von gesundheitsgefährdenden Stoffen
Auch nach automatischem Walzenwaschen die Walzen prüfen und ggf. nachreinigen: Stirnflächen, Ränder
d) Papier-/Strichablagerungen mit Wasser entfernen. Farbwerk: Durch geeignete Waschpaste bzw. den Einsatz eines besonderen Entkalkungsmittels sind Kalkablagerungen zu entfernen und die Walzen zu regenerieren.
e) Walzenlager prüfen: kein Spiel, kein Klemmen
Walzenlager fetten (Fett nach Betriebsanleitung)

69

- Betriebsinterne Lösemittelrückgewinnung durch Destillation oder Filtration
- Betriebsexterne Lösemittelrückgewinnung durch Destillation oder Filtration
- Entsorgung als Sondermüll

Beispiele:
- Flexodruck, Druckformherstellung: Nach der Auswaschung wird das verschmutzte Lösemittel destilliert und kann erneut eingesetzt werden.
- Tiefdruck: Lösemittelgehalt wird abgesaugt, Rückgewinnung durch Absorption.

70

- **Aktor:** Bezeichnung für „Wandler“, die eine Eingangsgröße, z. B. elektrische Signale, in eine andere Größe (z. B. mechanische, elektrische, pneumatische Ausgangsgröße) umwandeln und dadurch einen Prozessabauf bewirken
- **Bahnbeobachtungssysteme:** Technisches System, das in einem scheinbar stillstehenden Bild Details aus der laufenden Bahn in Rollen-Druckmaschinen zeigt. Einsatz: Kontrolle von Bilddetails, des Passers, des Farbbilds
- **Einzugwerk:** Aggregat in Rollen-Rotationsdruckmaschinen nach dem Rollenwechsler und vor den Druckwerken, das eine gleichmäßige Bahnführung und Bahnspannung regelt
- **elektronische Welle (Art, Bedeutung):** Antrieb einzelner Aggregate, Druckwerke und sonstiger Maschinenelemente durch ein virtuelles, elektronisches

Leitsystem. Die elektronische Welle überträgt keine Kräfte oder Drehmomente, sondern exakte Daten an die Einzelantriebe der Baugruppen oder Direktantriebe.

- **Getriebe, Grundgetriebe:** Maschinenbaugruppen zur Übertragung oder Veränderung von Kräften. Grundgetriebe bestehen nur aus drei oder vier Bauteilen: einem Gestell, einem Antriebsglied, einem Abtriebsglied und einer Koppel.
- **kraftschlüssige Bewegung (Kraftübertragung):** Zwei mechanische Bauelemente, die zusammenwirken, sind durch Druck oder Zug aufeinander gepresst (Wirkung: Haftreibung) und so miteinander verbunden.
- **Lösemittelrückgewinnung:** Verfahren, mit dem Lösemittel aus Druckfarben und Produktionsprozessen zurückgewonnen werden. Vorteile: Umweltschutz, Wirtschaftlichkeit
- **Registerregelung (korrekt: Passerregelung):** Selbsttätige Regelung des Bildpassers. Bildpasser: bei einem Farbdruck und einem Druckbild mit mehreren Druckfarben das exakte, positionsgenaue Über- oder Nebeneinanderdrucken der einzelnen Druckfarben
- **Sensor:** Fühler, Wandler, die eine physikalische Größe erfassen und in eine andere Größe (z. B. elektrische Signale, mechanische Steuerung) umsetzen
- **Soll-Wert:** Vorgabewert, der in einem Prozess zu erreichen und konstant zu erhalten ist
- **Wendestangen:** Baugruppe in Rollen-Druckmaschinen, die vor dem Einlauf in den Falzapparat eingesetzt wird. Sie ermöglicht das Umlenken der laufenden Bahn.
- **Zahnradgetriebe (Rädergetriebe):** Getriebe, bei denen die Kraftübertragung durch Zahnräder erfolgt

71

- **Abluftreinigung:** Reinigung der Luft, die bei einem Produktionsprozess belastet (verschmutzt) worden ist und erst nach einer Reinigung in die Umwelt gelangen darf. Beispiele für zu reinigende Ablauft: Lösemittel im Tiefdruck, Flexodruck, bei der Heatset-Trocknung im Rollen-Offsetdruck
- **Automatisierung:** Technische Verfahren, die durch Steuer- und Regelungstechnik prozessbezogene Aufgaben ohne menschliches Eingreifen erledigen. Dabei werden technische Prozessdaten (größtenteils) durch Rechner verarbeitet.
- **Bogenwendesystem (Bogen-Offsetdruck):** Technologie, die den einseitig bedruckten Bogen für den Widerdruck (Rückseitendruck) bei laufender Druckmaschine so wendet, dass die Rückseite bedruckt werden kann. Der Bogen wird dabei umstülpt.
- **Einfärbung der Druckform im Flexodruck:** Die Druckform (Klischee, Sleeve) wird durch eine Rasterwalze gleichmäßig über die gesamte Druckbreite eingefärbt. Die Farbübertragung auf die Rasterwalze erfolgt über ein Kammerrakelsystem (Einfärbung und Abrakelung der Oberfläche der Rasterwalze)
- **Drop-on-Demand:** Digitaldruck. Tintenstrahldruck, eine Systemtechnik mit piezoelektrischem Effekt. Das Piezo-Element verformt die Druckdüse kurzzeitig. Der dadurch entstehende große Druck auf die Tinte führt dazu, dass ein winziger Tintentropfen mit hoher Geschwindigkeit auf den Bedruckstoff gespritzt wird.
- **Hydraulik:** Steuerungstechnik, die mit Flüssigkeitsdruck in einem geschlossenen Leitungssystem mit einem speziellen Hydrauliköl arbeitet. Besonders geeignet ist die Hydraulik für Anlagen, die sehr große Kräfte benötigen.
- **Königswelle:** Mechanische Königswelle im Druckmaschinenbau (kaum noch verwendet). Ein oder mehrere Zentralantriebe erzwangen über Längs- und Stehwellen, Getriebe und Zahnriemen den Synchronlauf aller beweglichen Teile. Sie koppelten damit z. B. die Druckwerke, Zugwalzen, Falzapparate, Rotationsstanzen, Formatschneider usw. fest an die Bewegung des Hauptantriebs.
- **Kupplung (Funktion, Einsatzbereiche):** lösbare mechanische, elektrische oder hydraulische Verbindung zwischen Getriebeteilen oder Getrieben
- **Pfeilverzahnung:** Zahnrad, auf dem zwei Schrägverzahnungen nebeneinander im Winkel zueinander angeordnet sind. Bei Pfeilverzahnungen heben sich im Vergleich zur Schrägverzahnung die Axialkräfte gegenseitig auf. Sie ist insbesondere zur Übertragung großer Kräfte und Leistungen geeignet.
- **Schmitzring:** Druckplatten- und der Gummituchzylinder haben an den Stirnseiten jeweils Stahlscheiben angesetzt, die sogenannten Schmitzringe bzw. Messringe. Schmitzringkontakt: Im Druckprozess das Anpressen der beiden Schmitzringe unter einer Vorspannung. Durch diese Vorspannung, eine bestimmte Kraft, mit dem die Schmitzringe innerhalb des Druckwerks gegeneinander gepresst sind, wird ein optimal gleichmäßiges Abrollen der Zylinder im Druckprozess gewährleistet. Schmitz- bzw. Messringe: Referenz für die Messung der Aufzugsstärken
- **Übersetzung (Getriebe):** Mechanische Kraftübertragung als Drehmoment: Die Drehzahländerung vom Antrieb zum Abtrieb nennt man Übersetzung bzw. Übersetzungsverhältnis. Dabei ist das Übersetzungsverhältnis das Verhältnis der Drehzahl vom Antrieb zum Abtrieb. Dabei gilt: Übersetzungen ins Langsame sind > 1, Übersetzungen ins Schnelle sind < 1.
- **Zentralzylindermaschine:** Satellitentechnik, bei der um einen zentralen Druckzylinder mehrere Druckwerke angeordnet sind; Einsatz im Flexodruck

72

- **Adsorptionstechnik:** Anlagerung, Bindung von Gasen, Dämpfen oder gelösten Stoffen an der Oberfläche fester Körper, z. B. Aktivkohlefasern
- **automatische Papierrollenlogistik:** komplettes System von dem mit Regalfahrzeugen betriebenen Papierlager bis zur Beschickung der Rollenwechsler und Klebevorbereitung
- **ElektroInk-Technologie:** Digitaldruck, elektrofotografische Basis. System, das mit speziellem Toner (ElektroInk, HP) arbeitet; leitende Tonerpartikel in nichtleitender Trägerflüssigkeit
- **„Farbwerk" im Rakeltiefdruck (Einfärbesystem):** Automatische Bereitstellung der Druckfarbe: Farbbehälter mit automatischer Regelanlage (Druckfarbe, Verschnitt, Viskositätsregelung) – Farbwanne – Rakel (ggf. zusätzliche Walze). Der Tiefdruckzylinder läuft direkt in der Farbwanne.
- **Einzelantrieb:** Moderne Antriebstechnologie mit Einzelantrieben: Die „elektronische Welle" löst den mechanischen Verbund mit mechanischen Wellen und Getrieben auf und ersetzt ihn durch intelligente Einzelantriebe, die eine sehr schnelle, präzise Bewegungssteuerung in Echtzeit koordinieren.
- **formschlüssige Kraftübertragung:** Beispiel: Direkter Eingriff von gegeneinander wirkenden Formschlusskörpern (Zahnrad – Zahnrad, Zahnrad – Kette). Die Bewegungen sind zwangsläufig ohne Rutschen oder Schlupf zu übertragen und bei laufender Maschine nicht zu verändern. Beispiel an Druckmaschinen: Zylinderantrieb
- **Ist-Wert:** aktuell ermittelter Messwert in einem Prozess
- **Jobticket:** Digitale Auftragstasche; im Rahmen des Workflows ein Format zur Speicherung technischer Produktionsdaten und Auftragsdaten
- **Mechatronik:** in der Steuer- und Regeltechnik das Zusammenwirken von Elementen der Mechanik, Elektronik und Informatik
- **Pneumatik:** Einsatz von Druckluft oder druckluftbetriebenen Systemen in der Technik: Die Pneumatik nutzt die Luft (Gas) in verschiedenen Einsatzgebieten. Besonders geeignet sind pneumatische Systeme für Anlagen, deren Arbeitsfunktionen mit kleiner Kraft sehr schnell und gut steuerbar ausgeführt werden sollen.
- **Rüstzeitverkürzung:** Unproduktive, aber für die Produktion erforderliche vorbereitende Arbeiten (auch: Einrichten). Die Wirtschaftlichkeit einer Produktion erfordert Verkürzungen der Rüstzeiten, soweit dies technisch machbar ist. Beispiele: Voreinstellsysteme, automatischer Druckplatteneinzug
- **Wälzlager:** Lager für Kraftübertragselemente. Bei Wälzlagern wird die Bewegung durch Wälzkörper übertragen. Es entsteht eine Rollreibung. Wälzkörper sind z. B. Kugeln oder Rollen.

73

- **Altöl:** Genutztes, nicht mehr für die Schmierung oder andere Aufgaben zu nutzendes Öl. Altöl, benutzte Ölfilterpatronen und ölhaltige Abfälle sind entsprechend den gesetzlichen Bestimmungen einer Wiederverwertung oder Entsorgung zuzuführen.
- **Bahnspannungsregelung:** geschlossener Regelkreis (engl. Closed Loop Control), der eine vorgegebene Bahnspannung konstant hält; Ausgleich beim Einzug der Papierbahn durch Wechselwirkungen, z. B. unrunde Rollenwicklung, unterschiedliche Wickelhärte
- **Exzenter:** Mechanik: Kreisförmige Scheibe, bei der der Antriebspunkt außerhalb der Mitte liegt. Eine Drehbewegung ist damit in eine ungleichförmige Hin- und Herbewegung („eirig-rund") umzuwanden.
- **Drucklinie:** Druckzone, Kontaktbereich bei der Informationsübertragung im Druckprozess, z. B. Druckformzylinder – Drucktuchzylinder, Drucktuchzylinder – Druckzylinder mit dem Bedruckstoff
- **Druckluft:** stark komprimierte Luft
- **Druckprinzip:** Systemtechnik der Informationsübertragung im Druckprozess. In Bezug auf die Druckform und die Übertragung der Druckkraft unterscheidet man:
  Fläche – Fläche (Druckform – Druckkraft),
  Fläche – Zylinder, Zylinder – Zylinder mit der Druckfarbenübertragung direkt und indirekt
- **„Farbwerk" im Flexodruck (Einfärbesystem):** Automatischen Bereitstellung der Druckfarbe: Farbbehälter mit automatischer Regelanlage (Druckfarbe, Verschnitt, Viskositätsregelung) – Farbkammerrakel – Rasterwalze – Druckform
- **Instandhaltung:** Alle Maßnahmen zur Erhaltung einer Anlage, z. B. Lebenszyklus, Betriebsbereitschaft, Verfügbarkeit, Wirtschaftlichkeit, Prozessqualität. Dazu gehören Wartung, Inspektion, Instandsetzung und Verbesserung.
- **Kurvengetriebe, Kurvenscheibe:** Getriebearten, die vielfältigste Bewegungsabläufe ermöglichen, bestehend aus einer Kurvenscheibe (Unrundscheibe, auch eingefräste Nut als Kurve), einem Abtriebsglied mit einer Kontaktrolle und einem Hebel
- **Messring:** Am Druckplatten- und Gummituchzylinder sind an den Stirnseiten jeweils Stahlscheiben angesetzt. Je nach Druckmaschinensystem sind es Schmitzringe oder Messringe. Die Ringe am Druckzylinder sind immer Messringe. Messringe: Referenz für die Messung der Aufzugsstärken
- **Schmierung:** Maschinenbau: Reibungen sind unerwünscht, wenn sich Maschinenteile bewegen sollen. Schmierung: größtmögliche Verringerung von Reibungen
- **umfangs- und breitenvariable Produktion:** Produktionsmöglichkeit im Rollendruck: die Bahnbreite als auch die Abschnittslänge (Umfang des Druckformzylinders) sind variabel

74 (A)

75 (D)

76 (A)

77 (B)

78 (C)

79 (A)

80 (D)

81 (E)

82 (B)

83 (D)

84 (C)

85 (D)

86 (B)

87 (A)

88 (D)

89 (B)

90 (D)

91 (C)

92 (C)

93 (A)

94 (D)

95 (B)

96 (C)

97 (A)

98 (C)

99 (A)

100 (D)

Fehler im Arbeitsbuch: Richtig muss die Antwort lauten: (I, II, IV, V)

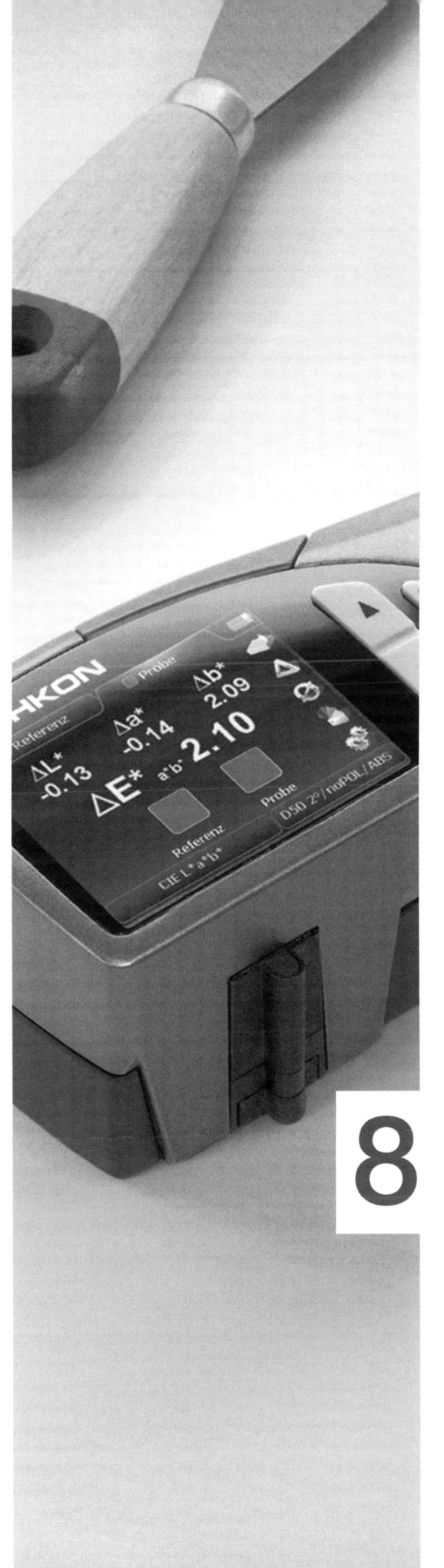

8 MESSEN UND PRÜFEN IM PROZESS

1

a) Auftragsdaten, Druckprozess (einseitig, Bogenwendung, S/W-Druck u. a.), Druckbogenformat (Bogengröße), Format des Produkts (Endformat), Umfang (Seitenzahl), Druckmaschine (max. Druckbogenformat, Papierbeginn, Greiferrand), Beschnitte, Druckverarbeitung (Falzfolge, ggf. Bindung/Heftung)

b) Papierbeginn: Waagerechte Grundlinie. Sie ist identisch mit dem Abstand von der Druckplattenvorderkante bis zum Papierbeginn im Druckprozess.
Greiferrand: „Papierstreifenbreite" am Druckbeginn, Fläche bei Papieren, die nicht bedruckt werden kann. Grund: Im Bogendruck wird jeder einzelne Druckbogen an der Vorderkante durch Greifer eines Greifersystems erfasst und durch die Druckmaschine geführt.

2

a) 1296 mm
b) 598,752 kg
c) 16000 Bg. · 16 Nutzen/Bg. = 256000 Postkarten

3

a) Tragen Sie die Informationen in die Skizze ein. Hinweise: Druckanlage an der Bogenvorderkante und einer Seite (Seitenmarke). Bund: waagerechte Mitte. Seiten 3/4 an der Bogenvorderkante, ungerade Seiten rechts vom Bund. Kopf: an der Mittellinie/rechtwinklig zur Bogenvorderkante)
Buchbinderische Anlage: Bogenvorderkante und Mitte zwischen den Seiten 3 und 4

b) Knapp an der seitlichen Bogenkante im vorderen Drittel; es sollte noch ein sehr feiner Streifen zwischen Seitenmarke und Bogenkante frei sein, damit visuell gut beurteilt werden kann.

c) Skizzieren Sie die betriebsüblichen Seitenmarken

d) Druckanlage: Anlagewinkel, an dem in der Druckmaschine der Bogen angelegt wird
Buchbinderische Anlage: Grundsätzlich identisch mit der Druckanlage. Bei Druckbogen mit zwei Nutzen (die vor dem Falzen in der Mitte geschnitten werden) ist die buchbinderische Anlage dementsprechend an dem Winkel in der Mitte.

4

a)

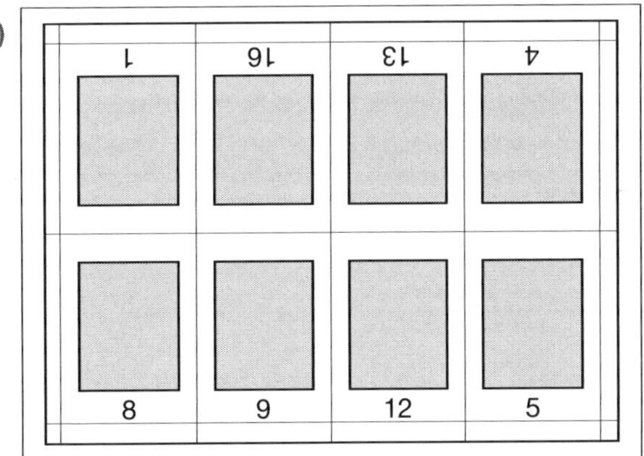

b) Tragen Sie an den entsprechenden Positionen in der farbigen Abbildung einen Pfeil mit folgenden Ziffern ein.
1 = Druckplattengröße
2 = Druckbogengröße
3 = Greiferrand
4 = Seitenmarke
5 = Beschnitt (mehrfach einzutragen)
6 = Falzzeichen
7 = Druckkontrollstreifen
8 = Passmarken

5

Vergleiche Lösung Aufgabe 4

6

a) Ausgangsformat, Fäche: DIN A0 = 1 m^2,
Seitenverhältnis: 1 : $\sqrt{2}$ = 1 : 1,414
Fortgesetzte Teilung der jeweils langen Seite ergibt das nächstkleinere Format mit gleichem Seitenverhältnis und gleichzeitig den jeweiligen Teil des Quadratmeters. Hinweis dazu: 2^0 = Bogen DIN A0

b) 841 mm × 1189 mm

c) 420 mm × 594 mm, Rohbogen 430 mm × 610 mm

d) Nutzenberechnung: DIN A5 aus DIN A1
$2^5 - 2^1 = 2^4 = 2 \cdot 2 \cdot 2 \cdot 2 = 16$ Nutzen (Blatt)

7

a) Das gegebene Rechteck ist ein Teil des Langsiebes, Produktionsrichtung von unten nach oben. Parallel dazu: Laufrichtung des Papiers

b) A: 70 cm × 100 cm SB
B: 70 cm × 100 cm BB

8

Umfang: 512 Seiten = 256 Blatt
Nutzen: $2^5 - 2^0 = 2^5$ = 32 Nutzen (Blatt)
Bogenanzahl/Exemplar: 256 : 32 = 8 Bogen DIN A0
Gewicht: 8 Bogen · 135 g/m²/Bogen = 1080 g
Gesamt: 1080 g + 2 g = 1082 g

9

a) Stechhygrometer, Schwerthygrometer: Ermitteln der relativen Feuchte von Papier als Bogen- oder Rollenware oder an gedruckten Bogen (Stapel)
b) Relative Feuchte (% rF). Messwert: Unbedingt in Kombination mit der Temperatur (°C) notieren
c) Bedeutung für die Praxis: Wareneingangskontrolle. Bei Problemen mit statischer Elektrizität, Dimensionsproblemen wie das Schrumpfen, Tellern oder Auswachsen von Papier; im Heatset-Rollen-Offsetdruck (Heatset-Web-Offsetdruck, HSWO): Strich- oder Falzbrechen, Überprüfen der Wiederbefeuchtung oder der Silikonisierung sowie Überprüfen der klimatischen Bedingungen (Luftbefeuchtung) im Drucksaal oder des Lagers

10

a) Laufrichtung parallel zum Bund; Falzen: problemloseres Falzen, da der letzte Falz parallel zum Bund liegt; Lesequalität: besseres Umlegen der Seiten
b) Laufrichtung parallel zum Bund (Innenteil wird allg. im Rollen-Offsetdruck gedruckt, ggf. Digitaldruck; d. h. die Druckmaschine und Anordnung der Nutzen geben Laufrichtung vor); Falzen: problemloseres Falzen, da der letzte Falz parallel zum Bund liegt; Lesequalität: besseres Umlegen der Seiten; Klebebindung: parallel zum Bund = geringere Gefahr durch Aufquellen der Fasern; Umschlag: Laufrichtung parallel zum Bund
c) Querformat, Laufrichtung parallel zur Bindung Hinweis: „Verspannung“ bei einseitig gestrichenen Papieren
d) Laufrichtung parallel zum Falz
e) Die Laufrichtung sollte nach dem Papiergewicht gewählt werden. HP und andere empfehlen beispielsweise die Verwendung von Schmalbahn-Papier bis 170 g/m² und die Verwendung von Breitbahnpapier ab 200 g/m².

11

a) Hygroskopisch: Eigenschaft eines Stoffs zu einem Austausch von Feuchtigkeit mit der Umgebungsluft. Papierfasern (vgl. Röhrchen, Faden) sind in der Längsrichtung stabiler als in der Querrichtung. Bei Feuchtigkeitsaufnahme quellen die Fasern in der Breite, die Faserlänge verändert sich dabei unwesentlich (vgl.: „Wer viel trinkt, wird nicht größer, sondern ...“)
b) Parallel zur Abrollung
c) Fasern quellen in der Faserbreite stärker auf als in der Faserlänge, die Fasern verformen sich dementsprechend bei Feuchtigkeitsaufnahme. Es entstehen Spannungen im Papier. Hinweis: Bei nachfolgender Feuchtigkeitsabgabe bleiben diese Spannungen mehr oder weniger im Papier (Hysteresis).

12

a) Nagelprobe; Laufrichtung parallel zur glatten Kante
b) Reißprobe; Laufrichtung parallel zum glatteren Riss
c) Streifenprobe; Laufrichtung parallel zum Streifen mit der höheren Stabilität (oberer Streifen)
d) Feuchtprobe; Feuchtigkeit bewirkt ein Quellen und damit Rollen der Fasern, Laufrichtung parallel zur nicht eingerollten Seite.

13

a) Endformat: 105 mm × 148 mm
Anzahl Blatt: 20 Seiten = 360 Blatt
Dicke: 115 g/m² : 1000 · 1,2 = 0,138 mm/Blatt
- Innenteil gesamt: 0,138 mm · 360 = 49,68 mm
- Umschlag (ca.) 200 g/m² : 1000 · 1,1 = 0,22 mm · 2 Blatt = 0, 44 mm
- Dicke Broschurenblock: 49,68 mm + 0,44 mm = 50,12 mm, Rückenstärke gerundet 51 mm

b) Höhe: 105 mm – 4 mm = 101 mm
Breite (Blockdicke) 51 mm – 4 mm = 47 mm
Gestaltungsfläche (max.): 47 mm × 101 mm

14

a) Minimal bei nur 3 mm Beschnitt: 606 mm × 852 mm
Praxis: 610 mm x 860 mm
b) Breitbahn

15

- Blatt/Exemplar: 1000 Seiten = 500 Blatt
- Papierdicke: 80 g/m² : 1000 · 1,2 = 0,096 mm/Blatt
- Dicke/Exemplar: 0,096 mm · 500 Blatt = 48 mm
- Gesamt: 48 mm + 4 mm Buchdecke = 52 mm

16

Dem Papier (Innenteil) wurde beim Druck im Heatset-Verfahren Feuchtigkeit entzogen und nicht ausreichend wieder zugeführt. Der Karton für den Umschlag hat die „normale" Feuchte. Im Endprodukt sind also zwei Materialien mit unterschiedlichem Feuchtegehalt verbunden. In normaler Raumfeuchte nimmt das Papier des Innenteils wieder Feuchtigkeit auf, es dehnt sich dadurch (in der Dehnrichtung) und steht aus dem beschnittenen „Taschenbuch-Umschlag" heraus.

17

a) Ermitteln Sie an Ihrer Druckmaschine diese Aufzugstärke
b) Zusammensetzung des Aufzugs
Hinweis: kalibriertes Unterlagematerial

18

a) Messschraube
1 Messamboss
2 zu messendes Material = Messfläche
3 Messspindel
4 Skalenhülse
5 Schnelltrieb, Gefühlsratsche
6 Bügel
7 Skalentrommel
b) A 13,22 mm
B 12,72 mm
C 12,52 mm
D 8,49 mm
E 38,25 mm

19

a) Papiervolumen =
Papierdicke mm · 1000 : Flächenmasse g/m²
b) Papiervolumen = 80 µm = 0,08 mm
0,08 mm · 1000 : 100 g/m² = 0,8

20

- Zu messendes Papier zwischen zwei Metallplatten (Zubehör zur Papierwaage) legen
- Überlappendes Papier an der Kante wegschneiden oder -reißen (Messingplatten sind gelocht, um ein präzises Muster zu erhalten)
- Muster durch das Loch an Papierwaage hängen
- An der Anzeigenadel zeigt die Papierwaage die Flächenmasse (Papiergewicht) in g/m² an

21

a) Menge: ca. 20833 Bogen, für den Auftrag ausreichend
b) Volumen des Papiers liegt unter dem „normalen" Volumen (z. B. durch starke Satinage, Verdichtung) von 1. Das Papier im Format 61 cm × 86 cm liegt als Schmalbahnpapier vor, Laufrichtung parallel zu der langen Seite 86 cm.

22

Führen Sie die Messübungen durch, dokumentieren Sie Ihre Arbeit und heften Sie das Protokoll ab.

23

30 Falzbogen à 16 Seiten = 8 Blatt
Papier A: 23,04 mm
Papier B: 47,52 mm

24

a) Blasenbildung im Heatset-Rollen-Offsetdruck: Mit dem Blistertest wird die Wirkung der Heißluft (Trockenstrecke) auf das Papier simuliert.
b) Eignung des Papiers für den Heatset-Rollen-Offsetdruck (abhängig vom Bedruckstoff und der Flächendeckung): Gefügefestigkeit des Papiers, Wasserdampfdurchlässigkeit des Strichauftrags

25

a) 40 bis 45 % rL. Bei der Heißlufttrocknung wird dem Papier Feuchtigkeit entzogen. Bei einer höheren Gleichgewichtsfeuchte kann dies – je nach Papier und Flächendeckung – zu einer Wasserdampfbildung im Papiergefüge führen. Folge wäre eine Blasenbildung.

b) Stechhygrometer, Schwerthygrometer
Beschreiben Sie den Vorgang. Hinweis: Messgerät ist öfter einmal zu kalibrieren.

26

a) Wasserdampfgehalt in der Luft. Die Luft ist ein Gasgemisch, das auch immer eine bestimmte Menge an Feuchtigkeit enthält. Je nach Temperatur kann die Luft mehr oder weniger Feuchtigkeit (Wasserdampf) aufnehmen.

b) Kalte Luft kann weniger Feuchtigkeit aufnehmen als warme Luft. Hat ein Raum bei Raumtemperatur eine normale oder relativ hohe Luftfeuchtigkeit und ist die Außenluft sehr kalt, kann diese äußere Luft weniger Feuchtigkeit aufnehmen. Trifft die Raumluft nun auf die kalte Scheibe, kühlt sie ab, sie gibt daher einen Teil der enthaltenen Feuchtigkeit an der Oberfläche ab: Das Wasser kondensiert auf der Scheibe, das Glas beschlägt.

c) Je höher die Temperatur, desto mehr Feuchtigkeit (Wasserdampf) kann die Luft aufnehmen. Wird mehr als diese bestimmte Menge (Maximum) an Wasserdampf zugeführt, dann fällt der über das Maximum gehende Dampf in Form feinster „Nebeltröpfchen" wieder aus. Vergleiche Lösungshinweise zu a) und b)

d) Zu unterscheiden sind die absolute und die relative Luftfeuchtigkeit.
   - Absolute Luftfeuchtigkeit: Wasserdampfgehalt, der in 1 m^3 Luft tatsächlich enthalten ist, Angabe in g/m^3
   - Relative Luftfeuchtigkeit (rL): prozentuales Verhältnis zwischen der absoluten (in der Luft tatsächlich vorhandenen) zu der größtmöglich aufzunehmenden Luftfeuchtigkeit bei gleicher Temperatur
     Beispiel für „normale" Luftfeuchtigkeit: 55 % rL
     Taupunkt (Niederschlag): 100 % rL

e) Hygrometer, heute mit digitaler Anzeige
Angabe in % rL (Prozent relative Luftfeuchtigkeit)

f) Sinkt die Temperatur, ohne das ein Luftaustausch möglich ist, steigt die relative Luftfeuchtigkeit an. Ist der Unterschied sehr stark, kann sich ein Feuchtigkeitsniederschlag bilden. Um Probleme im Druck und der Druckverarbeitung zu vermeiden, soll ein „normales Klima" konstant eingehalten werden: Für die Druckindustrie günstig ist eine Temperatur von 18–22 °C und eine relative Luftfeuchtigkeit zwischen 50 % und 65 %.

27

a) Probleme bei der Prozessstabilität
   - Papier nimmt insbesondere an den Randzonen Feuchtigkeit aus der Umgebungsluft auf, es wird randwellig.
   - Feuchtigkeitsaufnahme in jedem Druckwerk: Papierverzug, Passerprobleme
   - Elektrostatische Aufladung möglich: Störungen im Druckprozess (Lauf durch die Druckmaschine) und in der Druckverarbeitung

b) Entelektrisatoren einsetzen, ggf. Antielektrat-Spray

28

- Grundlage: Temperatur und Luftfeuchtigkeit hängen unmittelbar zusammen. Je höher die Temperatur, desto mehr Feuchtigkeit (Wasserdampf) kann die Luft aufnehmen. Wird mehr als diese bestimmte Menge (Maximum) an Wasserdampf zugeführt, dann fällt der über das Maximum gehende Wasserdampf in Form feiner „Nebeltröpfchen" wieder aus.
- Absolute Luftfeuchtigkeit: Wasserdampfgehalt, der in 1 m^3 Luft tatsächlich enthalten ist; Messgröße ist g/m^3.
- Relative Luftfeuchtigkeit (rL): Sie gibt das prozentuale Verhältnis zwischen der absoluten (in der Luft tatsächlich vorhandenen) zu der größtmöglich aufzunehmenden Luftfeuchtigkeit bei gleicher Temperatur an. Beispiel für eine „normale" Luftfeuchtigkeit: 55 % rL, d.h. die Luft hat 55 % der maximal möglichen Feuchtigkeit aufgenommen.
- Begründung: Wechselwirkungen zwischen der Feuchtigkeit in der Umgebungsluft und einem Feststoff (z. B. Papier) sind in gewissen Bereichen unabhängig von der Temperatur zu beschreiben. Im Gleichgewichtszustand ist der Feuchtegehalt eines Stoffs durch die relative Luftfeuchtigkeit der umgebenden Luft zu beschreiben.

29

a) Temperatur und die Luftfeuchtigkeit. Günstig für die Druckindustrie ist eine Temperatur von 18–22 °C und eine relative Luftfeuchtigkeit zwischen 50 % und 65 %.

b) Klimatisierung, Luftbefeuchtungssystem mit einer Regelung

30

Hinweis: Ein einmal verzogenes Papier nimmt kaum wieder eine einwandfreie Planlage an.

a) Ursache: Die Luftfeuchtigkeit ist höher als die Stapelfeuchtigkeit, das Papier hat an den Randzonen Feuchtigkeit aufgenommen.
   Folgen: mangelhafte Planlage
   - Verformung in der Druckzone kann sich zu einer Faltenbildung von der Bogenmitte zum Bogenende auswirken.
   - Papierverzug
   - Schlechter Passer
   - Schlechte Laufeigenschaften

b) Ursache: Die Luftfeuchtigkeit ist niedriger als die Stapelfeuchtigkeit, das Papier gibt an den Randzonen Feuchtigkeit ab und wölbt sich.
   Folgen: mangelhafte Planlage
   - Papierverzug
   - Schlechter Passer
   - Schlechte Laufeigenschaften sowie Gefahr elektrostatischer Aufladung

31

a) Papiersorte: glänzend (beidseitig) gestrichenes Papier, weiß
   Format, Laufrichtung: Das gelieferte Papier liegt in Schmalbahn (Laufrichtung parallel zur langen Seite).
   Papiergewicht (Flächenmasse): 80 g/m²
   Zertifizierung: Umweltzertifikat Forstzertifizierungssysteme zur Förderung einer nachhaltigen Waldbewirtschaftung

b) Bei fehlerhafter oder falscher Lieferung treten insbesondere bei Terminaufträgen große Probleme auf: Disposition, Maschinenbelegung, Termine nicht zu halten, höhere Kosten u. a.
   Immer mehr wird Material „bedarfssynchron" angefordert d. h. es besteht ein zeitlich enger Zusammenhang zwischen Materialbeschaffung und Produktion; Vorteil u. a. geringere Lagerkosten.
   Vergleiche heutige Strategie: Just-in-Time
   Zu beachten sind: vereinbarter Liefertermin, sachgerechtes Abladen, einwandfreie, unbeschädigte Paletten und Papierstapel, einwandfreie Verpackung, Prüfung der Etikettierung und der gelieferten Menge, Prüfung der gesamten Lieferung nach dem Bestellschein

c) $0{,}7\ \text{m} \cdot 1\ \text{m} \cdot 80\ \text{/g/m}^2 \cdot 105\,000$ Bogen =
   $5\,880\,000\ \text{g} = 5\,880\ \text{kg} = 5{,}88\ \text{t}$
   Verpackung: Eine wasserdampfdichte Verpackung, die das Papier vor Klimaschwankungen der Umgebung schützt bzw. einen guten Schutz gegen Feuchteeinflüsse bietet. Die Verpackung muss unbeschädigt sein. Beispiel: Kraftpapier, mit Polyethylen laminiert

32

a) Engl. Abk. für: Light Weight Coated, leichtgewichtig gestrichenes (Massen-)Druckpapier
b) Speziell leicht bzw. matt kalandriertes Papier
c) Sehr stabile Hülse (Pappe) als Träger der Papierbahn
d) Wasserdampfdichte Verpackung
e) Stärker verdichtetes Papier, < 1
f) Reflexionsvermögen des Papiers im Vergleich zu einem Messstandard, z. B. Magnesiumoxid-Platte
g) Grad der Lichtundurchlässigkeit (wichtig u. a. bei dünneren Papieren und beidseitigem Druck)
h) Grad der spiegelnden Reflexion, mit einem Glanzmessgerät gemessen (Spiegelreflexionswinkel)
i) Oberflächenbeschaffenheit von Papier u. Ä., verschiedene Verfahren nach DIN 53107, Messung der Rauigkeit der Oberfläche

33

a) Um Druckfarbe oder Lack anzunehmen, muss die Oberflächenspannung der Folie höher sein als die der Druckfarbe bzw. des Lacks, sonst perlt die „Flüssigkeit" ab. Hinweis auf molekulare Kräfte wie Kohäsion, Adhäsion, Oberflächenspannung, Grenzflächenspannung, Benetzung, Spreiten.

b) Corona-Vorbehandlung: Über die zu bedruckende Folie wird mit einem hochspannungsführenden Leiter eine elektrische Entladung erzeugt, welche die Oberflächenspannung der Folie verändert. An der Oberfläche entstehen dadurch polare Moleküle, an die sich Druckfarbe, Lacke oder Klebstoffe anbinden können. Angabe der Oberflächenspannung in mNm (Milli-Newtonmeter). Ablauf:
   Generator: erzeugt die erforderliche Versorgungsspannung für den Hochspannungstransformator.
   Hochspannungstransformator: erzeugt benötigte Spannung, leitet die Leistung an die Entladestation.
   Corona-Entladestation: meist als Walze ausgeführte, geerdete Gegenelektrode, über die das Material geführt wird sowie Hochspannungselektroden
   Absaugung: Absaugen des bei der Coronaentladung entstandenen Ozons, Kühlung der Elektroden
   Für gute Druckfarben oder Lackhaftung ist bei Polyolefinen (PE, PP) eine Oberflächenspannung von mindestens 39–45 mNm erforderlich.

c) Methoden mit Tinten (Dyn-Testtinte) oder entsprechenden Tintenstiften: Tinten mit niedriger bis zu hoher Oberflächenspannung werden nacheinander aufgetragen . Benetzt eine der Tinten die Oberfläche nicht mehr, ist der gesuchte Wert gefunden.

34

a) Papier besteht aus winzigen Fasern und einigen Hilfsstoffen. Papier für den Zeitungsdruck ist ausschließlich Recyclingpapier mit einem Altpapieranteil bis zu 100 %, Papiergewichte zwischen 42 g/m² und < 55 g/m² (vgl. Schreibpapier, 80 g/m²).
   - Qualität des Faserstoffs
   - Ungleiche Wicklungshärte der Rolle
   - Unzureichende Papierfeuchte
   - Probleme bei der Bahnspannung (Regelung)

b) Nur bei völlig ungeeignetem Papier (Reklamation!) käme ein Reißen der Bahn in kurzer Zeit vor.

c) Zugfestigkeitsprüfung (Bruchlast bei einem bestimmten Papier). Die Reißlänge (m oder km) ist die Länge eines Streifens Papier mit gleichbleibender Breite und Dicke, wenn dieser frei aufgehängt durch das Eigengewicht reißt (Labormessung; nicht mehr in neuen Normen definiert).

d) Papier: hygroskopischer Stoff, Feuchtigkeitsaufnahme oder -abgabe in der Umgebungsluft; bei ungeeignetem Klima (Temperatur, relative Luftfeuchtigkeit) Probleme wie Randwelligkeit, Tellern, statische Aufladung, Papierbahnriss

e) Entscheidend ist die Differenz zwischen dem „Normal-Klima“ im Papierlager und der Druckerei und dem angelieferten Rollenpapier (Temperatur, relative Feuchte in der Papierrolle, Volumen der Rolle). Zeit dementsprechend etwa zwischen einem Tag und einer Woche.

f) Zu feuchtes Papier: Wellenbildung, Quetschfalten, Papierverzug
   Zu trockenes Papier: statische Aufladung, schlechte Laufeigenschaften, Reißen der Papierbahn

g) Newsprint = Zeitungsdruckpapier, Flächenmasse (Papiergewicht) pro Quadratmeter, Faserstoff ausschließlich aus Altpapier

h) Ca. 2 EUR bis 2,50 EUR

i) Je nach Papiergewicht und Sorte ca. 20 000 m

j) Exemplarisch: je nach Auflage, Umfang und Format 30 bis 80 Tonnen (2 bis 4 LKW-Ladungen)

35

a) Anorganische Restsubstanzen im Papier, die bei einem definierten Test nicht verbrennen. Maß für an den Anteil an Füllstoffen im Papier

b) Optisches Phänomen: Bei zu vergleichenden Farben entstehen unter wechselndem Lichtquellen Farbtonabweichungen bei sogenannten „bedingt gleichen Farben“. Diese Erscheinung nennt man Metamerie. Metamere Farben erscheinen nur bei der Betrachtung unter einer bestimmten Lichtquelle gleich. Bei der Betrachtung unter einer anderen Lichtart (Lichtquelle) unterscheiden sich die zu vergleichenden Farben aufgrund ihrer spezifischen Zusammensetzung und Reflexion (charakteristische Pigmente). Vergleiche: Stofffarbe unter „Kaufhaus-Licht“ und unter Tageslicht

c) Engl. mottled = gefleckt, gesprenkelt. Fleckiges Aufliegen der Druckfarbe beim Nass-in-Nass-Druck in Bogen- und Rollen-Offsetdruckmaschinen. Ursache: ungleichmäßiges Wegschlagen der Druckfarbe in den Bedruckstoff und damit verbundene ungleichmäßige Rückspaltung auf die folgenden Gummitücher

d) Fluoreszenzfarbstoffe, die nicht sichtbares UV-Licht in sichtbares blaues Licht umwandeln. Das von der Papieroberfläche reflektierte Licht hat so einen verstärkten Blau-Anteil, der den gelblichen Stich der Papierfasern überdeckt und die Reflexion über das gesamte Spektrum erhöht: Das Papier erscheint weißer.

e) pH-Wert (lat.: potentia Hydrogenii, d. h. Wert für die Wirksamkeit des Wasserstoffs). Maßzahl für die Konzentration an Wasserstoffionen in einer Lösung, allg. das Maß für die Stärke einer Säure oder Lauge. Messung kolorimetrisch mit Indikatoren oder mit elektrochemisch arbeitendem Messgerät. Beispiele: pH 1 = stark sauer, pH 7 = neutral, pH 14 = stark alkalisch. In der Druckindustrie, insbesondere bei der Papierherstellung und im Offsetdruck, von großer Bedeutung.

f) Prozentuales Verhältnis zwischen der absoluten (in der Luft tatsächlich vorhandenen) zu der maximal aufzunehmenden Luftfeuchtigkeit bei gleicher Temperatur. Beispiel: Luftfeuchtigkeit: 55 % rL, d. h. die Luft hat 55 % der maximal möglichen Feuchtigkeitsmenge (Wasserdampf) aufgenommen.

g) Test für die Abriebfestigkeit bzw. Widerstandfähigkeit gedruckter Farben gegenüber mechanischen Beanspruchungen durch zwei in Kontakt stehende Oberflächen. Die Scheuerfestigkeit ist messtechnisch durch geeignete Geräte zu prüfen und visuell oder mit einem Spektralfotometer zu bewerten.

h) Die Weiße eines Papiers gibt an, wie viel Licht in einem definierten Bereich des sichtbaren Spektrums reflektiert wird. Die Weiße wird in Prozent ausgedrückt und bezeichnet das Reflexionsverhalten einer Papierprobe im Vergleich zu einer Barium-Sulfat-Fläche (Weißstandard, 100 %).

36

a) An der Oberfläche von Stoffen wirkende molekulare Kräfte, die die Oberfläche wie eine elastische Haut zusammenziehen, Wirkung durch Kohäsionskräfte zwischen den Molekülen des Stoffs
   - Tropfenbildung Wasserhahn u. a.
   - Wasserläufer
   - Wassertropfen „perlen“ von Oberflächen ab

b)

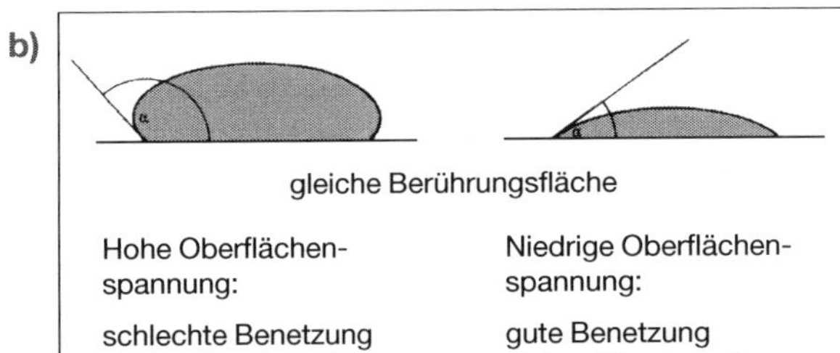

c) Druckfarbe oder Lack „perlt" ab, haftet nicht, löst sich leicht wieder ab. (Hinweis: vgl. ebenso den Einfärbeprozess im Offsetdruck)

d) Benetzung: Größe der gemeinsamen Berührungsfläche zweier Stoffe, Wechselwirkung zwischen festem und flüssigem Stoff. Maßgebend dabei sind Kohäsionskräfte und Adhäsionskräfte beider Stoffe an der Grenzflächen (Kontakt-, Berührungsflächen). Messtechnisch ist die Benetzung mit dem Randwinkel, den ein Flüssigkeitstropfen auf einem festen Stoff bildet, zu ermitteln. Grundsätzlich gilt: Randwinkel > 90° benetzt den Untergrund nicht (d. h. Tropfen ist kugelförmig).
Randwinkel < 90° benetzt den Untergrund mehr oder weniger (d. h. Tropfen „spreitet", dehnt sich auf der Oberfläche aus).

37

a) Ausstattung
Computer, computergestütztes Farbmischsystem, Spektralfotometer, Lichtkabine mit unterschiedlichen Lichtverhältnissen (z. B. Tageslicht D50, „Kaufhauslicht", Glühlampenlicht), Präzisionswaage, Andruckgerät mit geeigneter (Raster-) Druckform, Bedruckstoffe (Andruckstreifen)

b) Ablauf
- Farbmessung der Vorlage
- Errechnen der Rezeptvorschläge durch den Computer (Software)
- Auswertung der Rezeptvorschläge und Farbmischung nach ausgewähltem Rezept (Probe)
- Praxisgerechter Andruck (Bedruckstoff)
- Spektralfotometrische Auswertung
- Korrektur zur Optimierung des Rezepts und Wiederholung der Schritte
- Speicherung der Daten

38

Das Abmustern nach Standard erfordert eine Normbeleuchtung D50, 2000 lx, ± 500 lx. Um eine solche Beleuchtung einfach und schnell zu kontrollieren, hat die Ugra die Farbtemperatur-Indikatoren entwickelt. Das sind Farbstreifen, auf denen zwei verschiedene Farben aufgedruckt sind. Unter einer Beleuchtung von 5000 K sehen beide Farben gleich aus, unter anderen Beleuchtungen sehen beide Farben unterschiedlich aus. Betrachtet man diese Farbtemperatur-Indikatoren unter einer Normbeleuchtung, dürfen keine Farbunterschiede zu erkennen sein.

39

a) Klebestreifen langsam auf die Druckfläche auflegen, mit dem Finger andrücken, sodass keine Luftblasen zwischen Klebestreifen und Trägermaterial eingeschlossen sind. Dann Klebestreifen mit kurzem, scharfen Ruck bis zur Mitte abziehen, danach Rest mit einem weiteren kurzen Ruck wegreißen. Klebestreifen und Druck untersuchen, Haftung bewerten. Testergebnisse bewerten: Farbe wird mehr oder weniger stark abgezogen.

b) Unzureichende Benetzung: keine bzw. unzureichende Vorbehandlung bei Folien (Corona-Vorbehandlung, Primeraufdruck = Haftvermittler); für den Bedruckstoff ungeeignete Druckfarben, Trocknereinstellung überprüfen und optimieren

40

a) Höhere Transportmenge, höhere Kosten; Abstimmung auf das Produkt bzw. den Produktionsprozess in der Druckerei erforderlich, z. B. Druckbild (Flächen, Raster), Druckgeschwindigkeit, Bedruckstoff (Saugfähigkeit)

b) Oberflächenspannung von ca. 39–45 mNm

41

a) Auslaufbecher sind einfache Messgeräte, mit denen die Viskosität von Farben zu bestimmen ist. Die Farbe wird in den Becher gefüllt, wobei die Auslaufdüse mit einem Finger zugehalten wird. Mit einer Stoppuhr wird beim Auslaufen die Zeitspanne gemessen, bis die gesamte Flüssigkeit ausgelaufen ist.

b) Temperaturunterschiede, Fehler bei der manuellen Zeitmessung, Differenzen bei der Bestimmung des richtigen Abreißzeitpunkts, Beeinflussung durch eine verschmutzte Düse

c) Rotations-Viskosimeter

d) Verringerung bei höheren Temperaturen

42

a) Skizzieren Sie die Mess-Skala in Stufen von 0 bis 14. Markieren Sie den neutralen Wert 7. Tragen Sie mit einem zusätzlichen Pfeil ein: zunehmend sauer bzw. zunehmend alkalisch. Tragen Sie den für den Offsetdruck günstigen pH-Wert-Bereich bei 5 ($\pm$ 0,3) ein.
b) Das Wasser B ist einhundertmal saurer als das Wasser A (von Stufe zu Stufe 10-fach stärker).
c) Ca. 25 °C

43

- Schlechter – besser
- Niedriger – höher
- Langsamer – schneller
- Niedriger – höher

44

a) Dokumentation der Ergebnisse
b) Salze wie Natrium, Kalium, Magnesium, Chlorid, Nitrat, Sulfat sowie Sauerstoff, Stickstoff, Kohlendioxid dazu Mikroorganismen und verschiedene organische Verbindungen
c) Der pH-Wert gibt die Konzentration der Wasserstoffionen in einer Flüssigkeit an. Allgemeiner: eine Maßzahl, die die Stärke (Wirksamkeit) einer Säure oder Lauge in einem wässrigen Medium, z. B. Wasser, anzeigt.
d) Maßzahl für die Wasserstoff-Ionenkonzentration. Chemisch: Der negative dekadische Logarithmus der Wasserstoffionen-Aktivität. Vereinfacht: Wirksamkeit einer Säure (sauere Reaktion) oder Lauge (alkalische Reaktion) in einer Flüssigkeit. Skizzieren Sie die Mess-Skala in Stufen von 0 bis 14. Markieren Sie den neutralen Wert 7. Tragen Sie mit einem zusätzlichen Pfeil ein: zunehmend sauer bzw. zunehmend alkalisch
e) Indikatorpapier bzw. -stäbchen: Eintauchen in die Flüssigkeit, kurze Wartezeit, dann den Farbumschlag mit vorgegebener Skala vergleichen und pH-Wert ablesen (Hinweis: Für eine korrekte Messung ist nicht an Feuchtmittel mit Zusatzstoffen möglich). Messung mit einem elektronischen pH-Meter oder Multimeter mit digitaler Anzeige: Gerät in Funktion „pH" stellen, Messsonde vorbereiten und in Feuchtwasser einhängen, warten bis Anzeige sich nicht mehr verändert, Messwert in der Anzeige ablesen.
f) Wasser enthält Verunreinigungen in Form gasförmiger Stoffe (Luft, Kohlendioxid), von Mikroorganismen (Bakterien, Viren), Salzen und Schmutzpartikeln. Für den Druckprozess ist insbesondere der Gehalt an Calcium- und Magnesiumverbindungen, den sogenannten Härtebildnern, wichtig. Je nach Gehalt an Härtebildnern wird das Wasser von sehr weich bis sehr hart klassifiziert.
Bezeichnungen:
Gesamthärte: Summe aller Härtebildner
Temporäre Härte: Carbonat-Anteil
Permanente Härte: Nichtcarbonat-Anteil
Die bisher üblichen Einheiten in Deutschland und der Schweiz (dH, fH) sind nach dem SI-Maßsystem durch die Angabe der Gesamthärte in Mol pro Liter bzw. Millimol pro Liter (mmol/l) zu ersetzen.
g) Empfohlener Härtebereich: 8° dH bis 12° dH im Wasser (Angabe dH ist immer noch gebräuchlich). Drucktechnische Probleme: Kalkablagerungen (Blanklaufen der Farbwalzen), Ablagerungen auf dem Gummidrucktuch, Beeinflussung des pH-Werts, Schwankungen des pH-Werts, evtl. Korrosion durch Anteile von Chlorid, Sulfat oder Nitrat
h) Ermittlung der Gesamthärte
  - Messung nur im Wasser, nicht im Feuchtmittel
  - Teststreifen kurz in Wasser eintauchen
  - Nach ca. 2 Minuten Farbumschlag mit Farbmuster vergleichen und Messwert ablesen
  - Zu beachten: Die Puffermittel im Feuchtmittelzusatz verhindern die Wasserhärtebestimmung! Nur in Frisch- oder entsalztem Wasser kann die Härte bestimmt werden.

45

a) Einfluss durch alkalische oder saure Bestandteile: Probleme bei saurem Feuchtmittel unter pH 5: Trockenschwierigkeiten der Druckfarbe, Oxidation der Metallfarben, geringere Auflagenbeständigkeit der Druckplatte. Probleme bei alkalischem Feuchtmittel über pH 7: Herabsetzung der Grenzflächenspannung zwischen der Druckfarbe und dem Feuchtmittel: Die Farbe emulgiert stärker, das Einfärbesystem auf der Druckplatte neigt zum Tonen.
b) Ein bestimmter Anteil an Pufferlösungen hält den pH-Wert weitgehend konstant. Automatische Feuchtmittelaufbereitung

46

Skizzieren Sie je einen Untergrund mit einer guten und einer schlechten Benetzung durch einen Wassertropfen. (Vergleiche Lösung 36b)

47

a) Der Leitwert, präziser die Leitfähigkeit, ist ein Maß für das elektrische Leitvermögen eines Stoffs. Je höher die Salzkonzentration im Feuchtmittel ist, desto höher ist der Leitwert.
Der Leitwert ist bei frisch angesetztem Feuchtmittel mit allen Zusätzen (Neuansatz) zu ermitteln, dieser Wert ist dann der Standard.
Der Leitwert kann genutzt werden, um die Feuchtmittelzusatzkonzentration und die Prozessstabilität (Systemverunreinigung) zu überwachen. Der angezeigte Leitwert ist also nur ein „Störfallindikator". Starke Schwankungen zeigen an, dass das Feuchtmittel zu wechseln ist.
Zu beachten: Es wirken viele Parameter auf den Leitwert ein, z. B. Temperatur, Verunreinigungen, IPA-Anteil.

b) Siemens pro Längeneinheit, S/cm
Verwendete Einheiten: mS/cm, µS/cm

c) Elektronisches Multimeter zur Messung des Leitwerts:
- Gerät in Betriebsbereitshaft schalten
- Anzeige µS wählen
- Einhängen der gereinigten und kalibrierten Messsonde in das Feuchtmittel
- Messwert pendelt sich ein, ablesen

48

a) Leitwert höher
b) Leitwert niedriger
c) Leitwert höher
d) Leitwert niedriger

49

a) Geräte: Messspindel und Messzylinder.
Messmethode: Prinzip des Auftriebs. Je tiefer die Messspindel in die zu messende Lösung einsinkt, desto geringer ist die Dichte.
Messung:
- Messzylinder mit ca. 250 mL Feuchtmittel befüllen
- Spindel in den Messzylinder gleiten lassen
- Ruhephase, damit Luftblasen nicht stören
- Ablesen der Konzentration an dem Punkt der Skala, wo die Skala die Wasseroberfläche durchbricht

Zu beachten: Temperatur des Feuchtmittels messen. Ein elektronisches Multimeter mit einer Leitwertsonde misst die Temperatur und die IPA-Konzentration.

b) Isopropanol ist eine leicht flüchtige organische Verbindung. Nach der Lösemittelverordnung gilt IPA als VOC (volatile organic compound). Wirkungen, Verhalten: Rasches Verdunsten bei Raumtemperatur, niedriger Flammpunkt bei 12 °C, Dämpfe sind leicht entzündlich.
Gesundheit, Umwelt:
- Hautreizungen (Schutzhandschuhe tragen)
- Reizung der Augen und Atmungsorgane
- Mögliche Folgen bei erhöhter Konzentrationen: Kopfschmerzen, Schwindelgefühl, Übelkeit, Schläfrigkeit, Benommenheit, Bewusstlosigkeit, hohe Dosis verursacht Nervenschäden.

Verwendung: nur in gut belüfteten Räumen
Dabei Arbeitsplatzgrenzwert (AGW) nach geltender Verordnung beachten.
Umwelt: Bildet zusammen mit Stickstoffoxiden unter Sonneneinstrahlung Ozon und andere umwelt- und gesundheitsschädliche Fotooxidantien (Sommersmog). Isopropanol-Emissionen tragen zur Erwärmung der Erdatmosphäre bei (Treibhauseffekt).

50

- Informieren Sie sich. Besprechen Sie Ihre Informationen im Betrieb und der Berufsschule.
- Heften Sie das erstellte Manuskript in Ihre Dokumentation ab.

51

Messung der Viskosität niedrigviskoser Druckfarben. Der Drehwiderstand (Fließwiderstand) einer solchen Messeinrichtung verhält sich direkt proportional und exakt zur Viskosität. Ein Regelsystem hält die gewünschte Viskosität konstant.

52

a) Vorbereitungen
- Gerät mit der Düse sorgfältig reinigen
- Gerät, Temperatur: „normale" Raumtemperatur, Handwärme kann das Messergebnis bereits beeinflussen
- Lack gut aufrühren
- Stoppuhr bereit halten

Messung
- Auslaufbecher füllen, Düse zuhalten, Luftblasen entweichen lassen
- Düse öffnen und gleichzeitig Auslaufzeit stoppen
- Zeitmessung ist abgeschlossen, wenn der Flüssigkeitsfaden abreißt
- Auslaufzeit an der Stoppuhr ablesen, Wert auf volle Sekunden auf- oder abrunden

Abschluss
- Reinigen der benutzten Geräte
- Messwert dokumentieren

b) ... desto dickflüssiger ...
c) Bei einer Temperatur von 10 °C beträgt die Auslaufzeit eines Lacks etwa 75 Sekunden. Je höher die Temperatur, desto kürzer die Auslaufzeit. Bei einer Temperatur von 40 °C hätte der gleiche Lack eine Auslaufzeit von etwa 38 Sekunden.

53

a) Vickers-Härte (VH)
b) Ca. 200–220 HV

54

a) Blasenbildung (Blistering), Strich- und Falzbrechen, Druckglanzprobleme, statische Elektrizität
b) Schmieren, Druckglanzprobleme
c) Farb- und Strichaufbau, Tonwertzunahme, Druckplattenverschleiß
d) Temperatur von Papier, Druckfarbe, Drucklack
e) Druckwalzen, Walzenschlösser, Getriebekästen, Gummitücher

55

Ca. 184,6 mm und 270,7 mm

56

a) Tiefdruck: Näpfchenvolumen, Qualitätskontrolle von laserstrukturierten, gravierten und geätzten Druckformzylindern (Länge, Breite, Tiefe, Fläche u. a.), 3D-Messung
Flexodruck: Rasterwalze, Näpfchenvolumen sowie molettierte Zylinder, Messung von Rauigkeitsstrukturen, Stahlstichplatten (Intaglio)
b)
- Anilox
- Gravierte Näpfchen
- Geätzte Näpfchen

c) Geometrie der Lage (Bezeichnung auch in anderen Bereichen verwendet): Form, Größe und Lage von Objekten

57

a) 1 005,31 mm
b) ± 0,5 µm

58

a) Alle Sicherheitselemente in Kombinationen möglich
Bedruckstoff: Wasserzeichen, Fäden, Fasern
IR-Merkmale, UV-Fluoreszenz
Vorstufe: spezielle Raster und Rastereffekte (Wellen, Tropfen)
Druck: Guillochen, Mikroschriften, holografische Elemente, Intagliodruck (Stahlstich, fühlbare „Prägung“), Kaltfolien
Farben, Lacke: Metallic, Iriodin, IR-reflektierte Farbe
Elektronik: RFID
b) EAN-Code, Europäische Artikel-Nummerierung; maschinenlesbarer europäischer Strichcode aus hellen und dunklen Balken. Die einzelnen Balken stehen in Gruppen für Länderkennzeichen, Betriebs- und Artikelnummern.
RFID (Radio Frequency Identification): Funkerkennung ohne Sichtkontakt oder Berührung; Technologie ermöglicht durch Radiowellen ein berührungsloses Kennzeichnen (Informationen schreiben) und Erkennen (Informationen lesen) ohne Sichtkontakt zwischen dem Lese-/Schreibgerät und dem RFID-Tag auf einem etikettierten Produkt.
c) Minimale Punkthöhe von 0,2 mm (Kartonqualität), Empfehlung 0,5 mm
d) Braille-Schrift, erfunden 1825 vom Franzosen Louis Braille

59

a) Mechanische und digitale Härtemessgeräte
Shore-A: Messung mit einer Nadel mit abgestumpfter Spitze, Stirnfläche ist ein Kegelstumpf. Handmessgerät auf das Gummituch anpressen, sofort nach dem Aufdrücken den Wert ablesen.
b) Messung Shore A: der Widerstand gegen das Eindringen eines Körper bestimmter Form unter definierter Federkraft. Die Dicke des Probenkörpers soll > 6 mm betragen. Diese Bedingungen kann ein Drucktuch mit Dicken zwischen 1,35 mm und 3,00 mm nicht erfüllen. Daher sind Shore-A-Messungen an Drucktüchern allgemein nicht aussagefähig.

60

Heften Sie Ihre Dokumentation ab.

61

a)

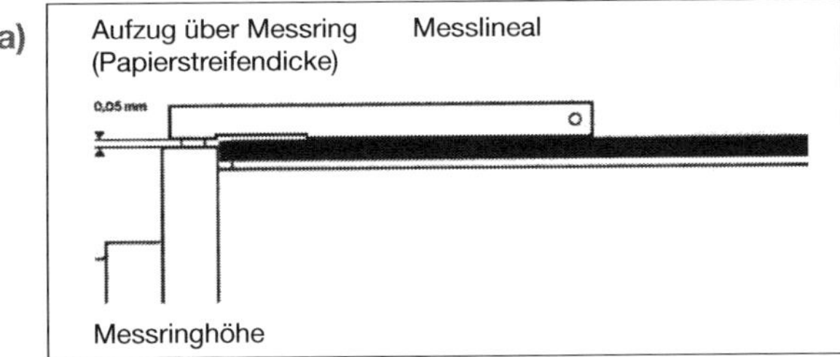

b) Der Aufzug am Gummituchzylinder liegt genau auf Höhe des Mess- bzw. Schmitzrings. Alle drei Papierstreifen (gleiches Material) liegen nach Andrücken gleichmäßig stark auf der Oberfläche des Gummituchs und auf dem Mess- bzw. Schmitzring.

62

a) Die Aufzug-Zylindermessuhr besteht aus einem stabilen Grundträger mit drei Präzisions-Messuhren und einem Handgriff.

b) Fachgerechtes Arbeiten
- Gummituch und Schmitzring mit einem Papierbogen abdecken.
- Messeinrichtung parallel zur Zylinderachse so aufsetzen, dass der Tastfuß der äußeren Messuhr auf dem Schmitzring steht.
- Mit dem Handgriff die Messeinrichtung gleichmäßig auf dem Gummituchzylinder andrücken und alle Zeiger der Messuhren auf null (0) einstellen.
- Messeinrichtung auf die Mitte des Gummituchzylinders verschieben.
- Bei gleichem Anpressdruck zeigen die beiden Messuhren in der Mitte und links weiterhin null an.

c) Die rechte Messuhr zeigt den Höhenunterschied zwischen Gummituch und Messring- bzw. Schmitzring an.

d) Linke Uhr: – 0,37 mm
Rechte Uhr: + 0,032 mm

63

Der Fehlpasser soll nach dem ProzessStandard Offsetdruck nicht größer sein als die Hälfte der Rasterweite (AM-Raster); maximale Abweichungen demnach bei 80 L/cm bis 62 µm = 0,062 mm.
Nach MedienStandard Druck: Passerabweichungen maximal 80 µm bei allen Rasterweiten
Digitaldruck, Konformitätsprüfung: Fehler im Bildpasser kleiner als 0,1 mm

64

• Druck	Pa, bar
• pH-Wert	Wasserstoff-Ionenkonzentration
• Stromstärke	A
• Härtegrad des Wassers	°dH, mmol/L
• Geschwindigkeit	m/s
• Benetzungsgrad	Randwinkel
• Oberflächenspannung	mN/m
• Leitfähigkeit	µS/cm
• Temperatur	°C
• Farbabstand	ΔE (Delta E)
• Elektrische Spannung	V
• Lichtart	D50

65

a) Beobachtungsgerät für periodische Vorgänge bzw. deren Geschwindigkeiten, z. B. zur Kontrolle des Druckbilds bei laufenden Rollen-Rotationsdruckmaschinen. Funktion: Bewegungstäuschung (optische Täuschung) beim Betrachten bewegter Gegenstände, wenn diese durch periodisch verändertes Licht beleuchtet werden. Bei der Bewegung der laufenden Bahn in der gleichen Frequenz erscheint das Druckbild „stehend".

b) Anpassen der Blitzfolge an die Druckgeschwindigkeit

c) Gleiche Frequenz: Bild in Ruhe
Geringere Frequenz der Bewegung: langsamer erscheinende Vorwärtsbewegung
Höhere Frequenz der Bewegung: Rückwärtsbewegung

66

• 12,5	m	in	mm	=	12500
• 0,3	cm	in	m	=	0,003
• 0,05	mm	in	µm	=	50
• 25	µm	in	mm	=	0,025
• 12000	cm^2	in	m^2	=	1,2
• 2	dm^2	in	cm^2	=	200
• 1	ha	in	m^2	=	10000
• 35000	mg	in	kg	=	0,0035
• 2500	kg	in	t	=	2,5
• 18000	min	in	h	=	300
• 3,3	h	in	min	=	198
• 12000	s	in	h	=	3,33
• 12	MB	in	Byte	=	12582912
• 18500	KB	in	MB	=	18,0664

67

a) Hohe Druckgeschwindigkeit, zu hohe Ablegestapel, unzureichende Einstellungen am Ausleger, kein Bestäubungspuder, falsche Pudersorte, fehlerhafte Einstellung, nicht planliegender Bedruckstoff, elektrostatisch aneinanderhaftendes Material, ungeeignete Druckfarbe, ungenügende Abstimmung auf das Wegschlagverhalten des verwendeten Bedruckstoffs, d.h. zuviel Druckfarbe auf einem Papier mit einer geringen Wegschlagefähigkeit.

b) Schwere Papiere oder Karton pressen durch ihr Eigengewicht die Luft zwischen den Bogen (= Luftkissen) heraus. Kleinere Stapel auslegen und ggf. bestäuben. Geeignete Korngröße des Bestäubungsmaterials für den Bedruckstoff beachten. Je schwerer der Bedruckstoff, desto gröber ist das Puder zu wählen. Die Fallhöhe einstellen, dass der Bogen nicht zu tief fallen muss und dadurch segelt. Die Greiferauslösung so einstellen, dass der Druckbogen nicht zu den vorderen Anschlägen hinschleift. Die seitlichen Geradstoßer dürfen nicht unter das fallende Papier kommen. Abstellen, um die Schiebebewegung zu verhindern. Der Druckbogen muss sanft und ruhig in die Auslage hineinfallen, um das Ablegen durch Scheuern zu verhindern. Möglichst knappe Farbführung, ggf. andere konzentriertere Druckfarbe verwenden.

68

a) Die Druckfarbe bleibt auf dem Bogen längere Zeit feucht und frisch und trocknet auch nach entsprechender Zeit nicht nagelhart durch.

b)
- Ungeeignete Druckfarbe
- Falscher pH-Wert des Feuchtmittels
- Zu hoher Trockenstoffzusatz
- Druckfarbe zu stark „verdünnt“

c) Wechselwirkungen zwischen Bedruckstoff und Druckfarbe, falsche Druckfarbe gewählt: Wenn auf Bedruckstoffen mit einer nicht oder gering saugfähigen, geschlossenen Oberfläche eine nur rein wegschlagende Druckfarbe verwendet wird, kommt es zu einer sehr langsamen Trocknung ohne intensives Durchtrocknen des Farbfilms. Eine wegschlagende und zusätzlich oxidativ oder eine rein oxidativ trocknende Druckfarbe verwenden. Ein genau dosierter Zusatz von Trockenstoff verkürzt die Trocknungszeit oxidativ trocknender Druckfarben und härtet den Farbfilm stärker durch. Die Wirkung kehrt sich um, wenn zuviel Trockenstoff beigemischt wird: Die Trocknungsfähigkeit der Druckfarbe wird stark vermindert.
Ein pH-Wert < 5 wirkt abbauend auf die in oxidativ trocknenden Druckfarben enthaltenen Metallsalze des Trockenstoffs. Das Feuchtmittel nicht zu sauer ansetzen, den pH-Wert öfters kontrollieren.

69

a) Das Erscheinen doppelter Bildelemente (z.B. Rasterpunkt) im Druckbild durch ein Rückspalten der Druckfarbe auf das nachfolgende Drucktuch und dazu eine Dimensionsveränderung des Papiers. Der Druck wird dadurch in seinen Tonwerten zu voll und wirkt unscharf, Tonwertverschiebungen. Alle Bildelemente wie Schrift, Strichelemente und Rasterpunkte) können je nach möglicher Ursache nach allen Seiten dublieren.

b)
- Zu hohe Zügigkeit der Druckfarbe (Kräfte beim Abziehen vom Gummidrucktuch)
- Starke Unterschiede im Dehnungsverhalten, der Glätte, der Dicke und der Saugfähigkeit hintereinanderliegender Bogen (unterschiedlicher Verzug)
- Unzureichende Präzision im Anlagepasser und Bogenlauf (Übergabepasser)
- Falsche Abwicklung der Zylinder im Druckwerk, zu starke Aufzüge
- Gummidrucktuch nicht genau gespannt, sitzt locker
- Greifereinstellung mangelhaft

c)
- Sorgfältige, präzise Maschineneinstellung, besonders am Anleger und den Greifern
- Verminderung der Zügigkeit der Druckfarbe durch entsprechende Zusätze (maximale Dosierung beachten)
- Aufzüge und Aufzugsstärken prüfen und optimieren
- Druckbeistellung zwischen Gummidrucktuch und Druckzylinder vermindern

70

a) Der Bedruckstoff liegt nicht plan, es haben sich ungleich verteilte Wellen gebildet.

b) Papier ist unzureichend klimatisiert (Lieferung), zu hohe Luftfeuchtigkeit im Papierlager, Papierstapel ist unterkühlt, randwelliges verbeultes und verspanntes Papier

c) Wareneingangsprüfung (Temperatur, Feuchte), ausreichend lange Klimatisierung im verpackten Zustand

71

a) Tonwertverschiebungen durch unscharfes Druckbild, Vollerwerden der Bildelemente
b) Ursachen vergleichsweise wie beim Dublieren
c) Sorgfältige, präzise Maschineneinstellung, besonders am Anleger und an den Greifern, Verminderung der Zügigkeit der Druckfarbe durch entsprechende Zusätze (maximale Dosierung beachten), Aufzüge und Aufzugsstärken prüfen und optimieren, Druckbeistellung zwischen Gummidrucktuch und Druckzylinder vermindern

72

a) Beim Mehrfarbdruck ist im Fortdruck kein einwandfreier Passer zu erzielen, die einzelnen gedruckten Farben werden nicht 100%ig deckungsgleich auf die Papieroberfläche übertragen.
b) Differenzen durch eine mangelhafte, ungleichmäßige Bogenanlage (Greifer, Bogenübergabe) oder Bahnführung (Rollendruck),
falsche Abwicklung, zu hohe Druckbeistellung, materialbedingte Passerschwierigkeiten (Papiersorte, Gleichgewichtsfeuchte u. a.)
c) Maschineneinstellungen prüfen und optimieren, glatt liegendes, ausreichend klimatisiertes Papier mit optimalem Feuchtigkeitsgehalt verwenden, im Bogendruck möglichst Schmalbahnpapier verwenden

73

a) Vollerwerden; optische und/oder mechanische Punktverbreiterung bei der Wiedergabe von Rastern
b) Zu hohe Druckspannung (Gummidrucktuch – Druckzylinder/Bedruckstoff),
ungeeigneter Aufzug des Gummituchzylinders (Art des Gummituchs, der Unterlagen),
Oberfläche des Bedruckstoffs zu rau, erfordert eine höhere Druckspannung (zu feiner Raster?),
ungeeignete Druckfarbe (zu „dünn", zu viel Zusätze)
c) Druckabwicklung (Aufzüge, Druckspannung) prüfen und optimieren,
Eignung der Druckfarbe prüfen, ggf. Druckfarbe wechseln

74

a) Bogenlauf: Bogen „kleben" aneinander oder beim Bogentransport auf dem Anlagetisch und in der Anlage, unsaubere Auslage; Bahnführung, Transportschwierigkeiten: Rollenpapier „klebt" an Leitwalzen oder metallischen Teilen, höhere Gefahr von Bahnrissen
b) Ungünstige Klimaverhältnisse und Bedingungen: vor allem zu geringe Luftfeuchtigkeit,
elektrische Leitfähigkeit der Materialien, Materialart (Papier, Folie),
Trenngeschwindigkeit und Oberflächenbeschaffenheit des Materials
c) Klimatisierung im Papierlager und Drucksaal: Luftbefeuchtung und entsprechende Temperatur
Entelektrisierungsgeräte (Ionisierungsgeräte): Wirkung ist die Erhöhung der Leitfähigkeit der Luft, dies verhindert den Aufbau statischer Ladung durch rasches Abfließen.
Bei optimalem Feuchtigkeitsgehalt des Papiers – Gleichgewichtsfeuchte im Stapel zwischen 45 % und 55 % – sind keine Schwierigkeiten zu erwarten.

75

a) Farbabrieb einer bedruckten Oberfläche nach mehrmaligen Belastungssituationen. Wesentliches Qualitätsmerkmal ist die Scheuerfestigkeit (Abrieb durch eine geringe mechanische Stabilität) einer Verpackung.
b) Papier-/Kartonsorte: mattgestrichene Sorte
Wechselwirkungen: mangelhaftes Abstimmen von Bedruckstoff, Druckfarbe und Trocknung der Druckfarbe
Bestäubungspuder: ungeeignet, z. B. zu grob
Als Folge scheuern die Puderpartikel beim Falzen, Zusammentragen und Schneiden und verschmutzen den Druckbogen (sichtbare Streifen, Druckstellen) und auch die Verarbeitungsmaschine.
c) Grundsätzlich ist das Scheuern eines Drucks durch eine optimale Abstimmung der Kombination Papier, Druckfarbe, Trocknung zu vermeiden.
Unbekannte, problematisch erscheinende Bedruckstoffe vor dem Druck testen
Geeignete Bestäubungspuder verwenden, richtig dosieren, auf gleichmäßiges Bestäuben achten

76 (A)

77 (D)

78 (D)

79 (B)

80 (A)

81 (A)

82 (A)

83 (C)

84 (A)

85 (C)

86 (C)

87 (C)

88 (A)

89 (C)

90 (A)

91 (E)

92 (B)

93 (B)

94 (E)

95 (D)

96 (A)

97 (B)

98 (A)

99 (D)

100 (C)

9 PROZESS-STANDARDS

1

a) Fragen Sie in Ihrem Betrieb nach möglichen Unstimmigkeiten und Problemen. Hinweise dazu:
   - Kommunikation Kunde – Verkaufsaußendienst: eindeutige Vereinbarungen, schriftlich erfassen und bestätigen
   - Farbkommunikation: Farbe auf dem Monitor (des Kunden) – Farbe im Druck
   - Bedruckstoff: Qualität, Farbwiedergabe
   - Termin der Lieferung nicht eingehalten
   - Fehler in der Termindisposition
   - Papierlieferung zu spät

b) Fragen Sie in Ihrem Betrieb nach und schreiben Sie die Begründungen dazu auf.

2

a) Ziel: identischer Farbeindruck im Workflow Farbkalibrierung zur Abstimmung sämtlicher Eingabe-, Bildbearbeitungs- und Ausgabesysteme, z. B. Monitor (digitale Bildwiedergabe), Rechnersystem, Bildbearbeitungsprogramm, Digitalproof, Ausgabesystem (CtP), Druckmaschine (Offsetdruck, Digitaldruck)

b) Prozessbedingungen: Jeder industrielle Prozess benötigt bei der Produktion Toleranzen in bestimmten Grenzen. Diese sind nicht durch Colormanagement oder den ProzessStandard Offsetdruck zu vermeiden.
Farbe: Farben sind optische Sinneseindrücke – jeder Mensch sieht Farben nach seinem „Empfinden“. Beleuchtung bei der Farbabstimmung, Farbbewertung unter verschiedenen Lichtquellen.

3

a) Farbe ist ein Sinneseindruck, der durch Nervenreize hervorgerufen wird. Individuelle Farbempfindung: Im Zusammenwirken von Auge (Zapfen, Stäbchen), Nervenleitungen und Gehirn sehen wir – immer subjektiv, da immer individuelle Stimmungen, Bewertungen und ggf. Fehlsichtigkeiten zu berücksichtigen sind – unsere Umwelt in unterschiedlichsten Helligkeiten und Farben.

b) Der Sinneseindruck Farbe ist mit Worten nicht eindeutig anzugeben.

c) Hinweis: Die bunten Balken sind in allen vier Feldern gleich, nur der Hintergrund wechselt.

4

a) Simultankontrast bezeichnet nicht Kontrast zwischen Farben, sondern das simultane (gleichzeitige) Sehen (Wahrnehmen) der Gegenfarbe, auch wenn diese objektiv fehlt.
Das heißt, die simultan erzeugte Gegenfarbe entsteht als eine (subjektive) Farbempfindung erst im Gehirn des Betrachters.
Dabei wirkt das Umfeld mit: Zwei gleiche Farben ergeben auf unterschiedlichen Hintergrundflächen unterschiedliche Helligkeits- und Farbeindrücke.

b) Der farbige Hintergrund wirkt mit: Je dunkler der Hintergrund, desto stärker leuchtet der Kreisring.

c) Ohne standardisierte Beleuchtung (Lichtquelle) ist ein Abmustern nicht möglich.

5

a) Druckerei: Lieferung von Daten (an die Agentur)
Grundsätzlich
   - Lieferung der Daten nach MedienStandard, Richtlinien gemäß PSO. Datenaustausch nach der Norm PDF/X ...

   Farbverbindlicher Prüfdruck
   - Simulation: absolut farbmetrische Transformation, Papierweißsimulation

   Vorgaben
   - ISO 12647-7
   - MedienStandard Druck 2010

   Bestandteile
   - Ugra/Fogra-Medienkeil CMYK
   - Vollständige Statuszeile

   Hinweis
   - Bei der Datenanlieferung wird zusätzlich das zur Prüfdruckerstellung bzw. Separation verwendete ICC-Profil mitgeliefert.

   Ziel
   - Ziel ist eine messbare Qualität.

b) Fehlerfreie Produktion
   - Optimale Bildwiedergabe
   - Farbwiedergabe nach Kontraktproof
   - Detailschärfe, Glanz
   - Optimale Wiedergabe der Hausfarbe
   - Gute Haltbarkeit der Klebebindung,
   - Gutes Aufschlagverhalten
   - Ziel ist eine visuelle Qualität (visuelles Empfinden).

6

Anforderungen ergeben sich aus Qualitätsmerkmalen des Produkts sowie dem typischen Erscheinungsbild: edle Verpackung = edles Produkt

- Optimale konstante Farbwiedergabe (Verpackungen im Regal vergleichbar)
- Konstant gutes Material: Haptik, mechanische Festigkeiten
- Materialverarbeitung: Knick-Pack muss einwandfrei funktionieren
- Nachdruck einer Verpackung: exakt die gleiche Farbe

7

a) **Beispiele „positiv" (exemplarisch)**
Typografie, Gestaltung
- Layout, Schriftart Fließtext und Schriftgröße
- Zeitungsformat

Druck
- Gute Bildwiedergabe

Beispiele „negativ" (exemplarisch)
Typografie, Gestaltung
- Titel, Überschriften zu groß
- Hurenkinder, Schusterjungen
- Spalten zu schmal
- Zu große Bilder, mehr Informationen

b) Positionierung der Anzeige im Blickfeld
Gute Farb- und Detailwiedergabe im Druck

8

a) Eine systematische Untersuchung der Qualität von Systemen, Prozessen und Produkten entsprechend den Anforderungen eines Qualitätssicherungssystems. Die Prüfung wird durch unabhängige, besonders qualifizierte Auditoren durchgeführt.
Beispiele: Qualitätsaudit (PSO), Öko-Audit

b) Ziel: Verbesserung des gesamten Systems sowie das partnerschaftliche Suchen nach optimalen Lösungen im Unternehmen:
Kommunikation im Unternehmen, Prozessabläufe, Workflow-Optimierung, Standards verbindlich umsetzen ...
Kundenwunsch (Öko-Audit): Einsatz von Papieren, deren Primärfasern aus ökologisch nachhaltig bewirtschafteten Wäldern stammen und bis zum fertigen Druckprodukt eine lückenlos zertifizierte Produktions- und Handelskette durchlaufen.
Erfragen Sie, wie in Ihrem Betrieb ein Qualitätsmanagement gesehen und umgesetzt wird.

9

Die Verpackung ist die Visitenkarte des Produkts
- Zertifizierung des Unternehmens
- Einhalten aller gesetzlicher Vorschriften für den Verpackungsdruck
- Sehr gute, konstante Farbwiedergabe (Farbton)
- Spezielle Druckfarben: Auswahl entsprechend der Lebensmittelverpackungen
- Sehr gute Farbhaftung
- Keine „Stoffübergänge, z. B. Migration, unsichtbarer Abklatsch (Hinweis: Barriereschicht)
- Keine toxikologische gesundheitliche Beeinflussung des Packguts
- Hinweis: GMP-Leitlinie (Code for good manufacturing practices for flexible and fibre-based packaging for food)

10

a) „Erscheinungsbild", Corporate Identity des Unternehmens und der Marke
- Exklusiver Umschlag: Schweizer Broschur
- Prägung, Spotlack
- Titelseite personalisiert
- Persönliches Anschreiben mit der Einladung zu den Events (im Überblick)
- Anreise: Anfahrt (Koordinaten), Ankunft ...
- Personalisierte Hotel-Reservierung von ... bis ...
- Event am 1. Abend
- Ergänzen Sie Ihre eigenen Ideen

b) Digitaldruck
Nur im Digitaldruck sind einzelne umfangreiche und personalisierte Einladungen zu drucken.

11

Zukunftssicherung des Unternehmens:
Kundenzufriedenheit, Erfolg und Misserfolg am Markt
- „Seelenloses" Messen und Prüfen ist statisches Handeln!
- Jeder Mitarbeiter muss sich als Teil des Unternehmens verstehen (und verstehen können). Jede Tätigkeit ist ein Teil des Ganzen und damit beteiligt am Erfolg des Unternehmens.
- Ziel der Unternehmensleitung und aller Mitarbeiter: Miteinander besser werden. Kontinuierliche Verbesserungsprozesse (u. a.)

12

Hinweise zu Arbeitsbereichen:
Verkaufsaußendienst
- Kompetenzen: Beurteilen der Leistungsfähigkeit des Betriebs, Workflow, Produktionsmöglichkeiten, technische Ausstattung, Erfahrungen, Stärken
- Materialauswahl: Angebot von prozessgeeignetem und produktgeeignetem Material

- Wirtschaftlichkeit: Was kann wirtschaftlich im Betrieb produziert werden?
- Sehr enge Zusammenarbeit mit dem Verkaufsinnendienst
- Informationen: konkrete Anforderungen des Kunden, eindeutige Auftragsbeschreibung, komplette Auftragsunterlagen

Verkaufsinnendienst

- Umfassende Auftragsvorbereitung,
- Auftragsunterlagen erstellen (konventionelle oder digitale Auftragstasche)
- Materialbestellungen: terminbezogen, rechtzeitig, korrekt (vgl. Papierlaufrichtung, Klimatisierung)
- Kalkulation: Angebot
- Produktion: Disposition/Terminplanung

Druckvorstufe, Druckformherstellung

- Durchgängiges Colormanagement im Workflow
- Arbeiten nach Standards (z. B. MedienStandard Druck, PSO), Digital-Proof
- CtP: standardisiert hergestellte Druckplatten nach PSO

Druck

- Drucken nach Standards
- Einwandfreie Druckbogen an die Druckverarbeitung liefern: Planlage, kantengenau gestapelt
- Druckfarben einwandfrei trocken,
- Anlage eindeutig gekennzeichnet
- Ohne Makulatur bzw. Makulatur gekennzeichnet

Druckverarbeitung

- Falzen: exakter Falz, keine Quetschfalten
- Binden: gute Bindequalität, z. B. Auswahl der Klebstoffe (materialbezogen)
- Schneiden: glatte Kanten, keine (Messer-)Scharten, präzises Format

Versand/Auslieferung an den Kunden

- Sachgerechtes Verpackungsmaterial
- Verpackungen ohne Beschädigungen
- Verpackungseinheiten nach Kundenvorgaben bzw. Auftragstasche
- Verpackungsinhalt eindeutig kennzeichnen
- Lieferungsunterlagen prüfen, Versandpapiere ausstellen

13

Hinweis: vgl. DIN 1319, ISO 9000 (hier verkürzt)

- **Messen:** Objektives Prüfen eines Prüfgegenstands (Maße, Güte, Form) mit einem Prüfmittel (Messgerät). Das Ergebnis der Prüfung ist eine physikalische Größe, der Messwert.
- **Prüfen:** Prüfen ist der Oberbegriff für das Vergleichen von geforderten Eigenschaften zu den vorhandenen Merkmalen bei einem Produkt. Der Begriff umfasst subjektives Prüfen (Sinneswahrnehmung, d. h. ohne Mess- oder Hilfsgeräte, ohne Maßangabe) und objektives Prüfen (Messen, Lehren)
- **Kalibrieren:** Genauigkeit eines Messgeräts durch eine Prüfung (Überwachung), ob der ermittelte Messwert innerhalb der Toleranz liegt.
  Ermitteln der Messabweichung (Differenz) zwischen Eingangsgröße und Ausgangsgröße (Soll-Ist-Vergleich) ohne Veränderung der Messeinrichtung.
- **Justieren:** Exaktes Einstellen oder Abgleichen eines Messgeräts, um systematische Messabweichungen zu beseitigen. Durch die Justierung wird das Messgerät bleibend verändert (nach DIN 1319-1).
- **Eichen:** Amtliche Qualitätsprüfung einer Messeinrichtung durch eine Eichbehörde in Bezug auf die Forderungen der Eichvorschrift: Entspricht das Messgerät den festgelegten Anforderungen (nach DIN EN ISO 8402)?
- **Standardisieren:** Durch das Zusammenfassen und Einhalten einzelner Normen für Materialien und Prozesse zu einem gemeinsamen Standard ist das Beherrschen des gesamten Produktionsprozesses möglich. Standardisieren ist demnach die Grundlage für eine reibungslose technische Zusammenarbeit zwischen Auftraggeber, Druckvorstufe und Druckerei.

14

a) Druckkennlinien und Volltonfärbungen bezogen auf Druckbedingungen, deren Parameter im Standard festgelegt wurden: Druckverfahren, Normdruckfarbe, Farbreihenfolge im Druck, Papiertyp, Rasterung

b) Charakterisierung: Vorgang, bei dem gerätebezogenen Farbkoordinaten (z. B. CMYK, RGB) die entsprechenden farbmetrischen Koordinaten (z. B. CIELAB) zugeordnet werden oder umgekehrt, um den Gerätefarbraum eindeutig zu beschreiben (nach PSO)
Charakterisierungsdaten sind die Messwerte von gedruckten Testcharts, z. B. ISO 12642-2 mit 1617 Messfeldern. Sie beschreiben eine Druckbedingung und sind die Ausgangsbasis zur Erstellung von ICC-Profilen. Diese Daten beschreiben den druckbaren Farbumfang und sind z. B. die Grundlage für die Sollwerte, die im Ugra/Fogra-Medienkeil CMYK zur Kontrolle der Proofs verwendet werden.
ICC-Profile: Umrechnung von Farbinformationen. In einer Charakterisierungstabelle werden gerätebezogene und entsprechende farbmetrische Koordinaten gegenübergestellt.
Ein ICC-Profil ist eine Datei mit Rechenanweisungen für ein Colormanagement zur Umrechnung zwischen gerätebezogenen und farbmetrischen Farbdaten; ebenso zwischen unterschiedlichen gerätebezogenen Farbräumen über einen geräteunabhängigen Farbraum.

15

Erklären Sie aus Ihrer Erfahrung, wie sich diese Fehler auswirken

a) Passer, Register, Stand (Seitenmarke), Schmieren, Tonen, Butzen
b) Passer im Bild (Fadenzähler, Bildinspektion, ggf. auch Fadenkreuze): unscharfes, unklares Druckbild Farbschwankungen: Mängel innerhalb der Auflage

16

Vorteile für die Produktion und den Kunden

- Eindeutige Kommunikation und problemlosere Zusammenarbeit
- Engere Fertigungstoleranzen
- Zeitaufwendige, kostspielige Farbkorrekturen werden vermieden
- Wirtschaftlichere Produktion
- Gute Übereinstimmung der Farben bei einem Folgeauftrag

17

a) Bei einem Standardisierungskonzept sind alle Druckbedingungen prozessbezogen optimiert und durch Kennlinien charakterisiert. Diese ermittelten Daten sind die Basis für ein standardisiertes Arbeiten in der Druckvorstufe.
b) Im Druckprozess sind die auf der Druckform wiedergegebenen Informationen (Daten) im Detail nicht mehr zu ändern. Es ist nur ein Mehr-oder-weniger an Druckfarbe, nicht aber eine Korrektur der Ton- und Farbwerte möglich.

18

Angaben zu einer „reinen“ (theoretischen) Separation ohne heute übliche Modifikationen

a) **Buntaufbau:** Alle Ton- und Farbwerte entstehen prinzipiell aus Teilmengen der drei bunten Prozessfarben Cyan, Magenta und Gelb. Eine Tertiärfarbe ergibt sich aus der Mischung aller drei Grundfarben. Zur Unterstützung unbunter Tonwerte und der Bildtiefen wird zusätzlich Schwarz verwendet.
Unbuntaufbau: Primär- und Sekundärfarben entstehen wie beim Buntaufbau. Unterschied: Alle neutralen Farbtöne bestehen nur aus der Druckfarbe Schwarz. Tertiärfarben entstehen ausschließlich nur durch zwei Buntfarben und einen zusätzlichen Anteil Schwarz.
b) **Buntaufbau:** Alle Graubereiche entstehen prinzipiell aus drei Buntfarben und einem Anteil Schwarz.
Unbuntaufbau: Alle Graubereiche entstehen prinzipiell nur aus Schwarz.
c) **Buntaufbau:** höhere Anteile der drei Buntfarben
Unbuntaufbau: höherer Anteil von Schwarz
d) **Buntaufbau:** grundsätzlich durch drei Buntfarben mit Unterstützung von Schwarz
Unbuntaufbau: Schwarz

19

a) Charakterisierungsdaten beschreiben einen definierten Druckprozess. Sie beziehen sich auf genau festgelegte Druckbedingungen und Papiertypen. Ermittelt werden die Charakterisierungsdaten mithilfe hochpräziser normierter Testtafeln (Targets, Testformen mit exakt definierten Farbfeldern). Diese Farbfelder werden spektralfotometrisch ausgemessen und in einer Datei erfasst.
b) Reale Druckfarben und typische Bedruckstoffe erfordern, dass drucktechnische Parameter bereits im Colormanagement der Druckvorstufe berücksichtigt werden müssen, um eine optimale Farbwiedergabe im Druck zu ermöglichen. In den aus den Charakterisierungsdaten ermittelten ICC-Farbprofilen für die Farbseparation werden diese drucktechnischen Parameter berücksichtigt.

20

a) Allgemein: Betriebszustand, Sauberkeit
Schmitzringläufer – Nichtschmitzringläufer
Druckplattenzylinder-Aufzug: Höhe über Schmitzring
Drucktuchzylinder-Aufzug: Höhe auf oder über Schmitzring, Zusammensetzung
Druckabwicklung, Anpressdruck Druckformzylinder zu Drucktuchzylinder (Gummituchzylinder) sowie Drucktuchzylinder zum Druckzylinder,
Art und Zustand des Farb- und des Feuchtwerks, Einstellungen der Walzen im Farbwerk und Feuchtwerk
b) Farbseparation, Digital-Proof (Standard)
Druckplatte: Typ, CtP-System (Bebilderung),
Ton- und Farbwert-Wiedergabe (Kontrollstreifen)
c) Oberflächenbeschaffenheit, Flächenmasse, Gleichgewichtsfeuchte, Druckfarbenserie
d) Abmusterung: Abstimmlicht am Arbeitsplatz, Messbedingungen; relative Luftfeuchtigkeit
e) Klimatisierung im Papierlager und Drucksaal, Ordnung und Sauberkeit am Arbeitsplatz

21

a) Sauberkeit, Ordnung am Arbeitsplatz, Grundeinstellungen und Funktionen prüfen und ggf. optimieren: Saugkopf, Sauger, Anleger, Bogenlauf, Anlagesystem, Greifer, Bogenübergaben, Auslage, Hilfs- und Zusatzgeräte wie Feuchtmittelaufbereitung
b) Kontrolle der Sicherheitseinrichtungen und Lager, Schmierung, Reinigung
c) Farbkasten und Farbdosierelemente gründlich gereinigt, Grundeinstellung prüfen, Einstellungen: Justieren von Walzen zu Farbreibern und zur Druckplatte, Beschädigungen an Walzen
d) Sauberkeit der Walzen und des Feuchtmittelkastens. Einstellungen: Justieren von Walzen; Beschädigungen an Walzen
e) Druckplatten- und Drucktuchzylinder: korrekte Aufzugsstärken, Unterlagematerial nach Vorgaben, Beschädigungen am Drucktuch, Qualität des Gummidrucktuchs: gleichmäßiges Ausdrucken (Kissprint)
f) Auswahl geeigneter Prozessfarben (Standardisierung) sowie für das zu bedruckende Material, Trocknung
g) Wenn erforderlich nur sehr gering dosierte Zusatzmengen verwenden (maximale Menge nach Angaben des Herstellers beachten)
h) Standardbedingungen mit bestmöglichen Prozessbedingungen und Einstellungen

22

Hinweise zur Information. Wege, Schnelligkeit, Reaktion, Präzision, Zeit, Kosten

- Druckmaschinen waren nur unmittelbar an einem Bedienpult am Anlegetisch (später teilweise auch am Anleger und an der Auslage) einzustellen
- Einstellungen nur direkt an den einzelnen Farbwerken mit Zonenschrauben (mechanische Funktion), kein nebenwirkungsfreies Einstellen und Dosieren
- Lange Rüstzeiten, relativ viele Vorlaufbogen oder Makulatur (Zuschuss, Materialkosten), um die gewünschte Soll-Färbung zu erreichen
- Farb-Wasser-Balance: Einstellung nach „Gefühl" bzw. Kompetenz des „Druckers", Problem: Schwankungen in der Farbführung
- An jedem Druckwerk mussten nacheinander manuell die Druckplatten einzeln gewechselt werden
- Laufendes Bogenziehen aus der Auslage, optische Kontrolle, Druckkontrollstreifen manuell ausmessen, Soll-Ist-Vergleich bewerten (Qualität nach OK-Bogen), an Zonenschrauben Farbgebung korrigieren, träge Reaktion des Systems

23

a) Charakteristik der Farbwiedergabe eines bestimmten Systems, das heißt: Technische Geräte und Produktionssysteme in der Druckvorstufe und im Druck unterscheiden sich darin, unterschiedliche Farben (Farbräume) wiederzugeben. Vergleiche: Monitore, Proofgeräte. Mit einem Farbprofil ist der wiederzugebende Farbraum in Form von Farbdaten zu beschreiben.
b) Ein Druckmaschinenprofil (Ausgabeprofil) beschreibt die standardisiert gedruckte Farbwiedergabe auf gestrichenen und ungestrichenen Papieren.
c) Farbraumbeschreibung, die die Bezugsbasis für das Colormanagement ist

24

a) Die im gesamten digitalen Produktionsprozess – von der Bildvorlage bis zum Druck – eingesetzten Geräte und Systeme können Farben nur in einem spezifischen Farbraum wiedergeben. Das heißt: Jedes Gerät im Workflow kann bestimmte Farben gut, weniger gut oder gar nicht darstellen. Ziel eines Colormanagement-Systems ist es, eine exakt vorhersagbare Farbwiedergabe in allen Bildverarbeitungsprozessen, Medien und Druck sicherstellen.
b) CIELAB
c) Alle spezifischen gerätebezogenen Farbräume sind in diesem Farbraum „absolut neutral" zu beschreiben, daher ist ein Umrechnen über diesen Referenzfarbraum sinnvoll.

25

a) Digitalfotografie, RGB, RAW, Auflösung, Bildgröße
b) Monitor, Bildverarbeitungssystem bzw. -software, Tonwerte, Histogramm, falsche Farben angelegt, PDF-X, Beleuchtung
c) RIP, digitales Proofsystem, CtP, Kontraktproof, Abmusterung/Beleuchtung

26

Hinweise

- Standardisierter Druck, drucktechnische Ausgabe: Der Auftrag des Kunden wird im Vierfarbdruck auf einem bestimmten Papiertyp gedruckt.
- Die gesamte Standardisierung orientiert sich an den Möglichkeiten und Grenzen des Auflagendrucks (Standard-Druckbedingungen, Standard-Druck-

profil, Papiertyp). Diese sind die Bezugsbasis für das Farbmanagement im Workflow.

- Jedes Ein- und Ausgabegerät (Fotografie/digitale Bildvorlage, Reproduktion/Bildverarbeitung, Monitor, Proofgerät, CtP) besitzt einen charakteristischen dreidimensionalen Gerätefarbraum.
- Diese Charakterisierung ist die Grundlage für ICC-Profile. Mit diesen spezifischen ICC-Farbprofilen ist der wiederzugebende Farbraum in Form von Farbdaten beschrieben. Das ICC-Profil ist eine Rechenanweisung für das Umrechnung zwischen verschiedenen Farbräumen.

27

a) Jedes Bildaufnahmegerät und alle Geräte zur Bildwiedergabe haben eine eigene spezifische Farbcharakteristik zur Speicherung und Wiedergabe von Farben, z. B.: Sensoren, Speicher, RGB, sRGB, RAW, Adobe RGB (additive Grundfarben), CMYK (subtraktive Grundfarben), TIFF, JPG.
b) Beschreibung der Farbcharakteristik durch genaue Daten eines bestimmten Geräts
c) Zur Beschreibung der Charakteristik eines Geräts dienen ICC-Profile, die sich über Arbeitsfarbräume ineinander verrechnen lassen.
d) Geräteabhängig: Auf ein bestimmtes Gerät bezogen. Alle Geräte können nur einen Teil derjenigen Farben verarbeiten, die das menschliche Auge erkennen kann. Geräteunabhängig (z. B. CIE-LAB-Farbraum): Farbraum, der sich an der Wahrnehmung des menschlichen Auges orientiert und alle Farben des sichtbaren Spektrums erfasst

28

a) Schiebe- und Dublierfeld, Graubalance, Mikrolinienfelder
b) Das Auge ist bei der Beurteilung neutralgrauer Farbtöne, die bunt (also vor allem mit CMY) aufgebaut sind, besonders empfindlich. Bereits geringe Abweichungen zeigen einen sichtbaren Farbstich.
c) Graubalancefelder: sehr empfindlich reagierender Indikator, der auf Veränderungen der Farbbalance im Fortdruck schnell reagiert

29

a) Farbtafeln zu einem visuellen Test: Erkennen – Nichterkennen von Zahlen u. a.
b) Abstimmplatz: blendfrei, richtige Beleuchtung Mögliche Farbfehlsichtigkeit bzw. Abweichung von der „Norm“, persönliche Disposition

30

a) Metamerie
b) Farben mit unterschiedlichen spektralen Eigenschaften können bei der Betrachtung mit dem menschlichen Auge die gleiche Farbempfindung auslösen. Unser Auge nimmt immer nur das Zusammenwirken aller Farbreize wahr.
c) D50, 2000 lx ± 500 lx (vgl. MedienStandard Druck 2010; Hinweis: geänderte Norm ISO 3664:2009)
d) Neutrale, blendfreie Umgebung (Wände, Decken, Böden, andere Flächen und ggf. die Bekleidung), gleichmäßige Ausleuchtung

31

a) Die schwarze Unterlage absorbiert Licht, dadurch wird das Messergebnis nicht durch die Bogenrückseite oder darunter liegende bedruckte Bogen beeinflusst.
b) Charakterisierung von Prüf- und Auflagendruckbedingungen

32

A = Glühlampe, stark gelbliches Licht
B = „Tageslicht“, relativ neutralweißes Licht
C = kommerzielle Leuchtstoffröhre, unterschiedliche spektrale Stärken und Farbwiedergabe

33

a) Die Spektralkurve des Glühlampenlichts zeigt einen starken Anstieg von 400 nm bis zu 700 nm. Daraus abgeleitet: geringer Blau-Anteil, erheblich stärker ansteigender Grün-Anteil und sehr starker Rot-Anteil
b) Licht und damit die Beleuchtung eines Gegenstands, eines Prüfdrucks und eines Drucks wirken sich sehr stark bei der visuellen Abstimmung und Beurteilung von Farben aus. Hinweis: Bei Lichtquellen, die ein unterschiedliches Spektrum abstrahlen, verändert sich der Farbton:
   - Gelbliches Glühlampenlicht lässt die Farben wärmer,
   - bläuliches Neonlicht lässt die Farben dagegen kälter

   erscheinen. Einstrahlung auf die Abstimmfläche durch Sonnenlicht, Fenster, Reflexionen von Metallteilen u. a. verändern ebenfalls die Farbe.
c) Bei schwachem Licht wirken alle Farben grauer und nicht so farbintensiv.

d) Optische Aufheller sind fluoreszierende Substanzen, die im UV-Bereich (ca. 300 nm – 390 nm) Licht absorbieren, chemisch umwandeln und in den sichtbaren Spektralbereich (ca. 400 nm – 460 nm) emittieren. Das Papier erscheint dadurch optisch heller bzw. weißer zu sein. Die Wirkung ist je nach Anteil der optischen Aufheller und des Betrachtungslichts unterschiedlich.

34

a) Beschreibt „bedingt gleiche" Farben. Spektral unterschiedliche Farbreize lösen ein gleiches Farbempfinden aus. Folge: Farbtonabweichung beim Betrachten von Mischfarben unter verschiedenen Lichtarten
b) Farbstreifen, auf denen zwei verschiedene Farben aufgedruckt sind. Unter Beleuchtung von 5 000 K sehen die beiden Farben gleich aus, unter anderen Beleuchtungen sehen die beiden Farben unterschiedlich aus. Unter einer Normbeleuchtung zeigen sich keine Farbunterschiede.

35

a) Farbtonmessung, Farbmessung im Bild, Farbmanagement, Nachstellen eines Farbmusters, Berechnung der Farbrezeptur
b) Farbschichtdickensteuerung im Druck, Farbannahmekontrolle im Fortdruck, Tonwertmessung auf dem Druck
c) Druckplattenmessung: Tonwertmessung durch Auswertung von Rastern auf beliebigen Druckplatten. Hinweis: System Brunner hat die Bildkontrastlehre entwickelt, mit welcher schnell abgeklärt werden kann, wie schwierig Bilder zu drucken sind.

36

Farbdichte und Farbschichtdicke verlaufen nur bis zu einer bestimmten Schichtdicke proportional zueinander, danach ist kaum eine Zunahme der Farbdichte messtechnisch festzustellen.

37

a) Skizze: Prinzip des Auflichtdensitometers: Messlicht (100 %) durchdringt die Farbschicht und wird von dem Untergrund reflektiert (zweifache Durchdringung, Aufstrahlung/Reflexion 0°, 45° oder umgekehrt). Das durch die Farbe abgeschwächte und „gefärbte" Licht trifft auf einen vorgeschalteten Filter und wird an ein Fotoelement weitergeleitet. Dieses wandelt die empfangene Lichtenergie in elektrische Energie um, der Messwert zeigt das Absorptionsverhalten der gemessenen Farbschicht als Dichte an.
b) Durch komplementärfarbige Farbfilter, die in den Strahlengang eingesetzt sind

38

a) Angaben zu einem Auflichtdensitometer
Lichtintensität aufgestrahlt (100 %), Absorption (A) der Farbschicht = Lichtintensität aufgestrahlt – Absorption des Lichts beim Durchdringen der Farbschicht – Reflexion des Restlichts – reflektierte Lichtintensität gemessen – Dichte (lg A).
Hinweis: Je kleiner die Reflexion, desto größer die logarithmische Dichte
b) Lichtintensität aufgestrahlt 100 %, gemessen 10 %.
100 % : 10 % = 10; Dichte (lg) 1,00

39

a) Höhere Farbdichte, höhere Buntheit („Farbsättigung"), geringere Helligkeit
b) Niedrigere Farbdichte, geringere Buntheit („Farbsättigung")
c) Densitometer sind „farbenblind", sie messen nur Farbschichtdicken und nicht die Buntheit.

40

a) Frisch gedruckte Farbe: spiegelnde Reflexion; durch Glanzlicht werden zu niedrige Dichtewerte vorgetäuscht. Polarisationsfilter lassen Licht nur in einer Schwingungsebene durch, dadurch keinen Einfluss auf den Messwert. Nassfarbdichte = Trockenfarbdichte
b) Prinzipiell ergeben sich bei Messungen mit Polarisationsfilter höhere Dichten als bei Messungen ohne Pol-Filter.

41

a) 0° oder 45°
b) 0° oder 45°
c) Farbfilter lassen nur einen charakteristische Bereich des Spektrums zur Auswertung durch, daher ist das Messen der Farbdichte bei den Buntfarben Cyan, Magenta und Gelb möglich.

d) Dadurch ist die Dichtemessung dem menschlichen Wahrnehmungsvermögen angepasst, d. h. der Mensch bewertet optische Reize in einem logarithmischen Maßstab.

42

a) Messwerte in einem Densitometer ergeben nur ein „relatives“ Maß für die Farbschichtdicke. Einflussfaktoren: Gerät, Lichtquelle, Filter, Messbedingungen, Material
b) Das Densitometer ist „farbenblind“, d. h. mit einem Densitometer sind nur Dichtemessungen und keine Farbmessungen (Buntton, Buntheit) durchzuführen. Der gleiche Dichtewert sagt demnach nur etwas über die (relative) Schichtdicke der Druckfarbe aus.

43

a) Das Licht eines Densitometers wird durch eine Optik gebündelt auf ein Messfeld aufgestrahlt. Die lasierende Farbschicht (Messfläche) absorbiert einen Teil des Lichts, der „Rest“ wird von der Oberfläche des Bedruckstoffs reflektiert und trifft auf ein Fotoelement im Densitometer.
Die Elektronik berechnet die Dichte:
Reflektionsfaktor =
Lichtintensität gemessen :
Lichtintensität aufgestrahlt (100 %)
bzw. („negativ“)
Absorptionsgrad =
Lichtintensität aufgestrahlt (100 %) :
Lichtintensität gemessen
Daraus der Logarithmus ergibt die Dichte. Vgl.:

Potenz	Logarithmus
$10^0 = 1$	lg 1 = 0
$10^1 = 10$	lg 10 = 1
$10^2 = 100$	lg 100 = 2
$10^3 = 1000$	lg 1000 = 3

b) Lichtintensität aufgestrahlt 100 %, gemessen 10 %
100 % : 10 % = 10, Dichte (lg) 1,00

44

a) Jedes neue Gerät erfordert vor der Nutzung eine Grundkalibrierung auf einen Weißstandard nach Vorgaben des Herstellers. Eine solche Grundkalibrierung ist von Zeit zu Zeit erforderlich. Diese Grundkalibrierung erfolgt mit den vom Hersteller mitgelieferte Standards und Vorgabewerten, allgemein mit einer weißen Keramikplatte, die als absoluter Weißstandard verwendet wird.
b) Ausschalten von materialbedingten und sonstigen Einflüssen wie Glanz, Bedruckstoffoberfläche, schwarze Unterlage beim Messen. Null-Kalibrierung auf das entsprechende Papierweiß, die im Fotoelement erfasste reflektierte Lichtenergie wird mit 100 % gleichgesetzt („genullt“).

45

Hinweis: Die geometrische Flächendeckung entspricht der mit Rasterpunkten bedeckten Fläche. Die optisch wirksame Flächendeckung wird vor allem durch den Lichtfang beeinflusst.

- Die wirksame Flächendeckung im Druck wird als Prozentwert aus der Rasterdichte (DR) und der Volltondichte (DV) mit der Murray-Davies-Formel durch die Elektronik des Densitometers berechnet.
- Die Bestimmung der Flächendeckung besteht damit aus der Messung eines Volltonfeldes und eines Rasterfeldes.

46

a) Geometrische Flächendeckung: der rein flächenmäßig durch Rasterpunkte bedeckte Anteil zum Papierweiß
Optisch wirksamer Flächendeckung: Das Auge erfasst und bewertet nicht nur den rein flächenmäßigen bedeckten Anteil, sondern erfasst auch andere wirksame optische Bedingungen. Der wichtigste Einfluss ist der sogenannte Lichtfang (Streuung des Lichts im Bedruckstoff).
b) „Kombination“ von Papierweiß und Rasterpunkten: an Rastermessfeldern gemessene Dichte (D) als Verhältnis von Weißfläche und bedruckter Fläche
c) Durch den Lichtfang und andere optische Einflüsse wird weniger Licht an einer Rasterfläche reflektiert und im Messgerät erfasst. Dies ergibt eine höhere Dichte.
d) Diese Formel berücksichtigt den Lichtfang und andere optische Einflüsse, um die optisch wirksame Flächendeckung zu berechnen.

47

a) Skizze. Hinweis: Ein Teil des aufgestrahlten Lichts wird von den weißen Flächen des Papiers reflektiert, ein anderer Teil gelangt unter die Rasterpunkte und wird dadurch geringer reflektiert.
b) Das Auge erfasst die optische Gesamtwirkung, beeinflusst durch den Lichtfang. Im Densitometer wird unter Berücksichtigung der Murray-Davies-Formel ein entsprechender Messwert angezeigt.

48

a) Drucktechnik: Im Rasterdruck das Vollerwerden durch Punktverbreiterung, optische und/oder mechanische Punktverbreiterung bei Rasterung
b) Die Tonwertzunahme ist abhängig vom Bedruckstoff (Lichtfang), der Rasterweite (Rasterfrequenz) und drucktechnische Einflüssen.
c) Grundlagen: Die Tonwertzunahme erfolgt immer an den Randzonen. Ein „Quetschen" der Rasterpunkte während des Drucks ergibt eine mechanische Tonwertzunahme. Der Lichtfang bewirkt eine optische Tonwertzunahme.
Folge: Je grober ein Raster, desto weniger Punkte pro Flächeneinheit, desto kleiner oder geringer ist die gesamte Randzonensumme, umso geringer ist die gesamte Tonwertzunahme.
Je feiner ein Raster, desto mehr Rasterpunkte pro Flächeneinheit, desto größer (länger) ist die gesamte Randzonensumme, umso höher ist die gesamte Tonwertzunahme.
Vgl.: Ein Raster mit 120 L/cm hat wesentlich mehr Randzonen als ein Raster mit 60 L/cm.

49

a) Mittelton-Bereich
b) 40 %

50

a) Nein. Gelb und Magenta liegen mit 11 % und 17 % am weitesten auseinander. Spreizung: 17 – 11 = 6 (Vorgabe: max. 5 %)
b) Das Graubalancefeld weist einen starken Gelbstich auf, alle Farbtöne sind in Richtung Gelb verschoben.

51

a) Optisch: Lichtfang, Oberfläche des Bedruckstoffs
Mechanisch: Druck (Anpressdruck) „quetscht" die Druckfarben der Rasterpunkte in die Breite.
b) Gestrichene Papiere: glatte Papieroberfläche, randscharfe Wiedergabe der Rasterpunkte im Druck
Naturpapiere: mehr oder weniger strukturierte, weniger glatte Papieroberfläche und ggf. auch ein höherer Anpressdruck ergeben weniger randscharfe Rasterpunkte und ein größeres Quetschen.

52

a) Jede Druckmaschine hat spezifische Produktionsbedingungen, z. B.
  - Schmitzringläufer – Nichtschmitzringläufer
  - Gummituch, Aufzüge, Druckabwicklung
  - Druckbeistellung
  - Aufbau: Farbwerk, Feuchtwerk; Walzen
  - Druckfarbe, Temperatur im Produktionsprozess
  - Art und Qualität des Bedruckstoffs
b) Voraussetzung: optimale Einstellungen an der Druckmaschine, Tabellenblatt zur Auswertung und zum Zeichnen der Kennlinie (Koordinatensystem)
c) Ablauf, dazu Skizze
  - Druck einer Testform mit einem Stufenrasterkeil, Tonwerte: Messfelder von 0 % bis 100 %
  - Ausmessen des Volltons und der gedruckten Tonwerte in den Messfeldern von 0 % bis 100 %
  - Ermittelte Werte in die Ordinate, entsprechende Werte in der horizontalen Achse eintragen (Wertepaare)
  - Einzelne Punkte mit einem Kurvenzug verbinden

53

Die Druckkennlinie beschreibt die Tonwertwiedergabe in einem standardisierten Druckprozess. Prinzipiell sind aus dieser Druckkennlinie die erforderliche Kennlinien der Reproduktion (Spiegelung an der 45°-Achse) abzuleiten (Vorgaben nach PSO beachten!).

54

- **Druckmaschine:** Antrieb, Schmitzringläufer – Nichtschmitzringläufer, Lager, Zahnräder, Aufzüge, Drucktuch, Abwicklung, Anpressdruck: Druckplatte – Drucktuch, Drucktuch – Bedruckstoff (Druckzylinder)
- **Bedruckstoff:** Papiertyp: Art, Oberflächenbeschaffenheit, Flächenmasse
- **Druckfarbe:** Konsistenz, Trocknung, kastenfrisch, walzenfrisch
- **Feuchtmittel:** pH-Wert, Härtegrad des Wassers, Zusätze: Puffer, IPA
- **Druckbedingungen, Prozess:** Temperatur in der Druckmaschine, Klima: Temperatur, relative Luftfeuchtigkeit

55

a) Koordinatensystem
  - Waagerechte Achse: Tonwerte im Datensatz (%)
  - Senkrechte Achse: Tonwertzunahme im Druck (%)

b) Grafische Darstellung, wie Tonwerte aus dem Datensatz (Bebilderungsdaten, Druckplatte) im Druckprozess wiedergegeben werden. Die Differenz zur Diagonalen im Winkel von 45°, d. h. von links unten nach rechts oben, zeigt die Tonwertzunahme in einzelnen Stufen von 0 % bis 100 % an.

56

Druckfarbe
- Druckfarben haben ein typische Charakteristik: Fließfähigkeit, Zügigkeit, Thixotropie, Trocknung, Pigmentvolumenkonzentration u. a.
- Hilfsmittel verändern allgemein die Konsistenz der Druckfarbe. Zu hohe Zusätze schaden!

Farbwerktemperierung
- Durch zu hohe Temperaturen im Farbwerk verändern sich die Fließeigenschaften und die Zügigkeit
- Punktschärfe im Raster, Wegschlagverhalten

Anpressdruck, Kissprint
- Zu schwacher Anpressdruck: kein gleichmäßiges Ausdrucken der gesamten Druckfläche
- Zu starker Anpressdruck: Quetschen

Abwicklung, Aufzüge
- Schieben, Dublieren
- Mängel in der Tonwertwiedergabe, höhere Tonwertzunahme

Drucktuch
- Aufbau des Drucktuchs (Lagen, Decke)
- Ungleicher Ausdruck über die gesamte Druckfläche
- Unzureichend gute Farbannahme und Farbübertragung

Feuchtung
- Dosierung zu hoch: unzureichende Farbintensität, Emulsionsbildung
- Feuchtung der Druckplatte: pH-Wert, Härtegrad

Schieben, Dublieren
- Höhere Tonwertzunahme
- Mängel im Druckbild: Schärfe im Bild

Farbreihenfolge
- Probleme in der Farbannahme
- Farbtonänderung

57

a) Stufenkeil mit Rasterfeldern von 0 % bis 100 %
b) In fortlaufender Reihenfolge
3 % – 4 % – 6 % – 10 % – 12 % – 13 % – 13 % – 12 % – 10 % – 6 % – 4 %
c) Übertragen Sie diese Werte in das Diagramm im Arbeitsbuch, Seite 283

58

a) Tonwertanpassung im CtP-System. Ziel: gleiche Tonwerte im Datensatz und auf der Druckform
b) Nach PSO: Das CtP-System auf die im Standardisierungskonzept geforderte Tonwertzunahme im Druck kalibrieren
c) Ermitteln Sie jeweils die Differenzen zu den Tonwerten im Datensatz (Kopf der Tabelle)
d) Im Druckprozess wird nach Standard die geforderte Tonwertzunahme erreicht.

59

Zeichnen Sie nach den Angaben drei Kennlinien. Besprechen Sie Ihre Lösungen mit Ihrem Ausbilder oder in der Berufsschule.

60

a) Druckpapiere wurden zu Papierklassen mit ähnlichen Eigenschaften zusammengefasst. Diese Papierklassen haben wesentliche Merkmale, die den Druckprozess (insbesondere die Tonwertzunahme) beeinflussen: Naturpapiere, gestrichene Papiere matt oder glänzend, Flächenmasse, Bogen-/Rollenpapier, Stoffzusammensetzung (holzstofffrei, holzstoffhaltig), Papierfarbe
b) Ein Bilderdruckpapier ist ein gestrichenes Papier, das eine sehr gute Farb- und Tonwertwiedergabe ermöglicht: Die Druckfarbe „liegt“ auf der Oberfläche, Rasterpunkte werden einwandfrei und randscharf wiedergegeben. Ein ungestrichenes Offsetdruckpapier hat dagegen eine deutlich geringere Qualität in der Farb- und Tonwertwiedergabe: Die Druckfarbe liegt nicht glatt auf der relativ unebenen Oberfläche, Rasterpunkte werden durch die Oberflächenstruktur nicht so randscharf wiedergegeben.

61

a) Bei einer frisch gedruckten Farbe wird ein größerer Teil des von der Lichtquelle aufgestrahlten Lichts von der glatten Oberfläche der Farbe spiegelnd reflektiert und dadurch weniger Licht vom Empfänger des Messgeräts erfasst. Die Dichtemessung ergibt dadurch einen höheren Farbdichtewert.
b) Beim Trockenvorgang passt sich die Druckfarbe der mehr oder weniger unregelmäßigen Struktur der Papieroberfläche an. Der Spiegeleffekt nimmt ab, aufgestrahltes Licht wird jetzt mehr gestreut.

Dadurch fällt mehr Licht auf den Empfänger. Obwohl sich die Farbschichtdicke nicht verändert hat, zeigt eine erneute Messung jetzt einen niedrigeren Farbdichtewert.

62

Farbannahme FA (%) beim Nass-in-Nass-Druck; (FA wird auch Trapping genannt).

a) FA: Maß für die Schichtdicke einer Druckfarbe beim Übereinanderdruck im Vergleich zu einem Druck auf unbedrucktem Papier (Kohäsion, Adhäsion, Farbspaltung). Bei Mängeln verkleinert sich der Farbumfang. Beispiel: Änderung der Farbreihenfolge von Magenta und Gelb (größere Flächendeckung). Magenta wird nicht mehr in voller Farbstärke vom Gelb angenommen, dies ist am stärksten in der Sekundärfarbe Rot sichtbar. Das Rot wirkt dadurch gelblicher. Rote Farbtöne mit sehr hoher Buntheit sind nicht mehr zu erreichen.

b) Kontrollmittel: Übereinanderdruckfelder von C + M, C + Y und M + Y zur Messung der Farbannahme.
Messgeräte: Densitometer (mit entsprechender Funktion), Spektralfotometer
Hinweise: Die auf unbedrucktes Papier übertragbare Farbmenge wird gleich 100 % gesetzt. Die Farbannahme kann beim Nass-in-Nass-Druck nur bis etwa 70 % sein.
Densitometrische Messung: Drei Messungen mit dem Filter der als Zweites gedruckten Farbe.
Beispiel: Farbreihenfolge C + M, Filter Magenta
   - Messung der Dichte D_1 von Cyan
   - Messung der Dichte D_2 von Magenta
   - Messung der Dichte D_{1+2} vom Übereinanderdruck C + M
   - Unterschiedliche Berechnungsmodelle, im Densitometer integriert

   Heute wird die FA kaum mehr densitometrisch bestimmt. Durch eine farbmetrische Messung der Sekundärfarben sind gleichzeitig Farbannahmeprobleme und Farbverschmutzungen zu erkennen.

63

a) K – C – M – Y
b) C – M – Y – K
c) Bei bestimmten Druckproduktionen mit sehr sensiblen Farbbereichen kann davon abgewichen werden. Bei Druckformen mit Tonflächen sollte ggf. die „leichtere" Druckformfläche vor der „schwereren" gedruckt werden.

64

a) Marken zur „Positionskontrolle": Passkreuze, Falz- und Schneidezeichen
b) Vollton-, Halbton- und Rasterfelder: Färbungs- und Tonwertkontrolle; messtechnische, teilweise auch visuelle Auswertung
Schiebe-/Dublierfelder: Druckfehler, Folge sind Tonwertveränderungen; visuelle und messtechnische Auswertung
Farbbalance-Kontrollfelder: Buntgrau-Feld, Mängel am besten im Mitteltonbereich und im Vergleich zwischen Buntgrau und dem Referenzfeld Echtgrau (aus Schwarz bestehend) visuell und auch messtechnisch beurteilen
c) Farbbalance-Kontrollfelder: Aus drei Buntfarben aufgebaute „Buntgrau-Felder" im Viertel-, Mittel- und Dreivierteltton sowie dazu jeweils ein aus reinem Schwarz aufgebauter Referenzton
d) Die Vielfalt unterschiedlicher Farben lässt keine „neutrale" Beurteilung zu.
e) Korrekte Tonwertübertragung im Druck, zu erkennen an feinsten Elementen.
Konventionelle Druckplattenkopie: Informationen zur Auflösung an Mikrolinienfelder

65

a) Volltonfelder und verschiedene Rasterfelder für alle Prozessfarben und Schwarz, Farbbalance-Felder
b) Präzise Kontrollfelder sind die Basis für standardisierte Prozesse und ermöglichen die geforderten Prozesskontrollen durch Messen und Prüfen.
Mindestens erforderlich: Volltonfelder, Mittelton- und Dreivierteltonfelder

66

a) Tonwertzunahme
b) Kontrollkeil mit Vollton-, Übereinanderdruck- und Rasterfeldern in 10%iger Abstufung (10 Stufen) je Druckfarbe. Der Keil enthält keine Graubalancefelder. Die Reihenfolge ist für eine schnelle scannende Messung optimiert. Vgl.: ECI/bvdm Gray Control Strip tvi 10 (Internet)

67

a) Mängel in der Absorption und Remission der Druckfarben, sogenannte Nebenabsorptionen, führen beim Übereinanderdruck drei gleicher

Druckfarbenanteile (z. B. je 50 %) dazu, dass kein neutrales Grau entsteht. Der Übereinanderdruck ergibt einen nach Braun hin verschobenen Farbton.

b) Im Mittelton der Buntfarben ≤ 4 % im Auflagendruck und im Prüfdruck

68

a) Basis ist der (genehmigte) Prüfdruck oder die Sollwerte des PSO, z. B.:
40 % – Tonwertzunahme 13 %, Toleranz ± 3 %
80 % –Tonwertzunahme 11 %, Toleranz ± 2 %
Visuelle Feinabstimmung erfolgt nach dem Prüfdruck (u. ä. Vorgaben)

b) Verbindlich ist der freigegebene OK-Bogen, dabei gelten die angegebenen Schwankungstoleranzen:
40 % (Mittelton), Toleranz ± 4 %
80 % (Schatten), Toleranz ± 3 %

c) Auflagendruck: die maximal zulässige Abweichung zwischen den Messwerten des Abstimmexemplars und den Sollwerten des OK-Bogens

69

a) Flächendeckung
b) Flächendeckung (Tonwert): optisch wirksame Flächendeckung im Druck
c) Tonwertzunahme
d) Kontrast, relativer Druckkontrast

70

a) Schwankungen in der Farbführung: zu starke Farbführung im Magenta, zu geringe Farbführung in Cyan und Gelb; insbesondere sichtbar im Buntaufbau. Die Tonwertzunahmen laufen stark auseinander, die maximale Spreizung ist überschritten.

b) Das Auge erfasst die gesamte Summe der Farbtöne. Je bunter ein Bild ist, desto weniger werden farbige Details (Farbwerte, Farbabweichungen) erkannt.

71

Automatisierung im Druckprozess durch Inline-Farbmessung und -regelung
Beispiel: elektronische Verknüpfung der Inline-Farbmessung (Kamera) mit der Regelung der Farbzonen in den Druckwerken
Ziel: Automatisierung bei der Stabilisierung der Druckqualität

72

Der Farbort wird dreidimensional verschoben, d. h. Veränderungen der aufgedruckten Farbschichtdicke werden bei den lasierenden Skalenfarben optisch durch Unterschiede in der Buntheit des jeweiligen Farbtons sichtbar. Auch die Helligkeit wird mehr oder weniger beeinflusst.

73

a) Druckplatten-Messgerät
b) Rasterprozentwert in %, Rasterwinkelung in ° (Grad), Rasterfrequenz in L/cm und lpi, ggf. Druckplattenkennlinie und weitere Funktionen
c) Densitometer sind für die Messung von Druckfarben und den Druck auf Papier konzipiert (vgl. Oberfläche und Struktur der Druckplatten)

74

a) Mit der Dichtemessung ist die Farbschichtdicke, nicht aber der Farbton zu messen.
b) Das linke Muster zeigt einen annähernd (reinen?) Farbton. Der Drucker wird die Druckfarbe wechseln müssen, um diesen Ton zu erreichen.

75

- **absolut:** unabhängig, vollkommen, uneingeschränkt
- **Bildgradation:** „Vielzahl“ der Tonwertabstufungen im Bild
- **Bildkontraste:** Zusammenwirken unterschiedlicher Bildelemente, z. B. Form, Farbe, Hell-Dunkel, Häufung. Beispiele zu Bildvorlagen: geringer Bildkontrast (Wüste), hoher Bildkontrast: buntes Jahrmarkttreiben
- **dreidimensional:** in drei Richtungen variabel
- **„echtgrau“:** neutralgrauer Tonwert, der nur aus Schwarz (gerastert) besteht
- **Flächendeckungsgrad (%):** Anteil der bedruckten Fläche in Prozent (heute nur der geometrische Anteil)
- **Fogra:** Forschungsgesellschaft Druck e.V., München
- **Konformität:** Im Qualitätsmangement: die Erfüllung einer Forderung, Übereinstimmung mit Forderungen
- **optischer Aufheller:** Substanzen im Papier, die den Wellenbereich < 400 nm in den Blaubereich verschieben und dadurch die Farbe heller (weißer) erscheinen lassen
- **Referenz:** Beziehung, Empfehlung, Basis für einen Vergleich

- **relativ:** verhältnismäßig, vergleichsweise, bezogen auf …
- **Toleranz:** Zulässige Abweichung zwischen zwei Größen, z. B. Istwert vom Sollwert

76

- **„buntgrau“:** neutraler Farbton, der aus den Prozessfarben Cyan, Magenta und Gelb aufgebaut ist
- **divergieren:** auseinandergehen, verlaufen
- **Farbannahme:** im Druck Nass-auf-Trocken oder Nass-in-Nass-Druck die Annahme der zweiten von einer bereits aufgedruckten Farbe
- **Farbbalance:** Gleichgewicht in der Farbwiedergabe, mit dem der vorgegebene Farbton erreicht wird Druck: die visuelle Bewertung beim Übereinanderdruck von Graubalance-Messfeldern aus den drei Buntfarben C, M und Y im Vergleich zu einem unbunten (grauen) Referenzfeld
- **Farbkontraste:** optische Stärke und Wirkung von Farben in einem Bild
- **homogen:** aus gleichen Stoffteilchen aufgebaut, gleichartig in der Struktur, gleiche Eigenschaften
- **konvergieren:** annähern, übereinstimmen
- **Papiertyp:** Art und spezifische Eigenschaften eines Papiers, nach PSO: Einteilung in Papierklassen
- **Referenzmessung:** Vergleichsmessung
- **relativer Druckkontrast, K (%):** optimal mögliche Differenzierung von Tonwerten, berechnet aus Volltonfärbung und Rasterdichte
- **Tonwert:** beliebiger, visuell wirkender Grauwert zwischen Schwarz und Weiß. Druck: prozentualer Anteil einer Fläche, die mit einer Farbschicht bedeckt ist
- **Ugra:** „Verein zur Förderung wissenschaftlicher Untersuchungen in der Grafischen Industrie“, St. Gallen, Schweiz
- **Volltondichte:** die an einem Vollton (Vollfläche) densitometrisch gemessene Dichte

77

- **Buntton:** Bezeichnung für bestimmte Farbe aus einer Vielzahl unterschiedlich bunter Farben
- **Buntheit:** Farben mit dem gleichen Buntton können sich in verschiedenen Merkmalen unterscheiden, sie können z. B. leuchtend rein oder stumpf und schmutzig, brillant oder verschwärzlicht wirken. Diese Merkmale beschreiben die Buntheit.
- **Helligkeit:** Die Helligkeit charakterisiert die Leuchtintensität einer Farbe, d. h. bei gleichem Buntton erscheint eine Farbe heller als eine andere.

78

a) Internationale Beleuchtungskommission, Sitz: Wien
b) L* = Helligkeit
a* = Grün-Rot-Achse
b* = Blau-Gelb-Achse
c) Dem menschlichen Sehen und Farbempfinden (annähernd) entsprechend

79

Werte in der Reihenfolge
- Schwarz
- Weiß
- Mittelgrau, neutral
- Gelb
- Blau
- Rot
- Grün

80

a) Mittleres, leicht rötliches Gelb
b) L* = 11, a* = –6,1, b* = –12,5; ΔE = 17,7
c) Die Farbdifferenzen sind alle erheblich zu hoch. Die Farbabweichung ist absolut nicht akzeptabel.

81

	Lab-Differenz			ΔE
C	0,3	2,9	–2,0	3,52
M	2,5	1,1	2,2	3,48
Y	0,8	0,3	–5,4	5,46
K	0,6	0,3	–0,5	0,82

82

a) L*a*b*-Farbraum nach ISO DIN 13655
b) L* 0 (Schwarz) bis 100 (Weiß),
a-Achse von –a* (Grün) bis a* (Rot),
b-Achse von –b* (Blau) bis b* (Gelb)
c) Gegenfarbentheorie, die besagt: Eine Farbe kann nie gleichzeitig Grün und Rot noch gleichzeitig Blau und Gelb sein.
d) Empfindungsgemäß gleichabständiger Farbraum, geräteunabhängiger, standardisierter Farbraum zur exakten Beschreibung einer Farbe; eine Farbab-

weichung von einer Bezugsfarbe zu einer Probe entspricht in ihrer Größe annähernd dem visuell empfundenen Farbabstand.

e) Helles, leicht rötliches Blau
f) L = 40, a = –40, b = 0 (z. B. Ihre Schätzung)
g) Geben Sie Ihre gemessenen Werte zum Vergleich ein.
h) Vergleichen Sie. Begründen Sie kurz Ihre Meinung.

83

a) Mittlere Helligkeit (L = vertikale Achse in der Mitte des Farbkörpers, Unbunt- oder Grauachse)
b) Buntheit der Farbe (horizontale Ebene im Farbkörper, Entfernung von der Grauachse, Merkmale z. B. voll, brillant, blass, stumpf
c) Bunttonwinkel, gibt den Farbton an

84

a) Ein Spektalfotometer misst das gesamte Spektrum von ca. 380 nm bis 780 nm in einzelnen mehr oder weniger breiten Spektralbändern. Beispiel: Die Messung erfolgt mit tageslichtähnlichem Licht, das auf die Messprobe im Winkel von 45° gestrahlt wird. Das reflektierte Licht wird in einem Beugungsgitter spektral in Breiten von 10 bis 20 nm aufgespalten. Eine Vielzahl von Fotodiodenzellen misst die erfassten Wellenlängen in ihrer Stärke. Die Messsignale werden elektronisch verstärkt und digitalisiert.
b) Wellenbereich der Messung ca. 380 nm bis 780 nm, Ausgabe als grafische Darstellung in einer spektralen Kurve oder digital
c) Qualitätskontrollen: Farbtonmessung, Messen des Ugra/Fogra-Medienkeils, Farbabstand, Farbabweichungen, Farbrezeptierung

85

a) Druckplattenmessungen, z. B. Rasterprozentwert, Rasterwinkelung in ° (Grad), Rasterweite in L/cm und lpi, Druckplattenkennlinie
b) Qualitätskontrollen: Farbtonmessung, Messen des Ugra/Fogra-Medienkeils, Farbabstand, Farbabweichungen

86

a) Istwert
b) Berechnet wird der gesamte räumliche Abstand zwischen zwei Farben. Farbabweichungen in L, a und b ergeben jeweils Differenzen zwischen der Probe (Lab-Istwert) und der Vorgabe (Lab-Sollwert). Die Wurzel aus der Summe ergibt den gesamten Farbabstand ΔE.
c) Der ΔE-Wert als Summe aller Abweichungen gibt keine Auskunft über die Richtung der Farbabweichung.

87

a) Digitale Prozesse, Materialaufwand, Zeit, Kosten
b) Softproof: Kontrolle der digital verarbeiteten Informationen am Bildschirm
Formproof: Digitale Wiedergabe der gesamten ausgeschossenen Druckform in niedriger Auflösung, nicht farbverbindlich oder auch nur einfarbig. Zweck: Kontrolle der Vollständigkeit
c) Kontrolle der Seiten. Bei einem farbverbindlich kalibrierten Monitor können auch Ton- und Farbwerte simuliert und beurteilt werden.
d) Richtiges Ausschießen, alle Bild- bzw. Seitenelemente vorhanden, benötigte Zeichen vorhanden und richtig positioniert (Marken u. a.)
e) Auch: Digital-Prüfdruck. Für die Druckproduktion durch den Kunden genehmigter farbverbindlicher Proof. Vorgaben: ISO 12647-7 (generell), MedienStandard Druck 2010. Druckfarben innerhalb der Toleranzen nach ProzessStandard Offsetdruck, zwingend integriert sein müssen der Ugra-/Fogra-Medienkeil sowie eine vollständige Statuszeile mit den Angaben: Name des Datensatzes, Datum und Uhrzeit der Druckausgabe, die zu simulierenden Druckbedingungen, benutzte Farbeinstellungen (ICC-Profile)

88

a) Nur mit diesem Medienkeil ist die „standardisierte“ Farbverbindlichkeit zu prüfen.
b) Ein manuelles Ausmessen der Farbfelder ist zu zeitaufwendig. Automatisches, scannendes Messen, farbmetrisches Analysieren und Auswerten in einem Spektralfotometer, z. B. mit dem speziellen Programm-Modul „Medienkeil“. Für das Messen der Farbfelder des Ugra/FOGRA-Medienkeils liegen Sollwerte im System vor. Die Auswertung zeigt sämtliche Farbabweichungen zwischen den Fogra-Sollwerten und den gemessenen Probewerten an und berechnet die ΔE-Werte aller Toleranzen.

89

a) Spezielle Inkjet-Drucker
b) Der Prüfdruck muss (möglichst) farbverbindlich sein und den Auflagendruck farblich simulieren. Voraussetzung dafür ist die Simulation des Papiertyps (Papierweißsimulation).
c) Durch das Genehmigen (Abzeichnen) des Prüfdrucks durch den Kunden gehen Kunde und Druckerei einen Kontrakt (vgl. Vertrag) ein, diesen Auftrag nach dieser Vorgabe zu produzieren.

90

In einem Modekatalog werden überwiegend Bilder mit vielfach sehr homogenen Farbtönen und wenigen Farbkontrasten gedruckt. Farbschwankungen sind durch diese geringen Bildkontraste sehr leicht zu erkennen. Dagegen ist die Vielfalt der Farben bei Bildern von einem Oktoberfest für das Auge nicht im Detail zu erfassen und im Gehirn zu bewerten.

91

Hinweis (exemplarische Berechnung): Um den geplanten Gewinn zu erzielen, muss das Unternehmen einen höheren Umsatz generieren oder die Fehlerkosten auf 0 % senken.
a) 250 000 EUR
b) Vom Jahresumsatz berechnet:
175 000 EUR/Jahr, 14 583,33 EUR/Monat
c) 8 333,33 EUR/Monat

92

a) Nicht jedes Druckprodukt muss höchstmögliche TOP-Qualitätsansprüche erfüllen, vgl. beispielsweise:
- Premium-Mode-Katalog mit „Schönheitsprodukten“
- Faltschachtel für Pralinen
- Programm-Zeitschrift (Radio, Fernsehen)
- Zeitungsbeilage eines Discounters.
  Zu berücksichtigen sind für eine produktbezogene Qualität: Ziele, Zweck, Bedruckstoff, Veredelung, Kosten

System Brunner unterteilt symbolisch durch die Anzahl von Sternen in: Top (5 Sterne), Luxus, Akzidenz, Periodika und Minimal (1 Stern)
b) Erarbeiten Sie eigene Qualitätskategorien. Überlegen Sie: Wie können diese dem Kunden vermittelt werden?

93

a) Farbverbindlicher Prüfdruck, der den Auflagendruck simuliert. Der Kunde genehmigt damit den Auflagendruck im Rahmen des Standards.
b) Prozessstabilität: Arbeitsablauf und Arbeitsergebnis permanent in konstanter Qualität, Null-Fehler-Prinzip
Farbstabilität: Gleichbleibend konstante Wiedergabe von Farben bei allen Arbeiten in einem längeren Zeitraum
Farbumfang: Der im Standard festgelegte Farbraum muss unter allen Produktionsbedingungen erreicht werden.

94

a) Randzonen ergeben sich aus dem Umfang aller Rasterpunkte. Die Breite der Randzonen um Rasterpunkte ist prinzipiell gleich. Grundsätzlich gilt:
- Feine Raster: mehr Rasterpunkte pro Flächeneinheit
  = mehr Randzonen, die sich verbreitern
  = höhere Tonwertzunahme
- Grobere Raster: weniger Rasterpunkte pro Flächeneinheit
  = weniger Randzonen, die sich verbreitern
  = geringere Tonwertzunahme

b) Visualisierung mit drei Rasterpunkten

95

(C)

96

(B)

97

(D)

98

(C)

99

(C)

100

(C)

101

(D)

102

(C)

103	**110**
(B)	(A)
104	**111**
(B)	(D)
105	**112**
(B)	(A)
106	**113**
(D)	(B)
107	**114**
(C)	(A)
108	**115**
(D)	(A)
109	**116**
(B)	(E)

10 NACHHALTIGE PRODUKTION

1

Holz darf nur in dem Umfang geschlagen werden, der gewährleistet, dass sich die natürlichen Bestände regenerieren können.

2

a) Vergleichen Sie Ihre Antwort mit den aktuellen Angaben. Der von der Bundesregierung berufene „Rat für Nachhaltige Entwicklung" fasst die Grundideen für Nachhaltigkeit und nachhaltiges Handeln mit den Worten zusammen: „Nachhaltige Entwicklung heißt, Umweltgesichtspunkte gleichberechtigt mit sozialen und wirtschaftlichen Gesichtspunkten zu berücksichtigen. Zukunftsfähig wirtschaften bedeutet also: Wir müssen unseren Kindern und Enkelkindern ein intaktes ökologisches, soziales und ökonomisches Gefüge hinterlassen. Das eine ist ohne das andere nicht zu haben."
b) Ziel ist die Erhaltung entnommener nachwachsender Rohstoffe, d. h.: dem Wald nicht mehr Holz entnehmen als nachwächst. Schutz-, Nutz- und Erholungsfunktionen des Waldes berücksichtigen.
c) Sparsamer Energieverbrauch (Handy, Computer, Licht, Heizung), Stand-by-Schaltungen nicht verwenden, anstelle eines Autos das Fahrrad nutzen und Benzin sparen, Papier sparen, Makulatur vermeiden, mit Waschmitteln sparsam umgehen, Müll trennen bzw. vermeiden, Recycling aktiv betreiben

3

a) Umweltbewusstes Handeln bei allem, was wir täglich tun, kein Raubbau an der Natur (Boden, Luft, Wasser, Lebewesen), Energiewende
b) Wirtschaftlichkeit, Vernunft, nicht über die eigenen Verhältnisse leben, Energiewende: Zukunft unter Berücksichtigung „endlicher" Ressourcen
c) Die Verantwortung für zukünftige Generationen, Generationengerechtigkeit

4

a) 124 578 km^2
b) Ca. 33 %
c) Beispiel Baden-Württemberg: 35 752 km^2

5

a) 2 Sekunden: 7 000 m^2; 1 Tag: 302 400 000 m^2; 1 Jahr (365 Tage): 110 376 000 000 m^2
b) 11 037 600 ha (= 110 376 km^2)
c) Die gesamte Bundesrepublik hat eine Fläche von 357 167,94 km^2, Bayern ca. 70 550 km^2 und Baden-Württemberg ca. 35 750 km^2.
d) Hinweise: höchster Lebensstandard (Luxus), sehr hoher Energieverbrauch, steigender Fleischkonsum, BIO-Benzin (zu bedenken sind u. a.: Anbauflächen für die Lebensmittel-Produktion gehen verloren, Monokulturen)

6

Protokollieren Sie die Ergebnisse der Diskussion und die wichtigsten Beiträge der drei Gruppen.

7

a) Umfassender, allgemeiner Begriff: die Gesamtheit aller meteorologischen Vorgänge (es gibt sehr verschiedene Definitionen).
Vereinfacht: Umweltbedingungen, die durch die Temperatur und Luftfeuchtigkeit bestimmt sind.
b) Hinweise: Bedingungen für das Leben, Lebewesen, Ernährung, Entwicklung

8

a) Verantwortungsbewusste Beratung des Kunden. Papierauswahl: zertifizierte Papiersorten verwenden. Muss es ein hochwertig gestrichenes Papier mit hoher Flächenmasse sein? Ist ein Papier aus Recyclingfaserstoffen einzusetzen? Farben: Kann auf Sonderfarben verzichtet werden? Druck: Auflage? Sind aufwendige Veredelungen erforderlich?
b) Situation analysieren, Prozessoptimierungen, Vernetzung, Workflow-Managementsystem, Kommunikation optimieren, Colormanagement, Standards, Energie sparen, Ausdrucke verringern; CtP: Energie sparen, Chemikalienverbrauch reduzieren
c) Situation analysieren, Prozessoptimierungen, Verkürzen der Rüstzeiten, systematisches Arbeiten, weniger Makulatur, keine umweltschädlichen Mittel (Reinigung, Feuchtmittelzusätze) verwenden, Lärm verringern, Energie sparen, Instandhaltung der Geräte und Maschinen, Emissionsreduzierung
d) Situation analysieren, Prozessoptimierungen, Verkürzen der Rüstzeiten, systematisches Arbeiten, Fehlervermeidung, Materialverwendung, Energie sparen, Instandhaltung der Geräte und Maschinen, standardisierte Paletten, wiederverwertbare Transportverpackungen, sachgerechtes Entsorgen und Recyceln

9

a) Steinkohle, Braunkohle, Erdöl, Erdgas
b) Kohlenstoffdioxid (CO_2), Methan (CH_4), Distickstoffoxid (Lachgas, N_2O), halogenierte Fluorkohlenwasserstoffe (H-FKW), Fluorchlorkohlenwasserstoffe (FCKW)
c) Klimaschädlichkeit der Treibhausgase wird in CO_2, korrekt CO_2-Äquivalenten, angegeben

10

a) Wirkung von Gasen in der Atmosphäre. Das wichtigste Treibhausgas der Erde ist Wasserdampf. Der natürliche Treibhauseffekt ist für Menschen, Tiere und Pflanzen überlebensnotwendig. Er ist der Wärmeschutzschild der Erde gegenüber der Sonneneinstrahlung. Ohne diesen positiven Effekt läge die Durchschnittstemperatur mehr als 30 °C tiefer: statt bei plus 15 °C bei minus 18 °C.
b) Der schädliche Treibhauseffekt entsteht durch ein Übermaß an bestimmten Gasen wie beispielsweise Kohlenstoffdioxid, Methan, Fluorchlorkohlenwasserstoffe.
c) Kohlendioxid (CO_2):
   - Klimawirksamkeit: Bezugswert 1
   - Verweildauer: nicht einheitlich

   Methan (CH_4):
   - Klimawirksamkeit: Faktor 21
   - Verweildauer: 12 bis 15 Jahre

11

a) Träger des Gold Standards ist eine gemeinnützige Organisation unter der Beteiligung mehrerer Nichtregierungsorganisationen (z. B. WWF), gegründet 2001 und seit 2006 eine Stiftung. Sie vergibt Rechte an anerkannte zertifizierte Institutionen, z. B. an atmosfair, Arktik (Deutschland), MyClimate (Schweiz) sowie inzwischen an weitere Institutionen.
b) Verschiedenste Erneuerbare-Energien-Projekte schützen das Klima auf technische Art durch Vermeidung von CO_2. Projekte sind z. B.:
   - Biomasse Ceará, Brasilien
   - Windenergie Neukaledonien
   - Wasseraufbereitung Western Kenya, Kenia

   (Projekte zur Energiegewinnung und deren Einsatz anstelle von fossilen Brennstoffen)

12

Schreiben Sie Ihre persönlichen Begründungen zu den drei Punkten.

13

Ökologie: Griech.: Haushaltung. Die Lehre von den Wechselbeziehungen, die ein Organismus (Lebewesen) zu seiner Umwelt unterhält.
ISO 14000 ff.: Internationale Umweltmanagementnorm. Sie ist die Basis, hierzu gehören weitere Normen zu Umweltschutzbereichen. Diese beziehen sich auf Produktionsprozesse und Dienstleistungen sowie damit zusammenhängende Fragen des Umweltmanagements.
Emissionen: 1. Physik: das Aussenden einer Strahlung. 2. Umweltschutz: die durch einen Verursacher in die Atmosphäre gelangende Ausstrahlung, die Aussendung und der Ausstoß luftverunreinigender, gasförmiger, flüssiger oder fester Stoffe.
Immissionen: Begriff aus dem Umweltschutz: Einwirkungen. Negative Umwelteinflüsse auf Menschen, Tiere, Pflanzen und Einrichtungen (Bauwerke u. Ä.) durch Verunreinigungen der Umwelt durch feste, gasförmige oder flüssige Stoffe sowie durch Lärm, Strahlungen und andere Einflüsse.
CO_2-Emissionen: umfassender Wert für alle Emissionen (Gesamtemissionen), die in Kohlendioxid-Äquivalente umgerechnet werden
Energieeffizienz: Begriff, Ziel: mit geringstmöglichem Energieaufwand die optimale Leistung bzw. einen bestimmten Nutzen zu erreichen

14

a) Verpflichtung der Industrieländer, den Ausstoß von Treibhausgasen (bis 2012 um 5 %) zu verringern
b) Emissionshandel ist der Handel mit Rechten zum Ausstoß von Treibhausgasen.
   Prinzip: Wer die Luft mit Treibhausgasen belastet, benötigt hierzu Berechtigungen, sogenannte Emissionszertifikate. Diese werden den Betreibern von Anlagen zunächst in begrenzter Zahl vom Staat zugeteilt. Wenn eine Anlage mehr Treibhausgas ausstößt als die Zertifikate erlauben, muss der Betreiber Berechtigungen dazukaufen. Wer hingegen seine Treibhausgas-Emissionen reduziert, kann die entsprechend weniger benötigten Rechte verkaufen. Je weniger Emissionen, desto wirtschaftlicher also für ein Unternehmen. Anreiz, möglichst wenig Treibhausgas freizusetzen.
   Grundsätzliche Ziele im Unternehmen: Umweltbeeinträchtigungen vermeiden, verringern und erst dann durch den Kauf von Zertifikaten ausgleichen („Verschmutzungsrechte“: Für den Klimaschutz ist es im Prinzip egal, wo die Treibhausgase reduziert werden. Nur dass es passiert, ist wichtig.)
c) Hoher Energiebedarf oder Ausstoß von großen Mengen an Treibhausgasen durch (veraltete) Anlagen. Anerkannte Klimaschutzprojekte.

15

a) Eco-Management and Audit Scheme, Gemeinschaftssystem für das freiwillige Umweltmanagement und die Umweltbetriebsprüfung
b) Von der EU 1993 entwickeltes Instrument für Unternehmen, die ihre Umweltleistung verbessern und ein nachhaltiges Umweltmanagement aufbauen wollen.
Untersuchung: strenge, wiederkehrende Umweltbetriebsprüfung. Bei Erfüllung der Anforderungen wird der Betrieb mit dem EMAS-Logo ausgezeichnet. Alle EMAS-Teilnehmer verpflichten sich, ihre Umweltleistung systematisch zu verbessern.

16

a) Kompensation von CO_2-Emissionen
b) Beratung in Umweltfragen zur Produktion in Druckunternehmen und bei der Umsetzung von Klimazielen; Berechnung durch CO_2-Rechner u. a.

17

a) Rohstoff-, Erwerbs- oder Geldquelle. Vgl.: natürliche Rohstoffe, z. B. vorhandene Waldfläche, Menge an Trinkwasser, Menge an Erdöl.
b) Ziel, die biologische Vielfalt, Produktivität, Regenerationsfähigkeit (nach einer Waldnutzung) u. a. zu erhalten sowie umweltrelevante, wirtschaftliche und soziale Funktionen zu erfüllen, ohne dabei andere Ökosysteme zu beeinträchtigen.
c) Eukalyptus benötigt sehr viel Wasser; ein „erwachsener" Eukalyptusbaum benötigt täglich bis zu 500 Liter Wasser. Gefahr: Rund um Plantagen sinkt der Grundwasserspiegel, die Felder vertrocknen.

18

Hinweise: Hier sind nur Stichworte aufgeführt. Informieren Sie sich genauer über Prüfungen und Zertifizierungen. Kleben Sie das Label zu Ihren Informationen.

- **PEFC:** Vorrangiges Ziel von PEFC ist die Dokumentation und Verbesserung der nachhaltigen Waldbewirtschaftung (u.v.a.).
- **FSC:** Weltweiter Einsatz für eine umweltgerechte, sozialverträgliche und wirtschaftlich tragbare Waldwirtschaft (u.v.a.)
- **Blauer Engel:** Förderung aller Anliegen des Umwelt- und des Konsumentenschutzes. Auszeichnung von besonders umweltschonenden Produkten (u.v.a.).
- **EU-Blume:** Förderung von Produkten, die sich weniger schädlich auf die Umwelt auswirken (u.v.a.)
- **Nordic Swan:** einheitliches nordisches Umweltzeichensystem für Produkte und Dienstleistungen. Beispiel: Der gesamte Lebenszyklus des Papiers wird unter ökologischen Aspekten bewertet.

19

Einige Hinweise, die Sie sachlich vertiefen sollen:

a) Informieren, erkennen, begeistern und aktivieren für die eigene „Sache" und Verantwortung – gemeinsam jetzt und für die Zukunft, privat und auch im Unternehmen
b) Klimaneutralität ist kein aktiver Umweltschutz, sondern lediglich die Bereitschaft, für den Umweltschaden, den man verursacht hat, mit einer Ausgleichszahlung aufzukommen.
Nachhaltiger ist es, Schadstoffe zu vermeiden oder auf ein Mindestmaß zu reduzieren.
Klimaneutralität – eine bessere Bezeichnung wäre ein klimafreundliches Handeln – bezeichnet die Minderung von Emissionen sowie die Optimierung der Prozesse und erst danach eine Kompensation von Treibhausgasemissionen durch Kauf von Emissionszertifikaten (Ausgleichszahlung für Verschmutzung).
Grundsätzlich gilt (in dieser Reihenfolge):
   - Vermeiden von Emissionen,
   - Reduzieren von Emissionen und erst danach
   - Ausgleichen unvermeidbarer Emissionen
c) Notieren Sie Ihre W-Fragen.

20

- **Biodiversität:** Erhaltung der biologischen Vielfalt
- **CO_2-Footprint:** Menge an Kohlenstoffdioxid in Tonnen, die durch eine Aktivität, Produktion u. a. verursacht wird. Beispiel: produktbezogener CO_2-Fußabdruck bei der Papierproduktion. Lebenszyklus des Produkts vom Rohstoff über alle Fertigungsstufen, den Transport bis hin zum Verbrauch und zum Recycling des Produkts.
- **Energieeffizienz:** Wirksamkeit, Verhältnis von Nutzen und Aufwand. Beispiel: Geräte und Anlagen mit einem möglichst optimal wirksamen Nutzen vorhandener Energie. Ziel ist eine weitere Energieeinsparung und Emissionsreduzierung.
- **ISO 14000:** Umweltmanagementsystem
- **Nachhaltig bewirtschaftete Wälder:** ökologische Forstwirtschaft mit dem Ziel, biologische Vielfalt, Produktivität, Regenerationsfähigkeit u. a. zu erhalten
- **Fotovoltaik:** Anlagen mit Solarzellen zur direkten Umwandlung von Sonnenlicht in elektrische Energie
- **Stromverbrauch in privaten Haushalten (gerundet ca.):** TV/Audio 26 %, Kühlen/Gefrieren 17 %, warmes Wasser 15 %, Waschen/Bügeln/Spülen 12 %, Kochen 10 %, Licht 8 %, Sonstiges 12 %

- **VOC:** Engl. Abkürzung für Volatile Organic Compounds: flüchtige organische Verbindungen mit umwelt- und gesundheitsschädlichen Wirkungen. Beispiele: IPA (Isopropanolalkohol), Toluol, Lösemittel

21

- **CO_2:** Kohlendioxid
- **Emissionshandel:** Handel mit Rechten zum Ausstoß von Treibhausgasen
- **Gold Standard:** Gütesiegel für Klimaschutzprojekte
- **Methan (Wirksamkeit, Entstehung, Belastung):** Sehr hohes Treibhauspotenzial, wirkt 21-mal stärker als CO_2. Methan entsteht vor allem beim Anbau von Reis und in der Tierhaltung. Hinweis: Alle Wiederkäuer (Rinder, Schafe, Ziegen, Kamele) produzieren bei der Verdauung in ihren Mägen große Mengen an Methan. Ebenso belasten die Herstellung von Futtermitteln, die Stallhaltung, Exkremente, Gülle und Mist die Umwelt.
- **Ökobilanz:** systematische Analyse der Umweltbelastungen von Unternehmen, Produkten oder Produktionsprozessen
- **Stoffstrommanagement:** Managementaufgabe im Betrieb. Ziele: Wirtschaftlichkeit (Effizienz) bei der Verwendung von Ressourcen und Material sowie das Schaffen nachhaltiger Kreisläufe. Außerdem: optimale Nutzung der Ressourcen und Materialien, Verringerung von Abfällen und Schadstoffen, optimales Recycling sowie Verbesserung der Energieeffizienz.
- **Treibhauseffekt:** „Glashauseffekt". Wirkung von Gasen in der Atmosphäre: natürlicher Treibhauseffekt und schädlicher Treibhauseffekt mit positiven und negativen Wirkungen

22

Der Faserstoff Holz stammt zu mindestens 50 % aus FSC-zertifizierten Wäldern.

23

a) Recht: Der Gesetzgeber versteht unter Abfall bewegliche Güter, deren sich ihr Besitzer entledigt bzw. entledigen will oder muss.
Produktion: Materialreste und andere Rückstände, die bei der Produktion oder Bearbeitung anfallen.

b) Vorteile:
  - Geringere Beschaffungskosten für Bedruckstoffe, Druckfarbe, Wasser, Lösemittel und Energie
  - Geringere Entsorgungskosten
  - Einhalten von Umweltauflagen
  - Geringere Emissionen (z. B. flüchtige organische Verbindungen)
  - Höhere Produktqualität

24

a) 200 000 Euro

b) Geringere Papierproduktion = geringerer Faserstoffverbrauch, weniger Energie, geringerer Wasserverbrauch; Entsorgung, Abfall (Recycling)

25

a) Eine ganzheitliche Strategie umfasst technische, organisatorische und personelle Maßnahmen:
  - Optimieren aller Geschäftsprozesse
  - Produktionstechnik und -abläufe
  - Zusammenarbeit in Teams,
  - Betriebliche Information und Kommunikation
  - Reibungsloses Funktionieren des gesamten Systems
  - Bedürfnisse der Mitarbeiter, Arbeitszufriedenheit

  Nur wenn möglichst viele „Meilensteine" in einem solchen Konzept umgesetzt werden, ist ein umfassender Erfolg möglich.

b) Skizzieren Sie kurz den Sachstand in Ihrem Betrieb.

c) Jeder Mitarbeiter trägt zum Erfolg des Unternehmens bei. Wer Verantwortung übernehmen soll, muss sehr gut informiert sein.

26

Die Aufgabe ist wegen unterschiedlicher Trocknervarianten nicht einfach „pauschal" zu bearbeiten.
Bitten Sie alle Medientechnologen Ihrer Klasse, Informationen zu den in ihren Betrieben eingesetzten Trocknern mitzubringen. Erarbeiten Sie danach gemeinsam eine Übersicht.
Hinweise:

- **IR-Trockner:** Wärme, Energiebedarf …
- **UV-Trockner:** Ozon, Gesundheitsschutz, vielfach Einschubtechnik, erhöhte Material- und Energiekosten
- **Heatset-Trockner:** Prozess: Vernetzung. Heißlufttrockner wird mit 190 bis 250 °C Umlufttemperatur aufgeheizt. Umweltschutz, Nachverbrennung: VOC wird abgesaugt, verbrannt und beseitigt.

27

Dokumentieren Sie die Ergebnisse. Heften Sie diese in Ihrer persönlichen Dokumentation ab.

11 BOGENDRUCK

1

a) manroland, 5/0 + Lack, doppelt große Druckzylinder, Bogenübergabe mit Transfertern, verlängerte Auslage mit Trockner (Infrarot-/Thermoluft-Trocknung)
b) Heidelberg Speedmaster XL 104, 4/0, doppelt große Druckzylinder, Trockner-Modul
c) KBA Rapida, 4/5 + Lack, doppelt große Druckzylinder, Lackwerk, Trockner, verlängerte Auslage

2

a) Skizzieren Sie die Bauweisen, vergleichen Sie Ihre Lösung in Ihrem Team.
Dreizylinderbauweise: Jedes Druckwerk hat pro Druckfarbe einen Druckplatten-, einen Gummituch- und einen Druckzylinder.
Vierzylinderbauweise: Zwei Druckplattenzylinder übertragen das Druckbild auf einen Gummituchzylinder, dieser überträgt das Druckbild zum Druckzylinder (auch unterschiedliche Bauweisen).
Fünfzylinderbauweise: Zwei Druckwerke mit je einem Druckplatten- und einem Gummituchzylinder übertragen das Druckbild zum Druckzylinder.
Satellitenbauweise: Mehrere (meist vier) Druckwerke mit je einem Druckplatten- und einem Gummituchzylinder übertragen das Druckbild zu einem Druckzylinder.
b) Dreizylinder-Bauweise
c) Hintereinander angeordnete Druckwerke sind durch Übergabesysteme miteinander verbunden.
d) Gedruckt wird in einer Mehrfarben-Druckmaschine. Nach dem Druck der ersten Druckfarbe folgt unmittelbar danach die folgende Druckfarbe auf den noch nicht trockenen Farbfilm.

3

a) Heidelberger Druckmaschinen AG
b) Speedmaster 4/4 mit Wendeeinrichtung und Lackwerk, verlängerte Auslage mit Trocknermodulen (Bezeichnung: XL106-8-P+L)
c) ① Anleger
② Anlegetisch
③ Farbwerk
④ Feuchtwerk
⑤ Druckzylinder, doppeltgroß
⑥ Übergabesystem
⑦ Übergabetrommel
⑧ Speichertrommel
⑨ Wendetrommel
⑩ Druckzylinder, doppeltgroß
⑪ Drucktuch-(Gummituch-)Zylinder
⑫ Druckform-(Druckplatten-)Zylinder
⑬ Lackwerk, Lackzylinder
⑭ Trockner-Modul
⑮ Auslage

4

1/0: Eine Druckfarbe auf einer Bogenseite
4/0: Vier Druckfarben auf einer Bogenseite
4/4: Vier Druckfarben auf beiden Bogenseiten
6/6: Sechs Druckfarben auf beiden Bogenseiten
2/6: Zwei Druckfarben auf der Vorderseite, sechs Druckfarben auf der Rückseite

5

a) Druckplattenzylinder, Gummituchzylinder und Druckzylinder. Pfeil oben links: Druckbeistellung Gummituchzylinder zu Druckzylinder. Pfeil unten links: Druckbeistellung an und aus.
b) Skizzen:
7-Uhr-Stellung: Druckplatten- und Gummituchzylinder stehen leicht schräg versetzt untereinander, der Druckzylinder ist darunter schräg nach links (vgl. Uhrzeit) angeordnet.
5-Uhr-Stellung: Druckplatten- und Gummituchzylinder stehen leicht schräg versetzt untereinander, der Druckzylinder ist darunter schräg nach rechts angeordnet.

6

a) Der Druckplattenzylinder überträgt die Informationen auf den Gummituchzylinder, dieser bedruckt den Bedruckstoff auf dem Druckzylinder.
b) Die Zähne an den Zahnrädern der Zylinder stehen nicht rechtwinklig zur Drehrichtung, sondern schräg dazu.
c) Im Offsetdruck (konventioneller Standard) wird die Druckform in zwei Phasen eingefärbt:
1. Feuchten der Druckform: Alle Nichtbildstellen nehmen Feuchtmittel an, alle Bildstellen stoßen Feuchtmittel ab.
2. Einfärben der Druckform: Alle feuchten Nichtbildstellen stoßen Druckfarbe ab, alle nicht gefeuchteten, trockenen Bildstellen nehmen Druckfarbe an.
d) Die Druckfarbe muss in einer gleichmäßigen, sehr dünnen Schicht auf die Bildstellen auf einer Metallplatte (Aluminium) übertragen werden. Gummi ist sehr elastisch und passt sich dieser Oberfläche gut an.

e) An den beiden Seiten der Zylinder sind sogenannte Schmitzringe angebracht. Diese „bestimmen" die optimale Stellung der Zylinder zueinander. Beim Druck werden diese Schmitzringe mit einem bestimmten Anpressdruck aufeinandergepresst. Damit ist ein präzises, ruhiges und sicheres Abrollen der Zylinder (im Teilkreisbereich) gewährleistet.

f) Das „Abrollen" der Zylinder beim Druck wird Abwicklung genannt. Je optimaler dieses Abwickeln gegeneinander erfolgt, desto ruhiger und besser erfolgt die Übertragung der Bildinformationen.

g) Bei sehr hohen Druckgeschwindigkeiten im Bogendruck muss der Druckbogen möglichst ruhig auf den Anlagetisch gefördert werden. Dort wird er passgenau an Marken ausgerichtet. Durch die Schuppenform laufen die Bogen ineinander versetzt relativ langsam zur Anlage, bei dem Zuführen von einzelnen Bogen müsste jeder Bogen in seiner ganzen Länge sehr rasch gefördert werden.

h) Je ruhiger die bedruckten Bogen auf den Auslagestapel fallen, desto geringer ist die Gefahr der Reibung der Druckbogen aufeinander. So gleitet der bedruckte Bogen auf einem Luftpolster auf den Stapel.

7

a) Reibung möglichst gering „aufnehmen",
Bewegungen störungsfrei ermöglichen,
Eignung für hohe Drehzahlen und Belastungen,
unempfindlich gegen Stöße und Erschütterungen,
leichter, ruhiger Lauf,
sehr hohe Haltbarkeit

b) Vergleich:
Gleitlager: Zapfen der Welle oder Achse laufen in Lagerschalen oder Lagerbuchsen. Es sind ein bestimmtes Lagerspiel und ein nicht abreißender Schmierfilm erforderlich. Geeignet für sehr hohe Lagerkräfte und Belastungen, geringer Platzbedarf für den Einbau, unempfindlich gegen Stöße und Erschütterungen.
Wälzlager: Die Lagerkraft wird von dem Zapfen auf Wälzkörper übertragen, die die Lauffläche nur teilweise berühren und in ihr abrollen. Wälzlager gibt es in verschiedenen Konstruktionen mit unterschiedlichen Wälzkörpern.
Rollreibung = wesentlich geringerer Reibungswiderstand; leichter, ruhiger Lauf; geringere Erwärmung beim Lauf; geringer Schmierstoffverbrauch

c) Bei Schmitzringläufern ist ein ruhiges Abwickeln von Druckplatten- und Gummituchzylindern durch die Vorspannung gegeben, daher keine Stöße und Erschütterungen.

8

a) manroland

b) R705, 5/0, Trocknergruppe, verlängerte Auslage

c) ① Anleger
② Anlegetisch
③ Bogenanlage
④ Druckplattenzylinder
⑤ Druckzylinder
⑥ Gummituchzylinder
⑦ Feuchtwerk
⑧ Farbwerk
⑨ Bogenübergabe, Transferter
⑩ Bogenübergabe an das Auslagesystem
⑪ Kettengreifer im Auslagesystem
⑫ Trocknergruppe mit Absaugung
⑬ Ausleger mit Pudergerät
⑭ Auslegestapel

9

a) „Drucken mit Mehrwert", d.h., es wird nicht nur gedruckt, sondern es werden auch Inline-Produktionsmöglichkeiten für Veredelungen angeboten.

b) Verschiedene Veredelungen im Druckprozess, die die Sinneswahrnehmungen, die Optik und die Haptik ansprechen, z.B. durch verschiedenartige Lackierungen als Glanz-, Matt- oder Duftlack in Kombinationen, Kaltfolien, Prägungen, 3D-Effekten

10

a) Kraftübertragung erfolgt insgesamt durch ineinandergreifende Zahnräder; Antriebsstrang von einem Hauptmotor

b) Kraftübertragung erfolgt zusätzlich zum Räderzug mit einer Längswelle; Kopplung von Zahnrad- und Längswellenantrieb (z.B. über Kegelradgetriebe mit Druckwerken)

c) Kraftübertragung durch mehrere Hauptmotoren, die über eine sogenannte „elektronische Welle" synchronisiert werden. Hinweis: Der Druckzylinder und der Gummituchzylinder werden über einen Räderzug angetrieben. Der Antrieb der Druckplattenzylinder erfolgt jeweils über spezielle Motoren, die durch die elektronische Welle synchronisiert sind und auf jedem Druckwerk sitzen.

11

a) Der größte Anteil der Druckfarbe wird auf die beiden vorderen Farbauftragswalzen übertragen.

Farbfluss: stärker wirkende Übertragungsrichtung der Druckfarbe vom Farbkasten über die im Kontakt stehenden Walzen. Er entsteht durch laufende Farbspaltungen von einer zur nächsten Walze. Theorie: Bei jeder Spaltung erfolgt eine Halbierung der Schichtdicke.
Verreibungseinsatz: Durch eine Änderung des Beginns der seitlichen Verreibung an den Farbreibern ist ein Farbdichteabfall (Reduzierung der Farbschichtstärke) in Umfangsrichtung zu verringern oder zu vermeiden.

b) Hinweis: unterschiedliche Systeme
Seitliche Position („Seitenregister"):
Der Druckplattenzylinder ist axial verschiebbar gelagert. Eine motorisch angetriebene Spindel bewegt den Zylinder ohne Verschiebung der Zahnräder im Räderzug.
Umfangsposition („Umfangsregister"):
Verstellung über den Druckplattenzylinder. Das Antriebsrad des Druckplattenzylinders besitzt eine Schrägverzahnung und ist axial auf dem Zapfen verschiebbar. Das schräg verzahnte Zahnrad kann über eine motorisch angetriebene Spindel axial verfahren werden. Hierbei erfolgt aber keine axiale, sondern eine radiale Bewegung (= Verdrehung) des Druckplattenzylinders, entscheidend wirksam dafür ist die Schrägverzahnung.

c) Druckplattenzylinder und Druckzylinder stehen fest, der Gummituchzylinder ist beweglich (exzentrisch) gelagert. Zur Druckan- und Druckabstellung wird der Gummituchzylinder gleichzeitig von beiden Zylindern wegbewegt.

d) ... Bewegung des Gummituchzylinders (exzentrisch gelagert), dabei wird die Position zum Druckplattenzylinder nicht verändert.

e) Skizzieren Sie die Bewegung, vgl. d).

f) Verschiedene Möglichkeiten, z. B.:
Motorische Verstellung der exzentrischen Lagerbuchse am Druckplattenzylinder, dadurch ergibt sich eine Lageveränderung zum Gummituchzylinder. Es erfolgt eine automatische Kompensation durch gleichzeitige Verstellung des „Umfangsregisters"

12

a) und b) Informieren Sie sich in Ihrem Betrieb. Allgemeine Antworten sind ausreichend.

c) Gleichstromantriebe: intensivere Wartung, hoher Stromverbrauch (Kosten)
Drehstromantriebe: wartungsfrei (keine Verschleißteile wie Kohlebürsten und Kollektoren), geringerer Stromverbrauch, verbesserter Wirkungsgrad gegenüber Gleichstrommotoren

d) Rollenwechsler, Bahnregelung, Druckwerke, Zugwalzen, Falzzylinder

13

a) Instandhaltung: Wartung, Inspektion, Instandsetzung, Verbesserung

b) Wartung: Soll-Zustand des Systems erhalten; Maßnahmen zur Verzögerung der Abnutzung
Inspektion: Vergleich Istzustand – Sollzustand; Maßnahmen zur Feststellung und Beurteilung des Istzustandes durch Messen und Prüfen; nach dem Vergleich ggf. Bestimmen der Ursachen, Festlegen der notwendigen Konsequenzen
Instandsetzung: Sollzustand oder funktionsfähigen Zustand wieder herstellen; erforderliche Bauteile auswechseln
Verbesserung: störungsfreier Betrieb durch z. B. vorbeugende Maßnahme, Schwachstellen beseitigen, Zustand optimieren, Funktionssicherheit verbessern

14

a) Reinigen, pflegen, ölen, schmieren

b) Welche Stellen müssen wo, wann, wie oft und mit welchem Mittel gewartet werden. Achtung: vom Hersteller freigegebene Wasch- und Reinigungsmittel, Öle und Schmiermittel verwenden.

c) Kosten durch eine nicht zur Verfügung stehende oder sogar über längere Zeit stillstehende Druckmaschine, Produktionsausfall, rasche Abnutzung von Maschinenteilen (Verschleißteilen), Störungen bei der Produktion, Qualitätsschwankungen

15

a) Kommunikationstechnologien über das Internet: permanenter Kundenservice online mit „Diagnose-Stecker". Die moderne Druckmaschine wird über Elektronik und die dazugehörende Software über Leitstand gesteuert. Schnelle Internetverbindungen ermöglichen den externen Zugriff auf die Druckmaschine für das Lokalisieren und Bearbeiten von Störungen über Internet und WebCam. Visualisierungsgeräte dienen nicht nur zur Maschinenbedienung, sondern auch zur Statusanzeige, zum Speichern von Maschinenparametern und als Schnittstelle für den Fernwartungszugriff mit einem entfernten Computer.

b)
- Permanenter Online-Kundenservice spart Zeit und Kosten
- Schnelle Analyse bei Störungen per Fernzugriff auf die Druckmaschine
- Einleitung gezielter Maßnahmen und Hilfe zur Selbsthilfe

- Keine Kommunikationsschwierigkeiten zwischen Drucker und Hersteller
- Eingrenzung der Fehlerursache, Verminderung von Stillstandszeiten
- Zeitersparnis bei Reparaturarbeiten
- Verringerung von Monteureinsätzen
- Erhöhung der Maschinenverfügbarkeit

16

Bei allen Wartungsarbeiten: Sicherheit beachten.

a) Automatisches Reinigen (Walzenwascheinrichtung) mit vorgeschriebenem Waschmittel. Gründlich reinigen. Verschmutzte Waschmittel und Farbreste sachgerecht entsorgen. Putzlappen in spezielle Putzlappentonne legen. Sorgfältig Ränder von Walzen putzen, eventuell manuell nachreinigen. Farbduktor und Farbkasten mit Dosierelementen reinigen, Seitenwände beachten.
Farbkasten: Null-Justierung der Dosierelemente, Elemente prüfen, Walzen justieren, sorgfältig Farbauftragswalzen zum Farbreiber und zur Druckplatte justieren.

b) Wasserkasten reinigen (evtl. Niveauwächter), sachgerecht ein- und ausbauen, Feuchtmittelumlauf prüfen und einstellen, Feuchtmittel rechtzeitig bei Bedarf wechseln, Sprührakel (o. Ä.) für das direkte Einbringen von Waschmittel und Wasser in die Bürstenwalzen reinigen; Feuchtauftragswalze zum Druckplattenzylinder und zur Feuchtdosierwalze (je nach System) justieren

17

Erstellen Sie diese Liste für Ihre Druckmaschine. Verwenden Sie die Angaben aus der Dokumentation der Druckmaschine (Maschinenhandbuch). Besprechen Sie Ihre erarbeitete Liste mit Ihrem Ausbilder.

18

a) Verwenden Sie die Angaben aus der Dokumentation der Druckmaschine (Maschinenhandbuch).

b) Fett- und Ölverunreinigungen auf dem Fußboden sofort beseitigen: Rutsch- und Verletzungsgefahr! Ausgelaufenes Öl und undichte Stellen in der Druckmaschine können zu Umweltschäden und zu Unfällen führen.
Undichte Stellen sind nach Information und Abstimmung mit dem Abteilungsleiter, dem Druckmaschinenservice oder anderen Zuständigen zu beseitigen. Öl darf nicht in die Kanalisation oder ins Grundwasser laufen.

19

a) Durchgängige Spannschiene. Bei allen Druckmaschinen mit Plattenwechselsystemen erfolgen sowohl die Positionierung zum Spannen sowie das Öffnen und Schließen der Spannschienen automatisch. Möglichkeit: vordere Spannschiene mit elektronischer Positionskontrolle in beiden Pins.

b) Verzug/Dehnen des Papiers an der Bogenhinterkante: Mit mehreren einzelnen Segmenten besteht eine Korrekturmöglichkeit an der Druckplatte, durch Dehnen (Auseinanderdrücken) eventuelle Passerabweichungen an der Bogenhinterkante auszugleichen.

20

a) Druckplatten- und Gummituchzylinder

b) Druckmaschine bei geöffnetem Schutz immer sichern! Zu einer neuen Positionierung entsichern und nach der Positionierung wieder sichern!
Schmitzringe auf Beschädigungen prüfen.
Mindestens nach jeder Schicht sorgfältig mit freigegebenen Waschmitteln reinigen. Keine scharfen, kratzenden oder aggressiven Mittel verwenden.

21

a) Verzug konkav, an der Bogenhinterkante jeweils in der Breite verzogen

b) Korrekturmöglichkeit mit der hinteren geteilten Druckplattenpannschiene;
elektromotorische Papierdehnungskompensation vom Leitstand

22

a) Unterbau und weitere Schichten: Gewebeschicht, Gummischicht usw. (vielfach 2–3 „Doppelschichten“ übereinander). Oberste Schicht: Gummischicht als hochwertige Drucktuchschicht.

b) Unterbau und weitere Schichten: Gewebeschicht, Gummischicht und/oder spezielle Schicht mit kompressiblen Elementen (Luftbläschen, „Revers-Knie“ u. a.). Oberste Schicht: Gummischicht als hochwertige Drucktuchschicht.

c) Keine Wulstbildung im Bereich der Druckzone = Verbreiterung der Kontaktzone, kompressibles Verhalten, geringere Neigung zum Schieben und Dublieren, unempfindlicher gegenüber Überpressungen (umgeknickte Papierecken o. Ä.)

23

a) Von der chemischen Zusammensetzung der Gummideckplatte und der Oberflächenstruktur (Oberflächenrauigheit = mikroporöse Struktur). Unterschiedliche Schliffe und Strukturen beeinflussen mit noch anderen Einflussfaktoren den sogenannten QR-Effekt.
b) Quick Release Effekt = schnelle Papierfreigabe
c) Farbkonsistenz (Zügigkeit), Druckfarbentyp, Druckfarbenmenge, Papiersorte und -dicke, Druckgeschwindigkeit u. a.

24

a) Planparallelität, sehr geringe Dickentoleranz, Quellbeständigkeit, Standfestigkeit (lange „Lebensdauer“), Elastizität, gute Waschbarkeit
b) Gute Farbannahme und -abgabe (Benetzungsverhalten), optimale Detailwiedergabe aller Bildelemente, geringe Tonwertzunahme, schnelle Freigabe in der Druckzone (QR), keine Wulstbildung

25

a) Zusammendrückbar. Im Gegensatz zu gewöhnlichen Gummitüchern lassen sich diese bis zu einem gewissen Grad zusammendrücken, ohne seitlich auszuweichen.
b) Die Druckzone komprimiert, sodass die Wulstbildung und das Walken stark reduziert werden. Dadurch wird die Punktdeformierung durch das Schieben der Rasterpunkte in der Druckzone fast völlig verringert, das Druckbild wird randscharf und mit geringerer Tonwertzunahme übertragen.

26

Bei einem Direktantrieb wird jedes Druckwerk separat angetrieben. Druckplattenwechsel, die bisher nacheinander Druckwerk für Druckwerk ablaufen, laufen damit an allen Druckwerken simultan ab. Beispiel: wenige Minuten für das Wechseln aller Druckplatten gleichzeitig mit einem vollautomatischen Plattenwechselsystem.

27

a) Flach oder hängend lagern. Bei flacher Lagerung mehrerer Gummitücher übereinander immer wechselseitig Deckschicht auf Deckschicht und Gummischicht auf Gummischicht, ggf. geeignetes Zwischenlagepapier verwenden; Lagerung in ozonarmen Räumen zwischen 15 °C und 30 °C und einer relativen Luftfeuchtigkeit von 50 % bis 65 %
b) Um ein Aufquellen durch Waschmittel und vor allem Feuchtigkeit zu vermeiden
c) Spannschiene reinigen, Gummituch an den Seitenkanten durch Lack versiegeln. Die Greiferkante (rechtwinklig zu der rückseitig eingewebten Kettrichtung) ist unbedingt zu beachten. Dicke des Gummituches z. B. 1,95 mm.
Erforderliche Aufzugstärke: Gummituch + kalibrierte Unterlagebogen (Karton, Papier, ggf. Folie). Unterlagen etwa 10 mm schmaler als das Drucktuch zuschneiden (tieferer Sitz in den Rillen neben dem Schmitzring).
Messen der Gesamtdicke: Bügel- oder Tellermessschrauben eignen sich nur bedingt zu einer genauen Dickenmessung. Probleme: geringe Auflagefläche für das Messen flexibler Materialien (Gummituch), nicht exakt zu definierender Messdruck, wirksame Gesamtdicke verringert sich im gespannten Zustand.
Eine genaue Messung der Aufzugstärke ist im eingespannten Zustand mit einer Aufzugmesseinrichtung über dem Schmitzring zu ermitteln.
Für ein erstes Einspannen ist ein Anspannwert von ca. 50 % des vom Maschinenhersteller empfohlenen Wertes bereits ausreichend. Nach kurzem Einlaufen (ca. 300–500 Druck) ist das Gummituch auf den vom Maschinenhersteller empfohlenen Drehmomentwert nachzuspannen. Nach etwa 10 000 Drucken ist zu prüfen, ob die erforderliche Höhe zum Messring korrekt ist.

28

a) Einsatz von getesteten und freigegebenen Waschmitteln, möglichst Hochsieder. Das Waschmittel pur oder mit Wasser gemischt einsetzen, geeignete saubere Putzlappen verwenden. Anschließend mit ausreichend Wasser nachreinigen, bis die angelösten Verschmutzungen und Waschmittelrückstände entfernt sind. Gummituch glänzt seiden nach dem Waschvorgang.
Inspektion aller Drucktuchoberflächen nach den Waschvorgängen. Entfernen von verhärteten Druckfarbenresten aus Spannkanälen. Hinweis: Wechseln von Drucktüchern auch bei kleinsten Oberflächenbeschädigungen.
b) Maß für die Feuergefährlichkeit einer Flüssigkeit. Lösemittel verdunsten und bilden Dämpfe. Der Flammpunkt ist die niedrigste Temperatur, bei der so viel Lösemittel verdampft, dass dieser Dampf entflammt werden kann.
c) Geprüfte Waschmittel, die den geforderten Eigenschaften entsprechen und freigegeben sind. Eigenschaften: Hochsieder (Flammpunkt ≥ 60 °C),

wassermischbar, aromatenfrei und korrosionsinhibiert, langsame Verdunstung durch hochwirksame Emulgatoren, gute Benetzung der Oberflächen, rückstandslos mit Wasser zu entfernen.

29

Bearbeiten Sie diese Aufgabe in Ihrem Betrieb. Dokumentieren Sie Ihre Ergebnisse und heften Sie diese in Ihrer persönlichen Dokumentation ab.

30

a) Bei allen Arbeiten: Sicherheit und Unfallschutz beachten!
Bei allen Plattenwechselsystemen: Die Positionierung zum Spannen sowie das Öffnen und Schließen der Spannschienen laufen automatisch.
Halbautomatischer Plattenwechsel: Die ausgedruckte Druckplatte wird von Hand aus der Druckanfangsschiene gezogen und die neue Druckplatte von Hand in die Schiene geschoben.
Vollautomatischer Plattenwechsel: Steuerung über den Leitstand. Neue Druckplatten von Hand in den jeweiligen Einzugschacht an den Druckwerken einsetzen. Ausgedruckte Druckplatten werden gereinigt, ausgespannt und die neuen automatisch in der Grundposition eingespannt. Hinweis: Je nach Antrieb der Druckmaschine erfolgt das Wechseln der Druckplatten bei mehreren Druckwerken unterschiedlich.
Konventioneller Antrieb:
Vorgang läuft zeitversetzt an allen Druckwerken ab.
Direktantrieb („elektronische Welle"):
Der Vorgang läuft gleichzeitig an allen Druckwerken ab. Dabei können gleichzeitig Walzen und Gummitücher gewaschen werden.
b) Wesentliche Zeit- und damit Kostenersparnis beim Rüsten, insbesondere bei Direktantrieb.
Sicheres, rasches Einspannen.

31

Bearbeiten Sie diese Aufgabe in Ihrem Betrieb. Dokumentieren Sie Ihr Ergebnis und heften Sie dieses in Ihrer persönlichen Dokumentation ab.

32

a) Serienmäßig besitzen Druckzylinder für Geradeausmaschinen eine völlig glatte Oberfläche.
b) Korrosion: zerstörende Veränderungen an der Oberfläche fester Körper (Metalle u. a.) durch chemische oder physikalisch-chemische Vorgänge, z. B. durch Oxidation, Wasser- und Kohlensäureeinwirkung, Salzbildung und elektrochemische Vorgänge. Die Oberfläche von Zylindern muss demnach geschützt sein.
c) Verschiedenartig strukturierte Oberfläche, die möglichst farbabweisend ist, um die Druckfarbe des Schöndrucks nicht anzunehmen

33

a) Der Druckbogen wird umstülpt.
b) Registerhaltiger Druck: Die Vorderanlage im Schöndruck wird durch das Umstülpen zur Hinterkante, d. h. die Seite der „Anlage" wechselt.

34

a) Heidelberger Druckmaschinen, z. B. an einer Speedmaster
System: vom Leitstand aus zu steuerndes Drei-Trommel-Wendesystem mit einer Übergabe-, einer Speicher- und einer Wendetrommel
Phase 1: Der einseitig bedruckte Bogen wird vom Druckwerk A an die Übergabetrommel und von dieser an die Speichertrommel übergeben.
Phase 2: Die Speichertrommel führt den durch Sauger straff gehaltenen Bogen so weit, dass Zangengreifer der Wendetrommel den Bogen an der Hinterkante erfassen können.
Phase 3: Beim Weiterlaufen schwenken die Zangengreifer mit der Bogenhinterkante um ca. 180° und legen den Bogen mit der unbedruckten Seite gegen die Wendetrommel.
Phase 4: Der umstülpte Bogen wird von den Zangengreifern an das Greifersystem im folgenden Druckwerk B übergeben.
b) manroland sheetfeed
System: vom Leitstand zu steuerndes Bogenwendungssystem aus je einem doppelt großen Druckzylinder (Druckwerk A), einer Wendetrommel und einem Druckzylinder (Druckwerk B)
Phase 1: Der einseitig bedruckte Bogen (Druckwerk A) wird zur Wendung von dem ersten Greifersystem der Wendetrommel an der Bogenhinterkante erfasst.
Phase 2: Die Bogenhinterkante wird an das zweite Greifersystem der Wendetrommel übergeben und umstülpt.
Phase 3: Der umstülpte Druckbogen wird an das Greifersystem (Druckwerk B) übergeben.

35

a) KBA, Drei-Trommel-Wendung

b)

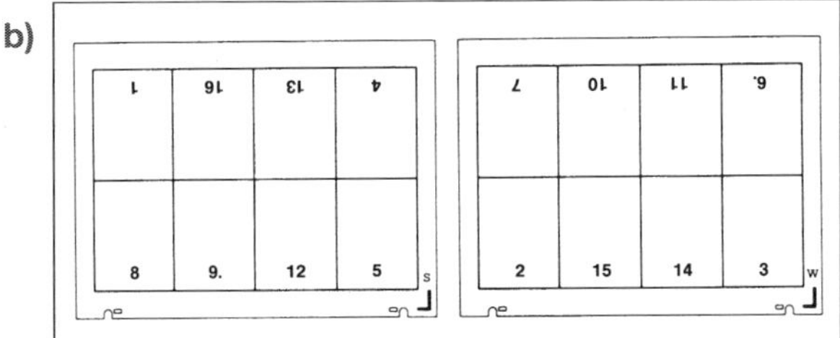

c) Der Druckbogen wird im Druckprozess umstülpt, dabei wechselt die Bogenanlage zur Bogenhinterkante. Dementsprechend muss die Montage „auf Mitte“ (in Zylinderumfangsrichtung) angelegt werden.
Das Papier sollte dreiseitig beschnitten sein, sehr geringe Toleranzen in Druckrichtung gleichen die Greiferränder aus. Der Drucker muss beim Einrichten auf das Register achten und das Druckbild in Zylinderumfangsrichtung auf Mitte stellen.

36

a) Der Rollenquerschneider wird direkt vor dem Anleger installiert. Der Bedruckstoff wird von der Rolle abgewickelt, auf das benötigte Format geschnitten und anschließend automatisch unterschuppt. Der entstandene Schuppenstrom wird dem Druckmaschinenanleger zugeführt. Bedruckstoff: Breitbahn.
b) Diese Technik ist nur bei ständig wiederkehrenden bzw. ähnlichen Produkten auf gleichen Bedruckstoffen wirtschaftlich, da Rollenpapier bis zu 15 % günstiger ist.

37

Erarbeiten Sie mit Ihrem Team die sachlichen Inhalte und stellen Sie diese in einer tabellarischen Übersicht zusammen. Vergleichen Sie Ihre Übersicht mit den Übersichten von anderen, diskutieren Sie über die wesentlichen Unterschiede.

38

Die Bogen werden – trotz des Schuppenstroms – bei hohen Druckgeschwindigkeiten sehr schnell auf dem Anlagetisch transportiert. Um eine ruhige, präzise und sichere Bogenausrichtung (Anlage) zu gewährleisten, wird die Bogenführung (um bis zu 65 %) verlangsamt.

39

Stichworte als Hinweise zu Ihren Erklärungen:
a) Stabilität des gesamten Druckmaschinensystems: schwingungsfrei, erschütterungsfrei
b) Laufruhe, keine Reibung
c) Spielfreies Ineinandergreifen (Evolventenverzahnung) und Abrollen im Teilkreisbereich, Laufruhe, exaktes Verstellen der Zylinder (Druckplatten-, Gummituchzylinder)
d) Vorspannung gewährleistet ein optimales Abrollen von Druckplatten- und Gummituchzylinder. Achtung: Sauberkeit!
e) Basis (wie auch Schmitzringe) für das Messen der Zylinderaufzüge und die Grundeinstellung der Zylinder (Monteurarbeit)
f) Richtige Aufzugstärke, Messung über dem Mess- bzw. Schmitzring: Einfluss auf die Drucklänge, Einstellungsfehler können u. a. zum Dublieren und Schieben führen
g) Zusammensetzung: kalibriertes Material
Richtige Aufzugstärke: Messung über dem Mess- bzw. Schmitzring
Probleme: Tonwertzunahme, Dublieren und Schieben
h) Schmutz wie Staub Farbreste, u. Ä. auf den Zylindern oder Schmitzringen, unzureichend gewartete Lager u. Ä. (Schmierung), Anlagesystem, Greifer, Übergabesystem

40

a) Anleger vereinzelt pneumatisch die Bogen auf dem Anlegestapel und führt sie auf den Anlegetisch. Saugbänder oder Greifer führen den Druckbogen zu Anlegemarken. Der nachfolgende Bogen wird erst auf den Anlegetisch transportiert, nachdem der vorhergehende, ausgerichtete Druckbogen an das Greifersystem des Druckwerkes übergeben ist.
b) Der Anleger transportiert mehrere Bogen in schuppenförmiger Auffächerung über den Anlegetisch zu den Anlegemarken. Dabei überlappen sich je nach Druckformat mehrere Bogen schuppenförmig. Je langsamer bzw. ruhiger ein Druckbogen an die Anlegemarken geführt werden kann, desto sicherer ist ein stoßfreies, passerhaltiges Anlegen und Ausrichten an Vordermarken und Seitenmarke möglich. Ist der exakt ausgerichtete Bogen an die Greifer des Druckzylinders übergeben, so hat der folgende Bogen nur noch einen relativ kurzen Weg (etwa ein Drittel der Bogenlänge in Druckrichtung) zur Anlage zurückzulegen.
c) Die Anlegegeschwindigkeit ist bei einem Schuppenanleger im Vergleich zu einem Einzelbogenanleger wesentlich geringer, der Bogentransport ruhiger. Einzelbogenanleger sind nicht für hohe Druckgeschwindigkeiten geeignet.

41

a) Höhenregulierung am Saugkopf: Aufsetzen des Tasters bzw. Drückerfußes auf den Stapel, Abtasten der eingestellten Stapelhöhe, Steuerung über ein elektromechanisches Transportsystem.
Der Stapeltisch wird automatisch jeweils um die Höhe der entnommenen Bogen nachtransportiert, sodass sich die Oberkante des Stapels immer in der eingestellten Arbeitshöhe befindet.
Weitere Möglichkeit u. a.: Steuerung durch zwei Sensorensysteme am Drückerfuß und an der Taktrolle.
b) Bei seitlich ungleichen Stapeln (nicht kantengenau) wird durch diese Sensoren erreicht, dass immer der gleiche Ziehweg an der pneumatischen Seitenmarke vorhanden ist (System mit integriertem elektromechanischem Kontakt).

42

Beschreiben Sie das Problem und die Lösung an Ihrer Druckmaschine.

43

a) Bei dieser Fördertechnik werden keine Transportbänder und ebenso keine mechanisch auf den Bogen wirkenden und auf das Bogenformat einzustellenden Transportrollen benötigt.
Vorteile: schnelleres Rüsten, geringere Wartung, kein zeitaufwendiges Verkleben der Transportbänder bei einem Bänderwechsel erforderlich, ruhigerer Bogenlauf, da Endlosbänder
b) Glatte Bogenauflage auf dem Anlagetisch

44

a) Die beiden äußeren Marken (je etwa auf der Mitte des Bogendrittels) sind ausreichend, innere Vordermarken werden nah an die Bogenvorderkante gestellt, sind aber nicht „tragend".
b) Konventionelle Seitenmarke (Ziehmarke): Eignung für leichte bis mittelschwere Bedruckstoffe. (Hinweis: Bei sehr schweren Bedruckstoffen wäre eine Schiebemarke besser geeignet.)
Aufbau: Grundgestell mit einem Ziehsegment, einer Ziehrolle und teilweise einer Abdeckung (Deckmarke). Das Ziehsegment wird mechanisch hin- und herbewegt. Der von den Vordermarken ausgerichtete Bogen wird von der Ziehrolle auf das Ziehsegment gedrückt, dazu ist ein Federdruck materialbezogen einzustellen. Durch den mechanischen Druck auf das Ziehsegment wird der Bogen bis an den Anschlag der Seitenmarke gezogen.
Pneumatische Seitenmarke (heute fast ausschließlich eingesetzt): Aufbau aus Seitenmarkengehäuse mit einem seitlichen Bogenanschlag, Feststellelement mit Feinregulierung sowie Saugeinrichtung. Die Saugeinrichtung, die den Bogen seitlich ausrichtet, besteht aus dem quer zur Bogenförderung beweglichen Schlitten, dem Sauger und der auswechselbaren Saugerplatte. Der auszurichtende Bogen richtet sich an den Vordermarken aus, wird auf der Rückseite von Saugluft angesaugt und an den seitlichen Anschlag geführt. Während der seitlichen Bewegung kann sich der Bogen trotzdem weiter an den Vordermarken ausrichten (z. B. leicht schräg angekommener Bogen).
c) Uneingeschränkte Sicht auf den Zieh- und Anlegevorgang (Wegfall der Zieh- bzw. Andrückrolle und der Deckmarke). Der Bogentransport in Laufrichtung wird während des Ziehvorgangs nicht unterbrochen.
Der Bogen hat durch die fehlende Andrückrolle mehr Zeit zum Vorausrichten und Ausrichten an den Vordermarken. Schwierige Bedruckstoffe sind sicher auszurichten. Maximaler Ziehweg um ca. 10 % erweitert. Die Gefahr der Beschädigung oder des Verschmierens der Bogen im Bereich der Ziehelemente wird durch den von unten wirkenden Sauger vermieden. Geringere Umrüstzeiten. Die Bogen liegen trotz eingeleitetem Ziehvorgang immer an den Vordermarken an. Geringer Wartungsaufwand.

45

a) Abfühlrolle auf Dicke des Bedruckstoffs beim Transport im Schuppenstrom („Paketkontrolle") einstellen. Fehlerhaft auf den Anlegetisch transportierte Doppelbogen heben mechanisch eine Abfühlrolle an, die eine elektrische Schaltung und damit den Stopp des Anlegetischs auslöst.
Einbau: am Beginn des Saugbändertischs.
b) Berührungslose Kontrolle mit Ultraschall-Sender und -Empfänger. Vor der Inbetriebnahme: Abgleich auf einen einzelnen Bogen. Funktion: Ausstrahlen von Hochfrequenz-Schallwellen durch den Bedruckstoff. Der gegenüberliegende Empfänger wertet dieses Signal aus und erkennt so Einzelbogen (korrekt) oder Fehl- bzw. Doppelbogen.
Einbau: vor der Bogenanlage bzw. integriert in der Ziehmarke.

46

System: Vordermarken von unten. Funktion: Greifer übernehmen den ausgerichteten Bogen, beschleunigen ihn auf Druckzylindergeschwindigkeit und übergeben den Bogen an die Greifer des Druckzylinders.

47

a) **Systemtechnik Heberfarbwerk:** streifenweise Farbübertragung in Intervallen
Farbwerksystem: Drehbewegung des Duktors in
- Intervallen (einstellbarer, periodischer Vorschub),
- permanent gleichmäßiger Umdrehungsgeschwindigkeit.

Farbtransport in das Farbwerk: Der Farbheber, eine gummibezogene Walze, übernimmt die Druckfarbe vom Duktor durch mechanischen Kontakt, bei Drehbewegung des Duktors läuft der Farbheber im direkten Kontakt mit und übernimmt die Druckfarbe. Bei einem permanent laufenden Duktor wird die zu übertragende Farbmenge durch die Kontaktzeit zwischen dem sich drehenden Duktor und dem angestellten Farbheber gesteuert.
Hinweis: Der Farbheber schwenkt allgemein nur bei jeder zweiten Druckzylinderumdrehung an den Duktor heran. Die übertragene Druckfarbenmenge muss dementsprechend für zwei Drucke ausreichen.
Systemtechnik Filmfarbwerk: kontinuierliche Farbübertragung = permanente Farbzufuhr
Farbwerksystem: Filmwalze anstelle des Farbhebers (engl. film = Schicht, Häutchen). Permanenter Antrieb des Farbduktors. Dieser transportiert in einer dünnen, gleichmäßig dicken Schicht Druckfarbe aus dem Farbkasten in das Farbwerk.
Filmwalze ist in ständigem direktem Kontakt zu der ersten Farbwalze des Farbwerks, einem Farbreiber. Abstand zum Duktor ca. 0,05 mm. Dosierung der Druckfarbenmenge durch langsamere oder höhere Duktorgeschwindigkeit. Beide Walzen laufen demnach mit unterschiedlichen Geschwindigkeiten. (Druckfarbe = „Schmiermittel")
Die Druckfarbenschicht auf dem Duktor, die den voreingestellten Wert übersteigt, wird von der laufenden Filmwalze permanent „abgefräst". Die Farbmenge wird kontinuierlich in der Farbschicht gespalten und permanent in das Farbwerk übertragen.
Systemtechnik Kurzfarbwerk: Farbdosierung und -übertragung mit einer Rasterwalze, ohne Dosierelemente („Aniloxfarbwerk")
Farbwerksystem: Ein Farbkammerrakel-System füllt Näpfchen einer Rasterwalze mit Druckfarbe. Diese färbt direkt eine Auftragswalze ein. Rasterwalze und Auftragswalze haben den gleichen Umfang wie der Druckplattenzylinder. Die Dosierung ist grundsätzlich nur über die Näpfchentiefen der ausgewählten Rasterwalze in der gesamten Breite möglich.

b) **Heberfarbwerk:** in Bogen-Offsetdruckmaschinen (nur noch an älteren Druckmaschinen)
Filmfarbwerk: in Bogen- und Rollen-Offsetdruckmaschinen
Kurzfarbwerk: in Bogen-Offsetdruckmaschinen (wenige Modelle), Lackwerk. Hinweis: überwiegend im Flexodruck eingesetzt

48

Beschreiben Sie den gesamten Ablauf an Ihrer Druckmaschine. Besprechen Sie Ihre Lösung mit Ihrem Ausbilder bzw. in der Berufsschule.

49

a) A

b) B; ein gleichmäßiger Kontakt und eine bestimmte elastische Kontaktfläche (Übertragungsspalt) sind für die Farbspaltung erforderlich.

c) Rilsan (Basis: Polyurethan) ist ein oleophil reagierender Kunststoff; gute Benetzung mit Druckfarbe. Die Beschichtung unterstützt die Farbspaltung. Ein Blanklaufen der Walzen wird verhindert.

50

1	Farbkasten
2	Farbschieber
61	Farbduktor
71	Farbheber
82, 83	Zwischenwalzen
91 bis 94	Übertragwalzen
451 bis 454	Farbauftragswalzen
511 bis 514	Farbreiber
Ergänzungen	
3	Farbauffangrinne
4	Farbwalzen-Blaseinrichtung (Option)

51

a) Systeme mit Zonenschrauben: Arbeiten nicht nebenwirkungsfrei, keine Fernverstellung (Dosierung vom Leitstand) möglich
Systeme mit Dosierelementen: Wirkung der Farbdosierelemente nicht mehr tangential, sondern zentrisch zum Farbduktor
Keine hydrostatischen Auswirkungen im Farbkasten, hydrodynamische Kräfte zu minimieren.
Kein durchgehendes Farbmesser (Federstahl).
Farbdosierung einzelner Zonen absolut nebenwirkungsfrei.
Farbgebung zentral vom Leitstand aus zu steuern.
Speicherung von Einstellungsdaten für Nachdrucke.

b) Farbspaltung an den Kontaktflächen (-zonen) der Walzen

c) 0,7 µm bis 2,5 µm, abhängig von der Druckform (Bildstellen, Flächendeckung) und dem Bedruckstoff.

52

a) Steuerung durch ein durchgängiges Farbmesser mit anstellbaren Zonenschrauben: Jede Schraube hat ein gewisses Spiel. Diese Systeme arbeiten nicht nebenwirkungsfrei.
b) Farbschieber manroland: Farbschieber liegen direkt am Farbduktor an; sie sind jeweils mit einem eigenen Mikro-Prozessor vom Leitstand aus zu steuern. Jeder Farbschieber ist 30 mm breit. Alle Farbschieber sind ohne Zwischenraum kantengenau aneinandergepasst. Der Abstand zum Farbduktor steuert zonenweise einen exakt definierten Farbspalt, in dem die Druckfarbe übertragen wird.
c) KBA ColorTronic: Dosierhebel
Heidelberger Farbdosiersystem: Dosierzylinder

53

a) Harte Walze im Farbkasten, sie fördert aus dem Farbkasten (Vorratsbehälter) Druckfarbe, die über eine weitere Walze (z. B. Farbheber, Filmwalze) in das Farbwerk transportiert wird.
b) Weiche Walze, immer im direkten Kontakt zum Farbwerk, fester Abstand zum Farbduktor. Sie fördert die benötigte Farbmenge durch einen Abstand (Spalt) zwischen dem Farbduktor und der Filmwalze und entsprechend der Drehgeschwindigkeit des Duktors „leckt" die erforderliche Farbmenge kontinuierlich durch Spaltung der Schichtdicke auf dem Duktor ab.
c) Harte Walzen, Abrollen mit einer zusätzlichen seitlichen Hin- und Herbewegung (Changieren). Sie dienen vor allem zur Verreibung (Querverteilung), zum Ausgleich von Streifenbildungen bei der Farbübertragung), zum Transport und zur Verteilung in Umfangsrichtung (Längsverteilung) sowie zur Speicherung der Druckfarbe im Farbwerk (Speicherkapazität). Härte 100 Shore A.
d) Weiche Walzen, unterschiedliche Durchmesser, sie übernehmen Druckfarbe durch Farbspaltung von Farbreibern oder von einer zusätzlichen Zwischenwalze und übertragen Druckfarbe auf die Druckform. Härte 25–40 Shore A.
e) Weiche Walzen, die Feuchtmittel auf die Druckform übertragen. Härte ca. 25 Shore A.

54

Hinweis: Zeichnen Sie zuerst die Drehrichtung des Druckplattenzylinders, des Farbduktors und der Farbreiber ein. Danach beginnen Sie am Farbduktor. Bei jedem Kontakt mit einer nachfolgend anliegenden Walze wird die Farbschichtdicke um (theoretisch) die Hälfte abgegeben. Das ergibt prinzipiell die gleiche Farbverteilung auf beiden Walzen. Folgen Sie nur diesem „Hauptstrang" bis zu den Farbauftragswalzen. Entscheiden Sie dann, um welches System es sich handelt.

55

a) Im Farbwerk ist beim Stillstand eine größere, nicht an die Druckform abgegebene Farbmenge „gestaut", die dann beim Anfahren zusätzlich an die Druckplatte abgegeben wird. Nach einigen Druckwerksumdrehungen egalisiert sich die Farbmenge.
b) Skizzieren Sie diesen Vorgang.

56

a) Farbzufuhr in Intervallen (nicht kontinuierlich), allgemein nur bei jedem zweiten Druck
b) Permanente, gleichmäßige Farbzufuhr vom Farbkasten an das Farbwerk
c) Anordnung der Walzen im Farbwerk, vorderlastige und hinterlastige Systeme (auch umsteuerbare Systeme). Vorderlastig: Hauptstrom wird zur ersten Farbauftragswalze in Drehrichtung transportiert. Hinterlastig: Hauptstrom wird zur letzten Farbauftragswalze in Drehrichtung transportiert.
d) Einzelne Farbzonen zur Farbdosierung beeinflussen die Nachbarzonen nicht.
e) Die Speicherfähigkeit eines Farbwerks nimmt mit der Anzahl der Walzen (Summe der Walzenumfänge) zu.
Vorteil u. a.: Verringerung des Farbabfalls in Umfangsrichtung der Zylinder
Nachteil: geringere Reaktionsschnelligkeit
f) Harte und weiche Walzen wechseln einander ab.
Harte Walzen: Stahl, Rilsan-Beschichtung
Weiche Walzen: Gummi
Abgestufte Walzendurchmesser sind Voraussetzung für eine streifenfreie Einfärbung.
g) Farbverreibung: Speicherung und Querverteilung der Druckfarbe im Farbfluss.
Durch Änderung des Verreibungszeitpunkts (Beginn des Umkehrpunkts der Verreibwalzen im Verhältnis zum Druckplattenzylinder) kann ein sichtbarer Farbabfall verringert und druckformbezogen optimiert werden.
h) Seitliche Bewegung der Farbauftragswalzen, um Druckschwierigkeiten (Schablonieren) zu verringern oder ganz zu vermeiden

57

a) Permanente Bewegung ergibt einen konstanten Farbfilm.

b) Bei einer deutlichen Erhöhung der Druckgeschwindigkeit zeigt sich trotz gleicher Einstellungen eine geänderte Einfärbung im Druckbild.
Probleme: Durch höhere Druckgeschwindigkeit wird etwas weniger Druckfarbe (Kontaktzeit zur Farbspaltung) an das Farbwerk abgegeben. Andererseits neigt das Feuchtwerk zu einem Überfeuchten (geringere Verdunstung).
Mögliche Lösungen: Geschwindigkeitskompensierung im Farbwerk, eine gleichbleibende Drehzahl des Farbduktors und/oder eine durch Software gesteuerte Änderung der Kontaktzeit zwischen Farbduktor und Farbheber
Feuchtwerke: Entsprechend der höheren Druckgeschwindigkeit wird die Feuchtmittelzufuhr korrigiert.
c) Eine größere Farbmenge auf den ersten Farbauftragswalzen wird durch die nachfolgenden Farbauftragswalzen „geglättet".
d) Vorderlastiger Farbfluss, Hauptstrom geht zu der Walze 1 (14), durch die Zwischenwalze 3 ist der Farbfluss weiter zu optimieren/auszugleichen

58

a) Bei einer Änderung der Farbzonen soll diese Korrektur reaktionsschnell auf dem Druckbogen zu sehen sein.
b) Ein hohes Speichervolumen (Speicherfähigkeit = Umfang aller Walzen im Farbwerk) ist erforderlich, um die gesamte Druckform mit möglichst gleicher Farbschichtstärke vom Bogenanfang bis zum Bogenende zu drucken (vgl. Farbabfall = Nachlassen der Farbschichtstärke zum Druckende).
Nachteil: Das Farbwerk reagiert „träger" (weniger reaktionsschnell).

59

a) **Anicolor**
Aufbau: Rasterwalze (Anilox-Walze), Kammerrakel und eine Farbauftragswalze, beide Walzen haben den gleichen Durchmesser wie der Druckplattenzylinder. Das Kammerrakelsystem füllt die Näpfchen der Rasterwalze mit Druckfarbe, ein zonenweises Einstellen ist nicht möglich. Mit jeder Zylinderumdrehung färbt die Farbauftragswalze die Druckplatte einmal ein.
Konventionelles Farbwerk
Aufbau: Farbkasten mit einem folgenden Farbwerk und einer großen Zahl von harten und weichen Walzen, Farbübertragung durch Farbspaltung im Farbfluss, mehrere Farbauftragswalzen färben die Druckform ein

b) Angaben von oben nach unten:
- Formatgroße Rasterwalze
- Reiterwalzen
- Formatgroße Farbauftragswalze
- Druckplattenzylinder
- Filmfeuchtwerk
- Gummituchzylinder
- Druckzylinder

60

a) Variable Farbwerkskonfigurationen (Vario-System), über den Leitstand zu steuern:
- Standard- und Kurzfarbwerk
- Unterschiedliche Hebertakteinstellungen
- Farbreiber-Phasenverschiebung
- Verreibung der Farbauftragswalzen
- Separate Temperierung von Farbduktor und Farbwerk

b) Die Temperatur in der Druckmaschine und damit auch im Farbwerk steigt bei längerer Produktionszeit. Durch die Erwärmung verändert sich die Viskosität der Druckfarbe und damit die Farbführung. Um diesen Prozess konstant zu halten, wird das Farbwerk temperiert.
Zwei unabhängige Kreisläufe, die unterschiedliche Temperaturen im Farbduktor und Farbwerk erzeugen. Temperaturen: im Farbduktor 34 °C, im Farbwerk 27 °C. Ziele: optimale Kontrolle der erforderlichen Viskosität, präzisere und stabilere Farbdosierung bei hohen Geschwindigkeiten sowie ein konstantes Farbverhalten, auch beim Nachfüllen frischer Farbe.

61

Standardfarbwerk: übliche Druckaufträge
Kurzfarbwerk: Druckformen mit Drucksujets, die eine geringe Farbabnahme erfordern.
Technik: Der hintere Walzenstrang wird abgetrennt. Dies ermöglicht eine um 30 Prozent verringerte Farbwerkskapazität.

62

- Zweck: Bei einem Maschinenstopper wird automatisch das Farbwalzensystem in zwei Teile aufgeteilt, damit während der Leerlaufphase (ohne Druck) vermieden wird, dass zu viel Farbe in Richtung der Farbauftragswalzen transportiert wird.
- Vorteil: Reduzierung von überfärbten Anlaufbogen bei einem Maschinenneustart

63

Bei einem Maschinenstopper in einem konventionellen Farbwerk wird auf den Walzen die Druckfarbe gespeichert, die nicht an die Druckform übertragen worden ist. Diese wird beim Anfahren zusätzlich an die Druckplatte abgegeben. Erst nach einigen Druckwerksumdrehungen egalisiert sich die Farbmenge.

64

a) Kontinuierliches manuelles oder mechanisches Durchrühren verhindert ein Leerlaufen des Farbwerks. Mechanische Technik: Farbrührkonus zum Einbau in Farbkästen.
b) Druckfarbe wird gleichmäßig über die Farbkastenbreite verteilt und an den Duktor „angelegt" (z. B. bei UV-Druckfarben), werden stark thixotropische Reaktionen der Druckfarbe im Farbkasten verringert

65

a) Konstantes Farbniveau im Farbkasten, gleichmäßige Farbgebung während der Produktion, wirtschaftlicherer Farbverbrauch
b) Technik: automatische Farbzufuhr über Farbkartuschen oder Schläuche in Verbindung mit einem Überwachungs- und Kontrollsystem für das Füllniveau (Füllstandsanzeige)

66

Je nach Druckmaschinensystem und Farbmenge:
- Farbwerk komplett waschen
- Farbzufuhr komplett abstellen
- Makulaturbogen vorlaufen lassen
- „Stabiles", ungestrichenes Papier als Bogen teilweise in das Farbwerk einlaufen (Tipp-Betrieb) lassen und durch Rückwärtsfahren wieder herausziehen

67

a) Eine gleichmäßige „Grundmenge" an Druckfarbe muss auf allen Walzen im Farbwerk vorhanden sein, damit die folgenden spezifischen Positionen fein angesteuert werden können (Feinabstimmung).
b) Bei der Herstellung der Druckplatten in einem CtP-System wird gleichzeitig eine PPF-Datei mit den zugehörenden Farbinformationen zur Farbvoreinstellung erzeugt. Hinweis zur Optimierung: System mit Selbstlernfunktion. Datenübertragung von der Vorstufe, Feinabstimmung der Farbgebung am Leitstand bis zum OK-Bogen, Speicherung der Einstellungsänderungen zwischen erstem Probeabzug und OK-Bogen, Optimierung durch allmählichen Lernvorgang des Systems über mehrere Auflagen.

68

a) Ein Software-RIP bereitet die Daten der Druckform für die Druckplattenbebilderung im CtP-Belichter auf (RIP = Pixelflächenrechner). Mit diesen 1-Bit-Daten wird die Druckplatte bebildert. Außerdem wird eine PPF-Datei (Print Production Format) generiert. Aus dieser PPF-Datei wird die prozentuale Flächendeckung pro Druckfarbe und Druckfarbenzone berechnet. Diese Daten werden in Farbvoreinstellwerte für die einzelnen Druckfarben und die entsprechenden Farbzonen umgerechnet.
b) Stellen Sie schematisch vereinfacht diesen Prozess vom RIP bis zur Druckmaschine dar.

69

a) Heber (evtl.), Farbauftragswalzen zum Farbreiber, Farbauftragswalzen zur Druckplatte
b) Walzenkombinationen: normaler Kontaktstreifen mit leichtem Eindrücken der Gummioberflächen; starkes Eindrücken der Gummioberflächen und starke Wulstbildung
c) Ungleichmäßige Farbübertragung durch ungleichmäßiges Abrollen der Walzen gegeneinander, Rutschen auf der Druckplatte, stärkere Erwärmung der Walzen (Folge für Druckfarbe ...)
d) Mängel in der Farbübertragung, ungleichmäßiges Einfärben, „Springen" der Farbauftragswalzen am Druckanfang, Gefahr von Druckfehlern (Tonen) und ggf. Abnutzung der Druckplatte

70

Gleichmäßige Längsverteilung der Druckfarbe in Umdrehungsrichtung. Bei gleichen Durchmessern würde sich der gleiche Punkt beim Abrollen immer wieder in Umfangsrichtung „spiegeln". Häufiges Spalten auf Walzen mit unterschiedlichen Durchmessern bildet erst einen gleichmäßigen dünnen Farbfilm.

71

a) Bei der Produktion erwärmen sich die Walzen, dadurch verändert sich das Volumen bzw. der wirksame Durchmesser.
b) Achtung: Alle Einstellungen sollten grundsätzlich von Minus (zu geringer Kontakt) nach Plus vorgenommen werden, um das Ergebnis nicht durch ein Gewindespiel zu beeinflussen.
c) Verschiedene Möglichkeiten bei gewaschenem Farbwerk, z. B. Prüfung des Anpressdrucks mit schmalen, langen Streifen Tauenpapier, Folie oder Seidenpapier. Alle Einstellungen von Minus (zu geringer Kontakt) zu Plus vornehmen, um ggf. ein Gewindespiel auszuschalten.
d) Verschiedene Möglichkeiten bei eingefärbten Walzen, z. B.
Möglichkeit 1: Die mit einer hellen Druckfarbe eingefärbten Walzen sind langsam auf die stehende, trockene Druckplatte aufzusetzen. Die auf der Druckplatte dadurch entstehenden Streifen sollen in ihrer Breite den Angaben im Maschinenhandbuch entsprechen. Das Absetzen kann auf Papierstreifen erfolgen. Damit sind alle Einstellungen zu dokumentieren.
Möglichkeit 2: Die gummierte, trockene Druckplatte wird bei laufender Druckmaschine vollflächig eingefärbt. Nach einigen Umdrehungen wird die Maschine so gestoppt, dass alle Auftragswalzen auf der Druckplatte stehen. Durch manuelles Abheben der Walzen entsteht kein Springen oder Spiel, wie es bei der vorstehend beschriebenen Methode möglich ist.
Die gut sichtbaren Pressstreifen auf der Druckplatte zeigen exakt den tatsächlichen Walzenstand und damit den Druck der Auftragswalzen auf die Druckplatte.
e) Nur dadurch ist eine gleichmäßige Farbübertragung möglich.

72

a) Die Einstellung (Veränderung des Einsatzpunkts) der seitlichen Verreibung beeinflusst die Farbführung in Umfangsrichtung und wirkt dem Farbabfall und dem Schablonieren entgegen.
Möglich ist auch eine druckformbezogene optimierte Veränderung in den Farbschichtstärken vom Druckanfang zum Druckende für Anforderungen des Druckauftrags.
b) Farbabfall: Druckfarbe wird nicht gleichmäßig über die gesamte Druckfläche benötigt. Farbführende und farbfreie Stellen sind unregelmäßig auf der Druckplatte verteilt.
Ebenso wird im Zylinderkanal keine Druckfarbe abgenommen. Der Farbauftrag ist daher am Druckanfang stärker und fällt zum Druckende ab. Farbunterschiede, die im Druckbild (Umfangsrichtung) stören, können durch Änderung des Einsatzes der seitlichen Verreibung „optimiert" werden.

73

a) Gleichmäßige Druckbedingungen, geringe Tonwertschwankungen, konstantere Qualität, Kundenzufriedenheit
b) Je nach Druckmaschine werden bei einer Farbwerktemperierung der Farbduktor und zwei oder drei Farbreiber temperiert.
Hinweis: Vor dem Druckbeginn bzw. in der Phase des Rüstens werden die Walzen mit durchlaufendem Wasser erwärmt, im Fortdruck dagegen gekühlt, um der Erwärmung im Farbwerk entgegenzuwirken.

74

① Farbauftragswalze
② Brückenwalze (Zwischenwalze)
③ Verreibwalze
④ Feuchtauftragswalze
⑤ Feuchtdosierwalze
⑥ Feuchtduktor (auch Tauchwalze)
⑦ Feuchtmittelkasten

75

a) Heberfeuchtwerk: Feuchtmittel wird in periodischen Intervallen (Hebertakt) in das Feuchtwerk übertragen. Walzen sind teilweise bezogen.
Filmfeuchtwerk (heute ausschließlich eingesetzt): arbeitet heberlos, es wird kontinuierlich ein sehr dünner Feuchtfilm vom Feuchtduktor (Tauchwalze) an die Dosierwalze übertragen. Einsatz einer Brückenwalze (Zwischenwalze) für direkten Kontakt zum Farbwerk.
b) Durch den Einsatz von Walzen mit einer Keramikoberfläche kann der prozentuale Anteil von IPA weiter verringert werden.

76

a) Bei üblichen Offsetdruckfarben schlägt beim Druck auf Papier ein Teil der dünnflüssigen Bindemittel weg. Trocknende Öle, z. B. pflanzliche oder dementsprechend aufgebaute synthetische Öle), reagieren chemisch durch Aufnahme von Luftsauerstoff und bilden nach einem längeren Prozess einen trockenen, ausgehärteten Farbfilm. Gefördert wird das Trocknen durch ein Luftpolster zwischen den Druckbogen.

b) Es kann sich kein ausreichend großes Luftpolster bilden.

c) Langsamere Druckgeschwindigkeit, optimal ruhige Auslage (kein Rutschen der Bogen aufeinander), in kleineren Stapeln auslegen, Trockner verwenden (IR-/Heißluft-Kombination), mit geeignetem Puder bestäuben, geeignetere Druckfarbe verwenden

77

a) Integrierte (indirekte) und separate Feuchtung

b)
- Feuchtmittel wird sowohl separat als auch zusätzlich über das Farbwerk auf die Druckplatte übertragen („positive", nicht störende Emulsion)
- Feuchtmittel wird ohne Kontakt zum Farbwerk auf die Druckplatte übertragen

78

a) … ist in regelmäßigen Abständen zu überprüfen.

b)
- Bedruckstoffen mit geringer Saugfähigkeit
- hoher Farbschichtdicke durch Flächen, bei denen mehrere Farben übereinandergedruckt werden
- hohem Gewicht des Auslegerstapels durch einen Bedruckstoff mit geringem Volumen und großer Stapelhöhe

c)
- wolkiges Ausdrucken
- Absetzen des Puders auf dem Gummituch und dadurch Mängel im Druckbild
- Verringern der Scheuerfestigkeit der Druckfarbe
- Schwierigkeiten beim Lackieren, Falzen u. v. a.
- Verschmutzen der Maschine und des Arbeitsplatzes

d) … die Papiersorte und das Papiergewicht.

79

a) Fördert den chemisch ablaufenden Trockenprozess, unterstützt und verkürzt damit die Trockendauer

b) Abstandshalter, der die Zufuhr von Luftsauerstoff verbessert

c) Druckprodukt: wolkiges Ausdrucken, Verringern der Scheuerfestigkeit der Druckfarbe
Druckverarbeitung: Schwierigkeiten beim Lackieren, Laminieren und Falzen

80

a)
- IR-Trockner für Druckfarben:
  IR-Strahler erhöhen die Temperatur der Druckfarbe und des Bedruckstoffs, Farbviskosität sinkt, Wegschlagverhalten der Druckfarbe wird gefördert, chemische Reaktion der oxidativen Trocknung wird beschleunigt
- Kombination IR-/Heißluft (+ Umluft) für Druckfarben und Dispersionslack (ca. 50 bis 60 % Wasseranteil):
  wie IR-Trockner, Heißluft-Modul erwärmt die Luft, Erhöhung des Wasseraufnahmevermögens, wässrige Bindemittel verdunsten, mit Wasserdampf gesättigte Luft wird mit einem Luftstrom entfernt (Hinweis: Heißluft mit 100 °C nimmt ca. 35-mal mehr Feuchtigkeit auf als mit 20 °C)
- UV-Trockner:
  Funktion: Polymerisation („Härtung"), Druckfarbe und Lack = 100 %, Festkörpersystem, Aushärtung von UV-Druckfarben und UV-Lacken, Polymerisation durch chemische Vernetzung langer Molekülketten; Fotoinitiator in UV-Farben absorbiert UV-Strahlung, zerfällt in seine Bestandteile, löst chemische Kettenreaktion aus

b) **IR-Trockner**
- Vorteile: hohe Standzeit der Strahler, einfaches Handling, Kassetteneinschubtechnik
- Nachteile: Erwärmung der Druckmaschine, Erhöhung der Temperatur (Raum, Stapel)

UV-Trockner
- Vorteile: für Zwischen- und Endtrocknung geeignet, Einschubtechnik mit Wechselkassetten, Produkt sofort „trocken", kein Pudern
- Nachteile: Geruchsbildung, Umweltschutzvorgaben durch Emissionsgrenzwerte, abgestimmte Prozesse und Gesamtausstattung erforderlich, Abführung von Ozon erforderlich

81

a) Physikalische Vorgänge: IR-Strahler erhöhen die Temperatur der Druckfarbe und des Bedruckstoffs, die Viskosität der Druckfarbe sinkt, dies fördert das Wegschlagverhalten der Druckfarbe.
Chemische Vorgänge: trocknende Öle reagieren chemisch durch Aufnahme von Luftsauerstoff, die oxidative Trocknung wird beschleunigt

b) > 760 nm

82

a) Nachlassen der Farbschichtstärke (vgl. Dichte) vom Druckanfang zum Druckende

b) Störungen beim Einfärben:
- Übertragung der Druckfarbe durch Heberbewegung: Duktor, Farbheber zu Farbreiber
- Unterschiedliche Farbabnahme durch die Druckform oder farbfreie Stellen
- Der Umkehrpunkt der seitlichen Verreibung bewirkt einen „Totpunkt", Farbabnahme verläuft nicht kontinuierlich
- Im Zylinderkanal wird keine Druckfarbe abgenommen

c) Ändern des Einsatzzeitpunkts der seitlichen Verreibung, Farb-Wasser-Balance optimieren (so wenig Feuchtmittel wie nur möglich)

83

a) Skizzieren Sie den Vorgang:
Druckform mit negativen Aussparungen in Flächen am Bogenanfang bzw. Bogenende. Drucktechnisches Problem: druckbildbedingte Störungen durch nicht abgenommene und so rückgespaltete Farbmenge auf den Farbwalzen, dies ergibt in Umfangsrichtung ein versetztes „Geisterbild" in den Druckflächen am Bogenende.

b) Einstellung einer möglichst großen Verreibung, Änderung der seitlichen Verreibung, Abhilfe (wenn möglich) durch Axialspiel der Farbauftragswalzen

84

Verschiedenste Ursachen, z. B.
- Justierfehler in Farbwerk und Feuchtwerk
- Abwicklungsfehler, zu hoher Anpressdruck
- Mängel an Walzenlagern
- Farb- und Feuchtmittel-Führung

85

a) Fleckiges Aufliegen der Druckfarbe im Farbdruck

b) Diese Erscheinung tritt beim Nass-in-Nass-Druck in Bogen- und Rollen-Offsetdruckmaschinen durch ungleichmäßiges Wegschlagen der Druckfarbe in den Bedruckstoff und damit verbundener ungleichmäßiger Rückspaltung auf die folgenden Gummitücher auf.

86

a) Randwelliges, verbeultes und verspanntes Papier, elektrostatisch aufgeladenes Papiers, mangelhafte Greifereinstellung, zu hohe Druckbeistellung (besonders bei dünnen Papieren)

b) Ursachen ermitteln, Fehler beseitigen

87

a) Mehr oder weniger starkes Herausreißen von winzigen Faserteilchen bzw. Aufreißen von Bedruckstoffoberflächen

b) Starke mechanische Beanspruchung bei zu geringer Festigkeit des Materials: eine zu zügige Druckfarbe für einen bestimmten ungestrichenen oder gestrichenen Bedruckstoff, nicht ausreichend geleimtes Papier, Druckfarbe leicht angetrocknet

c) Geeignetere Papiersorte (wenn dies möglich ist), geeignetere Druckfarbe verwenden, Zügigkeit verringern. Kurzzeitige Abhilfe: Einsprühen des Farbwerks mit einem Frischhaltemittel (Spray).

88

- Allgemeine administrative Informationen.
- Prozentuale Flächendeckung pro Druckfarbe und Druckfarbenzone, umgerechnet in Farbvoreinstellungsdaten (Farbprofil) für jede Druckfarbe (Druckplatte).
- Optimierte Möglichkeiten: Berechnung der Farbzonenöffnung nicht mehr allein aus der motivabhängigen Flächendeckung, sondern mit Berücksichtigung von Farbtyp, Papierklasse und gewünschtem Färbungsstandard. Angaben zu Messfeldern sowie zu Farbkontrollstreifen.

89

a) 20 %

b) Bei hohen Druckleistungen pro Stunde verursacht die Druckzeit nicht die wirtschaftlich bedeutenden Kosten. Je weniger Makulatur benötigt wird, desto mehr Kosten sind zu sparen. Insbesondere aber unproduktive Rüstzeiten, in denen nicht gedruckt wird, verursachen hohe Kosten.

c) Ordnung am Arbeitsplatz, Planung der Produktion, Kommunikation/Information (Vernetzung, digitale Auftragstasche), rechtzeitiges Bereitstellen benötigter Materialien (Druckplatten, Bedruckstoff u. a.), systematisches Einrichten, Vorlaufbogen für das Einrichten und zur Optimierung der Farbführung verwenden, Teamarbeit

90

a) Beispiel: Altona Test Suite
Anwendungspaket mit Referenzdrucken (Flächendrucke, Bilder zu Balancen, Farbkontrasten; Lichter- und Tiefenzeichnung, Graubalance, Hauttonbalance) sowie Färbungsstandards und Test-Suite-Dateien. Im Paket enthalten: Charakterisierungsdaten, ICC-Profile, Dokumentation.

b) Sämtliche drucktechnisch wichtigen Informationen im Zusammenhang mit der standardisierten Prozesskontrolle

91

Druckmaschine nach Prozessstandard vorbereiten, Prozesse konstant halten: Druckmaschineneinstellungen, standardisierte Druckbedingungen, Sollwerte und Toleranzen, Tonwertzunahmen, standardisierte Kennlinien, messtechnisches Auswerten

92

Bearbeiten Sie diese Aufgabe in Ihrem Betrieb. Besprechen Sie vorab diese Aufgabe mit Ihrem Ausbilder. Klären Sie ggf. Fragen. Dokumentieren Sie diese Aufgaben mit den entsprechenden Angaben.

93

- Es werden keine weiteren Bogen auf den Anlegetisch transportiert
- Anlage: Übergabe- und Greifersystem bleiben geschlossen
- Druckanstellung schaltet auf „Druck aus“
- Druckmaschine läuft mit reduzierter Geschwindigkeit

94

Abtastung durch Sensoren

a) Je nach Druckmaschinensystem:
   - Gesamte Druckmaschine stoppt unmittelbar
   - Druckmaschine stoppt mit einem Nachlauf, der abhängig von der aktuellen Maschinendrehzahl ist

b) Anleger stoppt, Bogenzufuhr an das Druckwerk wird unterbrochen, Druckmaschine läuft mit reduzierter Geschwindigkeit weiter

c) Anleger stoppt, Bogenzufuhr an das Druckwerk wird unterbrochen, Druckmaschine läuft mit reduzierter Geschwindigkeit weiter

95

Direktantrieb der Druckwerke in Verbindung mit elektronischer Steuerung vom Leitstand

96

a) Mangelhafte, ungleichmäßige Bogenanlage durch Einstellungen der Seitenmarke, der Vordermarken, des Greifersystems u. a.; fehlerhafte Druckabwicklung, zu hoher Anpressdruck

b) Unsauber geschnittenes Papier, Dimensionsstabilität des Papiers zu schwach, unzureichend klimatisiertes Papier (Wellenbildung, Tellern, statisch aufgeladen), Laufrichtung des Bedruckstoffs verursacht Probleme

97

a)
   - „Seitenregister“: Der Druckplattenzylinder ist axial verschiebbar gelagert. Eine motorisch angetriebene Spindel bewegt den Zylinder seitlich, eine Verschiebung der Zahnräder erfolgt dabei nicht.
   - „Umfangsregister“: Die motorische Verstellung im Zylinderumfang erfolgt über die Schrägverzahnung am Antriebszahnrad des Druckplattenzylinders. Nur das Antriebszahnrad wird dabei axial verfahren bzw. verschoben. Dadurch erfolgt keine axiale Bewegung des Druckplattenzylinders, sondern nur eine Umfangsbewegung durch die Schrägverzahnung.
     Die Schrägverzahnung bewirkt eine Vor- oder Rückwärtsbewegung bei der Druckbildübertragung.
     Genauigkeit von ± 1/1000 mm automatisch erfasst und geregelt.

b) Je nach Druckmaschinensystem unterschiedlich:
   - Veränderung der Druckplattenposition auf fest stehendem Druckplattenzylinder
   - Veränderung der Plattenzylinderposition (Druckplatte bleibt fest auf dem Plattenzylinder eingespannt)
   - Veränderung der Bogenübergabeposition zwischen den Druckwerken

c) KBA Ergotronic, Heidelberg Prinect, 0,01 mm

98

Passerfehler bei 60 L/cm (halber Abstand)
10 mm : 60 = 0,166 mm
< 0,083 mm = 83 µm

99

a) Druckmaschine mit mehreren Druckwerken, Farbdruck (Hinweis: UV-Druckfarben; ggf. mit UV-Zwischentrocknungen), am Ende eine vollflächige UV-Lackierung (Lackwerk), UV-Trocknung auf dem Weg zur Auslage bzw. im Bereich der Auslageverlängerung. Produkt durch die UV-Endtrocknung absolut trocken.
b) Aufbau: zwei Lackierwerke, Zwischenwerke mit integrierter Trocknertechnologie, Eignung für unterschiedlichste Veredelungen und Aufgaben Beispiele: Matt-Glanz-Effekte, Metall- und Hochglanz und beliebige Kombinationen, mit konventionellen Farben drucken, inline einen Primer auftragen, mit UV-Lack überdrucken
c) Druck mit Hybridfarben, zwischen den Druckwerken UV-Zwischentrockner einsetzen, im letzten Druckwerk offsetdruckfähigen Lack partiell auftragen, im Lackwerk danach vollflächig mit UV-Lack lackieren, UV-Endtrocknung auf dem Weg zur Auslage bzw. im Bereich der Auslageverlängerung

100

Dispersionslack hat nur einen Festkörperanteil zwischen ca. 40 % bis 45 %, der Rest ist Wasser. Trocknung rein physikalisch.
Kombination von IR- und Heißluft-Trocknung: Zufuhr von Wärme und Heißluft verdampft Feuchtigkeit, diese wird durch ein Umluftsystem abgeführt.

101

a) ① Lackplatte
② Rasterwalze
③ Kammerrakel
④ Lackzufuhr
b) Die Rasterwalze schöpft durch eine einheitliche Näpfchenstruktur konstant die gleiche Lackmenge. Eine Dosierung erfolgt über die Auswahl bzw. den Austausch der lasergravierten, keramikbeschichteten Rasterwalze mit einem anderen Schöpfvolumen.

102

a) Beim Abheben einzelner Bogen hören Sie ggf. ein Geräusch: Die lackierten Bogen kleben aneinander.
b) Möglichkeiten:
- Lackmenge reduzieren
- Gering dosiert pudern
- Kleinere Stapel auslegen, vorsichtig lüften
- Geringere Druckgeschwindigkeit
- Geeignetere Lacksorte wählen

103

Die Oberflächenspannung des Lacks ist höher als die der Druckfarbe. Eine höhere Oberflächenspannung führt dazu, dass sich der Lack zusammenzieht und sich tropfenartige Strukturen („Perlen") bilden.

104

a) Blech hat eine Eigenfärbung, die nicht einem weißen Bedruckstoff entspricht. Damit fehlt für eine optimale ton- und farbwertgerechte Farbwiedergabe der erforderliche „Lichtreflektor", das Weiß des Papiers.
b) Grundprinzip: Anleger, Druckwerke (vgl. Offsetdruckwerke) mit möglichst horizontaler Führung der zu bedruckenden Tafeln, Zwischentrockner, Lackwerk, Bandauslage mit Tafeltransportsystem, UV-Endtrocknung und Tafelauslage
c) KBA-MetalPrint GmbH, Stuttgart

105

- **Adhäsion:** molekulare Kraft: das Aneinanderhaften bzw. Anziehen von Molekülen verschiedener Stoffe
- **Aufzugshöhe:** Drucktechnik, z. B. Offsetdruck: notwendiger Bezug eines Zylinders mit geeignetem Material, um die zu einer korrekten Abwicklung (Abrollen der Zylinder im Teilkreisbereich) erforderlichen Maße zu erreichen
- **CIP3, CIP4:** internationale Kooperation wichtiger Unternehmen der Druckindustrie mit dem Ziel, den gesamten Fertigungsprozess einschließlich kaufmännischer Aufgaben zu integrieren und in einem Datenstrom miteinander zu vernetzen
- **Direct Drive:** Bezeichnung der manroland für Druckmaschinen mit Direktantrieb
- **Gummituchwascheinrichtung:** Technologie, mit der das Gummituch automatisch gewaschen wird
- **halbautomatischer Druckplattenwechsel:** Bei einem halbautomatischen Plattenwechsel wird die ausgedruckte Druckplatte von Hand aus der Druckanfangsschiene gezogen und die neue Druckplatte ebenso von Hand in die Schiene geschoben.
- **Passer:** Bildpasser: im Farbdruck oder beim Druck mit mehreren Farben das exakte, positionsgenaue Über- oder Nebeneinanderstehen der einzelnen Bildelemente in den verschiedenen Druckfarben

- **pneumatische Steuerung:** Medium für die Steuerungstechniken ist Luft
- **Sinking:** geringes Einfallen bei Belastungen, z. B. bei einem gebrauchten Gummituch
- **UV-Trocknung:** Vernetzung („Härtung") von Monomeren und Prepolymeren durch UV-Bestrahlung. Fotoinitiatoren übertragen Energie auf das Bindemittel (Lack, Druckfarbe), dies führt zur Polymerisation und damit zur Trocknung.
- **Vollerwerden:** Tonwertzunahme im Druck, verglichen mit den Tonwerten im digitalen Datensatz
- **Zonenrakel mit Hartmetallspitzen:** Element zur Farbdosierung am Farbkasten: einzelne Farbzonen arbeiten nebenwirkungsfrei

106

- **Auftragsdaten:** administrative, kundenbezogene Informationen sowie sämtliche auftragsbezogenen Daten und Vorgaben. Erfasst in einer konventionellen oder digitalen Auftragstasche. Auftragsdaten umfassen im Detail alle Angaben zum Produkt, die Planung und Steuerung der Produktion und das Festlegen technischer Verarbeitungsprozesse.
- **doppelt großer Druckzylinder:** Größe im Vergleich zum Druckplatten- bzw. Gummituchzylinder
- **Drip-off-Lack:** spezielle Veredelungstechnik mit einem Doppeleffekt: Im letzten Druckwerk wird auf einen mit Prozessfarben bedruckten Bogen partiell ein matter Effektlack aufgetragen. Danach wird inline ein konventioneller Hochglanzlack vollflächig aufgetragen. Dieser perlt an den zuvor matt lackierten Stellen ab.
- **Druckbildverlängerung:** Verzug der Drucklänge im Vergleich zur Vorlage
- **Farbvoreinstellung:** Systemtechnik zur Verkürzung der Rüstzeiten. Voraussetzung für eine druckformbezogene Voreinstellung sind Daten aus der Druckvorstufe.
- **geschwindigkeitskompensiertes Filmfeuchtwerk:** Die Feuchtmittelführung wird entsprechend der Druckmaschinengeschwindigkeit automatisch optimiert.
- **hydraulische Steuerung:** Medium für die Steuerungstechniken ist ein spezielles Hydrauliköl
- **Kammerrakel:** Einfärbesystem für zonenschraubenlose Wasserlos-Kurzfarbwerke, für dünnflüssige Druckfarben (Flexodruck) und Lacke. Das gesamte System besteht aus der Rasterwalze, die durch eine Kammerrakel konstant mit Druckfarbe oder Lack versorgt wird.
- **Kissprint:** minimale Druckbeistellung (Anpressdruck) für Testdrucke, mit dem ein gleichmäßig wolkiges Ausdrucken erreicht wird
- **Tuchwascheinrichtung (Gummituch):** automatisches Reinigungssystem
- **Schieben:** Verziehen von Bildelementen, z. B. Rasterpunkten
- **Unterschnitt:** Die Oberflächen von Druckplatten- und Gummituchzylindern liegen tiefer als die Schmitzringe. Der Abstand zwischen der Zylinderoberfläche und dem Schmitzring wird Einstich oder Unterschnitt genannt.

107

- **Abwicklung:** In der Drucktechnik das Abrollen der Zylinder im Teilkreisbereich
- **Dispersionslack:** Lack mit einem Feststoffanteil von ca. 45 % und Wasser, Trocknung erfolgt rein physikalisch
- **Druck mit Schmitzringkontakt:** Im Druckprozess laufen die Schmitzringe von Druckplatten- und Gummituchzylinder mit einer bestimmten Vorspannung gegeneinander ab.
- **Farbschieber:** Steuerelement für die Dosierung der Farbführung vom Farbkasten zum Farbduktor, Farbzonen sind nebenwirkungsfrei zu steuern
- **geschwindigkeitskompensierte Farbduktordrehzahl:** Die Farbführung wird entsprechend der Druckmaschinengeschwindigkeit automatisch optimiert.
- **Grenzflächenspannung:** Grenzflächen: Kontaktflächen unterschiedlicher Stoffe, z. B. Luft – Wasser, Feuchtmittel – Farbe, Bildstelle – Feuchtmittel. Molekulare Kräfte, die sich wesentlich aus Wechselwirkungen zwischen Kohäsion und Adhäsion ergeben. Reaktion u. a.: Benetzung, Oberflächenspannung
- **QR-Effekt:** „schnelle Freigabe" des Bedruckstoffs durch das Gummituch nach der Druckzone
- **Register:** Typografie: das standgenaue Aufeinanderstehen des Vorder- und Rückseitendrucks Drucktechnik: fehlerhafte Bezeichnung für den Passer im Farbdruck
- **Schmieren (Fehler im Druck):** Fehler durch zu geringe Feuchtmittelführung oder ein ungeeignetes Feuchtmittel: Druckfarbe wird in Nichtbildstellen mehr oder weniger flächig mitgedruckt
- **Schmitzringläufer:** Druckmaschinen, bei denen im Druckprozess die Schmitzringe am Druckplatten- und Gummituchzylinder unter Vorspannung gegeneinander abrollen
- **Standzeit:** Haltbarkeit, Lebensdauer eines Materials oder Produkts
- **Wendeart des Druckbogens im Schön- und Widerdruck:** Für den Druck der Rückseite muss der Druckbogen gewendet werden. In einer Schön- und Widerdruckmaschine, z. B. 4/4, wird der Bogen nach dem Schöndruck automatisch für den Widerdruck umstülpt.

108 A

109 D

110 D

111 D

112 D

113 C

114 D

115 A

116 C

117 A

118 D

119 C

120 D

121 B

122 C

123 D

124 A

125 B

126 D

127 A

128 B

129 C

130 B

131 A

132 C

133 A

134 C

135 B

136 E

137 E

138 A

139 C

140 B

141 C

142 A

143 A

144 A

145 C

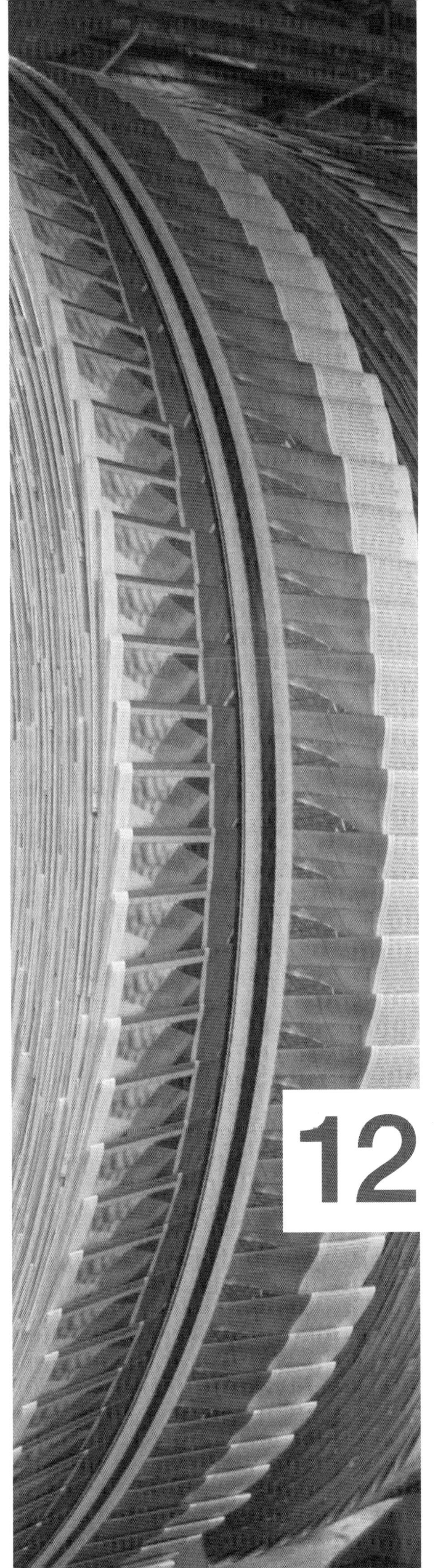

12 ROLLENDRUCK – PRODUKTION UND PRODUKTE

1

a) Rollen-Offsetdruck: Coldset-Druck, sehr schnelle Herstellung der Druckform (digital, CtP), sehr schnelles Rüsten, auch für kleinere Auflagen wirtschaftlich (Regionalzeitung, Anzeigenblätter u. Ä.)
b) Rakel-Tiefdruck: sehr große Druckbreiten, sehr hohe Druckleistungen, sehr hohe Standzeit der Druckformzylinder;
Rollen-Offsetdruck: Kosten geringer
c) Rollen-Offsetdruck: Heatset-Druck, sehr schnelle Herstellung der Druckform (digital, CtP), sehr schnelles Rüsten, hohe Qualität und hoher Glanz, wirtschaftlich für mittlere und größere Auflagen
d) Flexodruck: kostengünstige Druckformherstellung, kurze Rüstzeiten, gute Qualität;
Rakel-Tiefdruck: sehr hohe, konstante Qualität
e) „Vordruck" des Deckpapiers im Flexodruck oder im Offsetdruck (anstelle Direktdruck)
f) Schmalbahn-Rollen-Offsetdruck: schnelle, kostengünstige Druckformherstellung, kurze Rüstzeiten, schneller Auftragswechsel
g) Je nach Qualitätsanforderungen des Kunden: Rollen-Offsetdruck: Coldset-Druck oder Heatset-Druck, horizontale Bahnführung

2

a) Rakel-Tiefdruckmaschine, Aufbau der Druckwerke, Trockner über jedem Druckwerk
b) Flexodruckmaschine, Zentralzylinder-Bauweise
c) Rollen-Offsetdruckmaschine, Druckwerke, Heatset-Trockner

3

Rüstzeiten sind unproduktive Zeiten: Bei immer kleiner werdenden Auflagen sind immer höhere Druckleistungen wirtschaftlich nicht entscheidend.

4

a) ① Rollenabwicklung, Rollenwechsler
② Druckwerke, Gummi-Gummi-Prinzip
③ Heatset-Trockner
④ Kühlwalzengruppe, Rückbefeuchtung, Silikonwerk
⑤ Falzapparat-Überbau
⑥ Falzwerk und Auslage
b) Hochwertiger Akzidenzdruck wie Kataloge, Werbung, Fachzeitschriften u. Ä.

5

a) Druckwerke in 4-Zylinder-Bauweise (sog. Gummi-Gummi-Prinzip), horizontale Bahnführung, Heatset-Trockner
b) Verschiedene Konstruktionen der Druckwerke, z. B. „Achter-Turm", „9-Zylinder-Satellit", vertikale Bahnführung, kein Trockner, spezifischer Falzwerk-Überbau, typisches Falzwerk
c) Verschiedene Konstruktionen von formatvariablen Rollendruckmaschinen. Basis ist der Rollen-Offsetdruck mit z. B. sehr schnellem Auftragswechsel durch das Austauschen von Sleeves (Druckwerke, Einschübe, Drucklänge), flexibler Produktionstechnik, dazu ggf. in Kombination mit Flexodruck-, Tiefdruck-, Digitaldruck- und Siebdruck-Druckwerken sowie verschiedenen Veredelungseinrichtungen, Druckfarben- und Trocknersystemen

6

a) Rollen-Offsetdruckmaschinen, Aufbau der Druckwerke wie bei einer Coldset-Druckmaschine, jedoch mit einem zusätzlichen Trockner. Einsatz sowohl für Zeitungen und zeitungsähnliche Produkte wie auch für höherwertigere Produkte (Zeitungsbeilagen, Prospekte).
b) Rollenabwicklung, formatvariable, sehr schnell umrüstbare Druckwerke (Basis: Offsetdruck), Sleeves-Technologie, ggf. in Kombination mit Flexodruck-, Tiefdruck-, Digitaldruck- und Siebdruck-Druckwerken sowie verschiedenen Veredelungseinrichtungen, Druckfarben- und Trocknersystemen
c) Flexible Verpackungen aller Art (Papier, Folien und Karton), verschiedenste Etiketten mit Inline-Veredelungen, In-Mould-Etiketten, Shrink Sleeves, Mailings, Faltschachteln, Sicherheitsdrucke, Plastikkarten mit Chips, Beipackzettel, Haftnotizen, kleinere Magazine (Kreuzworträtsel u. Ä.)

7

Erarbeiten Sie das Thema zu „Ihrem" Druckverfahren, d. h. zu Ihrer persönlichen Ausbildung. Sammeln Sie nach Rücksprache im eigenen Betrieb und mit Ihrem Team benötigte Informationen, die Sie in Zusammenarbeit mit Ihrem Team ordnen und vorbereiten. Erstellen Sie eine Präsentation und dazu ein Handout.

8

a) **Bogen-Offsetdruck:** Akzidenzdruck aller Art in hochwertiger Qualität; Druckproduktion leicht umzurüsten auf unterschiedlichste Druckformate, sehr rasches Rüsten durch Vernetzung, Voreinstellsysteme, automatischen Druckplattenwechsel, „Geradeaus-Druck“ mit mehr als 8 Druckfarben, Schön- und Widerdruck (4/4 und mehr), Leitstand mit Steuer- und Regeltechnik, Inline-Messungen; verschiedenste Inline-Veredelungen (Lack, Folie)
Rollen-Offsetdruck (Akzidenz, Heatset-Druck): Akzidenzdruck aller Art in hochwertiger Qualität; Druckproduktion einer großen Zahl unterschiedlicher Produktformate durch Falzapparat-Konstruktion möglich, hoher Glanz bei entsprechendem Papier (Heatset-Trockner), für leichte Druckpapiere (vgl. LWC) geeignet, Leitstand mit Steuer- und Regeltechnik, hohe Druckleistung, gefalztes Endprodukt. Trend: wirtschaftliche Produktion immer kleinerer Auflagen.

b) **Rollen-Offsetdruck (Akzidenz, Heatset-Druck):** vgl. Aufgabenteil a); dazu: sehr schnelle, einfache und kostengünstige Druckformherstellung
Rakel-Tiefdruck: sehr große Druckformate (Zylinderumfang, Zylinderbreite), hohe Produktionsleistung, hohe Kosten für eine zeitaufwendige Druckformherstellung.
Problem: Trend zu immer kleineren Auflagen.

c) **Bogen-Offsetdruck:** vgl. Aufgabenteil a);
Digitaldruck: keine Druckformherstellung, direkte Übernahme prozessbezogen vorbereiteter und geprüfter digitaler Daten in die Druckmaschine, sehr rascher Auftragswechsel, wirtschaftlich auch bei sehr geringen farbigen Auflagen, Personalisierung möglich, Druck aller Seiten eines mehrseitigen Druckprodukts unmittelbar hintereinander (z. B. zusammengetragener Broschurenblock)

9

a) Höhere Druckleistungen, wirtschaftlicher bei hohen Auflagen, hoher Glanz, niedrigere Papiergewichte zu verdrucken, gefalztes (End-)Produkt

b) Eingeschränkt formatvariabel, nur ab einer bestimmten Auflage wirtschaftlich, höhere Investitionskosten

10

Rakel-Tiefdruck: bei flexiblen Verpackungen die hochwertigste, konstanteste Druckqualität. Grundsätzlich auch im Flexodruck zu produzieren, je nach Qualitätsanspruch des Auftraggebers.

11

a) Beispiel zum Druckwerk eines Herstellers: Druckplatten- und Gummituchzylinder sind Hülsen (Sleeves), zum Wechseln des Druckwerks sind lediglich diese beiden Sleeves werkzeuglos auszutauschen. Mit der Sleeve-Technologie sind Druckformate sehr schnell und unkompliziert zu wechseln. Andere Hersteller tauschen dazu komplette Druckeinschübe aus.

b) Verschiedene rotative Druckverfahren sind neben dem Rollen-Offsetdruck in die Druckmaschine zu integrieren, z. B. Flexodruck, Tiefdruck, Digitaldruck, Siebdruck

c) Shrinks Sleves, In-Mould-Etiketten. Verpackungen (Kosmetik, Süßwaren, Lebensmittel) mit besonderen Eindrucken oder Veredelungen wie Sicherheitselementen und -farben, speziellen Effekten durch Lackveredelungen, Prägungen, Blindenschrift. Einsatz von Flexodruck, z. B.: im ersten Druckwerk zum Auftragen von Haftgrund oder Deckweiß, im letzten Druckwerk für vollflächiges Lackieren oder Spotlackierung.

12

a) Coldset-System, Heatset-System

b) **Coldset-System:** Druckfarben, die rein durch Wegschlagen trocknen
Heatset-System: durch Hitze und rasches Abkühlen trocknende Druckfarben: Durch das Einwirken von Hitze verdampfen und verdunsten die Bindemittel der Druckfarbe, die aus speziellen Mineralölen bestehen. Erst durch ein anschließendes Kühlen des im Trockner nur plastisch verfestigten Druckfarbenfilms wird die Druckfarbe nagelhart durchgetrocknet.

13

Hinweise, Info-Sammlung für eine mögliche Produktion:

- Druckformherstellung
  Redaktion liefert über ein Netzwerk komplett alle Seiten des Produkts digital an CtP-Server – Check und Weitergabe der Daten/Seite an das CtP-System – automatische Bebilderung der Druckplatten (pro Seite und Druckfarbe) sowie Stanzen und Abkanten – automatischer Transport an die Druckwerke
- Druckmaschine
  Skizze der Druckwerke für den 4/4-Druck sowie die Bahnführung, dazu Konstruktion „erforschen“;
  - Bedruckstoff: Recyclingpapier (bis zu 100 %), ca. 45 g/m^2; Rollenvorbereitung im Papierrollenlager, automatischer Papierrollenwechsel.

- Leitstand: automatischer Druckplatteneinzug bzw. Druckplattenwechsel – Anfahren der Druckmaschine – visuelle und messtechnische Prüfung zu Stand, Qualität (Passer, Farbgebung), Falz – Auslage über Transportsystem (Ketten) zum Versandraum – Offline-Produktion
- Versandraum
  Aufrollen der gedruckten Zeitungen (Rollenaufwickelstation) und Bereitstellen – bei Bedarf: Rollenabwickelstation – Beilagenanleger (auch manuell) und Einstecktrommel: Einfügen von Beilagen – Verpacken (austrägerbezogene Pakete: Zahl der Produkte, Etikett zur Lieferung an den Austräger) – Verladen in Versandfahrzeug

14

a) 3,512 m^2
b) 64,8 km/h
c) Ein Sleeve ist eine Hülse ohne eine „Naht“ (Kanal im Zylinderumfang zum Einspannen).

15

Sogenannte „monochrome“ Bilder sind Farbbilder mit sehr vielen Farbtönen ohne starken Farbkontrast, die mehr oder weniger nah an der Grauachse liegen. Bei solchen Bildern, insbesondere sehr stark im Buntaufbau, fallen Farbschwankungen sehr leicht auf. Wird nach der Graubalance geregelt, dann werden genau diese schwierigen Farbtöne durch die Regelung erfasst.

16

- Mögliche Komponenten: Längsleimung, Lagenheftapparat, Klebevorrichtung, Einrichtungen zur Längs- und Querperforation, 4-seitiger Rotationsbeschnitt (Endbeschnitt auf Format)
- Produktbeispiele:
  Umfang 16 Seiten, 14,6 cm × 19,5 cm plus 10,5 cm breite Klappe, im Rücken geklebt, Klappseite, aufgedoppelt, flächig verklebt, quer perforiert;
  Umfang 30 Seiten, 21 cm × 19,4 cm, im Rücken geklebt, auf Endformat beschnitten

17

a) Hinweise zum Ablauf, (arbeiten Sie diese aus):
   - Druckvorstufe: digitale Montage auf Druckformat – Druckformplot aller Druckformen – Proof zur Qualitätskontrolle (nur bei Anzeigen, sehr wichtig, Kunde bezahlt Qualität!) – Vorbereitung der Druckformzylinder für die Gravur – Verkupfern – elektromechanische Gravur – Verchromen – Transport der Druckformzylinder zur Druckerei
   - Druckerei: Druckmaschine für die Produktion vorbereiten – Papierrollen vorbereiten, Papierbahn einziehen (Automatik) – Druckwerke vorbereiten (Druckfarbe, Automatik für Viskositätsregelung, Passer u. a.) – Druckformzylinder einbauen – Andrucken, Qualitätsprüfungen, Regelungen optimieren – Stand, Falz prüfen – Druckfreigabe, Produktion
   - Druckverarbeitung: Sammelheften aller Produktteile, dreiseitig beschneiden und in Pakete bündeln – Vorbereiten zum Versand

b) Skizzieren Sie den Ablauf in einzelnen Phasen und in einer Übersicht (Hinweise dazu): Stahlzylinder – Grundkupfer (µm) – Trennschicht – Ballardhaut (µm) – elektromechanische Gravur: exemplarische Tonwerte Licht, Mittelton, Tiefe als Näpfchen (Seitenansicht, um die Tonwiedergabe durch Flächen und Tiefen deutlich zu machen) – Qualitätsprüfung (Messen im Prozess) – Verchromen

18

a) Skizze: Farbwanne – Druckformzylinder mit Rakel – Bedruckstoff – Presseur
b) Tiefdruckfarben sind niederviskos (dünnflüssig) – der Druckformzylinder läuft in der Farbwanne (Farbzufuhr mit Viskositätsregelung) – Näpfchen füllen sich mit flüssiger Druckfarbe – kurz vor Druckbeginn: Abrakeln der Oberfläche des Druckformzylinders – Farbübertragung auf den Bedruckstoff durch Anpressdruck vom Presseur – Trocknen der Druckfarbe
c) Tiefdruckfarbe trocknet rein physikalisch durch das Verdunsten der Lösemittelanteile. Trockeneinrichtungen sind meist unmittelbar über dem Druckwerk angeordnet, arbeiten mit Kalt- oder Warmluft, die auf die bedruckte Bahn geblasen wird. Lösemittelanteile in der Trockeneinrichtung werden abgesaugt.
d) Von ca. 2000 mm bis ca. 3600 mm

19

a) Bei Verpackungen werden sehr selten nur Prozessfarben gedruckt. Auf transparenten Folien muss eine Farbe (Weiß) ein- oder zweimal vorgedruckt werden, um einen erforderlichen Untergrund (Lichtreflektor) zu erhalten. Es sind allgemein viele Sonderfarben zu drucken, gesteigerte Qualität bei schwierigen Motiven, der Einsatz von zusätzlichen Funktionslacken.

b) Miteinander verklebter Verbund gleicher oder unterschiedlicher Materialien. Beispiel: Lebensmittelverpackungen, gesetzliche und sonstige Vorgaben zur Sicherheit, Füllgutbeständigkeiten, Geruchs- und Geschmacksneutralität.
c) Klebeverbünde, „Easy opening“ durch speziellen Kaltkleber, Verpackung wiederverschließbar, Aroma-Barrierebeschichtung auf der Innenseite einer Verpackung
d) Sonderfarben erfordern für hohe Qualitätsansprüche eine optimale Farbwiedergabe, insbesondere auch bei Nachdrucken. Dies ist qualitativ und wirtschaftlich nur mit einer präzisen Rezeptur zu erreichen.

20

a) Flexible Verpackungen für Lebensmittel (Wurst, Käse, Fleisch, Genussmittel, Tee, Kaffee, Tiefkühlkost, Süßigkeiten u. v. a.), Tiernahrung; Tragetaschen, Tüten, Säcke
b) Kostengünstige Druckformherstellung (Vergleich zum Tiefdruck), Druck von Rolle auf Rolle, einfaches Druckprinzip, gute Qualität, für den Druck auf Folien, Papier und Wellpappe gut geeignet

21

a) Farbwerk: Farbkammerrakel, Rasterwalze, Druckformzylinder mit „Klischee“;
Druckfarbe: niederviskose Druckfarbe;
Farbübertragung: Druckfarbe wird in der Viskosität geregelt – durch eine Farbkammerrakel Übertragen der Druckfarbe auf die Rasterwalze (Prozess: Füllen der Näpfchen der Rasterwalze, Abrakeln der Oberfläche der Rasterwalze), Einfärben der Druckform;
Trocknung: Verdunsten von Lösemitteln durch Warmluft (ggf. anstelle Lösemittel auch Wasser)
b) Farbwerk und Prozess:
Farbkasten und Farbwerk mit einer großen Zahl von Walzen – Farbübertragung der hochviskosen Druckfarbe durch Farbspaltung bis zu den Farbauftragswalzen – Feuchten und Einfärben der Druckform (zwei Phasen oder teilweise integriert);
Trocknung: je nach Druckfarbentyp Wegschlagen, oxidative Trocknung, Wegschlagen und oxidative Trocknung, UV-Trocknung, Heatset-Trocknung (Heißluft, Rollen-Offsetdruck)

22

Erarbeiten Sie eine klare, eindeutige Beschreibung mit den angegebenen Hinweisen. Vergleichen Sie Ihre Beschreibung mit der von anderen oder lassen Sie Ihre Lösung prüfen.

23

a) Alle mehr oder weniger flexiblen Verpackungsmaterialien (ausgeschlossen ist Karton): Verpackungen für Käse, Wurst, Fleischwaren, Tee, Kaffee, Tiernahrung, Beutel für Gewürze, Suppen, Fertiggerichte, Schokoladen, Snacks
b) Flexodruck: Lebensmittel wie Fleisch, Wurst, Käse, Backwaren u v. a.; Tiefdruck: Kaffee, Schokolade, Fertiggerichte, Tiernahrung u. v. a..
c) Besonders wirtschaftlich für größere Auflagen und ggf. deren Nachdrucke, hervorragende Druckqualität und sehr konstante Farbwiedergabe
d) Einfache, kostengünstige Druckformherstellung, kurze Herstellungszeit für Druckformen, produktbezogen gute Qualität

24

a) BG ETEM, Berufsgenossenschaft Energie, Textil, Elektro, Medienerzeugnisse
b) Gesetzlich vorgeschriebene Prüfzeichen (CE-Kennzeichen) oder zulässige Siegel (GS-Zeichen) und Zeichen von privaten Prüforganisationen. Das Produktsicherheitsgesetz (ProdSG) lässt die Verwendung des GS-Zeichens auf verwendungsfertigen Produkten zu. Das „Baumuster“ muss geprüft sein.
c) Vor jeder Wartungs- und Reparaturarbeit ist die Maschine zu sichern.

25

a) Schmalbahnige Rollendruckmaschine, formatvariabel durch auswechselbare Druckwerkhülsen (Sleeves)
b) Druck von schmalen Rollen – Papier und andere Bedruckstoffe (je nach Druckmaschinensystem Folien, Karton) – formatvariabel – Basis: Rollen-Offsetdruck – Integration von Druckeinheiten mit anderen Druckverfahren möglich (Flexodruck, Tiefdruck, Digitaldruck, Siebdruck) – Verarbeitungen wie Veredelungen (Prägen, Lackieren), Stanzen, Querschneiden

26

Flammpunkt: niedrigste Temperatur, bei der eine Flüssigkeit brennbaren Dampf in solcher Menge abgibt, dass bei Kontakt mit einer Zündquelle der Dampf entflammt
dB(A): Lärm: Maß für den Schall (Schallpegel), angegeben und gemessen in Dezibel, Skala dB A

statische Elektrizität: elektrische Aufladung verschiedener Stoffe durch ungünstige Klimaverhältnisse und Bedingungen, d. h. vor allem bedingt durch eine zu geringe Luftfeuchtigkeit, elektrische Leitfähigkeit der Materialien, Materialart u. a.
Schall, Gehörschutz: möglichen Gesundheitsschäden durch Lärm vorbeugen und einen geeigneten Gehörschutz tragen, z. B. Gehörschutzstöpsel
Sicherheitsschuhe: Nach Sicherheitsbeurteilung sind Sicherheitsschuhe zur Verfügung zu stellen und zu tragen, wenn z. B. Gefahren durch herabfallende, rollende oder umfallende Gegenstände bestehen (vgl. Papierrollenlager). Sicherheitsschuhe dienen auch zur Vermeidung von Funkenbildung durch Ableitung der statischen Elektrizität.
Sicherheitsbeauftragter: Sicherheitsbeauftragte benötigen im Gegensatz zu Fachkräften für Arbeitssicherheit und zu Betriebsärzten keine spezielle Fachkunde oder Ausbildung. Sie sind ehrenamtlich für den Arbeitsschutz in ihrem Arbeitsbereich tätig, ohne Weisungsbefugnis und ohne Verantwortung im rechtlichen Sinne. Ein Sicherheitsbeauftragter muss bei mehr als 20 Beschäftigten bestellt werden. Der Sicherheitsbeauftragte ist immer ein Mitarbeiter aus dem Betrieb. Zusätzlich zu seiner normalen Tätigkeit unterstützt er den Unternehmer, die Führungskräfte und seine Kollegen dabei, Unfälle zu verhindern und arbeitsbedingte Gesundheitsgefahren zu minimieren.

27

a) Wartungsintervalle prüfen, ggf. Wartung ausführen. Sicherheitseinrichtungen prüfen. Alle Werkzeuge aus der Druckmaschine entfernen. Maschinenteile auf fachgerechten Einbau überprüfen. Ausgelaufenes oder verschüttetes Öl fachgerecht entsorgen. Sensoren reinigen und Funktionen prüfen. Saugbänder auf Beschädigung und richtige Spannung prüfen. Zylinderoberflächen reinigen. Farb- und Feuchtsystem prüfen, z. B. Sauberkeit, Dosierelemente, Walzenschlösser.

b) Schlagen oder Springen der Walzen bzw. Walzenlager. Untypische Geräusche an Maschinenelementen und im Druckwerk, z. B. Abwicklung, Druckplatten- und Gummituchspannungen, Luftsteuerung. „Qualität“ der Oberfläche der ausgebauten Walzen, z. B. gleichmäßig, weich/hart, glatt, Risse und andere Beschädigungen. Rollendruck: Rundlauf, Bahnspannung.

c) Infrarot-Thermografie: bildgebende Messmethode zur berührungslosen Ermittlung von Oberflächentemperaturen. Die für das menschliche Auge unsichtbare Wärmestrahlung innerhalb des infraroten Spektrums, in dem jedes Objekt seine aktuelle Temperatur abstrahlt, wird durch das Thermografie-System in ein sicht- und interpretierbares Wärmebild umgewandelt. Im Thermogramm werden sämtliche Daten gespeichert und können auf vielfältige Weise ausgewertet, bearbeitet und dokumentiert werden, z. B. frühzeitiges Erkennen von Schwachstellen, lange bevor ein Schaden entsteht, Ortung von Verschleiß und alterungsbedingten Mängeln bevor ein Störfall eintritt, Vermeiden von Folgeschäden und aufwendigen Sanierungsmaßnahmen, Reduktion von akuten Brand- und Unfallrisiken, Messung aus der Distanz an schwer zugänglichen oder gefährlichen Objekten.

28

a) Vorbeugend, vorsorglich. Alle vorbeugenden Maßnahmen zu einer fehlerfreien Prozessbereitschaft. Vergleiche: Serviceangebot von Herstellern für die Instandhaltung: Sicherheitscheck, Remote Diagnose.

b) Reduzieren der mechanischen (Trocken-)Reibung, Verringern von Verschleiß, Schutz von Oberflächen vor Korrosionen, Vermeiden von Ablagerungen aus dem Produktionsprozess, Unterstützen von mechanischen Dichtungen, Abführen von Prozesswärme

c) Reinigen der Sensoren und des gesamten Systems

29

Produktions- und Auftragsplanung
- Kommunikation mit dem Auftraggeber
- Kommunikation im Betrieb
- Auftragsdaten, digitale Auftragstasche
- Vorkalkulation
- Termindisposition
- Einkauf, Warenwirtschaft
- Informationen zum Auftragsfortschritt durch Abruf im Netz in Echtzeit

Druckvorstufe, Druckformherstellung
- Auftragsdaten, digitale Auftragstasche
- Termindisposition
- Erfassen aller Produktionsdaten, Sachstand an Produktionsplanung in Echtzeit
- kein Ausfüllen von Tagesarbeitszetteln
- Lieferung von Voreinstelldaten für den Druck

Druck
- Auftragsdaten, digitale Auftragstasche
- Termindisposition
- Erfassen aller Produktionsdaten, Sachstand an Produktionsplanung in Echtzeit
- Nutzen aller Voreinstelldaten
- Kein Ausfüllen von Tagesarbeitszetteln

Betriebsabrechnung
- Vollständige, korrekte Maschinen- und Produktionsdaten für die Nachkalkulation
- Materialerfassung: Verbrauch, Kosten
- Nachkalkulation, Gewinn/Verlust

30

Hinweise:
a) Manuelle Bedienungen, Bedienung über integrierte Mess-Systeme: Arbeiten am Leitstand, Übernahme von Voreinstelldaten, Steuerung der Farbgebung und der Feuchtung, Passer
b) Integrierte Mess-Systeme zur Prozess-Regelung: Bahnkante, Bahnzug, Passer („Registerregelung"), Umfangs-, Seiten- und Diagonalregister (Nutzen von Steuermarken), Farbführung, Viskosität, Feuchtmittelaufbereitung, Feuchtmitteltemperatur, Druckmarkenmessung zur Bahn-Zylinder-Regelung, Schnittregister

31

a) Erstellen Sie eine schematische, anschauliche Übersicht zur Regelung der Farbwiedergabe. Die erforderlichen Stichpunkte dazu haben Sie.
b) Prozess: Der Ist-Wert wird laufend messtechnisch erfasst und an den Soll-Wert angeglichen. Für einen exakten Passer (Regelstrecke) soll die Position der Pass- bzw. Registermarken (Regelgröße) innerhalb eines vorgegebenen Werts (Sollwert) konstant gehalten werden. Dazu werden bei der Produktion die Passmarken (Istwert) laufend gemessen (z. B. Kamerasystem) und mit dem vorgegebenen Soll-Wert (vorgegebene Position) und dem Toleranzbereich verglichen. Bei Abweichungen des Ist-Werts vom Soll-Wert wird die Differenz (Regelabweichung) durch die Regeleinrichtung erfasst und berechnet. Die Regelabweichung wird als Stellgröße an das Stellglied weitergeleitet. Die Differenzen werden durch Registerwalzen ausgeglichen, die den Einlauf der Materialbahn so lange verändern, bis der Soll-Wert erreicht ist. Eine Störgröße ist z. B. die Bahnspannung.

32

- Auftragsdaten der Produktionsplanung: gesamtes Umrüsten der Druckmaschine für einen neuen Auftrag, z. B. Längsschneidemesser, Wendestangen, Falztrichter
- CtP: Farbzonenvoreinstellungen

33

a) Zerstörende Veränderungen an der Oberfläche von Metallen durch chemische oder physikalisch-chemische Vorgänge, z. B. durch Oxidation, Wasser- und Kohlensäureeinwirkung, Salzbildung und elektrochemische Vorgänge. Begünstigt wird dieser Vorgang durch Strahleneinwirkung (Sonnenlicht, UV-Strahlung) und wechselnde Temperaturen.
b) Pflege der Zylinderoberflächen, der Messringe bzw. Schmitzringe, des Farbduktors u. a. Feuchtmittelaufbereitung (pH-Wert u. a.) optimieren, nur freigegebene Wasch- und Reinigungsmittel verwenden.
c) Prüfen der Farbauftragswalzen auf Beschädigungen, Verhärtungen, Zustand der Farbdosierelemente, Laufrollen am Farbkasten schmieren, Justierungen zur Druckplatte und zum Farbreiber, Justierung Farbheber – Farbreiber (Streifenabdruck kontrollieren), Prüfung der Lager

34

a) An Leckstellen austretendes Gas verursacht brand- und explosionsgefährdete Bereiche. Achtung: Hauptabsperrventil schließen! Medientechnologe Druck: Sauberkeit im System, Filter, Sensoren reinigen. Schäummittel verwenden, um die Dichtheit der Gasstrecke zu überprüfen. Gelbe Gasleitungen auf ordentlichen Zustand prüfen. Wartungsdienst nur durch qualifizierten Fachmann: regelmäßige Dichtigkeitsprüfungen, dazu werden z. B. Gasspürgerät, Gaskonzentrationsmessgeräte oder Spezialkameras eingesetzt.
b) Sichtkontrollen durchführen, Düsenbalken reinigen, Abluftgitter kontrollieren und reinigen, ggf. Reinigung der Sensoren zur Regelung der Trocknertemperatur

35

Kühlwalzen: Verschmutzung der Papierbahn durch Mineralölkondensatniederschlag und Druckfarbenbestandteile, nicht ausreichende Rückbefeuchtung kann zu Problemen wie statische Elektrizität und Falzbrechen führen
Wendestangen: Verschmutzung durch Papierstaub und Partikel von nicht völlig durchgetrockneten Druckfarben
Lufteinstellung an Wendestangen und Falztrichtern: Die Bahn kann durch eine zu geringe Lufteinstellung und/oder verstopfte Blasdüsen nicht über die Aggregate „schweben". Folge wäre ein Scheuern im Druckbild, ggf. Abschmieren.
Zugwalzen: unzureichende Spannung, „Weglaufen" der Papierbahn, Bahnspannungsschwankungen und dadurch bedingte Abrisse
Anpresswalzen: Verschmutzung, dadurch ungleichmäßiger Anpressdruck, ungleiche Bahnführung, Eindrücken von Verschmutzungen in die Bahn

Längsschneideeinrichtung: Aggregate ermöglichen das Auftrennen der Papierbahn in halbbreite oder auch viertelbreite Stränge. Stränge werden von Fotozellen überwacht.
Falztrichter: Abschmieren. Falzbrechen: zu trockene Papierbahn, überhöhter Falzdruck, Lufteinschlüsse beim Falzvorgang.

36

Hinweis: Das optimale, synchronisierte Zusammenwirken aller Aggregate ist die Grundvoraussetzung für ein hochwertiges Druckergebnis.
automatischer Rollenwechsler: Rollenwechsel bei laufender Druckmaschine, halb- oder vollautomatisch
Einzugwerk: gesamte Technik zur Abwicklung der Bahn von der Rolle und dem Transport, Aufgabe: konstante Bahnspannung (Zusammenwirken mit der Bahnkantenregelung), Voraussetzung für einen störungsfreien Druck
Eindruckwerk: in Akzidenz-Druckmaschinen vor den Druckwerken für die Prozessfarben (4/4) einsetzbares, variables Druckwerk, das im fliegenden Wechsel unterschiedliche Eindrucke (z. B. Wechsel der Sprache, Preise, Anschrift) ausführen kann
Bahnkantenregelung: exaktes Ausrichten der Papierbahn
Vierzylinderbauweise: auch: Gummi-Gummi-Bauweise, Druckwerk für den Druck 1/1, besteht aus zwei Paaren mit je einem Druckplatten- und einem Gummituchzylinder. Der eine Gummituchzylinder dient dem anderen als Druckzylinder, die Bahn läuft zwischen diesen beiden Zylindern durch und wird 1/1 bedruckt.
Filmfarbwerk: heberloses Walzenfeuchtwerk
Turbofeuchtwerk: kontaktlos arbeitendes System mit schnell laufender Rotorwalze („Sprühfeuchtwerk") und Blendenverstellung, kontinuierliche Feuchtung
Kühlwalzen: Durch ein anschließendes Kühlen des im Trockner nur plastisch verfestigten Druckfarbenfilms wird die Druckfarbe nagelhart durchgetrocknet. Die eingesetzte Kühlwalzengruppe kühlt das Papier von ca. 150 °C auf ca. 25 °C ab. Integriert ist in der Regel eine Rückbefeuchtung.
Längsschneideeinrichtung: Längsschneiden der Bahn in Doppelstränge oder Einzelstränge
Wendestangen: Umlenken der Bahn um 90° zur Laufrichtung, Wenden, Mischen und Übereinanderführen bei der Verarbeitung mehrerer Papierstränge zu einem Sammelstrang
Zugwalzen: präzise Steuerung der Bahnführung
Falztrichter: Längsfalzen über Falztrichter, erster Längsfalz, Übergabe an den Falzapparat
Klappen-Falzapparat: kurze Hinweise: Nach dem Falztrichter wird die Bahn an den Falzmesserzylinder übergeben – ein Schneidzylinder schneidet auf den Schneidleisten des Falzmesserzylinders die Bahn quer in Abschnitte – Weitertransport der Abschnitte auf dem Zylinder (Greifer, Punkturnadeln) – der Falz entsteht im Zusammmenwirken von Falzmesser- und Falzklappenzylinder – ein Falzmesser, im Falzmesserzylinder integriert, drückt den Abschnitt in eine Klappe (ähnlich einem Greifer) des Falzklappenzylinders – der Abschnitt wird vom Falzmesserzylinder freigegeben und erhält einen Querfalz – das gefalzte Produkt wird vom Falzklappenzylinder in die Auslage gefördert.

37

a) Management-Informations-System (MIS) mit einer ganzheitlichen Vernetzung in einem JDF-Workflow. Sämtliche Daten des Auftrags fließen von der Auftragsplanung und -steuerung in die Produktion. Standardisierte Schnittstellen berechnen und liefern Daten für Voreinstellungen von Druckmaschinen (auch der Druckverarbeitungsmaschinen) auf der Basis von Druckformdaten, die beim Anlegen des Druckbogens (digitales Ausschießen) bzw. beim RIP-Vorgang (Stand, Seitenformat, Farbzonenvoreinstellung u. a.) generiert werden.
b) Workflowsystem mit JDF; Eingabe bzw. Übernahme von Prozessdaten aus der Arbeitsvorbereitung

38

a) Vertikale Bahnführung, Druck mehrerer Papierbahnen, Druckwerke in verschiedenen Konstruktionen (8-Zylinder-, 9-Zylinder-Bauweise u. a.), rein physikalisch durch Wegschlagen trocknende Druckfarben, kein Trockner, Druck auf Zeitungspapier (Faserstoff bis zu 100 % Recyclingstoff), ca. 45 g/m²
b) Horizontale Bahnführung, allg. eine Papierbahn, Druckwerke im 4-Zylinder-System (je 1/1-Druck), Heatset-Druckfarben, Heatset-Trocknung, ungestrichene und gestrichene Papiere, ab ca. 45 g/m² bis etwa 70 g/m²
c) Druckmaschinen im Aufbau ähnlich Zeitungsdruckmaschinen, jedoch mit Zusatzausstattung wie Falzvarianten und Trockenhilfen (z. B. IR-Trocknung), aufgebessertes Zeitungspapier

39

- Doppelt breite Druckmaschine:
  32 Seiten: 16 Seiten Schöndruck + 16 Seiten Widerdruck
  Im Vergleich: einfach breite Druckmaschine:
  16 Seiten: 8 Seiten Schöndruck + 8 Seiten Widerdruck

- Doppelumfang:
  Hochleistungs-Rollenmaschinen mit Doppelumfang, die 32 bis 80 Seiten DIN A4 drucken
  Im Vergleich:
  Einfachumfang = zwei Seiten im Umfang
  Doppelumfang = vier Seiten im Umfang

40

- Broadsheet: Broadsheet-Format (engl.: breites Blatt), Bezeichnung für eine großformatige Zeitung, volle Bahnbreite für ein Exemplar (Vollformat), Formatgröße nicht feststehend
- Tabloid: Tabloid-Format, Bezeichnung für eine kleinformatigere Zeitung, allg. ein halbes Broadsheet-Format

41

- Komplett automatisierte Papierrollenlogistik von der Klebevorbereitung über das mit Regalfahrzeugen betriebene Papierlager bis zur bedarfsgerechten Beschickung der Rollenwechsler
- Produktionssicherheit, Effizienz, Kosteneinsparung für Personal, automatisiertes Bestellsystem

42

a) RFID: technisches System, das über Funk Daten lesen und speichern kann. Ein Transponder übermittelt ohne Kontakt Informationen an ein Lesegerät.
Barcode: Strichcode, der mit optischen Lesegeräten unmittelbar am Produkt „entschlüsselt" werden muss.

b) Papierrollen: Der RFID-Transponder ist im Rollenkern, er bleibt als Identifikationsmerkmal erhalten, bis die Rolle ausgedruckt ist.

43

a) Tragfähiger Untergrund. Stapelung üblicherweise übereinander, ohne Zwischenlagen in einzeln stehenden Säulen, der sogenannten Kaminstapelung. Dabei sind häufig günstige Randbedingungen gegeben:
- Absolut ebene Standflächen
- Völlig unbeschädigte, fest gewickelte Rollen
- Exakt lotrechte Ausrichtung der Stapel
- Gleiche Rollendurchmesser

Wichtigste Produktionsvorbereitung: ausreichende Klimatisierung

b) Reinigen des gesamten Systems, Wartung (Schmiermittel u. a.) nach Wartungshandbuch der Druckmaschine.
Wartungstechniker (Arbeiten nach entsprechender Produktionszeit): mechanische, elektrische Durchsicht des Aggregats, Austausch bzw. Überholung der Verschleißteile in Arbeitsspindeln (z. B. Lagerung, Dichtringe, Federn, Spannbacken etc.), pneumatische Prüfung auf Dichtheit und anstehende Drücke, Austausch der Klebewalze mit Lagern, Nachrichten des Kleberahmens.

44

a) Prinzipielle Hinweise: zweiarmiger Rollenwechsler für vollautomatischen, „fliegenden" Rollenwechsel, Direktantrieb, Tragarm mit Drehantrieb, Steuerung für Beschleunigen und Bremsen, Schwenkarm mit Klebestellenerfassung und Abschlagmesser, integriertes Einzugwerk

b) Vorbereitete neue Papierrolle in Position fahren, Rollenwechsel mit automatischem Ablauf: Erfassen des Rollendurchmessers der laufenden Bahn (IST–SOLL, Drehzahl-Vergleich) – Bereitstellen und Einsetzen der neuen Rolle und einsetzen – Einleitung des Wechsels – Tragarm schwenkt mit der ablaufenden Rolle ab – neue Rolle wird auf Produktionsgeschwindigkeit beschleunigt – Ankleben der neuen Rolle und Abschneiden der auslaufenden Rolle mit dem Abschlagmesser – neue Rolle läuft in Produktionsstellung – Bahnspannung wird bei dem gesamten Prozess konstant gehalten – Abbremsen der Restrolle – Entnehmen der Restrolle mit der Hülse

45

Merkmal: Rollenwechsel bei stillstehender Papierbahn mit einem Papierbahnspeicher.
Ablauf: Die auslaufende Papierrolle wird zum Rollenwechsel vollständig abgebremst – Ankleben der neuen Papierrolle und Abtrennen der ausgelaufenen Rolle erfolgt im Stillstand – neue Rolle auf Druckgeschwindigkeit anfahren und beschleunigen – Speicherfunktionen: während des Abbremsens, des Stillstands und des Beschleunigens versorgt der Papierbahnspeicher die Druckmaschinen mit dem benötigten Papier (Anordnung des Papierbahnspeichers horizontal oder vertikal) – im Bahnspeicher arbeiten zwei Leitwalzengruppen mit mehreren Leitwalzen – bei einem gefüllten Speicher und bei voller Produktion stehen die zwei Leitwalzengruppen, über die die Papierbahn mäanderförmig (bandförmig geschlängelt) läuft, in der weitesten Position auseinander – bremst das Steuerungssystem die auslaufende Rolle (Restrolle) ab,

fährt eine der beiden Leitwalzengruppen langsam in Richtung der anderen Gruppe – dadurch wird der Druckmaschine kontinuierlich weniger Papier von der Restrolle und dementsprechend mehr Papier aus dem Bahnspeicher zugeführt – nach erfolgtem Kleben und Abtrennen von der Restrolle wird der Bahnspeicher wieder mit Papier aufgefüllt – die neue Rolle läuft dazu kurzzeitig etwas schneller ab.

46

a) Korrekte Position im Druck (Druckbild) und in der integrierten Verarbeitung, Toleranz < 0,1 mm
b) Abtasten mit einem Regelsystem, z. B. motorische Sensorpositionierung, digitaler Infrarot-Kantensensor mit CCD-Zeilenchip für die präzise Positionserfassung – SOLL-IST-Vergleich – bei Abweichungen erfolgt eine Regelung

47

a) Ungleichmäßiger Lauf der Papierbahn, Flattern: Bahnriss, Faltenbildung, Passerprobleme, Verzug, Falzmängel
b) Einfache Art der Zugspannungsregelung mit einer gewichtsbelasteten Pendel- oder Tänzerwalze. Die Materialbahn wird dazu um 180° umschlungen, das System gleicht Bahnspannungsschwankungen durch Veränderung ihrer Lage aus. Die Papierbahn umschlingt die Pendelwalze, d. h. eine auf Schwenkarmen gelagerte und mit pneumatischer Kraft belastete Papierleitwalze. Die ablaufende Papierrolle wird nun so weit gebremst, dass die Pendelwalze durch die Zugkraft der Papierbahn in der Mitte ihres Schwenkbereichs gehalten wird. Ändern sich die Zugverhältnisse in der Papierbahn, verlässt die Pendelwalze ihre Mittellage. Diese Auslenkung wird abgetastet und zur nötigen Korrektur an den Bremskraftregler übertragen.
c) Für den kantengeraden und faltenfreien Transport und die Bahnführung gilt: „So wenig Bahnspannung wie materialbedingt nötig – und nicht so viel wie möglich!"

48

a) Passerschwierigkeiten, Papierverzug, höhere Tonwertzunahme
b) Bruchwiderstand: Maß für die Festigkeit des Papiers bei Zugbeanspruchung. Aus Bruchwiderstand (N), Flächengewicht (g/m^2) und Breite (mm) kann die Reißlänge (m) berechnet werden. Durch einen Zugversuch mit einem 15 mm breiten und 180 mm langen Papierstreifen wird die Bruchkraft ermittelt, bei der der Streifen reißt. Der Wert wird in Newton (1 N entspricht ca. 0,1 kg) angegeben. Bestimmung: Zugfestigkeit durch ein an zwei Enden gezogenes Substrat (ISO 1924-2) mit einer Zugprüfmaschine.
c) Verdruckbarkeit: Reißen der Papierbahn, Verzug, Verspannung

49

a) Breitendehnung der Papierbahn: Feuchtigkeitsaufnahme im Druckprozess, ungünstige Druckbildverteilung (Flächenanteile, Sujet) auf der Druckform/Gummituch, Anpressdruck
b) Mängel bei der Papierproduktion, aktueller Feuchtigkeitsgehalt des Papiers, Bahnspannung

50

Erfassen Sie diese Informationen an Ihrer Druckmaschine im Ausbildungsbetrieb.

51

Statische Elektrizität / statisch aufgeladenes Papier, ungleicher Bahnzug, Problem in der Bahnspannung

52

a) Stand des Druckbilds, Passer, fehlerhafter Falz, Makulatur
b) Ungleiches Feuchte- oder Dickenprofil im Papier, Bahnzug nicht optimal

53

a) Auftragsdaten; Auflage, Druckfarben (Prozessfarben, ggf. Sonderfarben), Voreinstellung der Druckfarbenmenge, Rollenwechsler, automatischer Bahneinzug
b) Sämtliche Einstellungen für die Druckproduktion einschließlich visueller Beobachtung und Steuerung einzelner Aggregate, z. B. automatischer Drucklatteneinzug:
   - Zufuhr der Druckplatten im Fördersystem und automatisches Einspannen
   - Druckpressung zwischen Druckplatten- und Gummituchzylinder

- Dosierungen für Druckfarbe und Feuchtmittel
- Voreinstellung des Falzapparats

54

a) 9-Zylinder-Satelliten-Bauweise

b)

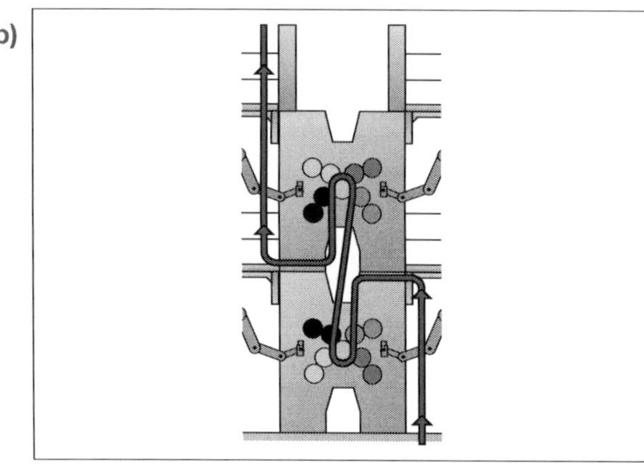

Hinweise zur schematischen Einzeichnung:
- Eingang der Papierbahn: rechts unten
- Vertikaler Lauf bis Mitte der beiden Druckeinheiten,
- Waagerecht nach links und senkrecht nach unten
- Führung über den Gummituchzylinder „Cyan" zum Druckzylinder
- Auf dem Druckzylinder (Satellit) anliegend alle weiteren Druckwerke durchlaufend (Cyan, Magenta, Gelb und Schwarz)
- Weiterführung senkrecht nach oben zum Cyan-Druckwerk
- Anliegend an den Druckzylinder C, M, Y und K drucken
- Die Bahn läuft vertikal nach unten bis unter diesen Satellit und wird danach 4/4 bedruckt zum Überbau transportiert

c) Kein Fanout, sehr guter Passer

d) Schlechter zugängliche Druckwerke, „schwierigere" Bahnführung im Vergleich zum 8er-Turm in der H-Bauweise und zum Falzapparat

55

a) C + M + Y + K

b) Wasserloser Offsetdruck, 4/4

56

Achterturm: vertikale Bahnführung, 4/4-Druck.
Druckwerke: Gummi-Gummi-Prinzip, je zwei Druckwerke mit Druckplatten- und Gummituchzylinder sind gegeneinander versetzt angeordnet und bilden eine „technische Einheit" (vgl. etwa ein übereinandergestapeltes H).
Druckfolge C + M (erste Einheit) und Y + K (zweite Einheit).

57

Satelliten-Bauweise mit je neun Zylindern. Vier Druckwerke mit je einem Druckplatten- und einem Gummituchzylinder drucken gegen einen zentralen Druckzylinder.
Druckfolge: Die Papierbahn wird um den ersten Druckzylinder geführt, dabei wird eine Papierbahnseite mit vier Druckfarben (C + M + Y + K) bedruckt. Die einseitig bedruckte Papierbahn wird für den Widerdruck in die obere Satelliten-Druckeinheit geführt und ebenso mit den vier Druckfarben bedruckt.

58

a)
- Kompakte, wesentlich niedrigere Bauweise im Vergleich zum 8er-Turm in der H-Bauweise
- Kein Feuchtmittel, keine Feuchtmittelzusätze
- Niedrige Makulatur durch Verzicht auf Feuchtwerke
- Zonenschraubenloses Farbwerk
- Keine Störungen im Farb-/Wassergleichgewicht, hohe Farbdichte, durch Temperierung steuerbar
- Kein Fanout-Problem

b)
- Bauhöhe: Cortina ca. 4 m, 8er-Turm in der H-Bauweise > 6,5 m
- Feuchtmittel: kein Feuchtmittel, keine Feuchtmittelzusätze (Umweltbilanz)
- Farbwerk: Kurzfarbwerk mit Rasterwalze und Kammerrakel
- Druckprozess: wenige Exemplare Anlaufmakulatur

c) Druckplatte, Druckfarbe, Kurzfarbwerktechnik, Temperaturen im System (insbesondere im Farbwerk), Gummituch

d) Höhere Kosten für Druckplatten und Druckfarbe, höhere Energiekosten durch Temperierungen

59

a) Tageszeitungen und ähnliche Produkte: 8-Zylinder-Gummi-Gummi-Bauweise, Farbreihenfolge C, M, Y, K
b) Vertikale Bahnführung von unten nach oben, ein Gummituchzylinder dient dem nebenstehenden gleichzeitig als Druckzylinder
c) Filmfeuchtwerk, Filmfarbwerk: Es wird kontinuierlich und gleichmäßig Feuchtmittel und Druckfarbe in das Feuchtwerk bzw. Farbwerk transportiert.
Sprühfeuchtwerk (verschiedene Systeme): Sprühfeuchtwerke mit drei Walzen, Feuchtmittelübertragung auf einen verchromten Feuchtreiber erfolgt über einen zylinderbreiten Balken mit acht (bzw. zwölf) Sprühdüsen und individueller Impulssteuerung jeder einzelnen Düse.
Heberfarbwerk: Farbzufuhr in das Farbwerk durch eine taktweise arbeitende Heberwalze, Steuerung in der Gesamtmenge und zonenweise möglich.

60

- 4/2: 4 Druckplatten (Zeitungsseiten) in der Breite und 2 Druckplatten im Zylinderumfang
- 6/2: 6 Druckplatten (Zeitungsseiten) in der Breite und 2 Druckplatten im Zylinderumfang

61

a) Der Druckprozess hängt von einer Vielzahl Parametern (z. B. Papier, Druckfarbe, Feuchtmittel, Walzen, Gummitücher, Papier, Druckplatten) mit unterschiedlichsten Wechselwirkungen ab. Wichtigstes Problem ist die zugeführten Menge Feuchtmittel und Druckfarbe beim Anlaufen der Druckmaschine. Eine nachfolgende Änderung der Druckgeschwindigkeit erfordert nochmals eine dynamische und drehzahlabhängige Dosierung von Druckfarbe und Feuchtung durch neue Wechselwirkungen bei der Farbübertragung und Verdunstung des Feuchtmittels im Druckprozess.
b) Ziel: keine Makulatur bei Änderung der Maschinendrehzahl durch ein schmierfreies Druckprodukt, eine konstante Farbdichte und eine möglichst optimale Farb-/Wasserbalance.
Eingesetzt werden Hochlaufkurven für die Feuchtmittelführung, für die Farbdosierung und auch für andere drucktechnisch relevanten Parameter wie Passer-/Registerabweichungen, Temperierungen.
Hinweise: Je nach Anforderung ist die Hochlaufkurve vom Bediener frei einzustellen (Vorbereitung: Druck von Testformen).
Einzelantriebstechnik ermöglicht, bestimmte geschwindigkeitsabhängige Druckfehler, z. B. Umfangsregisterabweichungen und Hauptregisterabweichungen, über Korrekturwerte (Hochlaufkurven) automatisch zu kompensieren.

62

- Europanorm EN 1539, „Trockner und Öfen, in denen brennbare Stoffe freigesetzt werden – Sicherheitsanforderungen“
- Gesetzliche Emissionsgrenzen: Bundesimmisionsschutzgesetz (BImSchG), bundeseinheitliche Regelung der Luftreinhaltung, „Technische Anleitung zur Reinhaltung der Luft“, Verwaltungsvorschrift zum BImSchG; VOC-Richtlinie: Europaweite Richtlinie VOC (volatile organic compounds)

63

a) Verschiedene „Druckwirkungen“: Drehbewegung des Duktors bewirkt durch Adhäsion ein Mitnehmen von Druckfarbe, Farbmenge im Farbkasten bewirkt einen hydrostatischen Druck, zusätzlich ein hydrodynamischer Druck am Farbmesser durch einen „rollenden Farbwulst“
b) Hinweis: Vergleichen Sie dazu einen einfachen Farbkasten mit Zonenschrauben und das Justieren mit dem System an Ihrer Druckmaschine: Bei sauber gereinigten, zurückgedrehten Zonenschrauben soll der Abstand vom Farbmesser zum Duktor 0,3 mm betragen. Eine neue Grundeinstellung wird erreicht, wenn die Farbmesserschrauben und die Kontermuttern gelöst werden und an den Stellschrauben der Abstand des Farbmessers zum Duktor auf 0,3 mm eingestellt wird.
c) Schichtdickenmessgerät (selten in der betrieblichen Praxis eingesetzt)

64

a) Lösemittel in Heatset-Farben sind niedrig siedende Mineralöle, die bei der Trocknung verdampfen und mit der Luft abtransportiert werden. Abgase: Kohlenwasserstoffverbindungen.
Außerdem in geringen Mengen durch den Verbrennungsprozess (Erdgas) entstehende Schadstoffe wie Stickstoffoxide (NO_x), Kohlenmonoxid (CO) und Kohlendioxid (CO_2).
b) Bei der thermischen Nachverbrennung werden flüchtige organische Stoffe (z. B. Lösemitteldämpfe und Geruchsstoffe) in einer Brennkammer bei einer Temperatur von ca. 750 °C in Kohlendioxid und Wasserdampf umgewandelt.
c) Warmwassererzeugung, Heizung

65

a) Ca. 1 Sekunde
b) Die Bahn muss „fließend“ aufgeheizt werden, um das Papier nicht durch einen sehr schnellen Feuchtigkeitsentzug zu schädigen, z. B. durch starkes Schrumpfen, Papierverzug, statisches Aufladen.
c) Informationen im Detail (Kurzfassung ausreichend):
Aufheizzone: Heißluft durch Gas, Trockner sind eine Kombination von zwei unterschiedlichen Düsenbalken, je einer für den Bahntransport (Luftpolster) und den Wärmeübergang. Die auf ca. 250 °C aufgeheizte Luft wird durch Düsen auf beide Seiten der Papierbahn geleitet. Die Papierbahn schwebt berührungslos zwischen einem unteren und einem horizontal versetzt angeordneten oberen Düsensystem.
Ein Umluftgebläse drückt hierbei die von den Gasbrennern angeheizte Luft mit hoher Geschwindigkeit gegen die Bahn und heizt diese dabei auf etwa 100 bis 130 °C auf. Dabei verdampfen die in der Druckfarbe enthaltenen Lösungsmittel (Mineralöle).
Trockenzone: In der Trockenzone wird die Bahntemperatur gehalten, Lösungsmittel (Mineralöle) verdampfen und werden am Ende der Zone bei höchster Konzentration abgesaugt. Durch Bahnschlitze und eine Frischluftklappe tritt Raumluft in den Trockner ein und gleicht das Volumen der abgesaugten Luft aus.
Ein Abluftventilator leitet die lösemittelhaltige Luft in eine separate oder integrierte Abluftreinigung.
Kühlzone: Eine Luftschleuse minimiert das Eindringen von lösemittelhaltiger Luft. Die Bahntemperatur wird reduziert und verbliebene Lösungsmittel nachverdampft.
Am Auslauf des Trockner liegt die Temperatur der Papierbahn bei ca. 90 bis 120 °C. Die Druckfarbe ist am Ende dieser Zone noch nicht trocken, sondern nur plastifiziert fest. Das Durchtrocknen erfolgt erst in der Kühlwalzengruppe. Die Kühlzone ist besonders lang. Um eine Kondensatbildung zu vermeiden, besitzt diese Zone eine eigene Temperaturregelung und Frischluftzufuhr.
Kühlwalzengruppe: Nach dem Auslauf aus dem Trockner gelangt die Bahn zu mehreren Kühlwalzen. Die Druckfarbe härtet durch die Kühlung der Papierbahn in der Kühlwalzengruppe. Durch schockartige Abkühlung auf ca. 25 bis 30 °C wird der Druckfarbenfilm nagelhart trocken und erhält zugleich den für Heatset-Druck typischen Glanz.
d) Um die Oberfläche der Druckfarbe kratz- und scheuerfest und gleitender („rutschiger“) zu machen, durchläuft die Papierbahn eine Silikon-Anlage. Durch ein Wasser-Silikon-Gemisch wird gleichzeitig noch ein Teil der im Trockner verlorenen Feuchtigkeit in das Papier zurückgebracht, um z. B. das Schrumpfen der Papierbahn sowie das Auftreten von statischer Aufladung weitgehend zu verhindern.

66

a) Verbessert die Kratz- und Scheuerfestigkeit, macht die Oberfläche gleitender („rutschiger“), verhindert statische Aufladungen
b) Zu geringer Auftrag: unzureichende Wirkung.
Zu hoher Auftrag: Das Druckbild erscheint fleckig.

67

Dies ist eine Aufgabe, die Sie in Ihrem Betrieb bearbeiten sollen. Besprechen Sie die Aufgabe und Ihre Arbeit dazu mit Ihrem Ausbilder. Heften Sie Ihre Ergebnisse in Ihrer Dokumentation ab.

68

Jeder Überbau ist nach den Produktionsanforderungen konzipiert, z. B. Tageszeitung, Akzidenzen, Werkdruck. Ablaufbeispiel:

- Längsschneiden, Trennen der vollen Bahnbreite in Teilbahnen
- Wenden, ggf. Mischen und Übereinanderführen bei der Verarbeitung mehrerer Papierstränge zu einem Sammelstrang
- Erster Falz über den Falztrichter, der die mehrlagige Bahn über nachfolgende Walzenpaare in Längsrichtung falzt

69

a) Umlenkung der laufenden Papierbahn um 90°
b) Bildet ein Luftkissen, auf dem die Bahn ohne unmittelbaren Kontakt gleitet, um ein Abschmieren der Druckfarbe zu vermeiden
c) Ausrichtung der Papierbahn (Fernbedienung)
d) Sauberkeit des gesamten Systems, Kontrolle der Blasluft und der Düsen

70

a) **Sammelproduktion:** Auf dem Druckplattenzylinder stehen im Umfang zwei unterschiedliche Teile eines Druckprodukts (verschiedene Druckplatten), d. h. entsprechend ausgeschossen angeordnete Seiten des gleichen Produkts. Die Seiten auf jeder Hälfte des Zylinderumfangs bilden also zwei verschiedene Teile des gleichen Produkts.
Produktbeispiel für Sammelproduktion: 64 Seiten.

Doppelproduktion: Auf dem Druckplattenzylinder stehen im Umfang zweimal die gleichen Druckseiten (Druckplatten), d. h. entsprechend ausgeschossen angeordnete Seiten des gleichen Produkts. Bei einer Zylinderumdrehung werden demnach zwei Nutzen (zweimal die gleichen Exemplare) gedruckt.
Produktbeispiel für Doppelproduktion: 32 Seiten × 2 Nutzen.

b) Beispiel: Sammelproduktion, 32 Seiten:
Durch die Einstellung des Falzapparats auf Sammelproduktion werden beide Teile nach dem Trichterfalz getrennt (quergeschnitten) und auf dem Sammelzylinder gesammelt.
Als Erstes kommt der innere Teil eines mehrseitigen Produkts (z. B. die Seiten 9 bis 24 bei einem 32-seitigen Produkt) auf den Sammelzylinder, bei einer weiteren Drehung des Sammelzylinders wird der äußere Teil des Produkts mit den Seiten 1 bis 8 und 25 bis 32 darübergelegt. Beide Teile werden danach als ein Gesamtprodukt gemeinsam gefalzt und ausgelegt.
16 Seiten Schöndruck + 16 Seiten Widerdruck = 32 Seiten = 1 Exemplar.
Bei 40 000 Zylinderumdrehungen/Stunde werden demnach 40 000 Exemplare mit 32 Seiten in Sammelproduktion produziert.
Beispiel: Doppelproduktion, zweimal 16 Seiten:
2 x 8 Seiten = 16 Seiten stehen insgesamt auf dem Druckplattenzylinder im Schöndruckwerk und 2 x 8 Seiten = 16 Seiten stehen auf dem Druckplattenzylinder im Widerdruckwerk.
Gedruckt, gefalzt, geschnitten und ausgelegt werden bei vollem Zylinderumfang 2 x 8 Seiten im Schöndruck und 2 x 8 Seiten im Widerdruck
= 2 x 16 Seiten des gleichen Druckprodukts
= 2 Exemplare pro Zylinderumdrehung.
Bei 40 000 Zylinderumdrehungen/Stunde werden demnach 80 000 Exemplare zu 16 Seiten in Doppelproduktion produziert.

71

- Falzvorgang im Überbau, mit dem Pflugfalz kann die Papierbahn bereits vor dem Falztrichter ein- oder beidseitig eingeschlagen werden
- Beispiel: Mini-Pflug, bis 13 cm Falzbreite (Einschlag der Bahn): Je nach Positionierung kann der Mini-Pflug jede der beiden Bahnkanten, nach oben oder unten (vorne oder hinten), falzen. Dadurch ergeben sich vielfältige Falzvarianten. Durch Pflugfalze vor dem Trichter sind auch Exemplare mit Altarfalz herzustellen.

72

Beschreiben Sie Fehlerbehebungen:
- Antrieb: Einlaufwalzen, Zugwalzen, Punkturen

Mögliche Fehler:
- Abschmieren von Druckfarbe auf dem Trichter
- Schneidmesser unzureichend genau
- Falzposition nicht standgenau
- Faltenbildung

73

a) Je nach Art des Transports durch den Falzapparat unterscheidet man prinzipiell:
- Greiferfalzapparat;
  Merkmal: Transport durch Greifer
- Punkturfalzapparat;
  Merkmal: Transport durch Punkturen (Nadeln)

b)
- Greiferfalzapparat:
  kein Papierabfall, variable, zuverlässige Technik, bei entsprechenden Druckmaschinen für die Produktion von stehenden und liegenden Seiten
- Punkturfalzapparat:
  Punkturen ergeben Löcher im Produkt (= Papierabfall, wenn beschnitten; außer bei Tageszeitungen), sichere Funktionen bei hohen Leistungen

c) Für einen 3. Falz (nach dem Trichter- und dem ersten Querfalz)

74

a) Größenangaben (Umfang im Verhältnis):
Reihenfolge
- 2 = Schneidzylinder
- 5 = Sammelzylinder
- 5 = Falzklappenzylinder

b) Hochleistungs-Produktion, z. B.
> 80 Seiten, ca. 50 000 Zylinderumdrehungen/h

75

Technik im Falzapparat. Ziel: höhere Leistungen.
Beispiele:
- Trennung der Exemplare für die Auslage in drei kontinuierliche Schuppenströme. Die Splittingeinrichtung trennt zunächst ein Exemplar vom Produktstrom und splittet dann die beiden verbleibenden in zwei Ströme auf.
- Die Produktstrom-Splittingeinrichtung teilt die Signaturen aus dem ersten Querfalz kommend in zwei separate Exemplarströme auf und eliminiert damit Einschränkungen an die Maschinengeschwindigkeit, wie diese bei Schwertfalzsystemen vorkommen.

76

Im Bild 1 haben Sie bereits wichtige Begriffe zu einer Erklärung der abgebildeten sieben Phasen abgebildet. Verwenden Sie weitere Begriffe und Hinweise:
- Punkturen
- Schneiden, Abschnittslänge
- Falzmesser, Falzklappe

Beschreiben Sie zusätzlich die Funktion bei einer Sammelproduktion mit diesem System.

77

① Schneidzylinder
② Sammelzylinder
③ Falzklappenzylinder
④ Zugwalzen
⑤ Zugwalzen

78

a) Zeitungspapier besteht allgemein zu 100 % aus Altpapier (Recyclingsfaserstoff), Flächenmasse ca. 45 g/m². Für hochwertigere Druckprodukte ist diese Qualität nicht ausreichend. Verwendet werden stark satinierte Naturpapiere oder Bilderdruckpapiere mit einem leichten Strich, Flächenmasse von ca. 55 g/m² bis 70 g/m².

b) Qualitative Anforderungen der werbenden Unternehmen: Produktgerechte Druckqualität mit guter Ton- und Farbwiedergabe und höhere Rasterfeinheit.

79

a) Überfalz: nicht mittig gefalztes Produkt.
Beispiele:
- Zum leichten Öffnen des gefalzten Produkts im Sammelhefter. Beim Überfalz vorn ist bei der gefalzten Lage der längere Teil auf der vorderen Hälfte des Produkts, beim Überfalz hinten ist es die hintere Hälfte des Produkts.
- Zeitungsproduktion: Öffnen des Produkts in der Einsteckmaschine

b) Skizzieren Sie nach den vorherigen Angaben.

c) Zentralverstellung: Falzklappenzylinder

80

a)
- Flächiges Kleben, Falzkleben
- Längs- und Querperforationen, Stanzungen
- Gummierung
- Aufdoppeln von Produktteilen
- Veredelungen durch Auftragen von Lacken (z. B. mit mikroverkapselten Duftstoffen) und Sonderfarben
- Fliegender Eindruckwechsel

b) Zeitschriftenbeilagen, Mailings (mit abreißbarer Postkarte u. Ä.), Beihefter (z. B. mit abtrennbarem Antwort-Briefumschlag), Beilage mit Verschlussleimung, Duftbooklet Kosmetik (mit Aufreibduft)

81

- **Abkürzungen: m/s, N/m:** Meter/Sekunde, Newton/Meter
- **Bay-Window-Wendestangen:** „Kehrwendestangen". Technische Möglichkeit im Überbau, die Papierbahn bzw. Teile davon zu wenden und an beliebiger Stelle zwischen andere Bahnen wieder einzufügen.
- **einstecken:** Zeitungsproduktion: das automatische Einfügen von Beilagen in einer Einsteckmaschine (Versandraum)
- **gap:** engl.: Lücke, Spalt. Bezeichnung für einen schmalen Kanal („mini gap") am Druckplattenzylinder. Hinweise: Der Zylinderumfang mit einem auf wenige Millimeter reduzierten Kanal bestimmt die Länge des Papierabschnitts. Vermeiden von unerwünschten Impulsen, die Zylinderschwingungen hervorrufen.
- **Parallel-Wendestangen:** luftumspült; wenden die geschnittenen Stränge der Bahn übereinander und führen sie dem Trichter zum ersten Längsfalz zu
- **Register:** in der Höhe und seitlich übereinstimmende Position bedruckter Flächen (z. B. Satzspiegel) auf der Vorder- und Rückseite der bedruckten Papierbahn (Schön- und Widerdruck). Bezeichnung wird auch (fehlerhaft) für den Passer verwendet.
- **Sammelproduktion:** Sammeln von Teilprodukten zu einem Produkt: Die ausgeschossenen Seiten auf jeder Hälfte des Zylinderumfangs bilden zwei verschiedene Teile des gleichen Produkts. Durch Einstellung des Falzapparats auf Sammelproduktion werden beide Teile nach dem Trichterfalz getrennt (quergeschnitten) und zu einem Nutzen ineinandergesteckt (gesammelt). Vgl. Ablauf in der Sammelheftmaschine.
- **Tabloid:** Tageszeitung auf halber Größe des (üblichen) Ganzseitenformats (Broadsheet)

82

- **automatischer Papierbahneinzug:** mechanische Vorrichtung (z. B. mit Band oder flexiblem Ketteneinzugsystem und Klammern), die die Papierbahn von der Rolle auf dem Rollenträger durch die Druckwerke bis zum Überbau bzw. Falzwerk führt
- **Broadsheet:** Zeitungsformat in voller Größe, großformatige Zeitung, volle Bahnbreite für ein Exemplar (Vollformat)
- **Doppelproduktion:** Auf einem Zylinderumfang befinden sich zwei gleiche Exemplare (Nutzen), die im Falzapparat getrennt und einzeln ausgelegt werden.
- **Einzugswerk:** Aggregat in Rollen-Rotationsdruckmaschinen unmittelbar nach dem Rollenträger (Rollenabwicklung), das eine optimal gleichmäßige Bahnspannung und Bahnführung regelt
- **Falzapparat 2:5:5:** Größenangaben (Umfang im Verhältnis) für Zylinder im Falzapparat: 2 = Schneidzylinder, 5 = Sammelzylinder, 5 = Falzklappenzylinder
- **NIP:** Verfahren, die kontaktlos bzw. ohne Anpressdruck Informationen übertragen. Bezeichnung im Digitaldruck: Non-Impact-Technologien, Non-Impact-Printing (kurz: NIP-Verfahren).
- **stehende Seiten:** Die kurze Länge einer Seite („Breite“) steht parallel zur Achse des Druckplattenzylinders.
- **Wendestangen:** luftumspülte Stangen im Überbau, die Papierbahnstränge umleiten und wieder in anderer Form zusammenführen

83

- **Berliner Format:** Zeitungsformat, ca. 315 mm × 470 mm
- **Einzugswerk:** Aggregat in Rollen-Rotationsdruckmaschinen unmittelbar nach dem Rollenträger (Rollenabwicklung), das eine optimal gleichmäßige Bahnspannung und Bahnführung regelt
- **Falzmesserzylinder:** ein Zylinder im Falzwerk. Durch Zusammenwirken von Falzmesserzylinder und Falzklappenzylinder wird die in der bestimmten Länge abgetrennte Papierbahn von dem Falzmesser und von Falzklappen gefalzt.
- **Panorama-Druckplatte:** Druckplatte mit einer über den Bund gehenden Doppelseite
- **Rheinisches Format:** Zeitungsformat, ca. 350 mm × 510 mm
- **Scherenschnitt:** Schneidsystem, bei dem ein Ober- und ein Untermesser scherenartig zusammenwirken
- **Tänzerwalze, Pendelwalze:** Walze im Einzugswerk, auf Schwenkarmen gelagert und mit pneumatischer Kraft belastet. Zweck: gleichmäßig unter Zug ablaufende Papierrolle. Die Pendelwalze wird durch die Zugkraft der Papierbahn in der Mitte ihres Schwenkbereichs gehalten. Ändern sich die Zugverhältnisse in der Papierbahn, verlässt die Pendelwalze ihre Mittellage. Diese Auslenkung wird abgetastet und zur nötigen Korrektur an den Bremskraftregler übertragen.
- **Wendekreuz und Leitwalzen:** Wenden der Papierbahn um 180° ohne Längs-, Quer- oder Höhenversatz

84

a) Formatvariabel mit Sleevetechnik: Zum Wechseln des Druckwerks sind nur zwei Hülsen (Sleeves) auszutauschen. Weitere Möglichkeit: Austauschen kompletter Druckwerkeinschübe.
b) Einfach, schnell, standardisiert und kostengünstig herzustellende Druckform
c) Personalisierung, wechselnde Eindrucke

85

a) Wasserloser Offsetdruck
b) Achter-Turm (Gummi-Gummi-Bauweise), „Kompakt-Bauweise“
c) Vertikale Bahnführung
d) Kurzfarbwerk mit Farbzufuhrsystem und Kammerrakel, Rasterwalze (Keramik, temperiert), zwei Farbwalzen (gummibeschichtet), zwei oszillierenden Reibwalzen (rilsanbeschichtet) und zwei Farbauftragswalzen (gummibeschichtet)

86

a) Direkt-Antrieb, wellenlose Antriebstechnik
b) Druckwerke unabhängig voneinander zu bedienen, kürzere Rüstzeiten, geringere Wartungsarbeiten, sehr kompaktes System in niedriger Bauhöhe

87

a) Die Temperatur im Farbwerk steigt bei laufender Druckproduktion und hoher Druckgeschwindigkeit insbesondere durch die permanente Farbspaltung rasch an. Diese Temperatursteigerung verändert wichtige Eigenschaften der Druckfarbe (Viskosität, Zügigkeit, Thixotropie, Aufnahmefähigkeit für Feuchtmittel u. a.). Außerdem verändert sich die Feuchtung der Druckplatte durch Änderung der Verdunstung des Feuchtmittels.
b) Offsetdruck: Farbreiber, ggf. zusätzlich Farbduktor. Wasserloser Offsetdruck: Für die spezifischen Anforderungen müssen der Druckplattenzylinder und die Rasterwalze temperiert sein.

88

a) Druckwalzen bei ca. 65 % relativer Luftfeuchtigkeit und zwischen 20–30 °C lagern, niemals mit ihrer Gummifläche aufliegen lassen, auf Zapfen lagern. Originaleinwickelpapier auf Walzenbezug belassen oder Schutzbogen (z. B. ein Tauenpapier) um die Walze wickeln: Schutz vor mechanischen Beschädigungen und Schmutz (ISO-Richtlinie 471)
b) Bereits vorgenommene Einstellungen können durch „falsche" Reihenfolge beeinflusst werden und sich ändern (z. B. Gewindespiel).
c) Optimale Einstellung der Farb- und Feuchtauftragwalzen nach vorgegebenen Sollwerten vom Leitstand aus. Vorteile: kontrollierbar, vorteilhaft für die Druckqualität, reduzieren den Walzenverschleiß und den Wartungsaufwand.

89

a) Heatset-Trocknung, Druckfarbe wird mit Heißluft bei Lufttemperaturen bis zu 300 °C in ca. einer Sekunde getrocknet, dabei extrem stark thermisch belastet, Papierfasern verlieren an Geschmeidigkeit und Festigkeit. Getrocknete Papierbahn wird im Falzapparat gefalzt. Durch starken Festigkeitsverlust kann die Bahn im Falz partiell oder auch großflächig aufbrechen. Weiterverarbeitung: Die Beschädigung im Falz ist nach dem Druck noch nicht sichtbar, die Festigkeit im Falz ist aber dennoch stark herabgesetzt, Falzbrechen tritt erst während des Verarbeitungsprozesses (Klammerheftung) oder beim Gebrauch der Produkte auf.
b) Starker Feuchtigkeitsentzug bei der Heatset-Trocknung. Sehr wichtig ist die sogenannte Restfestigkeit, d. h. die Festigkeit eines Papiers nach definierter Heißluft- und Falzbeanspruchung. Maßgeblich dazu ist die Beschaffenheit der Papiersorte (Stoffzusammensetzung, Strichmenge, -rezeptur bzw. -zusammensetzung).
Unzureichende Wiederbefeuchtung, zu geringer Silikonauftrag.
Übermäßig starke Druckbelastung im Falzapparat, Anpressdruck der Falzwalzen zu stark, optimaler auf die Dicke des Papiers einstellen.
c) Schreiben Sie sich aufgetretene drucktechnische Probleme und Ihre erfolgreichen Lösungen auf.

90

a) Blasenbildung
- aufgrund zu hoher Papierfeuchte,
- durch Überhitzung der Papierbahn,
- bei einem gestrichenen Papier mit einer geschlossenen Oberfläche.

Hohe Temperatur im Heißlufttrockner führt zu einer Wasserdampfbildung im Papiergefüge, durch beidseitigen Papierstrich und beidseitiges Bedrucken mit hohen Farbschichtdicken („Versiegelung" der Papieroberfläche mit Druckfarbe) kann der Wasserdampf nicht entweichen. Es tritt eine Spaltung im Papiergefüge und damit eine Blasenbildung in den bedruckten Flächen auf.
b) Hohe Flächendeckung, volle Flächen
c) Temperatur im Trockner so weit als möglich reduzieren, dazu eine geringere Druckgeschwindigkeit, Druckfarbe falls möglich wechseln

91

- Höhere Temperatur im Farbwerk verändert die Viskosität, Druckfarbe zu dünn
- Dubliertes Druckbild

92

a) Fehler in der Papierbahn, die durch Mängel im Dickeprofil oder Feuchteprofil bei der Papierproduktion entstehen. Beim Aufwickeln zeigen sich diese durch partielle Überdehnungen oder höhere Feuchtigkeit entstandenen Fehler als „Beulen" in der sonst glatten Papierbahn.
b) Passerdifferenzen, Dublieren, Reißen der Papierbahn

93

a) Ausdehnen der Papierbahnbreite zum jeweiligen Druckende, rechtwinklig zur Laufrichtung bzw. zur Druckrichtung.
Hinweis: Beim Zeitungsdruck tritt bei Druckwerken in der 9-Zylinder-Satelliten-Bauweise das Problem nicht auf.
b) Mit geringstmöglicher Feuchtung drucken.
Evtl. prüfen: Zugspannungen, Anpressdruck.

94

a) Bei sehr hohen Druckgeschwindigkeiten ist die Rotationsgeschwindigkeit der Druckwalzen sehr hoch: Die Druckfarbe wird bei der Farbspaltung auf den Farbwalzen extrem stark belastet, eine auftretende Fadenbildung der Druckfarbe führt beim Reißen dieser Farbfäden zu einer Tröpfchenbildung, die das eigentliche Farbnebeln darstellt. Folgen: Feinste „Nebeltröpfchen" führen zu Farbablagerungen und Verschmutzungen am Druckwerk. Der eingeatmete Farbnebel gefährdet die Gesundheit.

b) Geeignetere Druckfarbe (Bindemittel) verwenden, mit geringstmöglicher Farbführung drucken, ggf. geringere Druckgeschwindigkeit

95

- **Cooling Roller, Chill Roller:** Kühlwalze
- **Control Station:** Leitstand, Steuerstand
- **Dampening System:** Feuchtwerk
- **Drive Side:** Antriebsseite
- **Hot Air Dryer:** Heißlufttrockner
- **Impression Cylinder:** Druckzylinder
- **Infeed Unit:** Einzugwerk
- **Ink:** Farbe
- **Noise:** Geräusch, Lärm
- **Plate:** Platte, Druckplatte
- **Reel Change:** Rollenwechsel
- **Web Tension:** Bahnspannung, Bahnzug

96

- **Damping Solution:** Feuchtmittel
- **Dryer:** Trockner
- **Form Roller:** Auftragswalze
- **Flying Paster:** automatischer Rollenwechsler
- **Hickies:** Butzen
- **Pneumatic Pressure:** pneumatischer Druck
- **Printing Unit:** Druckwerk
- **Remote Control:** Fernsteuerung
- **Show-through:** Durchscheinen
- **Sound:** Schall
- **Splice:** Klebestelle (Rollendruck)
- **Versatile Folding System:** umstellbares Falzsystem
- **Waste:** Abfall
- **Web Width:** Bahnbreite

97

- **Autopaster:** automatisch arbeitender Rollenwechsler
- **Compressed Air:** Druckluft
- **Conical Former:** Falztrichter
- **Dampening Roller:** Feuchtwalze
- **Folder:** Falz
- **Form Roller:** Auftragwalze
- **Impression:** Druck, Überrollung
- **Ink Mist:** Farbnebel
- **Inserting:** einstecken
- **Plate Cylinder:** Plattenzylinder, Druckplattenzylinder
- **Web Speed:** Bahngeschwindigkeit
- **Web Tension Control:** Bahnspannungsregelung

98

a) Verbundfolie (aus mehreren Schichten bestehend), textile Faserstoffe

b) Einfache, sichere Druckformherstellung, technisch problemloser Druckprozess, kurze Rüstzeiten, Prozessstabilität, gute Qualität, konstante Farbdichte, kostengünstig

99

Hinweise (beweisen Sie Ihre Kompetenz mit Druckmustern):

- Schnelle, einfache Druckformherstellung
- Kostengünstige Druckformherstellung
- Neue Qualitätsstandards: HD Flexo und Full HD Flexo
- Vielzahl von Materialien zu bedrucken
- Gute Qualität
- Geringere Kosten

Beispiel für Argumente: HD Flexo, Full HD Flexo hochauflösende 4000-ppi-Optik mit fein abgestimmten Rastern, digitale Flexodruckplatte mit hoher Druckqualität und -stabilität, höhere Druckdichten, brillantere Abbildungen, detaillierte Feinheiten und Verläufe

100

a) Die Längenänderung ergibt sich durch das Aufspannen auf den Zylinder. Dabei wird vor allem der obere Teilbereich der Druckplatte gedehnt, der mittlere Bereich ist dagegen etwa „neutral“. Die Verzerrung ist umso stärker, je dicker eine Druckplatte ist.

b) Die Längenänderung ist zu berechnen und als Dehnungswert bereits in der Druckvorstufe digital zu kompensieren.

101

- Techniken: konventionell, digital, Laserdirektgravur
- Druckplatten, Bebilderungsschicht:
  1. Trägermaterial mit Fotopolymerschicht
  2. Elastomere
- Platten, Sleeve

102

a) Thermisch fertig vernetzte, opake Polymermischung (Elastomer) auf einer dünnen Polyesterfolie als Trägerschicht. Das Elastomer ist elastisch verformbar.
b) Dünne Polyesterschicht als Träger, starke Kunststoffschicht (Elastomer)
c) Laserbebildung (CtP): Aufbereitete Daten aus dem RIP steuern einen Laser mit sehr hoher Energie. Bei der Bebilderung durch den Laser wird das Druckformmaterial (Elastomer) an allen Nichtbildstellen direkt bis in die Relieftiefe abgetragen.
Vorteile: Bebilderung mit 3-D-Effekt (elektronische Zurichtung), sehr gute Versockelung.
Nachreinigung: Entfernen von Rückständen

103

a) Dicken von 1,14 mm bis 1,70 mm (ggf. stärker für Wellpappendruck)
b) Relieftiefe, Druckeigenschaften
c) Elastomer ist sofort digital zu gravieren, keine Montage

104

a) Aufbau der Druckplatte: Trägermaterial, Fotopolymerschicht, LAMS (Laser Ablatable Mask System), Schutzschicht.
Bebilderung indirekt über Ablation in Einzelschritten.
  - Lasern: Bebilderung. Digitale Informationsübertragung in eine ca. 5 µm starke schwarze Maskenschicht.
  - Rückseitenbelichtung (UV)
b)
  - Hauptbelichtung (UV): Flankenbildung, analog, vollständige Vernetzung aller Druckelemente (Fotopolymerisation)
  - Auswaschen: Entfernen aller Nichtbildstellen in Waschgeräten mit Lösemitteln
  - Trocknen: thermisches Trocknen, Verdampfen von eingedrungenem Lösemittel
  - Finishing: Nachbelichten (UV) zur optimalen Vernetzung

105

a) Epoxid- oder Polyesterharz, mit Glasfasergewebe verstärkt
b) Druckformsleeves (Plate-on-Sleeve): Vormontage der Druckplatten notwendig
Endlos-Sleeves: keine Montage der Druckplatten notwendig
c) Der Sleeve wird auf den Luftzylinder (Trägerzylinder) aufgezogen:
  - Kleine Ventile, über die Oberfläche verteilt
  - Druckluft wird aus dem Innern des Zylinders zu den Ventilen geleitet und strömt aus diesen aus
  - Es bildet sich zwischen Luftzylinder und Druckform ein Luftpolster
  - Darauf ist die Druckform in die richtige Position zu bewegen
  - Nach dem Abstellen der Druckluft sitzt die Druckform absolut fest und unbeweglich auf dem Luftzylinder

106

Druckflächenbezogener Rasterpunktaufbau
- Technik: erzeugt aus zweidimensionalen 1-Bit-Daten dreidimensionale Rasterpunktbeschreibungen, die die Intensität des Lichtstrahls bei der Bebilderung steuern
- Funktion: helle Tonwerte werden im Druckprofil entlastet und größere belastet. (Vergleich zu einer Zurichtung im Buchdruck)
- Wirkung: In Lichter- und Feinstrichbereichen (sehr helle Tonwerte = sehr kleine Rasterpunktflächen) wird das Rasterplateau durch digitale Steuerung minimal abgesenkt.
- Folge: Damit verringert sich der Anpressdruck im Vergleich zu größeren Bildstellen (Druckelementen) in den hellen Tonwerten.
- Vorteil: druckbildbezogener Anpressdruck, ein geringeres Quetschen der Bildelemente beim Druck, bessere Druckqualität

107

In der Drucklinie ist ein einwandfreies Abrollen der Zylinder im Teilkreis Voraussetzung für eine optimale Bildübertragung (geringe Tonwertzunahme, gleichmäßiges Ausdrucken). Dabei kommt es zu Wechselwirkungen zwischen der Druckform (Material, Bildstellen), dem Unterbau (weich, hart, Schaumklebeband), dem Bedruckstoff (Material), dem Anpressdruck (Druckbeistellung) und der Druckmaschine (Zahnräder, Laufruhe).

108

a) Im Flexodruck wird eine flexible Druckform verwendet. Gedruckt werden unterschiedliche Druckformelemente (Text, Raster, Flächen in Kombinationen) auf verschiedene Materialien, die jeweils einen spezifisch „idealen“ Anpressdruck benötigen. Bei Mängeln in der Abwicklung: höhere Tonwertzunahme, schlechtes Ausdrucken.

b) Anforderungen an den Unterbau.
   - Weiches Klebeband: geringerer Tonwertzuwachs im Raster, schlechterer Vollflächenausdruck
   - Hartes Klebeband: höherer Tonwertzuwachs im Raster, gleichmäßigerer Vollflächenausdruck

c) Schaumklebebänder (PE)

109

a) Viele Druckformarten bieten nur die Möglichkeit, Tonwerte von beispielsweise 4 % bis 97 % im Druck wiederzugeben. Damit entfallen Lichter- und Tiefenzeichnungen. Entwicklungen: Tonwertwiedergabe von 1 % bis 98 %.

b) „HD Flexo“ kombiniert eine hochauflösende Bildgebung von 4000 ppi, die durch HD-Optik (High Definition) des Cyrel Digital Imagers (CDI) ermöglicht wird, mit einer neuen „HD Flexo Rastertechnologie“.

110

a) Rasterdruck mit geringer Tonwertzunahme

b) Kombination von größerem Anteil mit Rasterdruckelementen und geringerem Anteil Flächen, guter Verlauf im Raster, guter Vollton

c) Kombination von Rasterdruckelementen, Linien und Flächen, gute Rasterwiedergabe, guter Vollton

d) Ideal für optimalen Flächendruck, sehr gute Volltondichte, für Raster nicht geeignet

111

a) Reinigen der Oberfläche des Druckformzylinders – Aufbringen des Klischeeklebebands (blasenfrei, ohne Falten) – auf exakte Länge schneiden – Rückseite des Klischees vor der Montage reinigen – Trennfolie unmittelbar vor der Klischeemontage abziehen – Einpassen des Klischees, z. B. mithilfe eines Spiegelgeräts – gleichmäßig feste Haftung der Klischees optimieren

b) Besuchen Sie die Druckformherstellung und den Arbeitsbereich der Klischeemontage mit einem Montagesystem. Beschreiben Sie das in Ihrem Betrieb eingesetzte System und den Arbeitsablauf.

112

- Mehrzylinder-Druckmaschine: Jede Druckfarbe wird in einem separaten Druckwerk gedruckt (Ständerbauweise, Reihenbauweise).
- Zentralzylinder-Druckmaschine: Alle Druckwerke sind um einen gemeinsamen Druckzylinder angeordnet.

113

a) Druck auf dünne Papiere und vor allem Folien

b)
   - Abwicklung der Bahn mit Einzugwerk, Bahnspannungssystem
   - Vorbehandlungseinrichtung
   - Druckwerke: zentraler, sehr großer Druckzylinder mit satellitenförmig angeordneten Druckwerken
   - Bahnführung auf dem Druckzylinder
   - Druck der einzelnen Druckfarben nacheinander, jeweils mit einer Zwischentrocknung
   - Trocknung (Haupttrocknung)
   - Kühlzylinder
   - Aufwicklung

114

a) Komplette Druckwerke stehen in einer Reihe hintereinander.

b) Starker Verzug der (Folien-)Bahn durch den Abstand zwischen den Druckwerken, die erforderlichen Zwischentrocknungen und die notwendige Bahnspannung

c) Druckmaschinen, die mit mehr als einem Druckverfahren arbeiten. Etiketten, Verpackungen.

d) Eindruckwerke, Imprinter; Einsatz z. B. in Tiefdruckanlagen als „fliegendes Eindruckwerk“. Ermöglicht ein kostengünstiges Ändern von Eindrucken bei laufender Druckmaschine.

115

a) Verzug des Bedruckstoffs, Dehnung, bzw. ungleichmäßiger Materialtransport, Flattern

b) Variablen: Druckmaschine und Bedruckstoff, Vorgaben, genaue Einstellung beim Andrucken, Bahnzugmesswalzen, Bahnzugregelung (SOLL/IST)

116

a) Folien wie Polypropylen (PP), Polyester (PET), Polyethylen (PE), um eine Benetzung mit Druckfarben und eine Trocknung der Druckfarbe zu ermöglichen
b) Corona-Vorbehandlung
Zweck: Erhöhen der Oberflächenspannung
Ablauf: Einwirken eines elektrischen Hochspannungsfelds auf die Oberfläche – Umgebungsluft wird ionisiert, dies führt zu einem Umwandeln der molekularen Struktur, dabei werden Polymerketten an der Oberfläche „aufgespalten" (Oxidation).
Hinweis: Es entsteht Ozon, der abgesaugt werden muss.
c) Unzureichende oder gar keine Benetzung durch Druckfarben, Lösemittel, Klebstoffe u. a.

117

a) Gleiche Druckbedingungen, höhere Druckqualität
b) Ausgleich von Abwicklungsdifferenzen, optimale Möglichkeit zur Steuerung und Regelung des Passers bei laufender Produktion („Registerregelung")
c) Eine permanente Viskositätsregelung ist die Voraussetzung für ein konstantes Druckergebnis
d) Qualitätssteigerung, weniger Makulatur
e) Effektives Produzieren, Schonen von Ressourcen (Druckfarbe, Lösungsmittel), Verringern von Makulatur, kürzere Rüstzeiten
f) Digitale Vernetzung im gesamten kaufmännischen und technischen Bereich, z. B. Verkaufsinnendienst, Arbeitsvorbereitung, Abteilungen im Workflow sowie Leitstand, Voreinstellungssysteme

118

a) 1 = Farbkammerrakel, 2 = Rasterwalze, 3 = Druckform (Klischee), 4 = Druckformzylinder
b) Keramik, teilweise noch Chrom
c) Niedrig viskose Druckfarbe wird aus einem Vorratsbehälter in die Farbkammer gepumpt – mit der Farbkammerrakel wird die Rasterwalze vollständig eingefärbt – die Oberfläche der Rasterwalze wird am Ende der Farbkammer abgerakelt, die Druckfarbe verbleibt nur in den Näpfchen – die Rasterwalze überträgt die Druckfarbe gleichmäßig auf die Druckform
d) Grundsätzlich nur durch das Auswechseln der Rasterwalze mit entsprechendem Näpfchenvolumen

119

a) Lasergravur, verschiedene Arten und Formen; mechanisches Gravieren in Chrom
b) Durch bestimmte Lasertechniken mit feinstem Spotdurchmesser sind feinere, tiefere und steilere Näpfchengeometrien mit dem gewünschten Volumen zu erreichen, die bei der Einfärbung optimal entleert werden.
c) Vermeiden von Musterbildungen bei Rasterelementen

120

a) Anstellung entgegen der Drehrichtung der Rasterwalze
b) Feinheit (Steg-/Näpfchenverhältnis), Tiefe, Form und Volumen der Näpfchen

121

In einem geschlossenen System ist die Druckfarbe aus den Farbbehältern und dem Kammerrakelsystem abzupumpen. Aus einem Lösemittelbehälter werden die zur Reinigung benötigten Lösemittel aus einem speziellen Behälter in den Umlauf gebracht. Das ganze System kann so gereinigt werden, verwendete Reinigungsmittel gelangen in einen Entsorgungsbehälter.

122

a) Lösemittelbasierte Druckfarben:
- Farbmittel (Pigmente) = farbgebender Bestandteil
- Bindemittel = sehr gute Benetzung der Pigmente, entscheidend für die Haftung auf den jeweiligen Substraten sowie starker Einfluss auf die Farbechtheiten wie z. B. Beständigkeit gegen Chemikalien und Füllgüte
- Additive = Erreichen gewünschter Eigenschaften, z. B. Scheuerfestigkeit
- Lösemittel = Lösung der Bindemittel, Einstellung der Viskosität, maßgeblich für die Farbtrocknung

b) Wasserbasierte Druckfarben: umweltfreundlich, da auf Wasserbasis (keine Lösungsmittel), Einsatz für Etiketten und vorwiegend saugende Bedruckstoffe (z. B. Wellpappe)
UV-Druckfarben: Strahlungstrockung (Härtung), Druckprodukt sofort trocken. Etikettendruck (schmalbahnige Rollendrucksysteme), flexible Verpackungen für Tiernahrung, Joghurtdeckel u. a.

123

Wichtige chemische Merkmale: Verdunstungszahl (VZ), Flammpunkt, Siedepunkt
- Ethanol: VZ 8,3; Flammpunkt 12 °C
- Ethylacetat: VZ 2,9; Flammpunkt –4 °C
- Ethoxypropanol: VZ 33; Flammpunkt 42 °C

Aufgaben, Hinweise:
- Nicht jedes Lösemittel ist für jedes Material geeignet.
- Je niedriger die Verdunstungszahl, umso schneller verdunstet das Lösemittel.
- Für feine Raster im Flexodruck und abhängig von der Maschinengeschwindigkeit müssen die Farben entsprechend verzögert werden. Dadurch wird eine zu schnelle Trocknung in der Maschine vermieden.
- Ethoxypropanol ist der am häufigsten verwendete Verzögerer.

124

Jedes Material hat unterschiedlichste Eigenschaften in der Zusammensetzung und Oberfläche, die den Druckprozess beeinflussen, z. B. Glätte, Struktur, Oberflächenspannung, Benetzungsverhalten, und daraus folgen Farbannahme und -haftung. Für das Druckprodukt werden zudem bestimmte Echtheiten und Eigenschaften gefordert. Eine Universal-Druckfarbe kann es daher nicht geben.

125

a) Vor dem Druck der folgenden Farbe muss der aufgedruckte Farbfilm trocken sein, um eine einwandfreie Druckbildübertragung zu ermöglichen. Nach jedem Druck (Druckwerk) folgt demnach eine thermische Zwischentrocknung. Die Temperatur richtet sich nach dem Material, der Druckfarbe und der Flächendeckung der Bildstellen.

b) Die Endtrocknung (Brückentrocknung) erfolgt in einer längeren Trockenstrecke produkt- und prozessbezogen im Umluftbetrieb, dabei sind Grenzwerte für Lösemittel in der Abluft zu beachten.

126

Emissionen an verdampfbaren organischen Stoffen (flüchtige organische Verbindungen: volatile organic compounds = VOC) sind zu vermeiden.
Die Luftreinhaltung dient dem Umweltschutz und dem Schutz der Bevölkerung vor gesundheitlichen Beeinträchtigungen durch Luftschadstoffe. Organische Lösemittel und Stickoxide gelten als wesentliche Verursacher für Schädigungen der Umwelt.

127

- **Emission:** Physik: Aussenden einer Strahlung. Umweltschutz: die von einem Verursacher in die Atmosphäre gelangende Ausstrahlung bzw. der Ausstoß luftverunreinigender Stoffe.
- **Verdunstungszahl:** Maß für die Geschwindigkeit des Verdunstens eines Lösemittels, bezogen auf Äther mit der schnellsten Verdunstungszahl 1. Höhere Zahlenwerte zeigen eine langsamere Verdunstung an.
- **Oberflächenspannung:** molekulare Kräfte an der Oberfläche. Bei Flüssigkeiten wirkt die Oberflächenspannung wie eine elastische Haut. Ursache: Kohäsionskräfte im Innern der Flüssigkeit.
- **Grenzflächenspannung:** molekulare Spannungen und Kräfte an mitaneinander in Kontakt stehenden Phasen („Stoffen"), z. B. Wasser – Papier, Wasser – Folie, Druckfarbe – PET, Ethanol – PET, Druckfarbe – Druckform (Klischee)
- **Viskosität:** Fließverhalten, Grad der Zähflüssigkeit einer Druckfarbe
- **Viskositätsregelung:** Automatisches Konstanthalten der vorgegebenen Viskosität (SOLL-Wert) durch ein Regelsystem
- **VOC-Richtlinie:** Europäische Vorgaben zur Begrenzung der Emissionen flüchtiger organischer Verbindungen (VOC) aus bestimmten Anlagen
- **Arbeitsplatzgrenzwert (AGW):** nach BG ETEM: „Grundlage dafür (Arbeitsplatzgrenzwerte) sind ausschließlich arbeitsmedizinisch-toxikologische Kriterien. Der AGW ist der Grenzwert für die zeitlich gewichtete durchschnittliche Konzentration eines Stoffs in der Luft am Arbeitsplatz in Bezug auf einen gegebenen Referenzzeitraum. Er gibt an, bei welcher Konzentration eines Stoffs akute oder chronische schädliche Auswirkungen auf die Gesundheit im Allgemeinen nicht zu erwarten sind.

128

a) Umfangsgeschwindigkeiten der Zylinder im Druckwerk sind nicht exakt aufeinander abgestimmt, Fehler beim Einstellen des Anpressdrucks, Rundlaufungenauigkeit der Zylinder

b) Streifenbildung im Druckbild, Rasterpunktverformung, hohe Tonwertzunahme, Druckformverschleiß

129

a) Lösemittel

b) Lösemittel stellen die Fließfähigkeit ein und passen die Trocknungsgeschwindigkeit an. Verwenden eines schneller trocknenden Lösemittels. Erhöhen der Trocknerleistung, ggf. Verringern der Druckgeschwindigkeit.

130

Abwicklungsfehler durch Zahnräder („Zahnstreifen“). Ungleichmäßiges Abrollen der Zylinder (außerhalb des Teilkreises) führt zu einem Walken. Der Anpressdruck ist zu hoch.

131

a) Unzureichende, fehlerhafte Vorbehandlung, falscher Farbtyp für das Material (Bedruckstoff), Trocknertemperatur unzureichend
b) Corona-Vorbehandlung intensivieren, Trocknertemperatur erhöhen, anderen Farbtyp einsetzen (ggf. Bindemittelanteil/Verschnitt erhöhen)

132

a) Moiré: ungeeignete Rasterwinkelung in der Druckform, Rasterverhältnis zwischen Rasterwalze und Rasterung des Druckbilds (Klischee).
Druckform mit geänderter Rasterwinkelung, Rasterwalze wechseln.
b) Fehler im Passer: fehlerhafte Montage der Druckplatten, Druckfarben nicht korrekt eingepasst, Bahnzug unzureichend.
Druckplatten neu montieren, „Längs- und Querregister“ verstellen, Bahnspannung optimieren, automatische Regelungen prüfen.

133

- **automatische Einstellung der Druckbeistellung:** Andrucksystem, das mit einer Kamera das Druckbild analysiert, bewertet und danach entsprechend den Vorgaben (SOLL-Werte) die Einstellungen optimiert
- **CFK:** carbonfaserverstärkter Kunststoff
- **Direktantrieb:** separater Antrieb einzelner Druckwerke oder Aggregate (anstelle eines Gesamtantriebs über Wellen und Zahnräder u. Ä.)
- **Dorn:** im Flexodruck als sogenannte Luftdorne eingesetzt: Hohlkerne aus Stahl mit einer seitlichen Gewindebohrung, durch die Druckluft geleitet werden kann. Auf der Mantelfläche befinden sich kleine Bohrungen, an denen die Luft wieder austritt. Verwendung: Träger von Sleeves oder Hülsen.
- **Druckabwicklung:** Maschinentechnik: das Abrollen von Zahnrändern an Zylindern im Teilkreisbereich
- **Kissprint:** Ausdruck der gesamten Druckform, bei dem etwa die Hälfte der Druckform ausdruckt, die andere aber noch wolkig erscheint
- **modulare Ausstattung der Flexodruckmaschine:** durch weitere Aggregate oder Zusatzeinrichtungen zu erweiternde Druckmaschine
- **Rapport:** ständig wiederkehrendes, gleiches Muster, z. B. nach einer Zylinderumdrehung im Druck
- **Toleranzen (im Druckprozess):** Abweichungen von einem vorgegebenen Maß (SOLL-Wert)
- **wasserbasierte Druckfarbe:** Druckfarben, bei denen anstelle flüchtiger Lösemittel Wasser verwendet wird

134

- **Adapter:** Bauteil, das die Anpassung auf oder an ein anderes System ermöglicht, z. B. Steckverbindung, Verbindungsstück
- **Bahnspannung:** Zugspannung, mechanische Spannung an einer Materialbahn
- **Druckkennlinie:** grafische Darstellung in einem Koordinatensystem, daraus ist zu ersehen, wie die Tonwerte der (Bild-)Daten im Druck als gedruckte Rastertonwerte wiedergegeben werden
- **Farbmengenübertragung:** im Flexodruck die durch die Rasterwalze auf die Druckform (Klischee) übertragene Farbmenge
- **kohlefaserverstärkter Kunststoff:** sehr widerstandsfähiger, stabiler Kunststoff, der teilweise für Sleeves verwendet wird
- **Kompressibilität:** Zusammendrückbarkeit. Druckindustrie: Der Werkstoff ist zusammenzudrücken (zu verdichten), ohne dass er zur Seite ausweicht.
- **Rasterwalzenoberflächen:** Oberfläche, die das Einfärbeverhalten durch Art, Struktur, Stege, Näpfchenform, -tiefe und -volumen charakterisiert
- **Rüstzeit:** Einrichtezeit der Druckmaschine vor der Druckfreigabe und dem Produktionsbeginn
- **Substrat:** Material, zu verarbeitender Werkstoff
- **Wellpappen-Direktdruck:** direkter Druck auf eine „fertige“ Wellpappe, gedruckt im Flexodruck und auch im Offsetdruck

135

- Rollenabwicklung:
Rollenträger mit Einzugwerk
- Registerregelung vor jedem Druckwerk
- Druckwerke:
je ein Druckwerk pro Druckfarbe und Druckseite, Trockner nach jedem Druckwerk.
Druckwerk: Druckformzylinder mit Einfärbesystem (Farbwanne, Farbvorratstank mit automatischer Regelung u. a.), Rakel, Presseur, Heißlufttrockner
- Falzapparat mit komplexem Überbau, z. B. Schneiden in Stränge, Magazinwendestangen, Einrichtungen zum Querschneiden und Heften, Auslage

136

Erarbeiten Sie diese Aufgabe umfassend mit allen Informationen aus Ihrem Betrieb. Besprechen Sie Ihre Lösung mit Ihrem Ausbilder.

137

a) Sehr großes Druckformat, formatvariabel im Zylinderumfang, stufenlose Anpassung an das gewünschte Exemplarformat, technisch einfacherer Druckprozess, konstante Druckqualität
b) Kleiner werdende Druckauflagen, sehr schnelle und kostengünstigere Druckformherstellung, neue Druckmaschinengenerationen mit (fast) gleich großen Druckformaten und hohen Druckleistungen

138

- Sehr enge Kommunikation mit dem Kunden: Vernetzung, Produktion, Proof, Druckfreigabe
- Hohe Fertigungstiefe – alles in einem Unternehmen: Druckvorstufe, Druck, Lack- und Farbherstellung, Folienherstellung, Kaschier- und Beschichtungstechnologien
- Druckvorstufe:
  digitale Reproduktion und Montagen nach Ihren Vorgaben, farbverbindliche digitale Prüfsysteme, eigene Zylindergalvanik und -gravur
- Tiefdruck:
  computergesteuerte Farbmischanlagen, Tiefdruckanlagen mit bis zu 11 Farbwerken, Inline-Kaschierung, Kaltkleber und Heißsiegel-Dispersionsbeschichtung
- Umweltschutz:
  geringste Emissionen, Lösemittel-Rückgewinnung

139

Tageszeitungen erfordern:
- Aktualität, Schnelligkeit, ggf. kurzfristige Änderungen bei laufender Produktion.
  Problem: Herstellung der Druckformzylinder erfordert sehr viel Zeit und Kosten.
- Unterschiedlichste Auflagen, z. B. Regionalzeitungen mit Auflagen von nur 2 000 Exemplaren

140

a) Vergleich: Druck von Verpackungen:
sehr hohe Druckqualität, konstante Produktion und Qualität, Druck hoher Auflagen (Wirtschaftlichkeit, Kosten), Wiederholaufträge in gleicher Qualität
b) Vergleich: Illustrationsdruck:
einfacherer Druckprozess, kostengünstiger für sehr hohe Druckauflagen, sehr große Druckformate, formatvariabel im Zylinderumfang, konstante Qualität (Farbwiedergabe)

141

a) Dekordruck: gedruckte Produkte zur optischen Gestaltung von Oberflächen von Möbeln und zur Raumgestaltung, z. B. Holzreproduktionen, Reproduktionen von textilen, keramischen und metallischen Oberflächen und Bodenbelägen sowie Geschenkpapier und Tapeten
b) Das gleiche Produkt (Motiv auf Druckformzylindern) wird nachgedruckt oder für andere Farbkombinationen verwendet (Struktur bleibt gleich, Farbtöne oder Farbkombinationen wechseln).
c) Weißes oder eingefärbtes Spezialpapier; Druckfarben mit sehr hoher Lichtechtheit

142

a) Lieferung gedruckter Dekor-Bahnen auf Rollen, in der Holzindustrie mit Harzen imprägniert und auf Spanplatten o. Ä. verpresst
b) Absolut gleichmäßige Farbwiedergabe, konstante Färbung (Farbton), passerhaltiger Druck, höchste Lichtechtheit, gleichbleibend gute Papierqualität (Zugfestigkeit, Reißfestigkeit, Hitzebeständigkeit)

143

Erarbeiten Sie diese Aufgabe umfassend mit allen Informationen aus Ihrem Betrieb. Besprechen Sie Ihre Lösung mit Ihrem Ausbilder.

144

a) Grundsätzlich lassen sich beliebige Druckformate drucken: Zeitschriften/Illustrierte haben unterschiedliche Formate (Sonderformate, keine DIN-Formate), flexible Verpackungen haben produktspezifische Größen

b) Fertigen Sie mithilfe der folgenden Hinweise Ihre Übersicht.
   - Daten auf Layoutarbeitsstationen zu PDF generiert
   - Von elektronischen Arbeitsstationen (Frontends) der Tiefdruckvorstufe übernommen, interpretiert, geprüft, verschlankt und unter Berücksichtigung der spezifischen Anforderungen der Tiefdruckgravur in gravurfähige Daten überführt
   - Layout des gesamten zu gravierenden Zylinders wird am Bildschirm kontrolliert
   - Plot (gesamt), Erstellen eines farbverbindlichen Proofs
   - Freigabe durch Kunden oder Autorkorrektur
   - Gravur AV: Überprüfen von Farbreihenfolge und Größe der Einzelnutzen, Gravurlayouterstellung, Bereitstellung der Daten für die Gravurmaschine mitsamt der Gravurparameter (Gradationen, Winkelungen, Einschnitte usw.)
   - Gravursystem: elektromechanische Gravur
   - Tiefdruckzylinder: Oberfläche Kupfer, Gravierkopf, Stichel, Arbeitsweise, Gravieren der Druckbildinformationen, Stege und Näpfchen, Qualitätsprüfung
   - Verchromen der Zylinderoberfläche (ggf. Andruck im Verpackungsdruck)

145

a) Verkupferung der vernickelten Zylinderoberfläche mit einer 80 bis 120 µm starken Grundschicht (Grundkupfer). Zweck: Schutzschicht, Basis, mit der z. B. der Durchmesser variiert werden kann.
b) Ballard-Verfahren, Dünnschichtverfahren, Dickschichtverfahren

146

a) Massivaufkupferung: Nach dem Ausdrucken wird die bildtragende Kupferschicht für eine neue Bebilderung abgedreht.
   Ballard-Verfahren: Nach dem Ausdrucken wird die bildtragende Kupferschicht (Ballardhaut = Kupferfolie) abgezogen, für eine neue Bebilderung wird neu verkupfert.
b) Immer gleicher Zylinderdurchmesser, keine mechanischen Verfahren zum Abschleifen erforderlich, schnelle und kostengünstige Zylindervorbereitung für die Gravur.
c) Gesamtstärke (neu) ca. 320 µm. Für eine neue Bebilderung sind ca. 60 bis 80 µm durch mechanische Verfahren (Fräsen, Schleifen, Polieren) abzutragen.
   Zu beachten: Zylinderdurchmesser wird bei jedem Abtragen kleiner. Dies wirkt sich auf die Drucklänge aus.
d) Ballard-Verfahren

147

Hinweise zu den Skizzen (Profil und Draufsicht):
a) Raster-Steg-Verhältnis (z. B. als Verhältnis 1:3 von Steg- zu Näpfchenbreite) überzieht die gesamte Druckfläche mit einem gleichmäßigen Netz, Tonwerte werden nur durch unterschiedliche Tiefen der Näpfchen wiedergegeben
b) Je nach Tonwert variables Raster-Steg-Verhältnis: dunkler Tonwert = flächenmäßig großes und vergleichsweise tiefes Näpfchen,
   heller Tonwert = flächenmäßig kleines und vergleichsweise wenig tiefes Näpfchen
c) Alle Näpfchen sind gleich tief, Tonwerte werden nur durch unterschiedlich große Näpfchen wiedergegeben

148

Erarbeiten Sie diese Übersicht mit den gegebenen und auch weiteren Fachbegriffen. Besprechen Sie Ihre Lösung mit Ihrem Ausbilder und/oder in der Berufsschule.

149

a) Hinweis für Ihre Skizze: Beispiel zu DIN A4, Hochformat: die 210 mm stehen parallel zur Zylinderachse der Druckform.
b) Parallel zum Falz

150

a) „Sägezahneffekt“: Unschärfen durch ausgefranste, zackige Linienführung, sichtbar vor allem an Schriften, Linien und Bildrändern
b) Möglichkeit von Hell-Gravure-Systems:
   Neue Technologien am Helio-Klischograf mit:
   - High Quality Hinting (HQH)
   - Xtreme Engraving und
   - CellEye

151

Grundsätzlich erfolgt die Gravur bei allen Prozessfarben in gleicher Weise und ohne eine Rasterwinkelung, wie sie zum Beispiel im Offsetdruck zur Vermeidung eines Moires erforderlich ist.
Um ein Moire im Druckbild durch gleichartige Winkellage in der Gravur zu vermeiden, muss die Näpfchen-

form in den einzelnen Druckwerken variiert werden. Die Näpfchen verschiedener Druckfarben werden dazu gelängt (minimal in die Länge gezogen) oder gestaucht.

152

Arbeitsvorbereitung Gravur (Druckvorstufe): Bereitstellung der Daten für die Gravurmaschine mit erforderlichen Gravurparametern wie Gradationen, Winkelungen, Einschnitten. Dabei wird das zu bedruckende Material eingerechnet (vgl. Druckkennlinie im Offsetdruck – CtP).

153

a) Kupfer ist für die Rakelung und den Druck zu weich und nicht ausreichend widerstandsfähig. Chrom ist ein sehr hartes, widerstandsfähiges Metall.
a) 5µm bis 8µm

154

a) Galvanische Pluskorrektur:
Näpfchen mit Chromsäure tiefer ätzen,
das Volumen der Näpfchen wird vergrößert
= mehr Druckfarbe im Druckbild
b) Galvanische Minuskorrektur:
Näpfchenvolumen durch das Auftragen einer galvanischen Kupferschicht verkleinern
= weniger Druckfarbe im Druckbild

155

① Papierbahn
② Registerregelung
③ Rakel
④ Farbwanne
⑤ Druckformzylinder
⑥ Presseur
⑦ Trockner

156

a) Automatischer Rollenwechsel: Rollenträger, Abwicklung – automatischer Bahneinzug bis zu den Wendestangen im Überbau – Einzugwerk, Bahnregelung – Druckwerke (pro Druckfarbe ein Druckwerk) mit integrierten Trocknern, Farbversorgung (lösemittelhaltige Druckfarben) mit Viskositätsregelung; ggf. automatischer Formzylinderwechsel – Druck: Bedienung am Leitstand, Bahnbeobachtungsgeräte – Wendestangen-Überbau mit Längsschneiden, Umlenken der Bahn, Übereinanderführen der einzelnen Stränge, elektronisch geregelte Antriebe und Video-Bahnbeobachtung (verschiedenste Variationen) – Trichterfalzapparat(e) und Querfalz – Auslage
b) Automatischer Rollenwechsel: Rollenträger, Abwicklung – automatischer Bahneinzug – Einzugwerk, Bahnregelung – Auftragswechsel ggf. mit automatischem Vorregistersystem – Druckwerke (pro Druckfarbe ein Druckwerk, prinzipiell einseitiger Druck) mit integrierten Trocknern, Farbversorgung (überwiegend lösemittelhaltige Druckfarben) mit Viskositätsregelung – Druck: Bedienung am Leitstand, Bahnbeobachtungsgeräte – Aufrollung
c) Aufbau entspricht den Anlagen und der Regelungstechnik im Verpackungsdruck, wesentliche Unterschiede: vier Druckwerke (in der Regel), erheblich größere Druckbreiten und Zylinderumfänge – Druck auf saugfähige Papiere – wasserbasierte Druckfarben – konventionelle Umlufttrocknung

157

a) Das Bedrucken flexibler Verpackungen auf Folie erfordert einen deckenden Weiß-Vordruck für den Druck von Prozessfarben und anderen lasierenden Druckfarben. Es werden vielfach unterschiedlichste Sonderfarben (Hausfarben, spezifische Produktfarben) in einem Druckgang auf die Bahn gedruckt.
b) Größen der Verpackungen sind nicht „genormt", daher muss die Produktion sehr variabel sein
c) 1,26 m^2

158

a) Berufsgenossenschaft Energie, Textil, Elektro, Medienerzeugnisse; Sitz der Hauptverwaltung: Köln
b) Persönliche Grundeinstellung: Sauberkeit, Ordnung. Sauberer Arbeitsplatz: Voraussetzung für ein sicheres Arbeiten. Unterstützt die Qualität am Arbeitsplatz durch Erkennen von Abweichungen in Prozessen, steigert das Qualitätsbewusstsein.

159

a) Es werden leicht entzündliche, lösemittelhaltige Druckfarben verwendet.
b) Skizzieren Sie das Verbotszeichen.

160

a) Allgemein: europäische und nationale Vorschriften und Gesetze sind zu beachten.
Grundsätzlich gilt: migrations- und gerucharme Druckfarben, lebensmittel-unbedenkliche Hilfsstoffe.
Konformitätserklärung: Bestätigung durch den Hersteller der Verpackung, dass die Verpackung den gesetzlichen Vorschriften entspricht.
GMP (Abk. Good manufactoring practice: Die Produktion ist nach bestimmten vorgegebenen Regeln abgelaufen.
b) Absolute Reinheit, u. a. extra vorgegebene Arbeitskleidung, Haarschutz (Netz)

161

a) Bei einer elektrostatischen Aufladung befinden sich an der Oberfläche eines Stoffs Atome mit Elektronenmangel (positive Aufladung) oder Elektronenüberschuss (negative Aufladung).
b) Unzureichende Klimatisierung: zu geringe Luftfeuchtigkeit, zu trockenes Papier, Aufladung durch Reibung. Elektrostatische Erscheinungen treten überwiegend bei leichtgewichtigen Papieren und Papieren mit glatter Oberfläche auf: Bedruckstoffe mit geringem Flächengewicht verlieren an Eigenstabilität, bereits eine geringe Abweichung vom elektrisch neutralen Zustand bewirkt eine Störung. Auch: Aufladung durch Influenz.
Hinweise: Hält sich eine Person „längere Zeit“ in einem elektrischen Feld auf, so kann sie sich durch Influenz aufladen, was ein großes Gefahrenmoment in explosionsgefährdeten Bereichen darstellt, möglich sind Druckwerkbrände durch Ladungsverschleppung.
c) Allgemein: Klimatisierung, Sauberkeit, Entfernung von Papierstaub, Bodenbelag
Personen: Sicherheitsschuhe, Sicherheitskleidung
Technik: Messungen der Gefährdung durch elektrostatische Aufladung, Entladegeräte (einlaufende Papier- oder Folienbahn wird durch Entladeelektrode entladen), Entladestäbe sorgfältig säubern und einstellen, Elektrostatische Druckhilfe (ESA)

162

a) Digitale Auftragstasche, Auftragsvorbereitung, Terminüberwachung, Betriebsdatenerfassung
b) Bahneinzug, Bahnspannung, Druckwerke ein/aus, Andrucken, Druckgeschwindigkeit, ggf. Funktionen in Überbau und Falzapparat

163

Bearbeiten Sie den Ablauf in Ihrem Betrieb und an Ihrer Druckmaschine.
a) Auspacken der Rolle: Entfernen der Rollenverpackung sowie aller Materialschichten, die Beschädigungen aufweisen
Klebestelle: Vorbereiten einer sicheren Klebestelle
b) Rolle einsetzen – Systemtechnik: Mikroprozessor ermittelt aus Restrollendurchmesser und Geschwindigkeit den Zeitpunkt des Rollenwechsels – Tragarm einschwenken – neue Rolle auf gleiche Geschwindigkeit wie Restrolle bringen – ankleben und abschneiden – Bahnspannung optimieren – Tragarm in Druckposition fahren – Restrolle entnehmen

164

a) Flattern der Bahn, Passerschwierigkeiten, keine Ruhe bei der „Registerregelung“
b) Bahnriss, Verzug

165

Beispiel: Verpackungsdruck
Möglichkeit: Zugspannungsregelung
Zugspannungsregler vergleichen kontinuierlich den Istwert einer Kraftmessdose mit dem Sollwert für die Bahnspannung und verstellen die Drehzahl der Zugwalzen. Dies ist möglich durch elektronische Getriebe wie z. B. Drehzahlverstellgetriebe, die eine definierte Zugspannung in der Bedruckstoffbahn gewährleisten.
Lösung: geregelte Zugspannung mittels Rückführung aus Kraftmessdose oder Tänzer

166

Problemloses Anfahren der Druckmaschine, erhöht die Anfahrsicherheit (Vermeidung von Bahnrissen), unterstützt die Bahnspannungsregelung während des Fortdrucks

167

Hinweis: verschiedene Einrichtungen. Beschreiben Sie diese Aufgaben nach der Technik in Ihrem Betrieb.
a) Die Rakeleinrichtung hat im Rakelkopf eine Halterung, in die das Rakelmesser eingesteckt wird, beim Anstellen (pneumatisch oder hydraulisch

unterstützt) legt die Rakel ohne weitere Einstellung an den Druckformzylinder an. Hinweise: Ein Oszillator-Getriebe bewegt die Rakel bei der Produktion permanent hin und her (axiale Bewegung). Lösemittelhaltige Luft wird vor der Druckzone abgesaugt.

b) Rakeleinrichtung: Rakelhalterung, eingespannt, darin ist die Rakel, ein dünnes, verschleißfestes Stahlband (verschiedene Typen, z. B. Normalstahl, Edelstahl, beschichtet)

c) Allgemein: nur positive Rakelstellungen (mitläufig). Vergleichen Sie die Einstellung an Ihrer Druckmaschine.

d) Positive Rakelstellungen:
normal (ca. 70°), guter Ausdruck aller Tonwerte;
flach (ca. 45°), toniger, weicherer Ausdruck;
steil (ca. 90°), harter Kontrast, insbesondere helle Tonwerte drucken nicht gleichmäßig aus

168

Einfärbewalzen bzw. Anspülwalzen mit einem elastomeren Bezug verbessern die Einfärbung des Druckformzylinders. Sie laufen direkt in der Farbwanne und sind mit einem leichten Druck gegen den Druckformzylinder angestellt. Durch den Kontakt optimieren sie die vollständige Einfärbung der Näpfchen.

169

Die Härte des Presseurs wirkt sich auf die Druckstreifenbreite aus (vgl.: gleicher Anpressdruck):
Weicher Presseur = große Kontaktstreifenbreite
Harter Presseur = geringe Kontaktstreifenbreite
Probleme: Rundlaufgenauigkeit, Tonwertwiedergabe

170

a) Elektrostatische Druckhilfen verbessern die Farbübertragung und verhelfen zu einem geschlossenen Druckbild mit gleichmäßig hoher Farbdichte und Intensität. Problem sind primär sogenannte Missing dots (sichtbare kleine, weiße Pünktchen), die durch ein nicht optimales Ausdrucken der Halb- und Vierteltöne entstehen.
Durch das von der ESA im Druckspalt erzeugte elektrische Feld (ca. 300–1000 V) wird die Druckfarbe vollständig aus den Drucknäpfchen herausgezogen und auf den Bedruckstoff übertragen.

b) ESA: Electrostatic printing assist

171

Funktionen:
- Erforderlicher mechanischer Anpressdruck
- Transport der Bedruckstoffbahn (Papier, Folie u. a.) durch das Druckwerk

172

a) Probleme durch die Masse des Druckformzylinders und erforderlichen Anpressdruck.
Je breiter der Druckformzylinder (Druckbreite) ist, desto stärker muss der Anpressdruck sein, um die gleiche Druckstreifenbreite zu erreichen (vgl.: Druck = Kraft : Fläche).
Je größer die Masse des Druckformzylinders und je höher der erforderliche Anpressdruck, desto stärker biegt sich der Druckformzylinder in der Mitte der Drucklinie durch.

b) Biegepresseur, der durch hydraulischen Druck von innen auf den „Mantel“ (Oberfläche des Presseurs) den Druck in der Drucklinie optimiert

173

- Druckerei: Einstellung der Tiefdruckfarbe auf die Verarbeitungsviskosität, d. h. spezifische Lösungs- und Trocknungseigenschaften
- Kosten für größere Anlieferungsmengen
- Hinweis: Rückgewinnung der Lösemittel nach dem Druck

174

- Bedruckstoff: Art, Oberflächen, Eigenschaften
- Druckform: Art, Eigenschaften (z. B. Näpfchenform und -tiefe)
- Druckgeschwindigkeit

175

a) Arten: = organische Lösemittel, z. B. Ethanol, Ethylacetat oder auch Wasser.
Zweck: Lösung der Bindemittel, Einstellung der Viskosität, maßgeblich für die Farbtrocknung.
Hinweis: Die in der Druckfarbe enthaltenen organischen Lösemittel verflüchtigen sehr rasch und die Druckfarbe ist trocken (physikalische Trocknung).

b) „Farbe" ohne Pigmente. Zugabe von Verschnitt reduziert demnach den Pigmentanteil in der Druckfarbe und führt zum Aufhellen. Es ändert sich jedoch nicht nur die Helligkeit (L-Wert im Lab-System), sondern auch der Farbort.

176

a) Ethanol, Ethylacetat, Ethoxypropanol
b) Wichtige Eigenschaften: Verdunstungszahl (VZ), Flammpunkt sowie Siedepunkt
   - Ethanol: VZ 8,3; Flammpunkt 12 °C
   - Ethylacetat: VZ 2,9; Flammpunkt –4 °C
   - Ethoxypropanol: VZ 33; Flammpunkt 42 °C

   Wirkungen:
   - Nicht jedes Lösemittel ist für jedes Material geeignet.
   - Je niedriger die Verdunstungszahl, umso schneller verdunstet das Lösemittel.
   - Für feine Raster und abhängig von der Maschinengeschwindigkeit müssen Farben ggf. verzögert werden, um eine zu schnelle Trocknung in der Maschine zu vermeiden.
   - Ethoxypropanol ist ein häufig verwendeter Verzögerer.

177

a) Lösemittel werden aus dem Trockensystem abgesaugt. Die Abluftreinigung erfolgt durch Adsorptionstechnik.
   - Abluft durchströmt die Adsorber (Stoff, der durch seine Oberflächeneigenschaften flüssige Stoffe oder Gase anlagert, z. B. Aktivkohle)
   - Lösemittel lagert an Aktivkohle an
   - Gereinigte Luft tritt aus
   - Regeneration der beladenen Aktivkohle erfolgt durch Desorption mit Wasserdampf (Desorption: Umkehrvorgang der Adsorption, Anlagerungen verlassen die Oberfläche eines Festkörpers, hier der Aktivkohle)
   - Wasserdampf und Lösemittel werden kondensiert und in einem Abscheider getrennt
   - Rückgewinnung des eingesetzten Lösemittels

b) Rückgewinnung von Lösemitteln, Lösemittel kann an den Lieferanten der Druckfarbe verkauft werden

178

a) Sichtbare kleine, weiße Pünktchen, die durch ein nicht optimales Ausdrucken in Halb- und Vierteltönen entstehen
b) Näpfchen in der Druckform übertragen in diesen Tonwertbereichen zu wenig Farbe. Den größten Einfluss darauf hat die Oberflächenstruktur von Papieren („Krater" im Papier), aber auch Faser- und Pigmentverteilung, Farbannahme oder mikroskopische Kompressibilität können zu Missing dots führen.
c) Informieren Sie sich: Elektrostatische Druckhilfe (ESA)

179

a) „Austrocknen" der Näpfchen vor der Drucklinie
b) Fehler beseitigen:
   - Zu hohe Viskosität der Druckfarbe
   - Auf der Strecke zwischen Rakel und Drucklinie trocknet die Farbe durch frühzeitiges Verdunsten des Lösemittels
   - Zu hohe (Umgebungs-)Temperatur

180

a) Winzige „ziehende" Farbausläufer an einzelnen Druckelementen (Schrift, Raster) oder Rändern von Flächen
b) Bahn ggf. statisch aufgeladen: Entladen der Bahn

181

a) Mögliche Ursache: Störungen der Rakeleinrichtung, Vibrationsstreifen (Rattermarken) durch falsche Einstellung der Rakel, Schwingungen durch zu stark eingestellten Rakeldruck
b) Rakelanstellwinkel und/oder Rakeldruck optimieren

182

a) Migration, migrieren (lat.): Wanderung, wandern. Wanderung von Substanzen (Druckfarben, Weichmachern u. a.) aus dem Druck durch den Bedruckstoff hindurch in ein Lebensmittel.
b) Unerwünschte Wechselwirkungen zwischen Lebensmitteln und deren Verpackungen (vgl. Artikel 2, EU-Rahmenrichtlinie 89/109/EWG): „Es ist verboten, Gegenstände als Bedarfsgegenstände ... gewerbsmäßig so zu verwenden oder für solche Verwendungszwecke in den Verkehr zu bringen, dass von ihnen Stoffe auf Lebensmittel oder deren Oberfläche übergehen, ausgenommen gesundheitlich, geruchlich und geschmacklich unbedenkliche Anteile, die technisch unvermeidbar sind."

183

a) Keilform ergibt zwei Informationen:
- Seitliche Differenz (Verschiebung axial)
- Differenz im Zylinderumfang (Verschiebung radial, Position der Papierbahn)

b) Hinweis: unterschiedlich arbeitende Systeme. Druckwerke: Sensoren oder Kameras erfassen die IST-Position der Druck- bzw. Steuermarken. Mess- und Regelmodul: Erfasste Daten werden ausgewertet (Soll-/Ist-Vergleich). Regelung bei Abweichungen: Intelligente Regler berechnen aus der Differenz die notwendigen Korrekturen, z. B. durch gezieltes Verstellen des Längs- und Seitenregisters. Der Registerregler verstellt dabei die Winkellage des jeweiligen Druckwerks (Antrieb Umfangs- und Seitenregister) zur Steuermarke des Druckbilds.

184

Je höher die Druckgeschwindigkeit ist und je umfangreicher die zu falzenden Produkte sind, desto besser muss die Verarbeitung im Falzapparat die „kinetische" Energie (Bewegungsenergie) beherrschen, d. h., die Kräfte, die auf den gesamten Falzvorgang einwirken, werden extrem stark. Beispiele: Fliehkräfte, Führung der Bahn bzw. der Produktteile, Greiferöffnung und -schluss, Luftverdrängung, „Peitscheffekt".

185

a) Video-Bahnbeobachtung, automatische Bahnausrichtung, elektronisch geregelte Zugwalzen, Schnittregister, Längsschneideeinrichtung (Aufteilung der Bahn in Stränge)

b) Längsschneiden der bedruckten Bahn – Strangwendung jeweils um 90° – Übereinanderführen der Stränge zu einem Strangpaket – Querschneiden der Strangpakete mit Schneidzylinder – 1. Querfalz mit Sammelzylinder und Falzklappenzylinder – Auslage

186

Ein Stroboskop sendet in regelmäßig aufeinanderfolgenden Zeitintervallen Lichtblitze auf die durchlaufende Bahn. Ist die Blitzfolge (Blitzdauer < 5 µs) exakt an die Druckgeschwindigkeit angepasst, scheint das Druckbild auf der Bahn stillzustehen (vgl. Stroboskopeffekt).

187

a) Die elektrostatische Papierstranghaftung beseitigt Probleme im Falzapparat wie Schnittdifferenzen und umgeschlagene Ecken durch elektrostatische Verblockung der Stränge vor dem Querschneiden sowie eine ungleichmäßige Schuppenauslage.

b) Der Aufbau eines elektrischen Felds vor dem Querschneiden durch Hochspannungsgeneratoren und Aufladeelektroden verdrängt die Luft zwischen den Papiersträngen.

188

- **Adsorptionsverfahren:** im Tiefdruck das Verfahren der Abluftreinigung mit Aktivkohle
- **Drucklinie:** die Breite der Kontaktfläche zwischen Druckformzylinder und Presseur beim Druck
- **Konterdruck:** Bedrucken der Rückseite einer Folie in umgekehrter Farbreihenfolge
- **Näpfchenvolumen:** Aufnahmekapazität eines Näpfchens entsprechend der Form, Größe (Ausdehnung) und Tiefe
- **Rakelhub:** Hin- und Herbewegung der Rakel
- **Reiterlehre:** einfaches Messgerät zur Bestimmung des Durchmessers eines Zylinders, moderne elektronische Geräte messen den Durchmesser und errechne den Umfang
- **Stammdruckfarbe:** Original-Druckfarbe ohne Zusätze
- **Stützrakel:** Unterstützung der Arbeitsrakel bei hohem Druck, verhindert ein Durchbiegen, sichert gleichmäßig scharfe und konstante Kontaktzone zum Druckformzylinder
- **Toluol:** Lösemittel für den Illustrationsdruck

189

10 m/s

190

a) Stahlstichdruck
b) Engl.: Intaglio

191

Flächiges Verbinden verschiedener Materialien am Ende des Produktionsprozesses zu einem „Sandwich", z. B. das Verkleben von zwei unterschiedlichen Folien

192

a) Inline-Messung, Regelkreis (Closed loop). Grundsätzlicher Aufbau und Funktion:
- Vorgabe: Soll-Wert
- Laufende Bahn (zu regelnder Prozess)
- Sensor/Kamera: Messung des Prozessoutputs an Druckkontrollstreifen, Mini-Marken oder Bildelementen (Hinweis: Je nach System wird eine große Zahl von Messfeldern in einer einzigen Bilderfassung aufgenommen), Generieren eines Signals
- Regeleinrichtung: Vergleich des Signals von Soll und Ist, Fehlersignal: Ja/Nein
- Steuereinheit generiert Stellsignal für den Prozess, regelt Fehler gegen null
- Neue Erfassung

b)
- Sehr schnell reagierende Sensoren bzw. Kameras
- Analyse und Verarbeitung der Messdaten in Echtzeit
- Spezielle Lichtquelle (z. B. Xenon-Blitzröhre, auf D50 optimiert)
- Spektralfotometertechnologie für farbmetrische und densitometrische Abweichungen von Zielvorgaben

193

a) Flexodruck

b) Computer-to-Plate: Fotopolymer-Flexodruckplatte, mit einem Schaumklebeband auf einen „Druckformzylinder“ montiert, einsetzen in das Druckwerk.
Computer-to-Sleeve: Fotopolymer endlos/nahtlos.
Sleeve mit Lasergravur: bebildern mit Laser, aufschieben auf einen Adapter, einsetzen in das Druckwerk

194

a) Schmalbahnige Faltschachteldruckmaschine mit Hybrid-Druckverfahren

b) Inlineproduktion, die die Integration verschiedener Druckverfahren und unterschiedlicher Verarbeitungs- und Veredelungsprozesse ermöglicht

c) **Heißfolienprägung:** Transfer einer Farbschicht mit einem Prägestempel: Mit Druck und Wärme wird von einer heizbaren Prägeform eine Farbschicht von einem Trägermaterial abgelöst und auf die Prägefläche mit einem Kleber flach oder als Relief übertragen.
Reliefprägung: Ein farbiges Relief wird mit mechanischem Druck in das Material geprägt.
HiDef Flexodruck: Druckformherstellung im Flexodruck mit höchster Auflösung (Detailzeichnung)
Microtaggent: Mikro-Etikettierung (Fälschungssicherheit)
Hologramm: gedrucktes zweidimensionales Bild, das bei der Betrachtung dreidimensional erscheint
Modularität: Systemaufbau nach einem Baukastenprinzip, das Grundsystem ist vielfältig zu erweitern

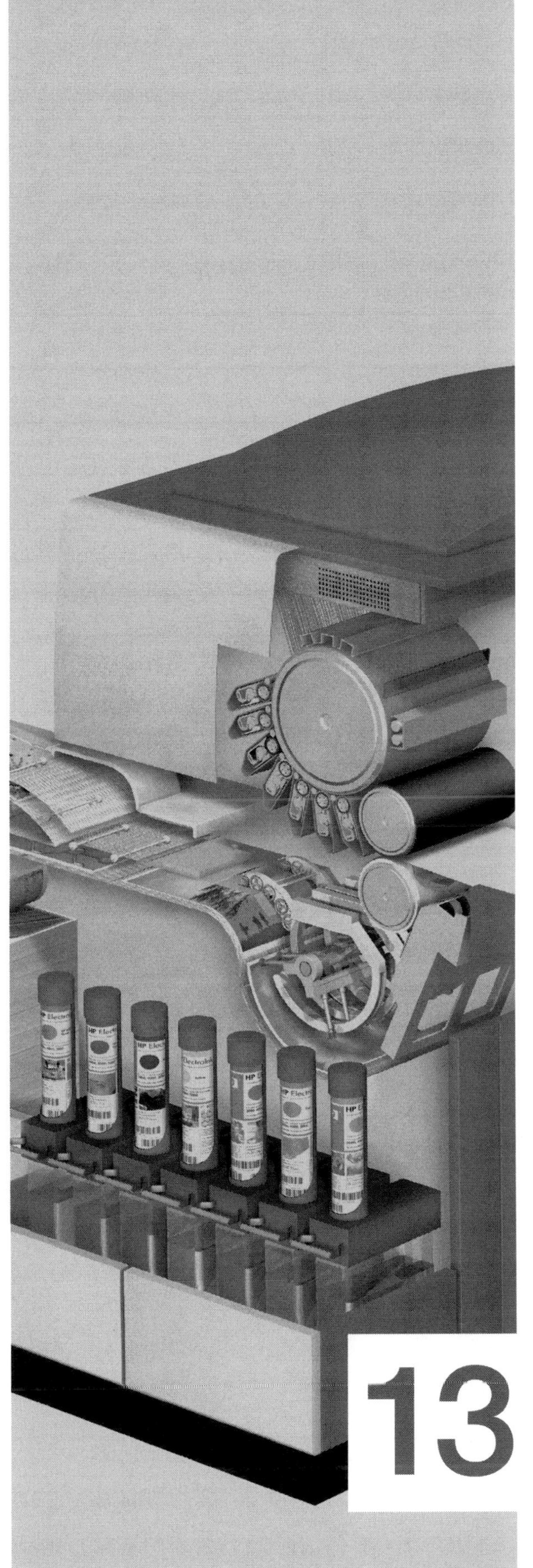

13 DIGITALDRUCK

1

a) • Short-Run-Color: Druck kleinster farbiger Auflagen, ab „Auflage 1“
• Printing-on-Demand: „Drucken nach Bedarf“, nur so viel Exemplare drucken wie benötigt
• Variable Data Printing (VDP): Personalisierung, auf eine Person bezogene Informationen
• Large Format Printing (LFP): Druck von Großformaten
Dokumentationen, Dissertationen, Nachdrucke von Büchern und Broschüren, Informationsschriften für Vereine u.v.a.: Vorhandene digitale Daten sind sehr rasch und ohne hohe Kosten zu drucken.

b) • Personalisierte Einladung: Produkt ist nur im Digitaldruck zu drucken.
• Vorab-Auflage eines Marketingprodukts (Katalog o.Ä.): keine Druckformherstellung, geringere Kosten, zeitnahe Produktion, Qualität dem Druckprodukt entsprechend
• Gestaltung von Messeständen: Großformat in Auflage 1, kein anderes Druckverfahren wirtschaftlich
• Bannerdruck: weder im Format noch in der Drucktechnik eine Alternative (ggf. Siebdruck)

2

a) Das Drucken einer unveränderten Auflage in einer geringen Auflage
b) Drucken der gleichen Produkte an verschiedenen Orten mit den gleichen Daten
c) Druck eines Auftrags, bei dem sich Informationen (Daten) auf jedem Druckprodukt ändern
d) Druck in einer aktuell benötigten Auflage

3

Bearbeiten Sie die Aufgaben allein oder mit Ihrem Team. Besprechen Sie Ihr Manuskript mit Ihrem Ausbilder und in der Berufsschule. Heften Sie Ihren ausgedruckten Entwurf sowie die Seiten Ihrer Präsentation ab.

4

- Keine statische Druckform
- Verfahrenstechniken: Computer-to-Print, Computer-to-Paper
- Sehr geringe Rüstzeiten
- Prinzipiell keine Makulatur
- Variabler Datendruck
- Bücherdruck: Es wird nacheinander immer ein gesamtes Buch mit allen Seiten (Inhalt) produziert.

5

Computer-to-Press (Beispiel Offsetdruck): Die Druckform wird aus dem digitalen Datenbestand direkt in der Druckmaschine bebildert, der folgende Druckprozess ist jedoch ein „normaler“, analoger Offsetdruck.

6

a) • Informationsübertragung Computer-to-Print
• Elektrostatisches Aufladen einer Bildtrommel: Fotohalbleiter
• Digitales Bebildern: Lichtenergie erzeugt eine Veränderung der elektrostatischen Ladung.
• Bildentwicklung: Das latente Ladungsbild wird mit elektrostatisch geladenem Toner eingefärbt.
• Bildtransfer, Bildfixierung: Drucken und Haften des Toners auf dem Bedruckstoff
• Reinigen der Bildtrommel für weiteren Druck

b) • Informationsübertragung Computer-to-Paper
• Digitale Ansteuerung einzelner Farbdüsen entsprechend der zu druckenden Ton- und Farbwerte
• Kontaktlose Übertragung winziger Farbtröpfchen in verschiedenen Verfahrenstechniken

7

a) Tonersysteme: Pulvertoner, Flüssigtoner

b) • Pulvertoner: Canon, Océ, Kodak, Ricoh, Screen, Xeikon, Xerox u. a.
• Flüssigtoner: HP-Indigo

c) • Flüssigtoner: Ein einwandfreies, glattes Druckbild, glänzend gestrichenes Papier ergibt einen fotorealistischen Druck (vgl. Fotobücher).
• Pulvertoner: erheblich größere Schichtdicke, je nach Größe und Art der Tonerpartikel ein unterschiedlich „glattes“ Druckbild, möglicher „Speckglanz“

8

a) Non-Impact-Printing: allgemeine Bezeichnung für Digitaldruckverfahren (ohne Druckform arbeitend). „Anschlagloses“ Drucken, Verfahren, bei denen für die Informationsübertragung kein Anpressdruck erforderlich ist.
b) Digital bebilderte, dynamische „Druckform“, d.h. Bildträgertrommel mit einem temporären Druckbild für jeden Druck, elektrofotografische Verfahren
c) Digitale Datenübertragung: Druck durch direkte Informationsübertragung direkt auf den Bedruckstoff, keine Druckform, Inkjet-Verfahren

9

a) Digitaldrucker für einen farbverbindlichen Prüfdruck. Tintenstrahldrucker, mit dem auf speziellen Proofpapieren der Druckprozess simuliert und das Produkt messtechnisch ausgewertet werden kann.
b) Drucksysteme, die auf den einfarbigen Druck spezialisiert sind, ggf. mit integrierter Druckverarbeitung
c) Drucksysteme, die je nach Produktionsprogramm (Arbeitsbereiche) unterschiedlich ausgestattet sind und farbige Druckprodukte herstellen
d) Digitale Großformatdrucker für einzelne Drucke oder sehr geringe Auflagen

10

a) Position „12 Uhr" im Bild: Erzeugen einer homogenen fotoelektrischen Ladung auf der Bildtrommel (Fotoleiter)
b) Position „13 Uhr": Bebilderung mit digitalen Daten, dies verändert die Ladung auf der Bildtrommel an den bebilderten Stellen
c) Position „16 Uhr": Übertragung von elektrostatisch geladenem Toner auf die Bildtrommel, „Einfärben" des Druckbilds
d) Position „18 Uhr": Druck durch Übertragung des Tonerbilds im Kontakt mit dem Bedruckstoff, alle Tonerpartikel liegen nur lose auf dem Bedruckstoff
e) Position „18.05 Uhr": Fixieren (vgl. Antrocknen) des Tonerbilds durch Hitze und leichten Druck
f) Position „22.30 Uhr": Reinigen der Bildtrommel von Tonerpartikeln und vollständiges Entladen, Vorbereiten für den nächsten Druck

11

a) Tropfenbildung der Tintenstrahldüsen,
   - Drop-on-Demand-Verfahren
   - Continuous-Verfahren
b) Epson, Kodak Prosper, KBA RotaJet, OCE Jet Stream, Screen Truepress Jet u. a.

12

a)
   - Temporär = vorübergehend, kurzzeitig, flüchtig
   - Elektrostatisches Ladungsbild auf der Bildtrommel, das durch Pulvertoner „eingefärbt" wird
b) Spezifische Einsatzbereiche:
   - Aufladen: homogenes Aufladen der Bildtrommel (Fotohalbleiter) mit einem homogenen elektrostatischen Feld
   - Bildtransfer: Lösen des Toners von der Bildtrommel, Anlagerung des Toners auf dem Bedruckstoff durch Erzeugen einer elektrostatischen Anziehungskraft (unter dem Bedruckstoff)
   - Reinigen: Neutralisieren der Bildtrommel durch Entfernen von Ladungsrückständen

13

a) Digitale Datenübertragung in das Drucksystem. Bebilderung auf elektrostatisch geladene Bildträgertrommel (Fotoleiter) erzeugt dynamische, temporäre „Druckform" als Tonerbild, Bildübertragung und -fixierung auf den Bedruckstoff.
b) Bei jedem Lauf durch ein Druckwerk wird nur eine Prozessfarbe auf die Bildtrommel und anschließend auf den Bedruckstoff übertragen.
c) Beidseitiger Druck
d) Bebilderung mit digitalen Daten, temporärer Speicher für das elektrostatisch geladene Druckbild, Bildübertragung mit Pulvertoner, Übertragung der Bildinformationen auf den Bedruckstoff
e) dpi = dots per inch; Auflösungsfeinheit in Punkten pro Inch von Ausgabesystemen (1 Inch = 1 Zoll = 2,54 cm)
f) 1000 Teilchen
g) > 780 nm
h) Infrarot-Strahlung erzeugt Wärmeenergie, intensiviert die Haftung (Trocknung) und Verschmelzung der Tonerpartikel auf dem Bedruckstoff
i) Das erhitzte Papier muss auf Raumtemperatur zurückgekühlt werden, um Verarbeitungsschwierigkeiten durch statische Elektrizität und Verspannungen bei Raumtemperatur zu vermeiden.

14

a) Ein Laser erzeugt einen extrem scharf gebündelten Lichtstrahl von sehr hoher Intensität mit spezifischer, gleichbleibender Frequenz (monochromatisch, farbrein) bei geringster Streuung.
b) Voraussetzung ist ein leitfähiges Material für ein homogenes fotoelektrisches Feld auf der Bildtrommel.
c) Organic Photo Conductor, fotosensitive Halbleiterschicht (lichtempfindlich)

15

a) Der Toner muss Bildelemente mit einer guten Punkt- und Linienauflösung sowie sauberer Trennschärfe wiedergeben. Grundsätzlich gilt: Je grober die Teilchengröße des Toners, desto geringer ist die Feinheit in der Wiedergabe von Schriften, Bilddetails (Rasterpunkten), Linien und anderen Druckelementen. Zu beachten sind ebenfalls: Kein Hintergrundtonen, keine Defekte und Störungen auf dem Druckbild.

b) Tonerteilchen unter 5 µm dürfen aus Gründen des Umwelt- und Gesundheitsschutzes nicht eingesetzt werden (Staubfreiheit, Schutz der Atemwege u. a.).

16

a)
- Harze: Bindemittel, „Trocknung“ (Haftung) der Farbpigmente auf dem Substrat
- Farbpigmente: Farbmittel, farbgebender Bestandteil

b) Harze umhüllen die Farbpigmente, sie schmelzen bei höheren Temperaturen, schlagen leicht in das Papier weg und verfestigen sich beim Abkühlen auf Raumtemperatur.

17

a) Prüfen durch Tests, auch im Laserdrucker wird mit Temperaturen bis zu 180 °C fixiert (getrocknet). Mögliche Problemlösung: Mit einem geeigneten Inkjet-Verfahren bedrucken.

b) Verschweißen einer Folie durch hohe Temperaturen und leichten Druck. Die Temperaturbelastung (z. B. zwischen 180 °C bis 320 °C) muss der haftende Toner überstehen (Test!).
Ein UV-Toner ist absolut unempfindlich gegen Hitze und Druck.

18

a) Der Einkomponententoner wird in allen gängigen Tonerkasetten (Kartusche) eingesetzt und enthält direkt einen „Entwickler“. Magnetische Tonerteilchen wandern über eine Entwicklerwalze mit einer sogenannten Tonerbürste durch Berührung auf die Bildtrommel (Fotohalbleiter).
Bei dem Zweikomponententonern sind Toner und „Entwickler“ (Carrier) getrennt. Dieser Typ wird primär in Digitaldruckmaschinen eingesetzt.

b) Der Zweikomponententoner besteht aus einer Mischung von Toner und Carrier („Entwickler“), meist sind dies magnetische Metallpartikel (z. B. Eisen, Stahl), Partikelgröße zwischen 30 und 100 µm. Deren Aufgabe ist es, die Tonerteilchen elektrisch aufzuladen und an das entgegengesetzt geladene latente Bild auf die Bildtrommel (Fotohalbleiter) heranzuführen. Der „Entwickler“ wird bei diesem Prozess nicht auf das Papier übertragen und nicht verbraucht.

19

Hinweis: indirekter Druck mit zwei Bildübertragungen, Abbildung siehe Arbeitsbuch, Seite 400
- Aufladen und Bebildern (Bildbelichtung): elektrostatisches Laden der elektrofotografischen Fotobelichtungsplatte (PIP – Photo Imaging Plate), die auf dem Belichtungszylinder angebracht ist. Belichtung der PIP durch den Laser Imager.
- Bildentwicklung durch BID-Einheiten (Binary Ink Developer) und Flüssigfarbe HP ElectroInk
- Erste Bildübertragung auf den Gummituchzylinder, der auf eine bestimmte Temperatur erhitzt ist
- Entfernen von Restfarbe und elektrischer Ladung von der PIP
- Zweite Bildübertragung des erhitzten Farbbilds auf den Bedruckstoff, der auf dem Druckzylinder gehalten wird

Diese Abläufe wiederholen sich für jede Farbseparation (Prozessfarbe oder auch Sonderfarbe) des Druckbilds.

20

Es ist möglich, mithilfe einer größeren Farbstation zusätzlich zu den Prozessfarben beliebige Sonderfarben (HKS, Pantone) zu drucken. Sonderfarben wie z. B. Hausfarben können angemischt bezogen oder auch selbst gemischt werden.

21

a) ① Bebilderung, Bildbelichtung
② Bildentwicklung (Flüssigtoner)
③ Bildübertragung zum Gummituch
④ Reinigungsstation (im Bild nicht sichtbar)
⑤ Druck

b) PIP = Photo Imaging Plate, Fotohalbleiter-Platte
BID = Binary Ink Developer, Bildentwickler

22

a) Kleinste bis mittlere Auflagen im Digitaldruck:
- Privatdrucksachen aller Art
- Personalisierte Druckprodukte, z. B. Angebote, Einladungen, Reisebrichte
- Geschäftsdrucksachen
- Werbung, Information, z. B. Eröffnung eines Modemarkts, Festprogramm zum Seenachtsfest
- Druck von Büchern in geringer Auflage
- Loseblatt-Sammlungen, Nachdruck
- Proof, farbverbindliche Kontraktproofs

b) Mittlere bis große Auflagen im Digitaldruck:
   - Bücherdruck (geringe bis größere Auflage)
   - Broschüren, Unternehmensberichte
   - Individualisierte Tageszeitungen
   - Werbung, regionale Unternehmen
   - Etiketten- und Verpackungsdruck

23

a) Indirekter Druck:
   - Aufladen und Bebildern (Bildbelichtung): elektrostatisches Laden der elektrofotografischen Fotobelichtungsplatte (PIP – Photo Imaging Plate), die auf dem Belichtungszylinder angebracht ist. Belichtung der PIP durch den Laser Imager.
   - Bildentwicklung durch BID-Einheiten (Binary Ink Developer) und Flüssigfarbe HP ElectroInk
   - Erste Bildübertragung auf den Gummituchzylinder, der auf eine bestimmte Temperatur erhitzt ist
   - Entfernen von Restfarbe und elektrischer Ladung von der PIP
   - Zweite Bildübertragung des erhitzten Farbbilds auf den Bedruckstoff, der auf dem Druckzylinder gehalten wird

   Abläufe wiederholen sich für jede Farbseparation.

b) Die HP-ElectroInk-Farbschicht wird auf dem rotierenden und erhitzten Drucktuch erwärmt, wodurch sich ein heißer, klebrig-flüssiger Farbfilm bildet. Wenn die Farbe mit dem Bedruckstoff in Kontakt kommt, dessen Temperatur erheblich unter der Schmelztemperatur der Teilchen liegt, wird die Farbe sofort fest, haftet an und löst sich dabei vollständig vom Drucktuch. Dies ergibt eine vollständige Übertragung auf den Bedruckstoff. Eine Fixierung wie beim elektrofotografischen Laserdruck wird nicht benötigt. Das Drucktuch ist nun sauber und bereit für den Druck der nächsten Druckfarbe, wenn es am PIP-Zylinder vorbeiläuft.

24

a) Es muss eine permanent laufende Bahn (Rollendruck) bedruckt werden.

b) Alle Druckfarben werden zuerst komplett auf den Gummituchzylinder und dann in einem einzigen Druckprozess (One-Shot) auf die laufende Bahn übertragen.

25

a) Digitale Daten steuern Farbdüsen: Kleine Heizelemente erzeugen Blasen, die angesteuert größer werden, den Druck weiter erhöhen, die Tinte aus der Düse treiben und dann als Tröpfchen auf den Bedruckstoff übertragen. Wenn die Blase platzt, entsteht ein Vakuum, das Tinte aus einem Vorratsbehälter in die Düsenkammer saugt.

b) Verwendet werden Piezokristalle als Energiequelle zur Tröpfchenerzeugung. Die Kristalle werden von einem elektrischen Signal angesteuert, das sie in Schwingungen versetzt. Schwingt ein Kristall aus, erhöht es den Druck in der Kammer, wodurch Tintentröpfchen aus der Düse getrieben werden und diese als winzige Tröpfchen abfeuern. Wenn das Kristall zurückschwingt, wird Tinte aus dem Vorratsbehälter angesaugt.

26

Continuous Inkjet: Verfahrenstechnik mit einem kontinuierlichen Tröpfchenstrahl.
Binary-Deflecting: binäre Ablenkung des Tröpfchenstrahls durch zwei mögliche elektrische Ladungszustände (aufgeladen, nicht aufgeladen).

27

a) Ein RIP ist prinzipiell ein „Pixelflächenrechner", der die digitale Vorlage in Steuerungsimpulse umsetzt.

b)
   - Links: Thermische Drop-on-Demand-Technologie; Heizelemente erzeugen Blasen, die bei Ansteuerung durch ein Bildsignal größer werden und durch höheren Druck Farbtröpfchen aus der Düse treiben.
   - Rechts: Piezoelektrische Drop-on-Demand-Technologie; Energiequelle sind Piezo-Keramikelemente; durch ein Bildsignal elektrisch angesteuert, erhöht sich der Druck in der Farbkammer und Tintentröpfchen werden aus der Düse herausgeschleudert.

c) Kontinuierliche Tropfenbildung, d. h., Farbtröpfchen werden ohne Unterbrechung in die Richtung des Bedruckstoffs „geschossen". Die Tropfenbildung erfolgt durch verschiedene Verfahren, die auf der Piezotechnologie basieren. Das Ablenken der nicht benötigten Tröpfchen erfolgt z. B. durch Luftstrom oder Ablenkelektroden. Diese Tröpfchen werden in einem Tropfenfänger aufgefangen.

28

Abhängig von Bildsignal werden beim Multiple-Deflecting-Verfahren einzelne Tropfen unterschiedlich stark aufgeladen und je nach Ladung verschieden stark abgelenkt.

29

a) Schmalbahnige Hybrid-Druckmaschinen, z. B. für den Druck von Etiketten und Faltschachteln sowie Transaktionsdruck, TransPromo-Produkte, Direktmailings, Druck von Büchern

b) Farbstoffe lösen sich in einer Trägerflüssigkeit vollständig auf.
Vorteil: gute Einfärbung.
Wesentliche Nachteile: mangelhafte Lichtechtheit, Eindringen in saugende Bedruckstoffe;
die Wechselwirkung zwischen Papierinhaltsstoffen und der Farbstofftinte führt zu Schwierigkeiten in der Farbwiedergabe, schwieriges Recyceln des Altpapiers. Einsatzbereich: Verpackungen, Large Format Printing und andere In-Haus-Produkte.

c) Pigmente sind in einer Trägerflüssigkeit feinst verteilt, sie lösen sich nicht darin auf.
Vorteile: farbintensiv, hohe Echtheiten (Licht, Witterung u. a.), wasserfest. Einsatzbereich: Alle Druckprodukte mit entsprechenden Qualitätsanforderungen.

30

a) Druck auf nichtsaugende Bedruckstoffe wie Folien, Metall, Holz oder Glas

b) Druck auf nichtsaugende oder empfindliche Bedruckstoffe, die nach dem Druck sofort trocken (durchgehärtet) sein sollen, z. B. Selbstklebefolien, Poster, Plakate, Messe- und Baubeschriftungen, POS-Displays, Werbetafeln, Fahrzeugbeschriftungen, Metalle, Glas.
Tinten haben eine gute UV-Beständigkeit, sind wasserfest sowie weitgehend kratzfest.

c) Lösemittelbasierte Tinte, die durch Erwärmen flüssig wird und mit einem Druckkopf auf ein Substrat gespritzt wird. Tintentröpfchen erstarren unmittelbar nach dem Auftreffen auf der Druckfläche und sind trocken. Die Tinte dringt nicht in saugende Bedruckstoffe ein und verbleibt farbkräftig auf der Oberfläche.

31

a) Wegschlagen: Penetration, Absorption, ggf. mit Wärme unterstützt

b) Verdunsten der Lösemittel, ggf. mit Wärme unterstützt

c) Bestrahlen mit UV-Licht: Härtung durch Polymerisation

32

a) Druckmaschinensystem, in dem mehr als ein Druckverfahren eingesetzt werden kann.

b)
- Mailings: personalisierte Produkte/Angebote, regionale Angebote
- Faltschachteln: variable Daten, Sicherheitselemente
- Etiketten: variable Daten, Personalisierung

33

a)
- Tageszeitungen: individuelle Zusammenstellung nach persönlichen Interessengebieten.
- Fachzeitschriften: spezifische Zusatzinformationen
- Prospekte: unterschiedliche Anschriften, Preise
- Werbung: wechselnde Sprachen

b) Merkmale, Hinweise: gute Farbwiedergabe, geringere Echtheiten. Einsatz, wenn eine längere Nutzung und Haltbarkeit (Echtheiten) von geringerer Bedeutung ist und der Kostenfaktor wichtig ist.
Einsatzmöglichkeiten: Verpackungen mit wechselnden Eindrucken, Akzidenzen, Mailings, Werbung.

c) Merkmale, Hinweise: schnelle Trocknung, intensive Farbwiedergabe, hohe Echtheiten (Lichtechtheit, Wasserbeständigkeit u. a.)
Einsatzmöglichkeiten: Verpackungen mit wechselnden Eindrucken, zielgruppenspezifische Akzidenzen, Direct-Mailings

d) Merkmale, Hinweise: Der Schutz vor Fälschungen, Nachahmungen u. a. erfordert es, im Druck Sicherheitsmerkmale hinzuzufügen, die mit bloßem Auge nicht sichtbar sind. Eingesetzt werden u. a. fluoreszierende UV-Sicherheitstinten, transparente Sicherheitstinten, unsichtbare Farben (Wasserzeichen oder verborgene QR-Codes), IR-Sicherheitstinten-
Einsatzmöglichkeiten: Stimmzettel, Benachrichtigungen und Coupons mit schneller Überprüfung, Druckprodukte, die eine Bestätigung erfordern, Reise-, Tankgutscheine, Transaktionsdokumente, unsichtbare Barcodes auf Dokumenten für Nachverarbeitungssteuerung, Authentizitätsmerkmal oder versteckte Information zur Auswertung von Rücksendungen.

34

a)
- Direkte Thermografie: kein Druckverfahren, sondern eine Kopie, es wird keine farbgebende Substanz im Prozess übertragen. Informationen werden auf ein spezielles wärmeempfindliches Papier übertragen. Durch chemische Reaktion in

dem thermoaktiven Papier verfärbt sich die Oberfläche. Der Bedruckstoff reagiert demnach auf die einwirkende Wärme und bildet aus sich heraus die Farbe.
- Indirekte Thermografie (auch Thermotransferdruck): überträgt die Informationen als Farbe über einen wärmeempfindlichen Zwischenträger (Farbbänder, Transferfolien). Angesteuerte Heizelemente des Thermodruckkopfs erzeugen eine bestimmte Temperatur, bei der die Farbe von dem Zwischenträger auf den Bedruckstoff übertragen wird.

b) Farbträger ist eine Transferfolie. Die Farbe wird aber nicht als ganze Schicht übertragen. Durch den Steuerrechner lassen sich Bildelemente aufheizen und partiell als Farbstoffe auf den Bedruckstoff übertragen. Sie diffundieren durch ihre hohe Temperatur in den Bedruckstoff (Temperaturbereich von 100 °C bis 400 °C). Sublimation bedeutet: Überspringen des flüssigen Zustands, d. h., der Farbstoff geht unmittelbar von einem festen in einen gasförmigen Zustand über.

35

Ein Hersteller von Produkten, der Geräteteile für bestimmte eigene Produkte, Geräte oder komplette Systeme von einem anderen Unternehmen übernimmt und diese unter eigenem Namen verkauft.

36

Wartung: Bewahren der Produktionsbereitschaft und des Sollzustandes. Wartungsroutinen: Maschinenteile müssen gepflegt und nach Vorgaben aus dem Maschinenhandbuch gewartet werden. Druckmaschine und dazugehörende Zusatzausstattungen von Staub und Schmutz reinigen, insbesondere Druckköpfe, Düsen, Farbbehälter und -einrichtungen, Sensoren, Führung des Bedruckstoffs. Druckmaschine nach Vorgaben ölen, schmieren.

37

Bearbeiten Sie diese Aufgaben und verwenden Sie dazu die in Ihrem Betrieb üblichen Stoffe.

38

Lesen Sie die Sicherheitsdatenblätter zu den von Ihnen eingesetzten Materialien bzw. Stoffen. Beispiele:
- Vermeidung von Hautkontakt mit Tonerstaub
- Reinigung durch Absaugen mit einem Industriestaubsauger sowie mit einem feuchten Tuch
- Tonerkartuschen dürfen niemals gewaltsam geöffnet werden.
- Bei Kontakt mit Tonern empfiehlt sich das Tragen von Einweg-Schutzhandschuhen.
- Bei großen Aufwirbelungen muss eine Atemschutzmaske verwendet werden.
- Augenreizungen: Benutzung einer dicht schließenden Schutzbrille ist sinnvoll, da Toner leicht augenreizende Zusätze enthalten können.
- Tonerpulver, welches auf die Haut oder auf die Kleidung gelangt ist, ist mit kaltem Wasser und Seife abzuwaschen. Bei Beschwerden nach Einatmen oder Augenkontakt ist ein Arzt aufzusuchen.

39

a) Gründe: In sehr geringen Mengen treten Staubemissionen, flüchtige organische Kohlenwasserstoffe, Partikel aus schwerflüchtigen organischen Verbindungen und ggf. in geringsten Mengen Ozon auf.

b) Mögliche individuelle Beschwerden: Hautjucken und Hautreizungen, allergische Augenreaktionen, Husten, Kopfschmerzen und Atemnot sowie Ausschlag

40

Papier:	Elektrofotografie, Inkjet
Pappe:	Inkjet
Keramik:	Inkjet
Blech:	Inkjet
Glas:	Inkjet
Folien:	Inkjet
Textilien:	Inkjet

41

- Books-on-Demand: Buch auf Anforderung, bei Bedarf, auf Bestellung
- Customized Printing: dynamischer, personalisierter Druck, zielgruppenspezifische Ansprache
- Distributed Printing: dezentraler, verteilter Druck, z. B. Dokumente auf einem Datenträger, wer will, kann sich diese ausdrucken

- Jobticket: „Digitale Auftragstasche", Arbeitsablauf mit Arbeitsanweisungen für alle Produktionsbereiche
- Personalized Printing (auch: Variable Data Printing): personalisierter, variabler Druck
- Printing on Demand: Druck auf Bedarf, in der erforderlichen Auflage
- Short Run Color: Druck farbiger Kleinauflagen im Digitaldruck
- Single-Pass-Technologie: Druckwerke sind für jede Farbe hintereinander angeordnet
- Multi-Pass-Technologie: ein Druckwerk (mit allen Einheiten zur Bebilderung, Reinigung, Entwicklung) für alle Farben
- SoHo-Bereich (Small Office, Home Office = Kleinbetriebe, kleine Büros): Geschäftsausstattungen: Briefbogen, Rechnungen, Visitenkarten

42

a) Sehr hohe Druckqualität (Auflösung, Farbwiedergabe, Farbbrillanz) auf satinierte und gestrichene Bedruckstoffe. Kosten: Investitionskosten für die Druckmaschine, Service/Wartung, Kosten pro Druck (Klick-Kosten)
b) Oberflächenveredelungen: matt, seidenmatt oder Glanzlackierung; Falzen, Binden und Schneiden. Produktionstechniken für verschiedene Einbandarten.

43

a) Keine Druckformherstellung, prinzipiell sofort druckbereit, wirtschaftlicher Druck auch von farbigen Kleinauflagen, geeignet für vielfältigste Substrate und Druckformate, variabler Datendruck (Personalisierung)
b) Sehr hohe Qualität: Farbprüfdruck (Kontraktproof), fotorealistischer Druck, Fotobücher, Mailings, variabler Datendruck (Personalisierung), je nach System sehr hohe Druckleistungen (High-Speed-Technologie)
c) Qualitativ hochwertiger, standardisierter Druckprozess, sehr hohe Druckqualität, wirtschaftlich von kleinen bis zu sehr hohen Druckauflagen (je nach Drucksystem)

44

Bearbeiten Sie diese Aufgabe mit den zur Verfügung gestellten Informationen (Vertraulichkeit beachten). Es geht dabei um Ihr Verständnis zu Geschäftsprozessen, Planungen und Wirtschaftlichkeit.

45

a) Fixkosten sind ein Teil der Gesamtkosten. Sie fallen in konstanter Höhe an, unabhängig davon, ob oder welche Menge produziert wird. Beispiele: Löhne, Gehälter, Abschreibungen für Anlagegüter, Mieten.
b) Kosten für einen einzelnen Druck, der abgerechnet werden muss. Diese beinhalten allgemein das benötigte Material (Toner, nicht Bedruckstoff), den Service und die Wartung (je nach Vertrag unterschiedlich).
c)
- Unternehmen, Betrieb: Auftrags-/Datenannahme und -bearbeitung, Arbeitsplatzkosten, Digitaldruckvolumen pro Zeiteinheit (z. B. Monat)
- Druckvorstufe: Daten-Check, Optimierung der Daten, Datenbereitstellung für den Druck
- Druckverarbeitung: Falzen, Heften, Schneiden, Binden, Verpacken, Versenden

d) Löhne, Gehälter von Mitarbeitern, Unternehmerlohn, Mieten

46

a) Auftragsstruktur, Auslastung (Druckvolumen), Klickkosten, Abschreibungen, Bedruckstoffe, fixe Kosten
b) Produktbezogene Anforderungen, Produktionsschwerpunkte, Druckmaschinentechnologie, Qualitätsmanagement
c) Echtheiten für bestimmte Druckprodukte, z. B. Lichtbeständigkeit (Außenwerbung, Fotobücher, Dekor, Fototapeten), Wasser- oder Wetterbeständigkeit (Etiketten, Plakate, Banner, Außenwerbung), Druck auf Keramik, Glas
d) Richtige Technologie für die Auftragsstruktur, Leistungsfähigkeit des gesamten Prozesses, Organisation, Prozess- und Qualitätsmanagement
e) Auftragsstruktur, Kundenanforderungen, zertifizierte Bedruckstoffe, Kosten
f) Ökologisches Verantwortungsbewusstsein, Umweltmanagement im Betrieb, Sammlung von Wertstoffen und Recycling, Papierrecycling, Papier und Recyclingprozess (auf die Tonerart bezogen)

47

In der Betriebswirtschaft ist dies der Kostendeckungspunkt oder auch die Nutzenschwelle. Erst ab diesem berechneten Punkt übersteigt der Erlös die Kosten und es entsteht zunehmend Gewinn.
Es soll ein Bildband in einer Auflage von 1 000 Exemplaren produziert werden. Produktionskosten durch die

Gegenüberstellung der Kosten für Digitaldruck und Offsetdruck. Rechnerische und grafische Aussage zu den jeweiligen Fixkosten und variablen Kosten beider Verfahren, Ermittlung in Abhängigkeit von der Auflage. Darin zeigt sich, dass ab einer bestimmten Auflage ein Verfahren günstiger produziert.

Grafische Darstellung des Sachverhaltes
– Grundprinzip

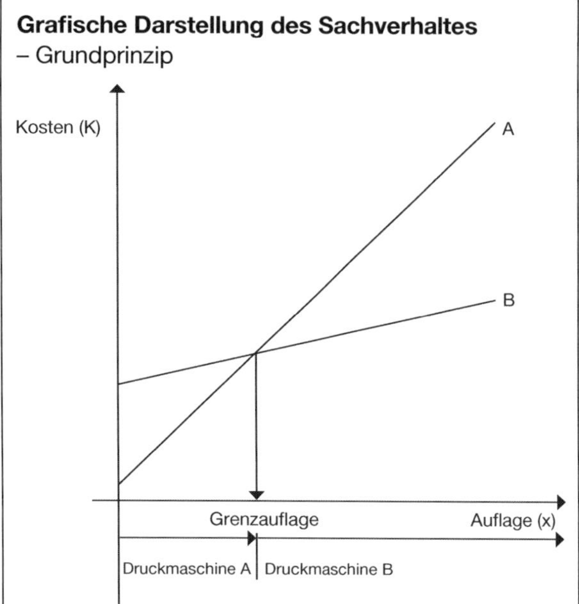

Exemplarisches Beispiel
Digitaldruck (A): geringe fixe Kosten = Rüstzeiten höhere variable Kosten = Druckkosten, Auflage
Offsetdruck (B): hohe fixe Kosten = Rüstzeiten geringere variable Kosten = Druckkosten, Auflage
Bewertung: ab einer rechnerisch ermittelten Auflage ist die Produktion im Offsetdruck wirtschaftlicher.

48

- Barcode: Balken- oder Strichcode zur Verschlüsselung (Codierung) von Daten bzw. Informationen durch unterschiedliche Striche in der Breite und im Abstand zueinander. Diese binären Informationen sind optoelektronisch mit einem Lesegerät (Scanner) zu lesen.
- Consumer: Konsument, Verbraucher
- Database Publishing: datenbankgestützte, in Teilbereichen automatisierte Verarbeitung und Produktion (medienneutrale Daten)
- Direktmailing: personalisierte bzw. zielgruppenspezifische Werbesendung
- Finishing: Veredelung von Druckprodukten, inline oder offline in der Druckverarbeitung
- Inline: linear. Verwendet für: innerhalb eines Prozesses eine zusätzlich ausgeführte Arbeit (Druck und zusätzlich eine Druckverarbeitung).
- Large Format Printing (LFP): Großformatdrucker
- Monochrome: einfarbig
- On-the-Fly: frei übersetzt: im Fluge. Verwendet für Arbeitsprozesse, die „fliegend“ (ohne weiteren Zugriff) aufeinanderfolgen, z. B. PDF-Seiten werden on-the-fly in das Ausschießschema eingefügt.
- Workflow: Arbeitsablauf

49

a) Druck von Informationen oder Geschäftsdokumenten von Behörden, Banken, Versicherungen u. a., die speziell für einen Adressaten bestimmt sind: Rechnungen, Mahnungen, Bescheide, Kontoauszüge, Verträge.
b) Nutzung von Transaktionsdokumenten (transaction printing) für Werbung und Vertriebszwecke (promotion). Das heißt: Der Empfänger erhält auf dem persönlichen Dokument (Rechnung, Kontoauszug) spezifische, personalisierte Informationen und Werbeangebote.

50

Printshop: internetbasierte, automatisierte Übermittlung von Daten für die Produktion von Drucksachen. Mögliche Funktionen des Nutzers und im Unternehmen: Auswahl des Produkts und einer Vorlage im Internet, Voransicht im Browser, Bestellung/Dateitransfer, Datenprüfung (Preflight-Check, wenn gewünscht), Produktion (Druck, Druckverarbeitung), Versand, Rechnungsstellung.

51

Diskutieren Sie sachlich die aktuelle Situation der Printmedien, Druckprodukte und Druckverfahren, erkennbare Trends im Markt und mögliche Veränderungen. Bearbeiten Sie diese Aufgabe nach einer Diskussion in Ihrem Team. Beachten Sie: Es geht um Ihre Zukunft als Medientechnologe Druck.

52

- Ausgabeprozess-Kontrolle: Prüfung von Ausgabeprozessen, ob damit eine konstante Druckqualität erzielt werden kann
- Kontrolle der Farbtreue: prozess- und materialübergreifende Realisierung einer konsistenten Farbkommunikation (Druckausgabe – Referenz)
- Kontrolle des Workflows: Prüfung der Fähigkeit, im Produktionsprozess eine Qualitätskonstanz zu erreichen, Vorhandensein geeigneter Produktionsbedingungen und Gerätetechnik

53

„Treppeneffekt“ bei verschiedenen Auflösungen am Beispiel einer um 15° ansteigenden Kante mit den Druckerauflösungen 240 dpi (oben) und 600 dpi, die Feinheit (Größe) des einzelnen Bildpunkts (ca. 108 µm und 42 µm) zeigt die erheblich bessere Wiedergabequalität.

54

Hinweise für Ihre Erarbeitung einer Checkliste, diese soll Ihre betrieblichen Bedingungen berücksichtigen:
- Hinweise und Tipps zur Datenerstellung
- Schriften (Einbettung ...)
- Farben, Sonderfarben
- Überfüllen, Überdrucken
- Format
- Seitenanordnung
- Beschnittzugabe
- Datenkommunikation: PDF-Erstellung
- Datenanlieferung

55

a) Die Druckqualität und damit speziell die Zeichenwiedergabe hängt von der Auflösung ab.
Beispiele von links: 240 dpi, 300 dpi, 600 dpi.
Prinzipiell gilt: Je höher die Auflösung, desto besser die Zeichenwiedergabe.

b) Die höchste Auflösung Ihres Systems, mindestens > 600 dpi.

56

a)
- Schriften: eingebettet, vorhanden (sep. Ordner)
- Bilder: vorhanden, Auflösung
- Farbmodus: RGB, CMYK
- Grafiken: vorhanden, Auflösung, Speicherformat

b) „Wir drucken kein fehlerhaftes Produkt!“
Ärger bei allen Beteiligten, verlorene Zeit, Kosten, unser Image als Druckerei.

57

a) Kunden anschreiben oder anrufen und auf die Mängel und ihre Folgen hinweisen:
- Wir können den Auftrag so nicht produzieren.
- Wer soll die Mängel, soweit dies möglich ist, beseitigen? Kosten?
Hinweis: Bilder mit 200 dpi, Wiedergabegröße?

b) Je nach Vereinbarung:
- Mängel beseitigen
- Klären, ob Bilder mit 200 dpi gedruckt werden können (Vergrößerungsfaktor?)
- Kunden informieren und Auftrag abstimmen
- Bei Freigabe drucken

58

a) Automatisierter Workflow. Für diesen Produktionsprozess werden einzelne Seiten exakt positioniert und in der weiteren Verarbeitung produktionsgerecht ausgeschossen, das ist nicht mit Doppelseiten möglich.

b) Beispiel für eine Benennung (Titel = Bezeichnung des Auftrags): „Titel_01.pdf“, „Titel_02.pdf“, „Titel_03.pdf“ usw.

59

a) Beispiel: Meine Datei soll an eine Druckerei digital weitergegeben werden. Upload bedeutet: Dateien beliebigen Inhalts von meinem eigenen Computer auf einen Server der Druckerei übertragen.

b) Eine ZIP-Datei ist einerseits eine komprimierte Datei mit deutlich geringerem Datenvolumen („gezippt“ mit einem Datenkomprimierungsprogramm). Zum anderen ist die ZIP-Datei auch ein Daten-Container (Archivdatei), in dem mehrere Dateien abgelegt und gespeichert werden können.

60

a) Das Endprodukt wird im Rücken mit Drahtklammern geheftet und danach an drei Seiten (Kopf, Fuß und außen) beschnitten. Papier ist ein Naturwerkstoff, der auf verschiedene Einflüsse wie Temperatur und Luftfeuchtigkeit reagiert. Es kann daher zu einem Verzug kommen. Daher ist u. a. zu beachten:
- Randabfallende Bilder werden an den entsprechenden Seiten grundsaätzlich 3 mm angeschnitten.
- Schriften, Linien, Logos und andere Bildelemente, die nicht angeschnitten werden dürfen, sind mindestens 4 mm vom Rand entfernt zu platzieren.
- Bei einem lebenden Kolumnentitel sind Textangaben, grafische Zeichen und andere bildwichtige Elemente ebenso nach innen zu rücken, sodass diese nicht abgeschnitten werden.

b) Zu beachten ist bei der Seitengestaltung auch der „Bundzuwachs“, der die inneren Seiten von der Heftung aus nach außen drückt (exemplarisch zu berechnen) und so den Stand der Seiten beeinflusst.

61

a) Erarbeiten Sie sich einen Rechenweg. Beachten Sie:
- Anzahl der Seiten ≠ Blatt/Exemplar
- Nutzen aus DIN A0 = Anzahl der benötigten Bogen/Exemplare

Prüfen Sie den folgenden Rechenweg.

b) **Innenteil:**
112 Seiten = 56 Blatt DIN A4
Nutzen: $2^{4-0} = 2^4 = 16$ Blatt/Exemplar
Anzahl benötigte Blätter : Blatt/Bogen =
56 Blatt : 16 Blatt/Bg. = 3,5 Bogen/Exemplar
Gewicht pro Exemplar:
3,5 Bogen/Exemplar · 115 g/m² = 402,50 g
Umschlag:
Offenes Format: DIN A3
Nutzen: $2^{3-0} = 2^3 = 8$ Nutzen
Gewicht pro Exemplar:
250 g/m² : 8 Nutzen = 31,25 g
Gesamtgewicht/Exemplar: 433,75 g

62

Beachten Sie bei Ihrer Information Umschlagbarkeit, Planlage, mechanische Belastung, Kosten u. a.

- Fadenheftung: hochwertigste, dauerhafteste, stabilste Bindung, gute Umschlagbarkeit (leichtes Umlegen der Blätter) und Planlage, hohe Kosten
- Klebebindung: dauerhafte Bindung, gute bis befriedigende Umschlagbarkeit und Planlage, gute Bindequalität, erheblich geringere Kosten im Vergleich zur Fadenheftung
- Blockleimung: weniger gut geeignete Bindung, vor allem wegen unbefriedigender Umschlagbarkeit und Planlage
- Drahtrückstichheftung: einlagiges Produkt, d. h., es wird durch den Rücken geheftet, Bundzuwachs beachten, befriedigende Umschlagbarkeit und Planlage
- Drahtkammbindung: stabile Bindung, sehr gute Umschlagbarkeit und Planlage, im Vergleich zu anderen Verfahren mittlere Kosten
- Empfehlung: Drahtkammbindung; Handbücher erfordern eine stabile Bindung für den häufigen Gebrauch, wichtig für das Handling sind eine sehr gute Umschlagbarkeit und Planlage.

63

a) 15,36 mm

b) Formathöhe: 210 mm
Dicke (Breite) Broschurrücken: 15,36 mm
Fläche zur Gestaltung:
210 mm – 2 × 2 mm = 206 mm
15,36 mm – 2 × 2 mm = 11,36 mm (ca. 11 mm)
Gestaltungsfläche: 11 mm × 206 mm

64

- Bohren: Lochungen (Stanzung), meist 2-, 4- oder mehrfach, Abheftlochung, Lochung für spezielle Bindetechniken
- Falzen: systematisches „Umlegen" eines Bogenteils durch einen scharfen „Bruch" (präzise gepresste Falzlinie) bei Papieren. Beispiel: Die Seiten bei mehrseitig bedruckten Bogen sind so angeordnet, dass durch das Falzen ein Produkt (z. B. Prospekt, Werk) mit fortlaufenden Seitenzahlen entsteht.
- Lackieren: Veredeln der Oberfläche eines Produkts, z. B. durch das „Beschichten" (Auftragen) mit einem glänzenden Lack
- Laminieren: Überziehen eines Produkts, z. B. Umschlag, Speisekarte, mit einer transparenten Kunststofffolie zum Schutz und/oder zur Veredelung
- Perforieren: Loch- oder Schlitzstanzung in Papier oder Karton zum Abtrennen eines Blatts oder eines Blatt-Teils
- Prägen: Umformen des Werkstoffs durch Druck (Pressen): Veredelungstechniken für Verpackungen, Etiketten, Buchumschläge u. a., die durch Druck ein Motiv in das Material pressen. Werkzeuge: Stempel und Matrizen, die eine bleibende Deformation im Material erzeugen.
- Blindprägen: Veredelung ohne Farbe
- Prägefoliendruck: Prägen und gleichzeitiges Übertragen einer farbigen Schicht
- Rillen: starkes Eindrücken einer linienförmigen Vertiefung in Karton, Papier u. a. Materialien ohne Herausnahme eines Spans (fälschlich oft Nuten genannt). Das Rillen verhindert das Brechen oder Platzen des Materials beim Umbiegen oder Aufschlagen.

65

- Digitaldruck: keine Druckformen, Druck direkt aus dem Datenbestand, kleines „Druckformat", Druck jeweils eines kompletten Exemplars mit allen Seiten, kein Zusammentragen erforderlich Druckverarbeitung: ggf. inline (Falz) bzw. weitere Verarbeitung offline
- Offsetdruck:
  Druckformen: Montage, Ausschießen der Druckseiten entsprechend dem Druckbogen, CtP
  Druck: Druckbogen im Format der Druckmaschine, Druck aller Bogen in der gesamten Auflage nacheinander, Druckverarbeitung offline

66

Hinweise zu Ihrer Stellungnahme:

a) Bildwiedergabe auf dem Monitor in RGB, im Druck CMYK (ggf. näher erklären!), jeder Monitor zeigt ein Bild nach seiner technischen Möglichkeit und seiner Einstellung (Kalibrierung), ggf. Auflösung
b) Angabe der Sonderfarbe, z. B. HKS, Pantone oder eigene Mischung am Monitor? Farbraum, Papier.
c) Die Papieroberfläche (gestrichen, Naturpapier) beeinflusst die Qualität der Wiedergabe einzelner Druckelemente (Rasterpunkte, Randschärfe, Tonwerte, Tonwertzunahme, Brillanz, Farbton), ebenso beeinflusst die Papierfarbe (Papierweiß als Lichtreflektor) die Farbwiedergabe.

67

- Linien: Stärke 0,1 mm muss gedruckt werden können, allerdings nicht 0,1 pt (Haarlinie, ein Fehler bei der Prüfung im Daten-Check?), wie wurden die Linien im offenen Dokument angelegt?
- Schrift (Farbe): keine exakte Wiedergabe möglich, Folge ist immer ein unsauberes Schriftbild.
- Schrifteffekte: keine Schriftmodifikationen in einem Dokument. Schrifteffekte und -variationen müssen in originalen Schriften als Schriftschnitt mitgeliefert sein, um systemgerecht verarbeitet werden zu können.

68

Veranschaulichen Sie alle folgenden Begriffe jeweils durch einfache grafische Skizzen.

- angeschnittene Bilder (oder andere Druckelemente): in einem Endformat eines Druckprodukts über den Rand gehende Linien, Flächen oder Bilder. Wirkung: Druckelemente sind randabfallend.
- Auflösung: Aufzeichnungs- oder Wiedergabefeinheit für Bild- bzw. Druckelemente
- Beschnitt:
  - Beschneiden: das Zuschneiden eines gedruckten und verarbeiteten Produkts auf das Endformat. Dazu wird allgemein zusätzlich eine Randbreite von 3 mm (Ausnahme nach Vereinbarung) pro Seite benötigt.
  - Zugabe in der Größe von Abbildungen, deren Endformat an einer oder an mehreren Seiten bis an den Rand eines Produkts positioniert ist. Die Abbildung ist in der Regel 3 mm an der anzuschneidenden Seite größer als das Endformat.
- Bundzuwachs (einlagige Broschur, > 48 Seiten): „Treppeneffekt“, der durch das Herausdrängen der mittleren Falzbogen entsteht
- Blitzer: sichtbare Differenzen als weiße, nicht bedruckte Stellen im Passer mehrfarbiger Druckprodukte (sichtbar an Rändern/Kanten) und bei Schneidefehlern an anzuschneidenden Flächen oder Bildern
- Broschur mit Klebebindung: Die Seiten der Broschur sind mit einer Klebebindung verbunden.
- einlagige Broschur: Broschur, bei der alle (Doppel-)Seiten durch den Rücken geheftet sind, z. B. mit Drahtklammern
- Falz: systematisches „Umlegen“ eines Bogenteils durch einen scharfen „Bruch“ (präzise gepresste Falzlinie) bei Papieren
- Laufrichtung im Papier: hauptsächliche Ausrichtung der Papierfasern, entstanden bei der Papierproduktion
- Rückendrahtheftung: einlagiges Produkt, bei dem alle Blätter (Doppelseiten) mit Drahtklammern durch den Rücken geheftet sind. Korrekt gefalzte Druckbogen werden gesammelt (ineinandergesteckt), dabei müssen die Seiten so angeordnet werden, dass die erste und die letzte Seite, die zweite und die vorletzte Seite usw. bis zur Mitte der Broschur im Bund nebeneinanderstehen.
- Trapping: unterschiedlich verwendeter Begriff für
  - Farbannahmefähigkeit beim Übereinanderdruck mehrerer Druckfarben.
  - Überfüllung zwischen zwei aneinanderstoßenden Farben (Farbflächen oder -elementen), um bei der Produktion weiße Randstellen (Blitzer) zu vermeiden.
- Überfüllen: Aneinanderstoßende Farbflächen oder Bildelemente werden in der Reproduktion minimal verbreitert, um sichtbare Passerschwierigkeiten (Blitzer) zu vermeiden. Es ergeben sich ggf. leicht sichtbare, feine Linien in einer Mischfarbe aus beiden Flächen. Gelieferte Daten dürfen nicht manuell überfüllt sein.
- Überdrucken: Übereinanderdrucken von farbigen Flächen, dadurch entsteht eine Mischfarbe. Soll dies nicht geschehen, muss eine der beiden Druckflächen ausgespart (papierweiß) sein.

69

Es wird ein Ordner mit allen erforderlichen Informationen und Daten erstellt:

- Textinformationen mit Satzdateiname, Packdatum, Erstellungsdatum, Änderungsdatum, Auftraggeber mit Ansprechpartner und Adresse, Anweisungen
- Datei
- Fonts
- Links (Grafiken, Bilder)

Es sind alle Informationen und benötigten Elemente für die weitere Verarbeitung enthalten.

70

a) Buntaufbau der Farbfläche, d.h. „bunt" angelegte Farbfläche (nur 60 % Schwarz-Anteil), kein stabilisierendes Schwarz, an der maximal empfohlenen „Grenze" der Tonwertsumme.
Probleme: Farbschwankungen, Trocknungsprobleme

b) Die Wiedergabe der Farbe (Farbton, Helligkeit) ändert sich mehr oder weniger erheblich.
Papieroberfläche bei ungestrichenem Papier: rauer, unterschiedliche „Tiefen", höhere Farbaufnahme („Saugeffekt")

71

Markierungen in einem PDF-Dokument:
- Bleed-Box: unbeschnittenes Endformat
- Media-Box: Papierformat
- Trim-Box: Endformat, Endformat-Rahmen
- Schneidemarken (Schnittmarken): Schneidemarken, die genau auf der Trim-Box liegen

72

a) Die gewünschten Schriften können nicht gedruckt werden, es ergäbe sich ein unerwünschter Schriftersatz; zudem würde sich auch das Layout ändern.

b) Bei Upload die Schriften zeitnah einsenden, ggf. ZIP-Datei als Mail-Anhang, auf CD direkt anliefern.

c) Durch das Einbetten (Integrieren) von Schriften in eine gespeicherte Datei wird sichergestellt, dass das Dokument mit den original verwendeten Schriften weiterverarbeitet wird. Beispiel: Eine PDF-Datei verwendet dieselben Schriften wie das Original-Dokument, z.B. eine InDesign-Datei. Damit stehen eingesetzte Schriften für die Druckproduktion zur Verfügung.

d) Mathematische Aufbaustruktur eines Zeichens durch exakt definierte Punkte (z. B. Eckpunkte des Buchstabens), diese sind direkt verbunden und ergeben erst bei der Ausgabe das „ausgefüllte", vollständige Zeichen.
Skizzieren Sie Eckpunkte, die Sie mit einer sehr feinen Linie exemplarisch verbinden.

73

a)
- Stauben – verstopfte Düsen
- Zu niedrige Gleichgewichtsfeuchte – statische Elektrizität, Verspannungen
- Art, Oberflächenstruktur – hohe Tonwertzunahme, mangelhafte Detailzeichnung, geringer Kontrast, Mottling, unzureichende Haftung der Farbe
- Verdruckbarkeit, Bedruckbarkeit – mangelhafte Laufeigenschaften, ungeeignete Laufrichtung, hohe Feuchtigkeitsaufnahme, Trocknung

b) Der Hersteller will für sein Drucksystem (Pulvertoner, Flüssigtoner, Inkjet, High-Speed-Systeme u. a.) ein Paket mit optimalen Wechselwirkungen von Drucktechnik und Material anbieten, um die (angebotene) bestmögliche Leistung und Qualität zu erreichen. Er will aber auch seinen Einfluss nutzen, um entsprechenden Gewinn zu machen.

74

Eine „Helvetica" ist nicht gleich einer anderen „Helvetica". Abhängig ist dies von mehreren Faktoren wie Schrifthersteller, eingesetztes System (Mac, Windows),
- Programm: Es ist zu prüfen, welche Voreinstellungen eingegeben sind.

75

- Überfüllungsvorgaben
- Farben konvertieren
- Druckfarbenverwaltung
- Druckermarken hinzufügen
- Haarlinien korrigieren
- PDF-Optimierung
- JDF-Auftragsdefinitionen

76

Prüfen Sie diese Wirkungen bei Ihrem Drucksystem.

a) Mangelhafte Planlage, Papier tellert und wird beulig, Passerschwierigkeiten, nach dem Druck kann das Papier in der Dehnrichtung „schrumpfen".

b) Verdruckbarkeit schwieriger durch elektrostatische Aufladung, je nach Raumfeuchte wird Papier randwellig (Aufnahme von Feuchtigkeit an den Rändern), nach dem Druck kann das Papier insbesondere in der Dehnrichtung „wachsen".

77

- Nach der Anlieferung verpackt klimatisieren (Dauer je nach Unterschied zwischen der Gleichgewichtsfeuchte des Papiers bei Anlieferung und dem Raumklima)
- Klimatisierter Lagerraum: ca. 20 °C bis 22 °C sowie 50 % rL ± 5 % (relative Luftfeuchtigkeit)

78

Angaben in der Reihenfolge von links nach rechts:

- Sehr geehrte Frau I – I Frau I Elisabeth I Brechter I Goethestraße 20 I 01109 I Dresden
- Sehr geehrte Frau I Dr. I Frau I Helga I Zinser I Böhmerstraße 2 I 58091 I Hagen
- Sehr geehrter Herr I Studiendirektor I Herrn I Walter I Baumann I Im Stillen Ort 15 I 93057 I Regensburg

79

Schnittgrad (Kanten): Probleme bei der Abnahme bzw. dem Vereinzeln vom Papierstapel, der Papierführung und der Anlage (Bogenpapier)
Schnittkantenstaub: Butzenbildung, Fehlstellen im Druckbild
Papierstaub: feiner Belag (z. B. auf Zylinder, Walzen, Gummituch), der zum schlechten Ausdrucken führt. Für Qualitätsdruckarbeiten ein besser geeignetes Papier (Oberflächenleimung, Strichqualität) verwenden.

80

Hinweise: Prüfen Sie und nennen Sie Ihre Ergebnisse.

- Elektrofotografische Verfahren: Unterscheiden Sie zwischen Pulvertoner und Flüssigtoner.
  Pulvertoner: grobere Partikel an Schrifträndern und Rändern von feinen Bildelementen zu erkennen, körnigere Struktur an Bildrändern bzw. -details.
  Flüssigtoner: sehr kleine Partikelgröße (in Trägerflüssigkeit), feinere Randzonen an Schriften oder Rändern von Bildelementen, sehr leicht ausgefranzt, sehr dünne Farbschicht.
- Inkjet-Verfahren: je nach Art der Tinte in Wechselwirkung zum Druckprozess (auch: Erzeugung der Tröpfchen, Auflösung im Druck) und dem Material (Bedruckstoff) unterschiedliche Merkmale.
  Sehr gutes bis weniger befriedigendes Druckbild.
  Bei sehr saugfähigem Papier: Farben laufen leicht ineinander, Farbe dringt durch bzw. erscheint als Schatten auf der Rückseite des Papiers.

81

Tellern:
Fehler: Papier ist beulig, wölbt sich nach innen auf.
Ursache: niedrigere Raumfeuchtigkeit (relative Luftfeuchtigkeit) im Vergleich zur Gleichgewichtsfeuchte (Stapelfeuchte) des Papiers.
Randwelligkeit:
Fehler: Randzonen sind wellig, in der Breite der Fasern stärker wirkend als in der Laufrichtung.
Ursache: höhere Raumfeuchtigkeit im Vergleich zur Gleichgewichtsfeuchte.
Faltenbildung:
Fehler: Probleme bei der Verdruckbarkeit und Bedruckbarkeit, Makulatur.
Ursachen: zu trockenes Papier oder randwelliges, verbeultes und verspanntes Papier, statische Elektrizität.

82

Prüfen Sie die aktuellen Hinweise und Forschungsergebnisse. Wichtige Quelle: www.ingede.org (u. a.); Hinweise daraus:

- Im Digitaldruck werden die unterschiedlichsten Farbsysteme eingesetzt. Nicht alle davon lassen sich in der Papierfabrik problemlos entfernen.
- Die derzeit verwendeten Tintenstrahlfarben (Inkjet) enthalten entweder lösliche Farbstoffe oder besonders feinteilige Pigmente. Beide verschlechtern schon in geringen Mengen das De-Inking-Ergebnis, da die für Offset- und Tiefdruckfarben entwickelten Trennprozesse bei ihnen nicht wirken. Dies gilt auch für Flüssigtoner, die den deinkten Stoff massiv verschmutzen können.

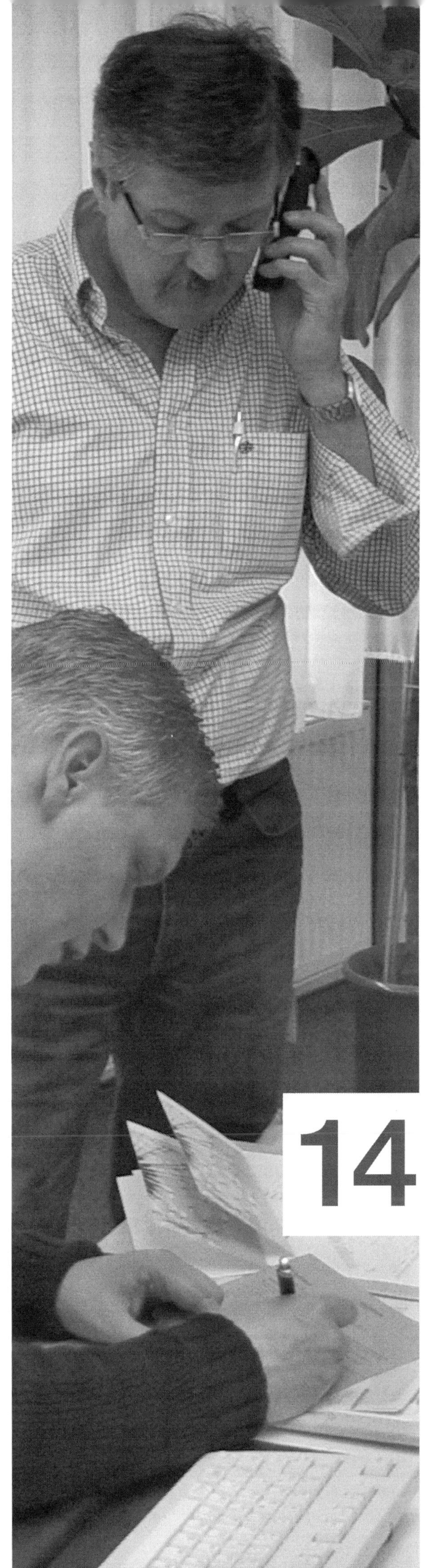

14 PRODUKTIONSPLANUNG UND -STEUERUNG

1

- Erarbeiten Sie diese Aufgabe in Ihrem Ausbildungsbetrieb. Besprechen Sie den Ablauf, einzelne Prozesse und Hinweise mit Ihrem Ausbilder.
- Präsentieren Sie Ihre Arbeit (nach Rücksprache mit Ihrem Betrieb und der „Freigabe“) in Ihrer Berufsschulklasse.

2

Das „Nervenzentrum“ in einem Unternehmen ist eine Vernetzung in einem Management-Informations-System (MIS), mit dem alle
- erforderlichen Auftragsdaten zur Verfügung gestellt werden,
- Abläufe, Zeiten und Materialien erfasst und verarbeitet werden (z. B. JDF-vernetzte Druckmaschine),
- Daten bewertet und berechnet werden.

Überlegungen zu den Aufgaben:

a) Stammdaten sind firmenspezifische Daten sowie Angaben für die Kommunikation zwischen allen beteiligten Partnern, der Leistungskatalog umfasst Werte und Kostenstellen, im Vorfeld sind Standardprodukte hinterlegt. Die Kalkulation basiert auf dem Leistungskatalog. Diese und alle weiteren Bereiche des Moduls erlauben eine rasche „automatisierte“ Kalkulation.

b) „Plantafel“ zur Produktion, Auslastung, kritische Ausführungen bei Änderungen, Kapazitätsgrenzen, Papier- und Materialmanagement, externe Leistungen

c) Betriebsdatenerfassung aller Prozesse, ständige direkte Information

d) Planung und Steuerung der Unternehmensprozesse, z. B.: Rechnungsstellung, Gewinn, Verlust

3

Hinweise:
- Sachbearbeiter, Auftragsnummer, Datum
- Auftraggeber
- Auftragsbeschreibung
- Kosten fix, variabel
- Kosten Druckvorstufe
- Kosten Druck
- Kosten Druckverarbeitung
- Kosten Material
- Materialgemeinkostenzuschlag
- Fremdleistungen
- Herstellkosten gesamt
- Gewinn
- Nettoverkaufspreis

4

a) Kosten (Fixkosten, auflagenfixe Kosten) sind konstant und unabhängig von der Produktionsmenge. Beispiel: Die bestellte Menge wird von 200 Stück auf 300 Stück erhöht. Der Materialeinsatz erhöht sich (variable Kosten: Papier, Druckfarbe), die Kosten für die Druckvorstufe (CtP, Druckplatten) und die Druckmaschine (Rüstzeit, Abschreibungen) erhöhen sich dagegen nicht.

b) Fertigungszeiten und Materialkosten, die abhängig von der Auflage variieren: Papiermenge, Farbverbrauch, Fortdruckzeit

c) Summe aller durch den betrieblichen Leistungsprozess entstandenen Kosten bzw. sämtliche Kosten des Unternehmens, die für die Herstellung und Vermarktung eines Produkts anfallen

d) Unternehmerischer Erfolg. Prinzip:
Selbstkosten + Gewinnzuschlag = Verkaufspreis

5

a) Das vektorisierte Logo gibt bei jeder Vergrößerung eine optimale Wiedergabe (Warum ist dies so?). Dagegen werden beim Pixelformat bei einer Vergrößerung die Randzonen immer unschärfer, „pixeliger“ (Warum ist dies so?). Die Qualität ist höchstwahrscheinlich für eine Festschrift nicht ausreichend.

b) Eine Möglichkeit: programmbezogenes Nachzeichnen (Adobe Bridge, interaktiv nachzeichnen zum Beispiel mit Illustrator), Qualität wird besser. Optimal: Neu anlegen oder manuelles Nachzeichnen (Zeit, Kosten).

6

a) Qualitätsmanagement- und Qualitätssicherungsnorm. Die ISO 9000 ist der Leitfaden zur Auswahl und Anwendung der DIN ISO 9001 bis 9004. „Wir verpflichten uns zur Qualität“ ist definiert als: die Gesamtheit von Merkmalen einer Einheit bezüglich ihrer Eignung, die festgelegten und vorausgesetzten Erfordernisse zu erfüllen. Qualität ist demnach nichts Absolutes, sondern immer nur auf die Erfordernisse des Kunden bezogen, und ist demnach die Güte oder der Wert eines Produkts oder einer Tätigkeit.

b) ProzessStandard Offsetdruck, erarbeitet von den Verbänden der Druck- und Medienindustrie Deutschlands in Zusammenarbeit mit den Forschungsinstituten FOGRA und Ugra (Schweiz). Wichtigstes Ziel ist das Erreichen und Halten eines bestimmten Qualitätsniveaus nach Standards mit anerkannten Toleranzen.

c) Papier aus verantwortlichen Quellen, geprüft nach ökonomischen, ökologischen und sozialen Kriterien, und damit eine Garantie, dass Holz zur Papierherstellung, wie wir es verwenden, nur aus nachhaltiger und umweltschonender Bewirtschaftung stammt.
d) Umweltbetriebsprüfung bzw. Umweltaudit, das im Rahmen der Umsetzung eines Umweltmanagements als übergeordnetes Kontrollinstrument des Umweltmanagements dient. Das gesamte System umfasst systematische, dokumentierte, regelmäßige und objektive Bewertungen der Leistung der Organisation, des Managements und der Abläufe zum Schutz der Umwelt.
e) Klimaneutral:
   - Ziel: Einfluss auf den Klimawandel durch den Ausstoß an klimaschädlichen Gasen weitgehend reduzieren
   - Prinzip der Kompensation: Die anfallenden CO_2-Emissionen, die im Zuge der Print-Produktion anfallen (Papier, Druck, Logistik, Energie etc.) werden an anderer Stelle durch zertifizierte Projekte reduziert.

7

Kurze Hinweise auf die einzelnen Bildvorlagen, die „Qualitäten“ und den erforderlichen Arbeitsaufwand.
- Je besser und standardisierter Produktionsprozesse sind, desto präziser werden Bilddaten erfasst und desto höher ist der Anspruch an Vorlagen aller Art.
- Nur so ist eine sehr gute, industriell erzeugte Qualität zu erreichen und ein kostengünstiges Angebot möglich.
- Bearbeitungen und Optimierungen der Vorlagen sind möglich, verursachen aber Kosten.

8

Hinweise zu Ihrer Übersicht:
- Weg der Bildvorlagen über Monitor, Proof, Bebilderung der Druckplatten bis zum Druck auf einen bestimmten Bedruckstoff
- RGB – CMYK: Digitalkameras und Monitore geben Farben im RGB-Farbraum, Tintenstrahldrucker im CMYK-Farbraum wieder. Jedes System gibt dabei Farben jeweils in einem gerätespezifischen Farbraum wieder. Im Druckprozess werden alle Farbtöne ebenso in einem spezifischen CMYK-Farbraum unter standardisierten Prozessbedingungen auf einem bestimmten Papier wiedergegeben.
- Viele Variablen dazu bei Digitalkameras, Monitoren und Tintenstrahldruckern (z. B. Einstellungen, Farbraum)
- Kommunikationsmittel: Farbmanagement (Colormanagement) mit Farbprofilen, die den Umfang der darstellbaren Farben beschreiben und Basis für die Umrechnung sind

9

a) • Spitzenqualität bei gestrichenen Papieren, Flächengewicht 115 g/m², ein hochwertiges, festes und „stabiles“ Papier, Fasermaterial Zellstoff, Farbe weiß, nicht glänzend, zertifiziert nach PEFC (Umweltzertifikat)
   • Sehr gute Papierqualität, Flächengewicht 90 g/m², ein leichteres, kostengünstigeres Papier, die anderen Eigenschaften sind identisch
b) Berechnen Sie nach den Angaben aus einem Papierpreiskatalog den prozentualen Unterschied in den Papierkosten. Ein Hinweis auf den Gebrauch des Bildbands sowie die Auflage ist wichtig.

10

Image-Broschüre: Bogen-Offsetdruck 6/6, hochwertige Druckqualität, kostengünstigste Produktion; Umschlag ggf. mit Inline-Lackierung
Werbebanner: Digitaldruck, Inkjet, Druck mit UV-festen Lösemitteltinten (auch andere Verfahren möglich)
Kunststofftragetaschen: Flexodruck, Druckverarbeitung
Haftetiketten: Schmalbahnige Rollendruckmaschine, Hybrid-Technik mit Inline-Veredelung

11

a) Dreibruch-Fensterfalz
b) Offenes Format: einzuklappende Seiten sind ca. 2 mm schmaler, z. B.
   208 mm + 210 mm + 210 mm + 208 = 836 mm
c) Gmund Color System 49, > 120 g/m²
d) Bei diesem Papiergewicht ist ein Rillen erforderlich.

12

a) 10400 Bogen im Format 63 cm × 88 cm

b)

5	12	9	8
4	13	16	1
3	14	15	2
6	11	10	7

Vorderanlage nach dem Umstülpen

15	10	13	12
19	6	17	8
23	2	21	4

Begründung für das Ausschießschema:
Der gewünschte Bedruckstoff hat ein Gewicht (Flächenmasse) von > 150 g/m^2, daher ist nur ein Bruch (Falz) mit einer zusätzlichen Rillung möglich.

c) Suchen Sie in den Angeboten der Papierhersteller oder aus Angeboten Ihres Betriebs drei geeignete Papiersorten aus. Besprechen Sie Ihre Wahl mit Ihrem Team in der Berufsschule, vergleichen Sie und entscheiden Sie sich danach.

13

a) Druckformat netto: 720 mm × 1030 mm, 64 Nutzen bzw. 66 Nutzen
b) 720 mm × 960 mm bzw. 720 mm × 990 mm
c) 960 Druckbogen bzw. 931 Druckbogen, theoretische Druckzeit < 5 Minuten

14

a) Bogengröße ca. 860 mm × 680 mm
Format ohne Beschnitt 840 mm × 630 mm
Berücksichtigte Flächen/Beschnitte:
Zylinderumfang:
- Greiferrand einschließlich Beschnitt: 15 mm
- Weitere Beschnitte radial: 4 · 5 mm = 20 mm
- Bogenende: 15 mm
  = 630 mm + 50 mm = 680 mm

Zylinderbreite:
- Bogenbreite: 4 · 5 mm = 20 mm
  = 840 mm + 20 mm = 860 mm

(vgl. Skizze zum Ausschießschema)

b)

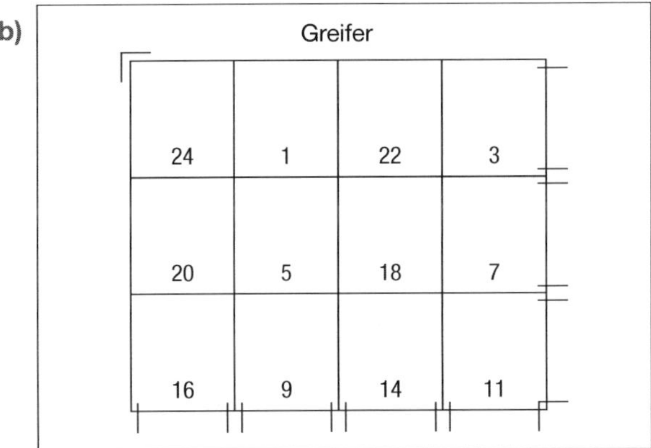

15

Die Angaben zu dieser Aufgabe lassen grundsätzlich drei Variationen im Druck zu. Beachten Sie daher genau alle Angaben zum Druck und damit auch zum Ausschießen bei einer Aufgabenstellung:
- Druck mit einer Druckform zum Umschlagen (= 2 Nutzen pro Druckbogen)
- Druck mit zwei Druckformen zum Umschlagen (= 1 Nutzen pro Druckbogen)
- Druck mit zwei Druckformen zum Umstülpen (= 1 Nutzen pro Druckbogen)

Druck mit einer Druckform zum Umschlagen

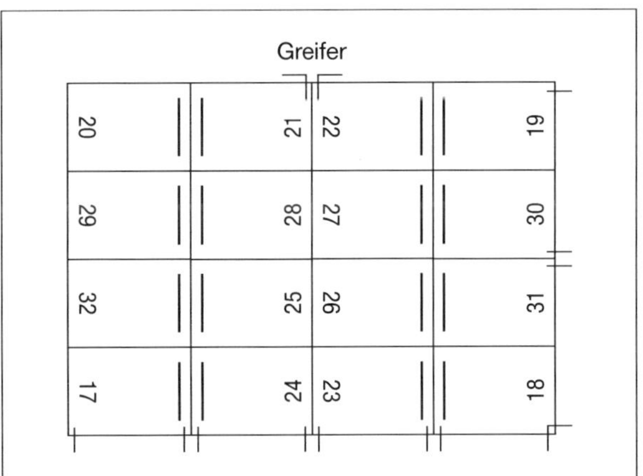

Druck mit zwei Druckformen zum Umschlagen

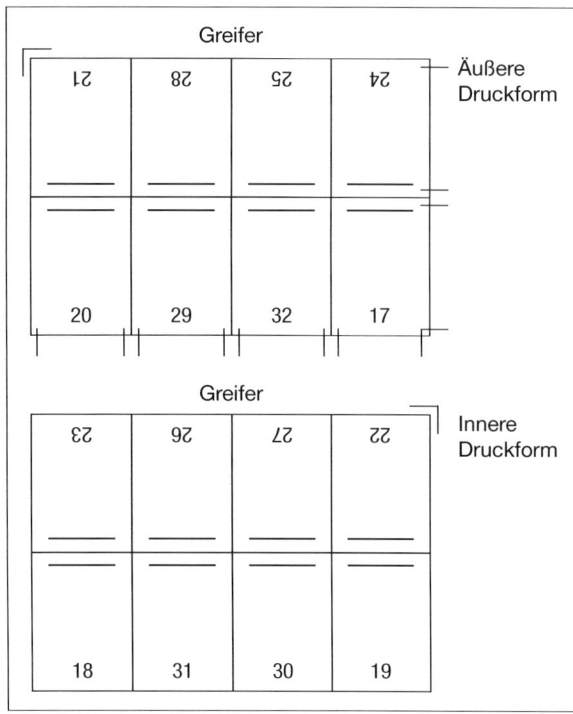

Druck mit zwei Druckformen zum Umstülpen (z. B. 4/4-Druck)

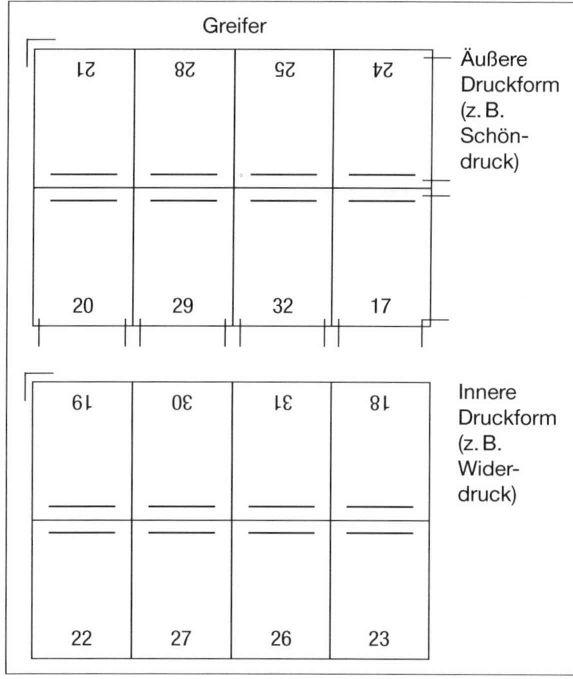

16

a) Konzeption
- Web-to-Print-Shop
  Der Kunde kann nach standardisierten Vorgaben über das Internet Druckaufträge generieren, dazu seine Daten eingeben, Kosten für das Produkt in der gewünschten Auflage berechnen, das zu druckende Produkt prüfen und zum Druck freigeben.
  Beispiele zum Ablauf:
  - Hinweise für den Kunden zur Datenerstellung bzw. Druckdatenanlieferung
  - Gestaltungsvorlagen (Template)
  - Editor, der Anwender kann vorbestimmte Teile einer Druckvorlage individuell anpassen
  - Eingaben im Web-Browser, Seitenerzeugung
  - Vorschau für den Kunden
  - Auswahl aus „Standard-Papieren“
  - Veredelungen
- Unternehmen
  - Organisationsstruktur
  - Dateneingang, Server
  - Vernetzung im gesamten Workflow
- Technik
  - Datencheck, ggf. Kommunikation mit dem Kunden
  - Druckfreigabe
  - Automatisierung der Abläufe (Standardprodukte) und Zusammenstellung verschiedener Aufträge zu Sammeldruckformen im Großformat
  - Druck im Großformat
- Auslieferung
  Automatisierte Abläufe in Logistik, Vertrieb und Rechnungsstellung

b) Druckmaschinenpark, der den Anforderungen der Angebote optimal entspricht, Prozessmanagement im Druck: optimale Reduzierung der Rüstzeiten, Qualitätsstandards
6er-Format: 106 cm × 145 cm
7er-Format: 121 cm × 162 cm

c) Spezialisierung: Diese sehr großen Mengen sind nur im Großformatdruck bei vernetzten Abläufen und standardisierten Prozessen wirtschaftlich in kürzester Zeit zu produzieren.

17

Bearbeiten Sie die gesamte Aufgabe in Ihrem Team. Verwenden Sie möglichst eine betriebliche Technik (die eigene oder die eines Teammitglieds). Notieren Sie diese Einrichtung in Stichworten.
Besprechen Sie alle Phasen im Unterricht der Berufsschule und in Ihrem Betrieb.
Protokollieren Sie Ihre Bearbeitung. Heften Sie danach alle Arbeitsergebnisse in Ihrer Dokumentation ab.

18

a) Nur im Digitaldruck sind kleine Auflagen mit variablem Druck (wechselnde Eindrucke) zu produzieren.
b) Standard-Kopf und andere nicht zu verändernde Texte, spezifische Angaben zu den Druckfarben und dazugehörende Barcodes
c) 80 g/m², holzstofffrei (h'frei), einseitig gestrichen, nassfest geleimt; UV-Inkjet-Verfahren

19

Produktion einer großen Auflage:

- Sichtprüfung, ggf. Messtechnik, an Testkeilen, Kontrollstreifen
- Inhalt: Rollen-Offsetdruck, Endprodukt: Falzbogen mit entsprechender Seitenzahl.
  Umschlag: Bogen-Offsetdruck, Endprodukt: Druckbogen mit mehreren Nutzen.
- Druckverarbeitung Umschlag: Schneiden der Nutzen
- Druckverarbeitung in einer Fertigungsstraße: Zusammentragen der Falzbogen (Broschurenblock), optisches Überprüfen der richtigen Reihenfolge; Klebebindemaschine: Bund auffräsen und Rücken bearbeiten, Blockklebebindung (Klebstoff auf Blattkanten im Rücken auftragen), automatisch in den Umschlag einhängen, abpressen (ggf. Trockenstation), dreiseitig beschneiden (Dreimesserautomat), Produkte stapeln bzw. direkt verpacken

20

a) 1 Druckbogen = 1 Nutzen (Exemplar), Druckmaschine 4/0, Druck zum Umschlagen in zwei Druckformen

b)

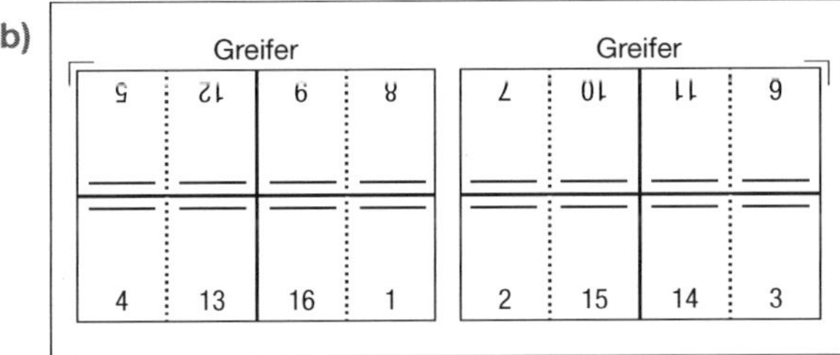

c) 15 000 + 2,5 % Zuschuss = 15 375 Bogen
d) 80,73 kg/1 000 Bogen, ≈ 80,5 kg/1 000 Bogen
e) 1 237,69 kg
f) Rüstzeiten: 1 · 30 Minuten = 0,5 Stunden
Druck: 15375 · 2 (S/W) =
30 750 Druck : 12 000 Druck/h =
2,56 Stunden ≈ 2,6 Stunden
gesamt 3,1 Stunden

g) Druckbogen falzen – Falzbogen (16 Seiten) heften (Rückendrahtheftung) – Schneiden auf Endformat – in Karton verpacken – Etikett auf Karton aufkleben

21

a)
- Zusammentragmaschine: 22 Falzbogen zusammentragen (352 Seiten) – Kollationieren
- Fadenheftmaschine: Fadenheften (fertiger Buchblock) – Rückenbeleimen, hinterkleben
- Dreimesserautomat: dreiseitig auf Endformat beschneiden
- Buchfertigungsstraße: Buchblockanleger – Rücken runden und abpressen – leimen, begazen, kapitalen, hinterkleben – einhängen in die Buchdecke – Formpressen, Falzeinbrennen
- Endfertigung: manuelle, optische Qualitätskontrolle – Schutzumschlag umlegen – Buchauslage – verpacken

b) Beschaffen Sie sich für Ihre Präsentation Bilder und Muster zu einzelnen Phasen. Erarbeiten Sie eine anschauliche Information.

22

a) Hinweise:
DIN A5 offen = DIN A4 (297 mm, ≠ 2 · 148 mm)

Zylinderbreite:
je 5 mm Beschnitt, 8 · 5 mm = 40 mm Beschnitt
297 mm · 4 = 1188 mm
gesamt = 1228 mm

Zylinderumfang:
Druckanfang und -ende (zusätzlich) = 20 mm
8 · 5 mm (Beschnitt, ggf. nur 6-mal) = 40 mm
4 · 210 mm = 840 mm
gesamt = 900 mm

Druckbogenformat: 1228 mm × 900 mm

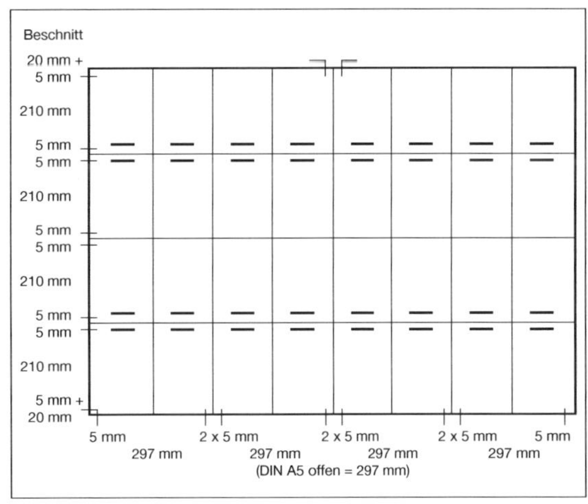

b) 32 Blatt/Druckbogen = 64 Seiten
384 Seiten : 64 Seiten/Druckbogen = 6 Bogen/Ex.
48 000 Bogen + 2,5 % Zuschuss = 49 200 Bogen

c) 49 200 Druckbogen : 12 000 Bogen/h = 4,1 Std.
+ 40 Minuten Rüstzeit (gesamt) ≈ 0,7 Std.,
gesamt 4,8 Std.

d)
- Herstellen der Buchdecke in einer Buchdeckenmachmaschine: Schneiden der Bucheinbandmaterialien – Überziehen der beiden Deckel und der Rückeneinlage mit Gewebe – Pressen, Trocknen
- Prägemaschine: Prägen des Titels
- Endfertigung: Formgebung des Buchrückens
- Hinweis: weitere Angaben vgl. Aufgabe 21 a)

23

a) Druck des Innenteils:
- 16 Seiten (4/4)
  Bogen-Offsetdruck, 72 cm × 104 cm
- 4 Seiten (4/4)
  Bogen-Offsetdruck, 52 cm × 74 cm

Druck des Umschlags:
- 4 Seiten (4/4)
  Bogen-Offsetdruck, 52 cm × 74 cm

b)

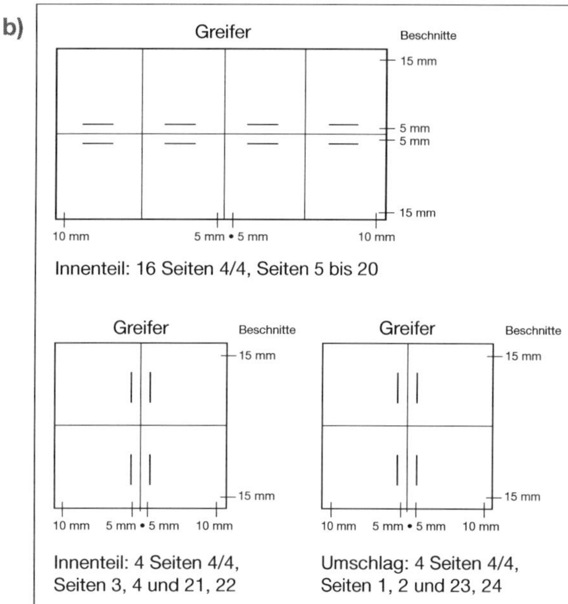

c) Druckbogen innen: ≈ 870 mm × 450 mm
Druckbogen außen: ≈ 440 mm × 450 mm
(ggf. diesen Bogen um 90° drehen, Greifer ändert sich, Papier hat gleiche Papierlaufrichtung!)
Umschlag: ≈ 440 mm × 450 mm

d) Hinweis: Berechnungen ohne Zuschuss!
Innenteil: „Bestellung" im Bogenformat
880 mm × 450 mm
Druckbogen innen: ≈ 870 mm × 450 mm
1 Nutzen/Bogen = 5 000 Bogen
Druckbogen außen: ≈ 440 mm × 450 mm
aus 880 mm × 450 mm = 2 Nutzen
aus Druckbogen 2 Nutzen (4 Seiten!) = 1 250 Bogen
Innenteil gesamt: = 6 250 Bogen
Umschlag: „Bestellung" für das Bogenformat
≈ 440 mm × 450 mm = 2 500 Bogen

e) **Innenteil:** 20 Seiten = 10 Blatt
0,21 m · 0,205 m · 140 g/m² · 10 Blatt ≈ 60,3 g
Umschlag:
0,21 m · 0,205 m · 140 g/m² · 2 Blatt ≈ 25,83 g
Exemplar gesamt: ≈ 86,2 g

24

0,88 m · 0,63 m = 16 Seiten DIN A4 (1 Exemplar)
12 000 m : 0,63 m = 19 047 Abschnitte
· 2 (Vorderseite, Rückseite bedruckt)
= 38 094 bedruckte Seiten
0,17 m · 0,24 m · 0,3 g/m² = 0,01224 g/Seite
gesamt = 466,27 g ≈ 0,47 kg

25

Preflight-Check:
- Daten fehlerfrei?
- Seitenmaße, Beschnitt korrekt?
- Anzahl der Seiten korrekt?
- Schriften eingebettet?
- Farbraum korrekt?
- Auflösung korrekt?
- Schmuckfarben (Angaben, Farbkanäle) korrekt?

Druck:
Druck jeweils eines kompletten Exemplars, Endfertigung je nach Möglichkeiten der Inline-Verarbeitung: Falzen, Zusammentragen, Klebebinden, dreiseitiger Beschnitt.
Beschreiben Sie aus Ihrem Betrieb Möglichkeiten der Inline-Fertigung bzw. einen Ablauf zur Endfertigung des Produkts.

26

a) Druckbogen: 8 Blatt DIN A4 = 16 Seiten/Bogen
Umfang 96 Seiten : 16 Seiten/Bogen = 6 Bg./Expl.
20 000 Expl. · 6 Bg./Expl. = 120 000 Bogen
+ 4 % Zuschuss = 124 800 Bogen
0,61 m · 0,86 m · 124 800 = 65 470 m²
- gestrichenes Papier: 100 g/m², 5,50 €/kg
  = 36 008,55 €
- Naturpapier: 90 g/m², 4,50 €/kg
  = 26 515,35 €

b) Satzspiegel: 0,15 m x 0,24 m = 0,036 m^2/Seite
· 96 Seiten = 3,456 m^2/Exemplar
· 20800 Exemplare (Auflage + Zuschuss)
= 71884,8 m^2 gesamt

- gestrichenes Papier:
  71884,8 m^2 · 0,9 g/m^2 = 64696,32 g
  ≈ 64,7 kg · 9,50 €/kg = 614,65 €
- Naturpapier:
  71884,8 m^2 · 1,6 g/m^2 = 115015,68 g
  ≈ 115 kg · 6,80 €/kg = 782,00 €

27

a) 634 mm × 860 mm
≈ 640 mm × 860 mm (Bestellformat)

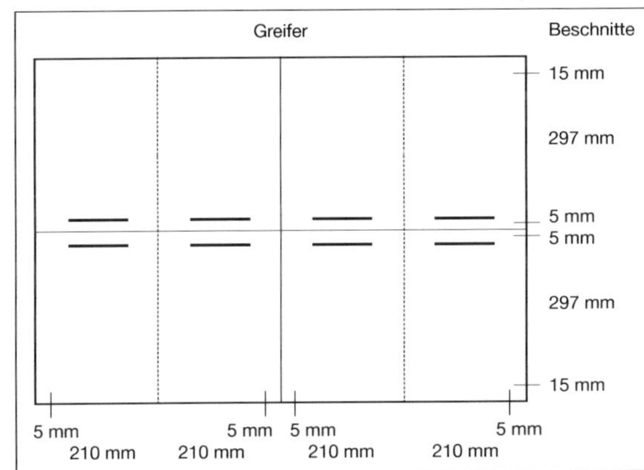

b)

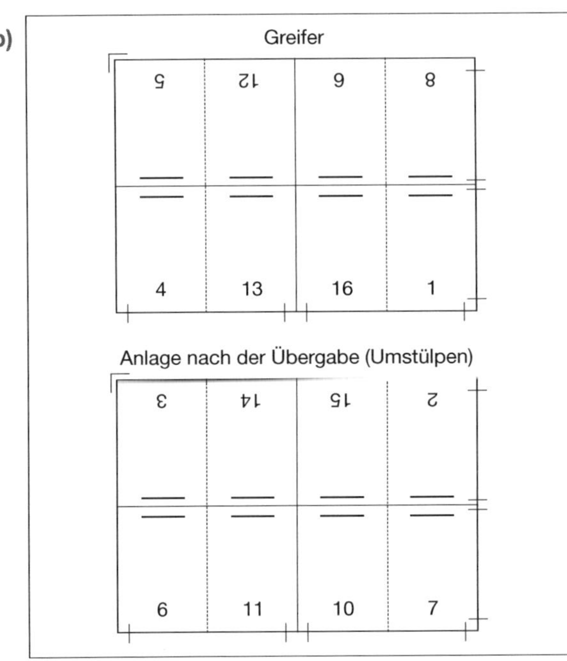

c) 1 Druckbogen = 1 Exemplar
15000 Exemplare + 5 % Zuschuss
= 15750 Druckbogen

d) Laufrichtung parallel zum Bund: Breitbahn

e) 3291,75 €

f) Berechnet mit dem Bestellformat: ≈ 780,20 kg

28

Papiergröße (minimal): 1212 mm × 864 mm

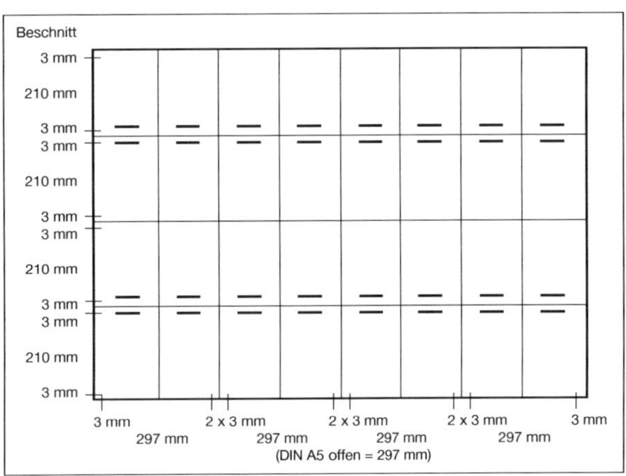

29

a)

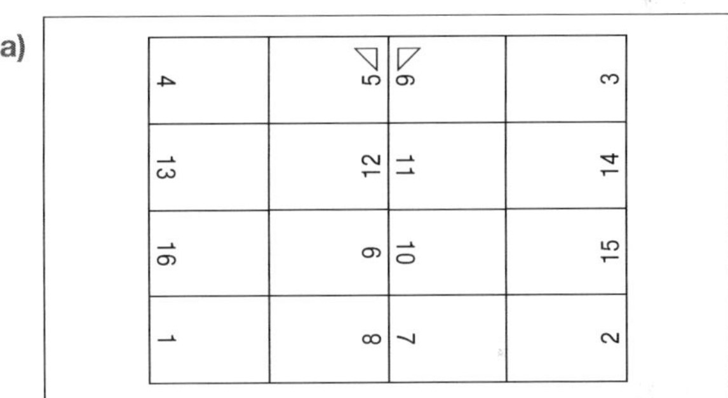

b) 864 mm × 606 mm (minimal)

30

a) 80 Seiten/Exemplar, 16 Seiten/Druckbogen zu, Umschlagen in einer Druckform (im Schön- und Widerdruck werden 2 Nutzen mit 2 x 16 Seiten gedruckt) = 5 Druckbogen/Exemplar

b)

Druckbogen	Seiten von – bis		
1.	1 – 8	+	73 – 80
2.	9 – 16	+	65 – 72
3.	17 – 24	+	57 – 64
4.	25 – 32	+	49 – 56
5.	33 – 40	+	41 – 48

c)

36	37	38	35
45	44	43	46
48	41	42	47
33	40	39	34

Zu 31 d): Flussdiagramm zum Bogen-Offsetdruck

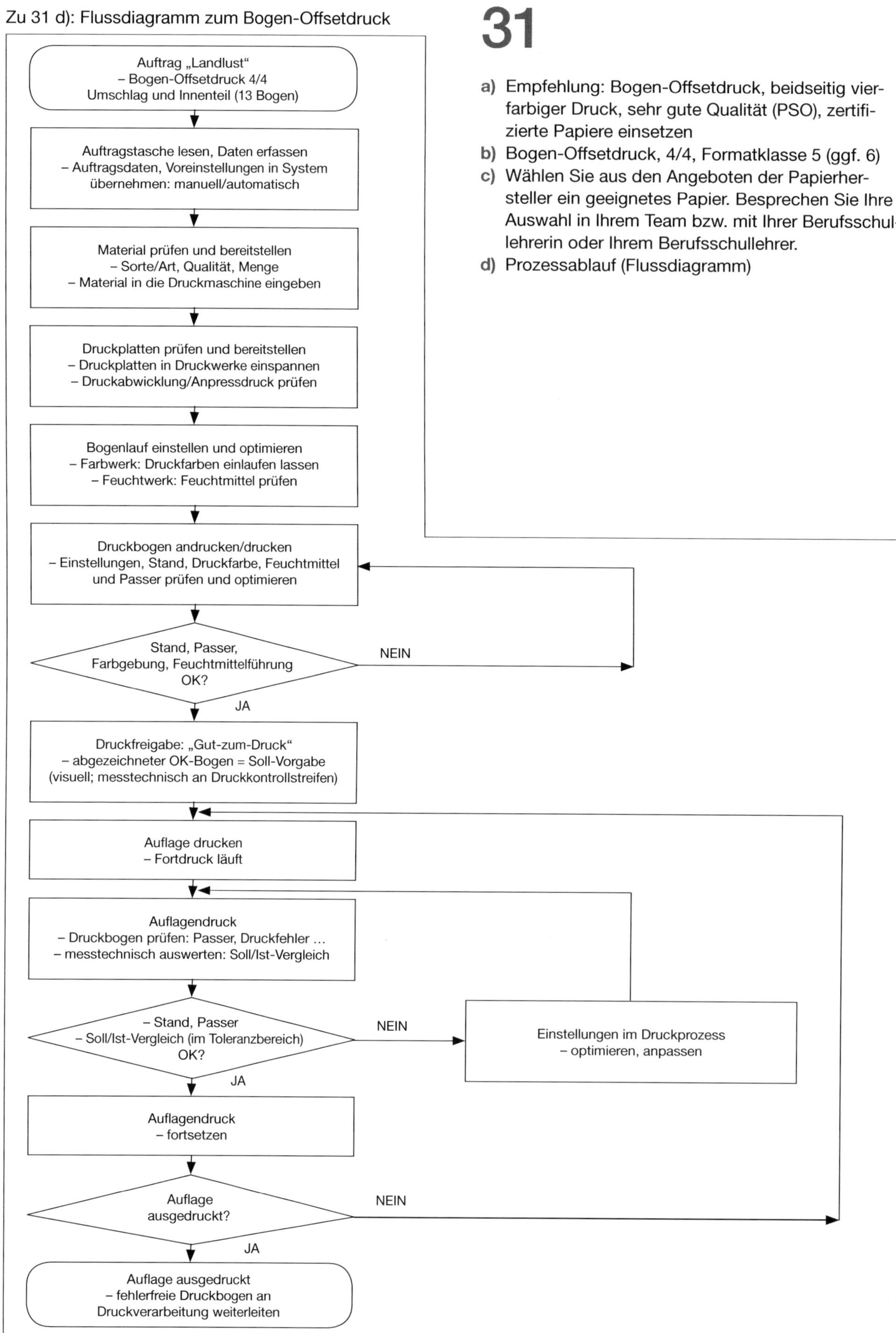

31

a) Empfehlung: Bogen-Offsetdruck, beidseitig vierfarbiger Druck, sehr gute Qualität (PSO), zertifizierte Papiere einsetzen
b) Bogen-Offsetdruck, 4/4, Formatklasse 5 (ggf. 6)
c) Wählen Sie aus den Angeboten der Papierhersteller ein geeignetes Papier. Besprechen Sie Ihre Auswahl in Ihrem Team bzw. mit Ihrer Berufsschullehrerin oder Ihrem Berufsschullehrer.
d) Prozessablauf (Flussdiagramm)

Zu 31 d): Flussdiagramm zur Klebebindung

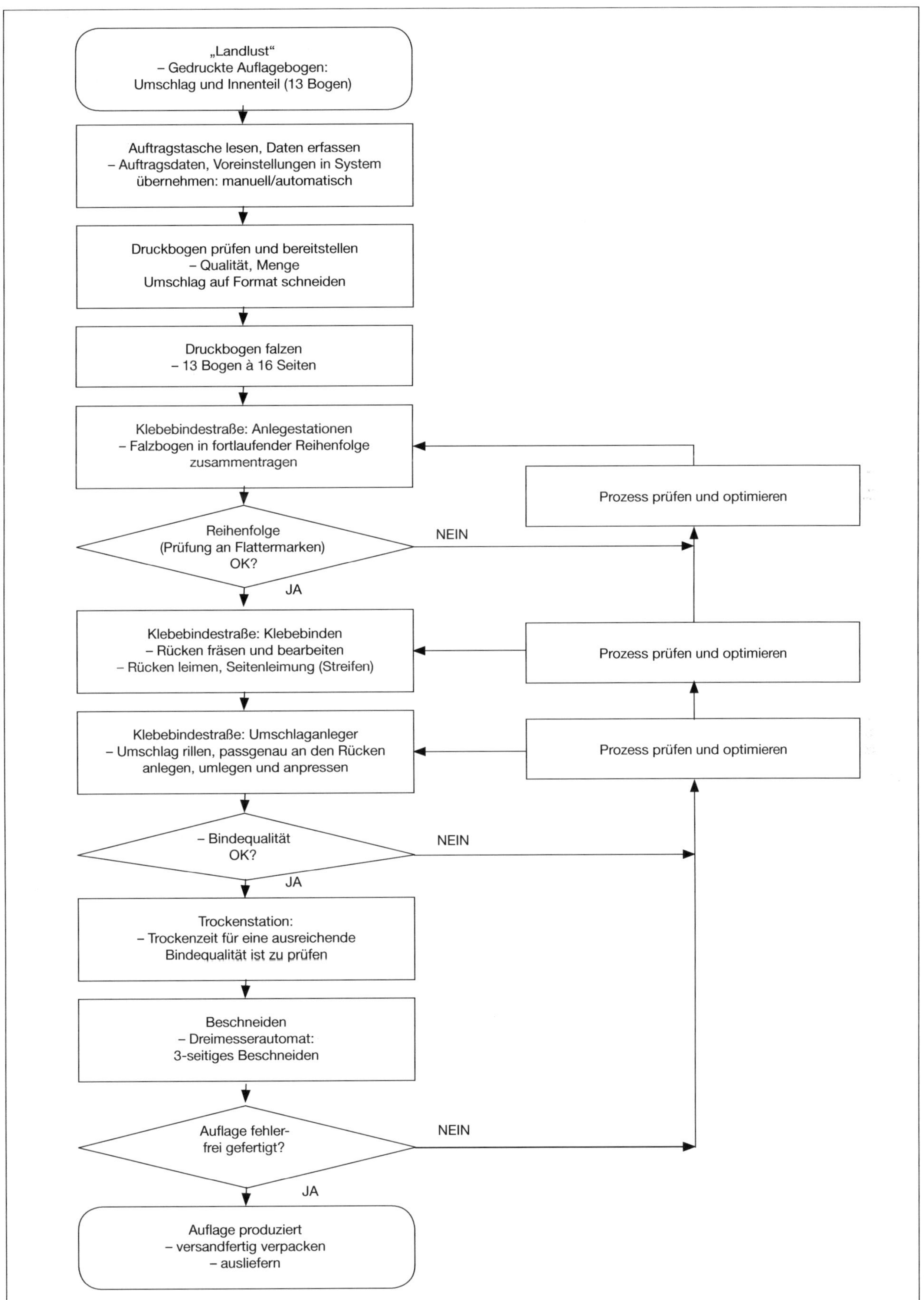

32

Unmittelbare persönliche Kontaktaufnahme und eindeutige Klärung:
Ein Proof ist nur dann für den Auflagendruck verbindlich, wenn der Ugra-/Fogra-Medienkeil-CMYK bei der Erstellung des Proofs integriert worden ist. Andernfalls können die Parameter der Proofherstellung (nach PSO) nicht geprüft werden.

33

Anrede, Titel, Briefanrede, Vorname, Name, Straße und Hausnummer, Postleitzahl, Wohnort
Beispiele:

- Sehr geehrter Herr – Herrn – Werner – Wolf – Karlstraße 43 – 88250 – Weingarten
- Sehr geehrte Frau – Dr. – Lena – Hübner – Leharstr. 42 – 89522 – Heidenheim
- Sehr geehrter Herr – StD. – Herrn – Karl – Wagner – Harkortstr. 2 – 58300 – Wetter

34

- 4 Bogen à 16 Seiten sind gedruckt = 8 Seiten Schöndruck und 8 Seiten Widerdruck
- Auf dem 5. Bogen stehen die Seiten 65 bis 80
- Zum inneren Bogen gehören die Seiten 66 – 67 – 70 – 71 – 74 – 75 – 78 – 79

71	74	75	70
66	79	78	67

35

Erläutern Sie beispielsweise

- Papier: Wasserzeichen, Sicherheitsfaden
- Prägungen: Blind-, Relief-, Heißfolienprägung
- Druckelemente: Guillochen, Mikroschriften, holografische Elemente, Intagliodruck (Stahlstich, fühlbare „Prägung"), Kaltfolien
- Farben, Lacke: Metallic, Iriodin, IR-reflektierte Farbe, Fluoreszenzfarben, detektierbare Farben
- Elektronik: RFID-Transponder, Barcode

36

Exemplarische Hinweise, je nach Betrieb variabel:

Auftragsvorgaben allgemein:

- Prüfung: Gab es eine Vorauflage?
- Vorgaben: Farbreihenfolge, Sonderfarben/Hausfarbe des Kunden
- Bedruckstoff/Material
- Auflage (Laufmeter, zu druckende Menge)
- Barcodes/QR-Codes
- Farbverbindliche Vorgaben (Targets) für Text und/oder Bild

Prepress/Reproduktion, Proof:

- Datencheck: Prüfen der eingehenden Dateiformate auf Programmkompatibilität, Kontrolle von Strichstärken, Bildauflösungen und Überfüllungen, Vollständigkeit der Daten prüfen
- Reproduktion: Farb- und Bildkorrekturen, Anlage von Überfüllungen, Setzen von Texten, Bild- und Textmontage
- Druckfreigabe: Herstellen eines kalibrierten und farbverbindlichen Proofs, Druckfreigabe durch den Kunden (oder durchzuführende Korrekturen)

Vorbereitung der Gravur:

- Überprüfen von Farbreihenfolge und Größe der Einzelnutzen
- Gravurlayouterstellung, Bereitstellung der Daten für die Gravurmaschine mitsamt der Gravurparameter (Gradationen, Winkelungen, Einschnitte u. a.)

Zylindergravur:

- Der Druckformzylinder ist der Bildinformationsträger, d. h., alles was gedruckt werden muss, ist als Druckelement in allen benötigten Druckfarben auf diesen Zylindern.
- Die elektromechanische Gravur wird wesentlich durch die Daten aus der Druckvorstufe gesteuert.
- Bildelemente werden in Form von tiefen- und flächenvariablen Näpfchen in die Kupferschicht eingraviert.
- Der geprüfte Druckformzylinder wird verchromt. Zweck: Verschleißschutz (höhere Standzeit).
- Kontrolle („bei uns im Haus") durch einen Andruck

Druck:

- Rüsten, nach abgeschlossenen Vorbereitungen Genehmigung zum Druck (Abteilungsleiter, Beauftragter)
- Druck der Auflage, laufende Qualitätskontrollen: Rollenabwicklung, Passer, fehlerfreies Druckbild, Farbwiedergabe, Bahndurchlauf, Aufwicklung, messtechnische Qualitätskontrollen

37

a) Louis Braille, geb. 1809, gest. 1852
b) Minimal 0,12 mm, die Schachteloberfläche darf nicht aufplatzen

c) Geben die Prägungen in ihrer Höhe materialbedingt, nach einiger Lagerzeit oder durch das Aufeinanderstapeln nach, wird die minimale Noppenhöhe so weit verringert, dass die Schrift nicht mehr „lesbar“ (eindeutig zu fühlen) ist.

38

a) Mit der Linearisierung wird sichergestellt, dass Tonwerte im Datensatz ebenso auf der Druckform wiedergegeben werden. Die Linearisierungskennlinie zeigt den Grad der Übereinstimmung an.
b) Tonwertkorrekturkennlinie: Die Prozesskalibrierung berücksichtigt die in der Standardisierung (PSO) geforderte Tonwertzunahme im Druck bei der Bebilderung im CtP-System.

39

Bearbeiten Sie diese Aufgabe an Ihrer Druckmaschine. Besprechen Sie alle auftretenden Fragen mit Ihrem Ausbilder. Dokumentieren Sie Ihre Arbeit!

40

a) Beschreiben Sie den Arbeitsablauf an Ihrer Druckmaschine (in jedem Druckverfahren möglich!).
b) Beispiel: Bogen-Offsetdruck
Vorwahlen wie Farbreihenfolge, Bedruckstoff, Druckformat, Anleger, Ausleger, Farbvoreinstellung der Druckfarbe; zusätzlich: automatischer Druckplatteneinzug, automatisches Waschen und Reinigen
c) Beschreiben Sie Ihre Arbeit.
d) 80 L/cm bis 62 µm = 0,062 mm

41

a) Druckmaschine sichern. Farbkasten abklappen und mit Waschmittel reinigen. Seitenwände und Kontaktbereich Farbkasten zu Farbduktor sorgfältig reinigen. Stellelemente reinigen, Funktion prüfen und auf Null-Stellung justieren.
b) Lesen Sie in der Bedienungsanleitung (Maschinenhandbuch) nach, welche Grundeinstellung eingestellt werden muss und wie das Justieren erfolgen soll. Hinweise: Die Grundeinstellung zwischen Farbkasten und Duktor ist möglichst eng zu halten und dementsprechend für die erforderliche Farbgebung ein größerer Duktorvorschub bzw. eine längere Kontaktzeit zu wählen. Diese Einstellung ergibt eine feine Steuerung der Farbgebung im Fortdruck.
c) Alle Einstellungen sollten grundsätzlich von Minus (zu geringer Kontakt) nach Plus vorgenommen werden, um das Ergebnis nicht durch ein Gewindespiel zu beeinflussen.
Ein Prüfen und Justieren der Walzenstellung kann bei stehender Druckmaschine mit gewaschenen Walzen erfolgen. Dazu verwendet der Drucker zwei 0,10 mm starke Folienstreifen. Anstelle von Folien eignen sich auch zwei etwa 4 cm breite lange Streifen Tauenpapier oder gleich breite Streifen eines festen Seidenpapiers (25–30 g/m^2). Besonders mit Seidenpapier lassen sich trockene Walzen exakt justieren.
Die Einstellung der Auftragwalzen zur Druckplatte kontrolliert man am besten an Pressstreifen. Dazu eignen sich z. B. die folgenden Möglichkeiten:
Die mit einer hellen Druckfarbe eingefärbten Walzen sind langsam auf die stehende, trockene Druckplatte aufzusetzen. Die auf der Druckplatte dadurch entstehenden Streifen sollen in ihrer Breite den Angaben im Maschinenhandbuch entsprechen. Das Absetzen kann auf Papierstreifen erfolgen. Damit sind alle Einstellungen zu dokumentieren.
Die gummierte trockene Druckplatte wird bei laufender Druckmaschine vollflächig eingefärbt. Nach einigen Umdrehungen wird die Maschine so gestoppt, dass alle Auftragwalzen auf der Druckplatte stehen. Durch manuelles Abheben der Walzen entsteht kein Springen oder Spiel, wie es bei der vorstehend beschriebenen Methode möglich ist. Die gut sichtbaren Pressstreifen auf der Druckplatte zeigen exakt den tatsächlichen Walzenstand und damit den Druck der Auftragwalzen auf die Druckplatte.

42

Bearbeiten Sie diesen praktischen Test mit allen Anforderungen entsprechend den Aufgabenstellungen in Ihrem Betrieb.
Prüfen Sie selbst, wo Sie noch unsicher sind.
Bei Unsicherheiten oder Schwierigkeiten fragen Sie Ihren Ausbilder.
Dokumentieren Sie Ihre gesamte Arbeit. Damit werden einzelne Prozesse nochmals in Gedanken wiederholt und Abläufe vertieft.

43

Teil A:

a)

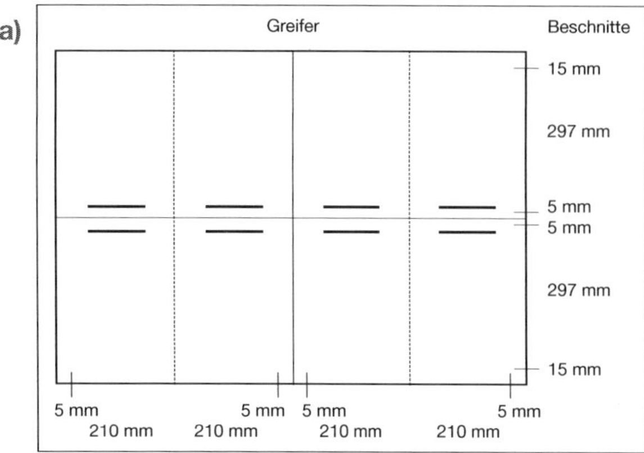

b) 634 mm × 860 mm minimal;
640 mm × 880 mm (je nach Angebot)

c) 640 mm × 880 mm BB (Breitbahn)

d) 3 Bogen/Exemplar,
28 000 Expl. × 3 Bg./Expl. =
84 000 Bogen + 900 Bogen Zuschuss =
84 900 Bogen

e) 84 900 Bogen × 60 €/1000 Bogen =
5 094 €

f)

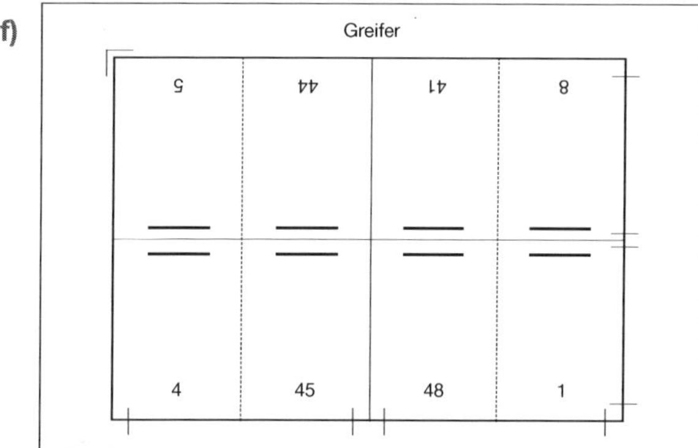

Teil B:

a) Gestalten Sie einen eigenen Briefbogen (nicht nur eine „Briefbogen-Kopie" des Unternehmens) mit den entsprechenden Angaben.
Setzen Sie diesen Briefbogen mit einem Layout-Programm. Optimieren Sie den Briefbogen nach Rücksprache in der Berufsschule oder im Betrieb.

b) Schreiben Sie in diesen Briefbogen Ihr Angebot an die Geschäftsführerin des ZFA mit allen Angaben entsprechend der Aufgabenstellung.
Lassen Sie in der Berufsschule und/oder im Betrieb Ihr Schreiben und Ihr Angebot prüfen.
Korrigieren Sie ggf. Ihr Angebot.

44

Kette mit 7 Gliedern. Nur zweimal öffnen!

- 1. Tag: einmal öffnen zwischen Glied 1 und 2 (es bleiben 6 Glieder am Stück zusammen)
- 2. Tag: ein zweites Öffnen zwischen Glied 2 und 3 (der restlichen 6 Glieder)
- Ab jetzt kann immer bezahlt und bei Bedarf durch die Hoteldirektion herausgegeben werden

45

Es sind 45 „Händedrücke".

46

a) Skizzieren Sie einen Kreis („Kuchen") und teilen Sie diesen in gleich große Achtel („Kuchenstücke" = Einheiten). Davon erhält …
A = 1/8 (also ein Stück, es bleiben 7 Stücke übrig),
B = 1/7 des Rests (es bleiben 6 Stücke übrig),
C = 1/3 des Rests (es bleiben 4 Stücke übrig),
D = 1/4 des Rests (es bleiben 3 Stücke übrig),
E = 3/16 der Gesamtlieferung (also 1,5 Stück, es bleiben noch 1,5 Stück übrig),
D = den Rest, das sind 18 Tonnen (1,5 Stück „Kuchen" = Einheiten).
A = 12 t, B = 12 t, C = 24 t, D = 12 t, E = 18 t,
F = 18 t

b) 96 Tonnen